面向数字化时代高等学校计算机系列教材

行业智能化架构与实践
交通、能源和金融

魏凯 王先进 边英杰 范士雄 编著

U0253152

清华大学出版社
北京

内 容 简 介

在行业智能化的浪潮中,数字经济与实体经济的深度融合已成为推动产业转型升级的关键力量。本书全面系统地阐述了数实融合的发展路径、行业智能化的典型需求与实践架构,并结合华为等企业的成功案例,深入剖析了交通、能源、金融等核心领域的智能化解决方案。同时,本书还针对交通、能源、金融行业等多个行业的特点,展示了智能化技术在各领域的具体应用和创新实践。

本书旨在为企业管理者、技术专家和学者提供一套全面、实用的智能化转型参考指南。

图书在版编目(CIP)数据

行业智能化架构与实践. 交通、能源和金融 / 魏凯等编著. -- 北京 : 清华大学出版社,2024.7. --(面向数字化时代高等学校计算机系列教材). -- ISBN 978-7-302-66605-9

Ⅰ. TP18

中国国家版本馆 CIP 数据核字第 20249VC458 号

责任编辑:贾　斌　薛　阳
封面设计:刘　键
责任校对:刘惠林
责任印制:杨　艳

出版发行:清华大学出版社
　　　网　　　址:https://www.tup.com.cn,https://www.wqxuetang.com
　　　地　　　址:北京清华大学学研大厦 A 座　　　邮　　编:100084
　　　社 总 机:010-83470000　　　邮　　购:010-62786544
　　　投稿与读者服务:010-62776969,c-service@tup.tsinghua.edu.cn
　　　质量反馈:010-62772015,zhiliang@tup.tsinghua.edu.cn
　　　课件下载:https://www.tup.com.cn,010-83470236
印 装 者:涿州汇美亿浓印刷有限公司
经　　销:全国新华书店
开　　本:186mm×240mm　　　印　　张:26.25　　　字　　数:591 千字
版　　次:2024 年 7 月第 1 版　　　印　　次:2024 年 7 月第 1 次印刷
印　　数:1~11000
定　　价:99.00 元

产品编号:107072-01

编 委 会

编委会主任

王丽彪

编委会副主任

| 许智宇 | 储 涛 | 饶争光 | 侯君达 | 贺毅波 |

编委会委员

周 倩	曹 峰	檀朝东	邢智明	刘 一	田春林
黄程林	庄文君	朱并队	邱士奎	胡季岗	高 巍
于家河	黄 啸	李阳明	王 慷	冯国杰

编委会成员

鲍思佳	毕荣梁	陈慧娟	陈俊奇	陈荣宪	陈琢奥
邓启志	邓秋鸾	董 方	董智超	杜 强	樊 奥
樊 威	冯庆善	高建东	高文清	高小永	郭千里
韩 满	何 晶	何 平	何永亮	侯晓钧	胡 乾
黄 敏	黄敏捷	黄 萍	黄 强	黄韶宇	戢仁胜
贾建平	金帮锋	李京翰	李 雷	李 苏	李天恩
李 咏	梁寿愚	廖志芳	凌晓刚	林 菲	刘 冰
刘昀晟	刘正一	刘子彦	罗建川	罗重春	马俊超
马俊礼	倪 琲	潘 辉	彭 涛	彭 为	齐 雪
乔 良	秦 纲	邱伟伟	邵彦宁	沈光亮	沈晓东
盛林叶	师永刚	史博会	史正涛	宋宗霞	宋祖平
孙小波	汤俊青	唐素斌	唐甜甜	陶 金	万晓龙
汪 贺	汪 健	王翠翠	王海东	王 晖	王俊晔
王立明	王 孟	王帅强	王 伟	王显光	王 彩
王泳江	王照伟	魏夏阳	魏振忠	吴安妮	吴彩霞
吴 军	伍 娟	夏 超	肖高渠	肖挺莉	肖骁戎
邢 驰	徐金春	徐长豹	宣 彤	闫 超	晏应军
杨 虎	杨 坤	杨梅蕾	杨尚照	姚春凤	张书钟
余立锋	余琦龙	余振华	袁彬彬	张 娟	张 翀
张晓谦	张志龙	赵 昕	赵一斌	郑维清	邹 敏
周 滨	周 超	朱顺波	卓玉樟	

FOREWORD

序　　一

在这个数字化、智能化的时代，人工智能（AI）已经逐渐成为推动科技发展的核心驱动力。 人工智能技术越来越成为面向未来、开拓创新的重要工具和手段。 其中，基于知识驱动的第一代人工智能利用知识、算法和算力 3 个要素构建 AI；基于数据驱动的第二代人工智能利用数据、算法和算力 3 个要素构建 AI。 由于第一、二代 AI 只是从一个侧面模拟人类的智能行为，因此存在各自的局限性，很难触及人类真正的智能。 而第三代人工智能，则是对知识驱动和数据驱动人工智能的融合，利用知识、数据、算法和算力 4 个要素，构建新的可解释和鲁棒的 AI 理论与方法，发展安全、可信、可靠和可扩展的 AI 技术。 第三代人工智能是发展数字经济的关键，是数字经济未来发展的新灯塔和新航道。

知识和数据双轮驱动下的第三代人工智能技术正在催生人工智能产业的迭代升级，以大模型为代表的第三代人工智能技术，基于文本的语义向量表示、神经网络和强化学习等多种人工智能技术，可以处理文本、图像、语音、视频等多种表示形式的内容，这是人工智能的重大突破，已经成为新一轮科技革命和产业变革的核心驱动力，助力中国经济实现高质量发展，深刻影响人民生活和社会进步。 本丛书的典型特色就是通过一些具体的场景应用和实践案例，把第三代人工智能技术赋能千行万业的作用进行了具象化，主要体现在以下几方面：

一是第三代人工智能技术打破了领域壁垒，可以在零售营销、金融、交通、医疗保健、教育、制造、影视媒体、网络安全等各个领域发挥重要作用，同时也可以帮助企业实现突破性降本增效。 例如，OpenAI 发布的 Sora，基于扩散模型生成完整视频的能力，为媒体、影视、营销等业务领域带来无限可能；中国国家气象中心与华为合作的气象大模型，通过海量数据和算力保障充分发挥大模型算法的作用，使得中长期气象预报精度首次超过传统数值方法，速度提升万倍以上。

二是第三代人工智能技术催生了很多新兴产业，这些新兴产业对于国民经济、国防、社会的发展至关重要。 例如，在金融行业中，AI Agent 可以独立分析海量金融数据和市场信息，识别并预测出潜在的投资机会，并通过学习和实时反馈不断改进决策能力，自主执行交易，提升交易的效率；在城市感知体系中，基于 AI 技术构建的智能预测模型和智能决策模型等为其建设带来了新的能力。 通过视觉大模型能够将之前的单场景感知增强至泛化多场景安全风险识别，面对城市安全等场景提升感知数据的通用分析能力，持续推动城市感知体系的创新和升级，为构建更智慧、更安全的城市环境注入强大的动力。

三是第三代人工智能技术积极推动传统产业转型升级，运用大量信息技术和数字化手段，加快推进产业智能化，完善产业链数字形态，极大地提升生产效率和产品质量。 例如，本丛书介绍了南方电网的大模型建设和应用实践案例。 南方电网创新性研发了电力行业首个电力大模型"大瓦特"，以通用训练语料和电力行业专业知识数据，以及向量对齐、跨模态推理等多种 AI 技术与电网业务深度融合，覆盖智能创作、设备巡检、电力调度等七大应用场景，为能源电力行业智能化、数字化提供可靠支撑。

第三代人工智能技术走向通用化的发展道路需要持续探索。 我们欣喜地看到，本丛书提出了利用人工智能技术推动行业智能化的一个系统工程的理论架构。 丛书中提到"分层开放、体系协同、敏捷高效、安全可信"的行业智能化参考架构，并从多领域、全行业的场景应用着手，系统性描述行业智能化技术与解决方案和行业智能化实践，由此促进产业的有机更新、迭代升级，带动千行万业智能化，从而加快人工智能产业快速发展，对人工智能产业生态的构建起到重要作用。

未来，全球经济要实现高质量发展，必须大力推动人工智能持续赋能行业智能化转型。 通过本丛书的介绍，我们看到中国的人工智能技术和产业已经取得了长足的发展，在各个领域进行了大量的探索和实践，可以为全球走向智能化提供一些成功的经验和实践范式。 让我们期待人工智能技术的持续创新和改善，全球的人工智能产业及应用能在下一个十年蓬勃健康地发展！ 人工智能正在迅速发展，智能世界加速到来。

人工智能的魅力就在于人工智能的研究永远在路上，需要的是坚持不懈与持之以恒。希望全社会、各行业能够抓住机会、掌握主动，更加积极地拥抱人工智能技术，共同开启一个充满智能与创造的新时代。

中国科学院院士
清华大学教授
清华大学人工智能研究院名誉院长

FOREWORD
序　　二

在迈向智能社会的征途中，我们有幸见证并参与了一场深刻的科技变革。人工智能作为这场变革中的核心驱动力，取得了前所未有的突破。以 ChatGPT 为代表的现象级产品拉开了通用人工智能的序幕，并持续改变着我们的生活、工作以及社会结构，人工智能再次成为万众瞩目的研究领域。

人工智能已成为国际竞争的新焦点和经济发展的新引擎，世界大国正加快人工智能战略布局与政策部署，世界主要发达国家把发展人工智能视为提升国家竞争力、维护国家安全的重大战略，相继出台人工智能规划和相关政策。发达国家和前沿科创公司，纷纷投入巨资进行布局和展开研发，全力构筑人工智能发展的先发优势。

经过国家以及行业多年的持续研发布局，我国人工智能科技创新体系逐步完善，智能经济和智能社会发展水平不断提高，人工智能与千行万业深度融合取得显著成效。例如智能交通方面，深圳机场采用了人工智能技术实现机位分配，使得靠桥率提升 5%，每年约有 260 万人次的旅客登机可免坐摆渡车，有效提升了机位资源的使用效率，让旅客出行体验更美好。

本丛书深入探讨了人工智能技术在政务、医疗、教育、交通、能源、金融、制造等多个行业的创新应用场景，以及数十个行业智能化的创新实践案例，创造性地提出了行业智能化参考架构，展现出行业智能化转型实践过程中的分析和思考。在智能时代，行业智能化数字化要想继续发展，必须要注重科学研究，注重知识的积累和发现，注重行业间相互借鉴、取长补短。我欣喜地看到本书中各行业各领域已经积极探索出一条创新之路——通过科技引领和应用驱动双向发力，以促进人工智能与经济社会深度融合为主线，以提升原始创新能力和基础研究能力为主攻任务，全面推动人工智能应用发展的新路径。

同时，我们要认识到，人工智能技术与行业的深度融合发展是一个长期性的、循序渐进的过程，国家战略支撑、人才培养、基础建设、立法保障，一个都不能少。要想把"人工智能"发展好，需要我们在很多事情上起好步、布好局。一是要加快人才培养，形成一批人工智能的国家人才高地，进而带动整个人工智能算法和理论研究的发展；二是要加强智能化基础设施建设，推动公开数据的开放、共享，同时完善相关制度，保护数据的安全性；三是加快人工智能相关法律法规和伦理问题的探讨研究，引导人工智能朝着安全可控的方向发展；四是深化国际开放合作，主动参与全球人工智能的治理研究和标准制定，为我国人工智能产业高质量发展"蓄力赋能"。

　　我希望产学研各界能够携起手来，从不同层面完善人工智能产业发展生态，将我国巨大的市场和数据优势转化成人工智能技术产业发展的胜势。 我们要和世界同行与时代同步，去拥抱人工智能第四次工业革命的到来，共同推动人工智能技术发展造福全人类！

中国工程院院士

鹏城实验室主任

北京大学信息与工程科学部主任

FOREWORD
序 三

　　犹如历史上蒸汽机、电力、计算机和互联网等通用技术一样，近20年来，人工智能正以史无前例的速度和深度改变着人类社会和经济，为释放人类创造力和促进经济增长提供了广泛的新机会。 人工智能是驱动新一轮科技和产业变革的重要动力源泉。 人工智能的发展不但已从过去的学术牵引迅速转化为需求牵引，其基础途径和目标也在发生变化。人工智能技术在大数据智能、群体智能、跨媒体智能、人机混合增强智能、自主智能系统5大发展方向的重要性和影响力已系统展现。 在规划及产业的推动下，从横向而言，这5个方向和5G、工业互联网、区块链一起正在形成更广泛的新技术、新产品、新业态、新产业，使得制造过程更智能、供需匹配更优化、专业分工更精准、国际物流更流畅，从而引发经济结构的重大变革，带动社会生产力的整体跃升。 另外，从纵向而言，人工智能也正在形成 AI＋X，去赋能电力能源、交通物流、城市发展、制造服务、医疗健康、农业农村、环境保护、科技教育等方向，带动各行各业从传统发展模式向智能化转型。 总之，人工智能正不断重新定义人们生产、生活的方方面面，同时也为我们带来了前所未有的机遇和挑战。

　　ChatGPT 等大模型的问世使人工智能又前进一大步。 数据、算力、算法曾是人工智能发展的3大核心要素，现在开始转向大的数据、模型、知识、用户4大要素。 其中，数据是人工智能算法的"燃料"，融入知识的大模型是人工智能的基础设施，大模型的广泛使用则是人工智能系统进化的推动力量。 近年来，深度神经网络快速向数亿乃至千亿参数大模型演进，参数越多，训练的大数据越广泛，通用效果就越明显，越像人脑，但对算力要求也越高，偏差杜绝的难度也越大。 人工智能迭代发展过程中，顶层设计要考虑行业中数据的相容与特色、知识的建构和发展、算力设施的同步演进，形成合力，支撑人工智能产业升级换代。

　　在这场人工智能的变革浪潮中，如何把握人工智能技术的发展趋势，将其应用于实际行业场景，以实现更高效率、更低成本、更广覆盖面地赋能行业智能化，已经成为社会各界关注的焦点。 行业智能化转型过程中遇到的其中一个关键挑战是在各行业与 AI 之间的知识沟通，培养两栖人才。 本丛书通过一个通用的系统工程架构比较全面地解析了该问题的解决之道，去完成各行业智能化转型这个复杂的系统工程。 通用的智能系统框架像人体一样，有大脑、五官、经脉、血液、手脚等，可感知，能学习，会思考，会进步。 智能系统还要结合行业数据、知识的积累与融合，用户的体验与反馈，才能更好地支撑 AI在行业中的迭代提高发展水平。

　　人工智能将触发广泛的行业变革。 未来十年，AI 的主战场正是在各行各业。 我们不但要研究语言模型、图像模型、视频模型等基础语言和跨媒体大模型，还要进一步创建行业知识与数据集，训练各行业的垂直模型，推动数据和知识双轮驱动的人工智能。 数据和知识的结合将让人工智能更深入、更专业、更广泛。 另外还需要加强安全可信、政策标准等方面的投入，以更全面、更有效的力度推进行业智能化的发展。

本丛书对行业智能化面临的挑战进行分析，旨在详细剖析行业智能化参考架构、关键要素和设计原则，深入探讨行业智能化技术实现和实践场景，为读者提供一套全面、系统的行业智能化理论与实践参考。 深入展现人工智能技术在各行各业应用中具有巨大的潜力和业务价值。

总的来说，本丛书总结了华为近年来的技术创新用于行业智能化的实际效果，通过独特的视角和深入的思考，考察了人工智能技术在行业智能化中的关键作用，展示了如何将人工智能技术与传统产业深度融合，推动产业升级和转型，为经济智能化转型提供了有益的经验与借鉴。

当前，中国正以"万水千山只等闲"之势，生机勃勃地前进在行业智能化转型的大道上，AI 产业界、学术界和各行业用户正在一起合力构建一个万物互联的智能世界，打造渗透八方的 AI。 智能化的未来，是全人类共同的未来，每个国家都有权利和需求参与到智能化发展的进程中来，共同推动智能化技术的应用和创新，带动全球经济和社会走向一个高质量、高水平的快速演进期，以造福全人类。

中国工程院院士

浙江大学教授

国家新一代人工智能战略咨询委员会主任

中国人工智能产业发展联盟理事长

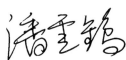

FOREWORD
序　四

　　1760 年到 1840 年的第一次工业革命，主要技术手段是煤炭、蒸汽机，将人类带入了以机械化为特征的蒸汽机时代。 19 世纪末到 20 世纪初的第二次工业革命的主要技术手段是电力、石油，将人类带入了电气化时代。 20 世纪 60 年代开始的第三次工业革命主要技术手段是计算机、互联网，将人类带入了自动化或网络化时代。 21 世纪初的第四次工业革命则以大数据和人工智能技术为核心，以互联网承载的新技术融合为典型特征。相比前三次工业革命为人类社会带来的进步，第四次工业革命将人类带入了更高层次的智能化时代。 人工智能技术不断演进，成为第四次工业革命的关键新兴技术，以及当前最具颠覆性的技术之一，是行业转型升级的重要驱动力量。

　　人工智能作为一项战略性技术，已成为世界多国政府科技投入的聚焦点和产业政策的发力点。 全球 170 多个国家相继出台人工智能相关的国家战略和规划文件，加速全球人工智能产业发展落地。 具体而言，美国将人工智能提到"未来产业"和"未来技术"领域的高度，不断巩固和提升美国在人工智能领域的全球竞争力；欧盟全面重塑数字时代全球影响力，其中将推动人工智能发展列为重要的工作；英国旨在使英国成为人工智能领域的全球超级大国；日本致力于推动人工智能领域的创新创造计划，全面建设数字化政府；新加坡要成为研发和部署有影响力的人工智能解决方案的先行者；基于当前复杂多变的国际形势，中国一方面要加强人工智能基础核心技术创新研究，培育自主创新生态体系，另一方面要推进人工智能与传统产业的融合，赋能我国产业数字化、智能化高质量发展。

　　算力、数据、算法已经构成了目前实现人工智能的三要素，并且缺一不可。 人工智能算力是算力基础设施的重要组成部分，是中国新基建和"东数西算"工程的核心任务抓手。 预计到 2025 年，中国的 AI 算力总量将超过 1800EFLOPS，占总算力的比重将超过 85％，2030 年全球 AI 算力将增长 500 倍。 中国已经在 20 多个城市陆续启动了人工智能计算中心的建设，以普惠算力带动当地人工智能产业快速发展。 多年来华为聚焦鲲鹏、昇腾处理器技术，发展欧拉操作系统、高斯数据库、昇思 AI 开发框架等基础软件生态，通过软硬件协同、架构创新、系统性创新，保持算力基础设施的先进性，为行业数字化构筑安全、绿色、可持续发展算力底座。

　　人工智能产业的发展必然带来海量数据安全汇聚和流通的需求，大带宽、低时延的网络能力是发挥算力性能的基础。 网络能力需求体现在数据中心内、数据中心间以及数据中心跟终端用户之间不同层面的需求上。 中国正在启动 400G 全光网和 IPv6 + 网络建设以及从 5G 往 5G-A 传输网络的演进工作，旨在通过大带宽、低时延高性能网络，支撑海量数据的实时安全交互。 通过全方位的网络能力建设和升级，为人工智能数据流动保驾护航。

　　人工智能技术的应用，是发挥基础设施价值的"最后一公里"。在海量通用数据基础上进行预先训练形成的基础大模型，大幅提升了人工智能的泛化性、通用性、实用性。基础大模型要结合行业数据进行更有针对性的训练和优化，沉淀行业数据、知识、特征形成行业大模型，赋能千行万业智能化转型。

　　本丛书中华为联合行业全面地总结了人工智能基础设施建设以及行业智能化转型的实践经验，精选了一些 AI 使能企业生产、使能民生、加速行业智能化转型方面的典型案例进行分析，展示了图像检测、视频检索，预测决策类，自然语言处理 3 类应用场景的巨大潜力，为世界各国推动行业智能化转型落地提供了更多的思路、方法和借鉴，为全球人工智能技术发展和进步贡献更多智慧和力量。

　　人工智能技术将成为行业智能化的主驱动，推动各行各业实现智能化转型和发展。智能化将成为全人类共同的未来，不是个别国家的特权，不仅是因为它能够带来巨大的经济和社会效益，更因为它能够让人类的生活更加便捷、高效和舒适。全球各国可以结合各自的实际情况，相互学习和借鉴，加快 AI 算力基础设施的构建，并通过培养人工智能领域人才、提供政策保障、制定行业标准，助推 AI 技术高质量发展，共同探索和创造更加美好的未来。

中国工程院院士

清华大学计算机科学与技术系教授

郑纬民

FOREWORD
序　　五

　　人工智能的概念自 20 世纪 50 年代首次提出，至今已有 60 余年，经历过自动定理证明、专家系统、机器学习、神经网络、自然语言处理、深度学习等多个代表性发展阶段，期间经历过快速发展期，也遇到过低谷期，总体上呈现曲折式前进和螺旋式上升。 人工智能是引领新一轮科技革命和产业变革的重要驱动力，正深刻改变着人们的生产、生活、学习方式，推动人类社会迎来人机协同、跨界融合、共创分享的智能时代。 伴随着新一轮科技革命与产业革命的深入推进，人工智能技术为各个行业智能化发展提供了科技基础和前提条件，为我国高质量发展注入强劲动力。 人工智能技术的广泛应用正在革新各行业的运作方式，助力企业提高效率、降低成本、改善用户体验以及增强风险管理的能力，展现出其在推动社会进步和经济发展中的无限潜力。

　　当前，以大模型为代表的生成式人工智能技术正引领智能化的新热潮，引导人工智能从专用走向通用。 大模型技术不是一个独立的算法或服务，而是一个复杂的体系性工程，包括算力集群建设、算法沉淀、配套工具和服务等。 大模型基于超大规模参数、海量数据和强大的算力，实现了量变到质变的"智能涌现"效果，展现出在解决复杂问题、进行创新设计和提供个性化服务等方面的巨大潜力。 大模型正凭借其卓越的泛化能力和涌现特性，在各个垂直行业中激发出前所未有的创新活力，为传统方法难以应对的问题和挑战提供一条行之有效的解决路径。 大模型落地需要结合场景诉求，以金融行业为例，为了充分发挥大模型在金融垂直领域潜在的涌现效用，不仅需要加强产学研的联动性，共同构建基于海量金融数据和专业知识的垂直领域基座模型，还需要不断提升大模型处理和理解多模态金融数据的能力。

　　针对金融行业，本书深入探讨了金融行业智能化的六大价值场景，从背景、价值和探索实践三个维度详细剖析了人工智能技术对金融业务产生的效能提升。 例如，伴随着大模型等技术的有效赋能，金融机构数字化营销将实现客户需求与商机的主动挖掘，快速生成个性化建议和推荐，为客户提供更加全渠道、个性化、有温度的金融服务。 书中华为结合与客户、合作伙伴在金融行业智能化转型中的丰富经验，全面总结了在场景、数据、算力、算法、评估和组织管理六个方面生成式人工智能技术在金融行业落地应用时面临的挑战，并分享了金融行业智能化的参考框架和技术实施路径，提出了生成式人工智能技术在金融行业落地的方法论，为行业提供有益参考和指导。

　　行业的智能化进程是一个复杂而多维的过程，涉及技术、业务、数据、人才、监管等多个方面。 展望未来，在金融行业，大模型技术结合多模态数据处理能力和 AI Agent 的智能化决策支持，有望为金融行业带来更加智能化的解决方案，不仅显著提升金融服务效率和质量，还将引领金融科技进入一个全新的发展阶段。 期待本书能够激发更多的讨论和思考，共同推动金融行业的智能化进程。 让我们携手同行，共同迎接金融行业的智能化新时代。

中国工程院院士

柴洪峰

FOREWORD
序　　六

回望人类社会发展史，过去几千年里，社会生产力基本保持在同一水平线上。然而，自工业革命以来，这条曲线开始缓缓上升，并且变得越来越陡峭。人工智能被誉为21世纪社会生产力最为重要的赋能技术，正以惊人的速度渗透进各行各业，推动一场新的生产力与创造力革命，变革未来的产业模式。凯文·凯利预测，在未来的100年里，人工智能将超越任何一种人工力量。变革已成为一股无法阻挡的力量，将人类引领到了一个前所未有的时代。人工智能带动数字世界和物理世界无缝融合，从生活到生产，从个人到行业，正日益广泛和深刻地影响人类社会，驱动产业转型升级。ChatGPT和大模型的出现使得人工智能发展进一步加速，世界各国正在进入百模千态时代，人工智能与千行万业的深度融合成为热点与焦点，加速行业智能化成为未来人工智能发展的主旋律。

古人云：日就月将，学有缉熙于光明。华为始终秉持"把数字世界带入每个人、每个家庭、每个组织，构建万物互联的智能世界"愿景，基于对未来趋势的理解和把握，在ICT（信息和通信技术）领域一直走在前沿，不断引领产业发展。在2005年，华为首先提出网络时代全面向"All IP"发展演进；在2011年，又一次提出数字化时代全面向"All Cloud"发展演进；在2021年，首次发布《智能世界2030》报告，揭示了未来十年ICT技术广泛应用的发展趋势。今天，我们在此提出智能时代全面向"All Intelligence"发展演进，通过人工智能领域的理论创新、架构创新、工程创新、产品创新、组合创新和商业模式创新，华为将使能百模千态、赋能千行万业，加速行业智能化发展，助力行业重塑与产业升级。据预测，2030年全球人工智能市场规模将超过20万亿美元，然而在行业的智能化落地中仍面临以下四个关键挑战：

第一，人工智能的算力挑战。大模型应用对算力基础设施的规模提出了更高的要求，企业传统基础设施面临算力资源不足的挑战。大模型需要大算力，其训练时长与模型的参数量、训练数据量成正比。参照业界分析，能达到可接受的训练时长，需要百亿参数百卡规模，千亿参数千卡规模，万亿参数万卡规模，这对算力资源的规模提出了较高的要求。

第二，人工智能的数据挑战。每个行业都有各自长期且专业的积累，涉及物理、化学、生物、地质等多维知识表达，为了在不同行业落地应用，大模型必须结合行业知识、专有数据，完成从通用到专业的转变。获取海量高质量专有数据是一项艰巨的任务，如何智能感知、实时上传和高效存取海量生产数据，不仅需要解决设备连接的兼容性问题，还要确保实时性和高可靠性。在数据预处理、训练和推理阶段，同样面临读取性能问题、数据丢失问题以及成本效率问题等一系列挑战。行业数据是企业的核心知识资产，涉及知识产权等问题。 如何合法地获取和整合数据，并确保端到端的数据安全，满足隐私保护要求也是一项挑战。

第三，人工智能技术开发的挑战。 在行业模型及应用开发的过程中，如何简化开发流程，提高开发效率，变革开发模式，高效打通数据链路，引入自动化机制，加强应用安全性和可靠性，都是大模型应用开发中面临的诸多难题。 要解决这些难题，关键在于打造一个通用可靠的人工智能应用开发平台来赋能行业开发者。

第四，人工智能落地应用的挑战。 由于不同规模、不同能力的企业对大模型的建设需求不尽相同，因此需要构建不同层级的模型并提供相应的资源和部署能力，如总部层面集中建设大规模训练集群，区域层面建设规模训练平台、训推一体平台，边缘侧部署推理能力。 服务于行业，除了技术问题，人工智能还需要解决人才储备、技术生态，以及法规政策等一系列挑战。

过去四年，华为成立行业军团，深入行业和场景，纵向缩短管理链条，更好地响应客户智能化需求；横向快速整合研发资源，全力支持千行万业的智能化转型发展。 行业军团基于华为创新的智能化 ICT 基础设施和云平台，广泛联合业内解决方案伙伴，打造领先的产品和解决方案适配行业智能化场景，为行业智能化实践添砖加瓦、探索前行。 比如，华为云盘古气象大模型，正被天气预报中心用来预测未来 10 天的全球天气。 该模型使用全球 39 年的天气数据进行训练，仅用 1.4 秒就完成了全球 24 小时的天气预测，比传统的天气预报方法快 1 万倍；借助它进行台风路径的预报可以保持极高的精准度。 山东能源集团依托盘古大模型建设人工智能训练中心，构建起全方位人工智能运行体系，探索和发掘煤矿生产领域全场景的人工智能应用，将一套可复用的算法模型流水线应用到各种作业场景，通过人工智能大规模"下矿"实现了矿山作业的本质安全和精简高效。 目前行业军团已经面向金融、制造、电力、矿山、机场轨道、公路水运口岸、城市、教育、医疗等 20 多个行业打造了 200 多个行业智能化解决方案，并在一系列智能化项目中产生了实际效果。

千行万业正在积极拥抱人工智能，把行业知识、创新升级与大模型能力相结合，以此改变传统行业的生产作业、组织方式。 人工智能的发展与使用将成为全球行业转型升级的关键一环，助力各个国家在人工智能时代不断取得发展，华为将聚焦以下 3 方面，持续助力。

第一，创新引领。 持续加强人工智能基础设施的创新投入，提供灵活的智能算力供给模式、高效可信的人工智能开发体系，使各层级大模型更易于部署，应用速度更快，推进人工智能应用走深向实，助力行业、企业实现场景创新。

第二，生态开放。 算力开放，支持百模千态；感知开放，实现万物智联；模型开放，匹配千行万业。 与各行业的合作伙伴共同构建人工智能生态圈，探索更多的人工智能行业场景应用，携手企业、研究机构、学术机构等共筑安全可信的人工智能生态体系。

第三，人才培养。 人才是企业发展的核心力量，支持各个行业、各个企业培养和吸引人工智能人才，打造一支高水平的人工智能研发团队，为人才提供广阔的发展空间。

　　结合华为行业智能化实践，以及面向智能世界 2030 的展望，我们与业界专家学者进行了万场以上的座谈研讨，凝聚了各方智慧与经验，输出加速行业智能化丛书。 希望能够通过本丛书的论述和案例为行业智能化实施落地提供参考，加速拓展人工智能技术在行业中的应用。

　　百舸争流，奋楫者先。 智能时代的大潮正奔涌而来，让我们同舟共进，引领时代，使能百模千态、赋能千行万业、加速行业智能化！

华为公司常务董事

ICT 基础设施业务管理委员会主任

PREFACE
前　　言

在人类历史的长河中，每一次技术革命都深刻地改变了社会发展和人类文明。在过去的 300 多年，人类社会经历了三次工业革命。从机械化、电气化到信息化，人类社会的经济模式产生了巨大的变化。当前，我们有了更多的数据、更好的算法和更大的计算能力，又一次站在技术变革的门槛上——人工智能（AI）的时代。AI 不仅是一个技术领域的变化，更是一场全方位的变革，正在重塑我们的生活、工作和社会结构。正如工业革命释放了人类的体力，信息革命解放了人类的思想，AI 革命将释放人类的创造力。

人工智能技术应用领域广泛，正在飞速融入行业发展进程，逐渐成为国家现代化产业体系建设的核心推动力，也被作为推动数字经济创新发展的重要战略。目前，交通、能源、金融等领域，正在人工智能的推动下从行业数字化逐步走向行业智能化。但是，行业智能化转型过程面临多方面的挑战，如数据难采难传难用、算力供需不平衡、技术框架陈旧、场景设计不足、创新生态不完善等，在智能化背景下需要系统性重塑行业智能化架构与路径，以及构建出与交通、能源、金融战略相匹配的参考架构，去突破传统框架的限制，加速千行万业走向智能化，跃迁数智生产力。

"加速行业智能化"丛书在把握行业智能化发展趋势的前提下，围绕城市、公共事业、交通、能源、金融、制造等行业智能化领域，聚焦工程实践和技术创新，深入浅出地将人工智能的技术应用、行业智能化参考架构、解决方案和实践经验介绍给读者。

本书全面探讨了行业智能化在推动数字经济与实体经济融合中的核心作用，深入剖析了行业智能化的前沿趋势、产业发展方向、行业智能化创新应用的普遍需求，分别在交通、能源、金融三篇中展示了华为的智能化实践，并为行业提供系统、实用的智能化参考架构。在交通篇中，重点解读了铁路、港口、民航、城市交通、城市轨道交通等领域，着眼于安全、效率和体验，基于高价值场景进行探索，为交通行业高质量发展提质增速。在能源篇中，精选了油气、电力等能源行业具有代表性的智能化实践，促进能源数字经济发展，助力构建安全高效的能源体系。在金融篇中，基于金融机构业务流程，展示了智能营销、智能风控、智能运营、智能客服、智能投研、智能投顾等应用场景的巨大潜力，为推动金融行业智能化转型落地提供了更多的思路、方法和借鉴。

综上，人工智能在各行业应用中具有巨大潜力与广阔空间，本书凝聚了来自行业伙伴和各方的经验与智慧，涵盖了人工智能在行业的发展趋势与最新动态、智能化转型技术实现、多场景的人工智能应用探索，以期为行业智能化转型的实施和落地，提供更具体的帮助和参考。

CONTENTS
目　录

第 3 篇　能　　源

第 1 篇

行业智能化带来的机遇和挑战

第 1 章

人类正在进入智能世界

人类社会经历了从农业社会到工业社会到信息社会再到智能社会的变迁,历时几千年。蒸汽机的发明,让交通方式实现了从马车到汽车的跃迁,推动人类社会从农业时代迈入工业时代;计算机的发明,深刻地改变了生产生活的各个方面,推动人类社会从工业时代迈入信息时代;而人工智能技术的快速发展和广泛应用,正帮助人类加速跨入智能时代,这是一个波澜壮阔的史诗进程,将开启一个与大航海时代、工业革命时代、宇航时代等具有同样历史地位的新时代。

人工智能(Artificial Intelligence,AI)的概念提出于 1956 年,经历近 70 年时间的技术演进,无论是技术本身还是应用均出现了日新月异的变化。据预测,截至 2030 年,人工智能的三大核心要素均将迎来创新突破:在算法方面,大模型将在应用侧持续落地,改变产业发展生态;在数据方面,人类将迎来 YB 数据时代,数据量是 2020 年的 23 倍,全球连接总数达 2000 亿;在算力方面,全球通用计算算力将达到 3.3ZFLOPS(FP32),AI 计算算力将超过 105ZFLOPS(FP16),增长 500 倍。人工智能正在开启继互联网、物联网、大数据之后的第 4 次科技浪潮。

全球 100 多个国家相继出台人工智能相关战略和规划文件,将政策重点聚焦在加强技术投资和人才培养,促进开放合作以及完善监管和标准建设上,全球人工智能产业发展进入加速落地阶段。具体而言,美国将人工智能提到"未来产业"和"未来技术"领域的高度,不断巩固和提升美国在人工智能领域的全球竞争力;中国一方面要加强人工智能基础核心技术创新研究,培育创新的生态体系,另一方面要推进人工智能与传统产业的融合,赋能中国产业数字化、智能化高质量发展;欧盟全面重塑数字时代全球影响力,其中,将推动人工智能发展列为重要的工作;英国旨在促进人工智能的商业应用,吸引国际投资,培养下一代科技人才,使英国成为全球人工智能超级大国;日本致力于推动人工智能领域的创新创造计划,全面建设数字化政府;新加坡要成为研发和部署有影响力的人工智能解决方案的先行者。

华为一直致力于"把数字世界带入每个人、每个家庭、每个组织,构建万物互联的智能世界"。基于对未来趋势的理解和把握,华为在 ICT(信息和通信技术)领域一直走在前沿,不断引领产业发展。2005 年,华为首先提出网络时代全面向"All IP"发展演进;2011 年,提出数字化时代全面向"All Cloud"发展演进;2021 年,首次刊发《智能世界 2030》,揭示了未来十年 ICT 技术广泛应用发展趋势;2023 年,提出智能时代全面向"All Intelligence"发展演进。华为通过人工智能领域的理论创新、架构创新、工程创新、产品创新、组合创新和商业模式创新,深耕连接、计算、存储、感知、云、大模型等领域相关技术的研究创新,着眼于解决个人、家庭、组织在数字化转型到智能化转型过程中所遇到的现实挑战,加速行业智能化发展,助力行业重塑与产业升级。

人工智能正从感知理解走向认知智能,带动数字世界和物理世界无缝融合,从生活到生产、从个人到行业,正日益广泛和深刻地影响人类社会,驱动产业转型升级。据预测,2030 年全球人工智能市场规模将超过 20 万亿美元,2030 年中国人工智能核心产业规模将超过 4 万亿美元,目前仍有较大的发展潜力和空间。人工智能正在帮助人类获得超越自我的能力,成为科学家的显微镜与望远镜,让人类的认知跨越从微小的夸克到广袤的宇宙,让千行万业从数字化走向智能化。

1.1　智能世界加速而来

20 世纪,人工智能的发展主要经历了 5 个阶段:①萌芽期(1956 年至 20 世纪 60 年代初),在这个阶段,以麦卡锡、明斯基、罗切斯特和香农为代表的科学家团队共同研究了机器模拟智能的相关问题,并于 1956 年达特茅斯会议上正式提出人工智能的概念;②启动期(20 世纪 60 年代),20 世纪 60 年代迎来人工智能的第一个黄金发展期,该阶段的人工智能以语言翻译、证明等研究为主,在这个阶段取得了机器定理证明、跳棋程序等一系列标准性成果;③瓶颈期(20 世纪 70 年代初),20 世纪 70 年代初,经过深入的研究,科学家们提出了一系列不切合实际的研发目标,尤其是对机器模仿人类思维的错误认识,导致人工智能发展进入低谷期;④突破期(20 世纪 70 年代初到 90 年代中期),以专家系统为代表的技术突破,推动人工智能加快应用于医疗、化学、地质等各个领域,人工智能技术在商业领域取得了巨大的成果;⑤平稳期(20 世纪 90 年代以来),20 世纪 90 年代以来,随着互联网技术的逐渐普及,加速了人工智能的创新突破,出现了"深蓝"计算机战胜国际象棋冠军、"智慧地球"的提出等一系列标志性事件,促进人工智能进一步与应用相结合。

进入 21 世纪,人工智能正在开创下一个黄金阶段。2016 年,Google AlphaGo 击败世界顶级围棋选手,震惊全球,开启了新一轮 AI 热潮。2022 年 11 月 30 日,ChatGPT 横空出世,人工智能的发展进入全新阶段。2023 年 3 月 15 日,OpenAI 又推出多模态大模型 GPT-4,其在生成质量、使用性能和模型安全合规等多个领域的评分均领先于现有主流模型,被誉为"史上最强"的大模型。Meta 公司于 2023 年 2 月和 7 月先后推出开源大模型 LLaMA 和 LLaMA2,LLaMA2 在数据质量、训练技术、能力评估、安全训练等方面有了显著的进步,并首次放开商业用途许可要求。2023 年 12 月,Google 公司发布了多模态大模型 Gemini。根据 GitHub 的统计,中国也已经推出超过 200 个大模型,包括华为盘古大模型、讯飞星火认知大模型、智谱 AI-ChatGLM 大模型、百度文心大模型等。

大模型应用一般分为两个阶段:预训练和微调。大模型预先在海量通用数据上进行训练,数据、知识得到了高效积累和继承,从而大幅提升了人工智能的泛化性、通用性、实用性。在实际处理场景化任务时再通过小规模数据进行微调训练,就能达到传统小模型的效果。大模型的出现,将传统烟囱式的一个个小模型转变为基于一套通用大模型之上的若干应用,减少了行业用户训练模型的研发成本,降低了 AI 落地应用的门槛,并且使上线部署过程大幅简化,人工智能跨越可用性拐点。随着大模型从"炫技"到"落地生根",全社会也认识到 AI 技术真正地来到了我们身边,AI 技术的"iPhone 时刻"到了,各行业开启了从数字化到智能化的升级。人工智能技术将进入千行万业,进一步提高生产效率、生产质量,确保业务安全,持续引领行业发展。继工业社会、信息社会后,智能社会必将带来广泛、深刻甚至根本性的变革。

1.2　智能化正在改变人类的生活和工作

AI 已经成为人类社会不可或缺的一部分,它正在改变着人们的生活方式和工作方式。

人工智能改变了基础的生产力工具,中期来看会改变社会的生产关系,长期来看将促使整个社会生产力发生质的突破。人工智能将对消除社会数字鸿沟,实现全球包容性增长和可持续发展具有重要作用。

日常出行中,人工智能翻译支撑跨语言、跨文化的高效沟通,通过拍照获取景点的历史文化和背景故事。在娱乐中,通过虚拟现实(Virtual Reality,VR)与增强现实(Augmented Reality,AR)等 AI 技术,让用户沉浸在虚拟的现实生活中,或者将虚拟元素融入真实环境中,为娱乐带来全新的体验维度。

在教育场景中,AI 的出现和持续演进正在重构传统课堂教学,改变学校形态、教学方式和学习方式。例如,随着 AI 持续改变教育的方式,越来越多的学生将更愿意参加线上数字课程的学习;借助人工智能技术为学习者推荐个性化的学习资源,实现学习者的个性化学习等。

人与自然的和谐相处包括阻止外来物种入侵,保护当地物种免于被灭绝,防止破坏当地生活方式。在挪威贝勒沃格这个原本平静的城市正面临着外来物种入侵的威胁。驼背大马哈鱼来源于太平洋,并不是挪威的本地物种,它们比生活在大西洋的大西洋鲑更具侵略性。它们快速占领河流,给大西洋鲑的繁殖带来了挑战。而大西洋鲑属于挪威政府认定的濒危物种,如果不采取措施,可能会灭绝。2021 年 3 月,由当地猎人和渔民组成的贝勒沃格狩猎和垂钓协会(BJFF)与华为建立了合作关系,双方共同保护斯托尔瓦河中的大西洋鲑。他们最初的目标是利用水下摄像机和人工智能来识别物种并统计鱼类的数量。该项目的第一阶段于 2021 年夏天启动。这一阶段聚焦开发算法,让计算机系统能够识别河流中的本地大西洋鲑和北极红点鲑,并记录不速之客驼背大马哈鱼。目前这一目标已经轻松达到。通过 2021 年 6 月下旬到 9 月采集到的连续视频和数万幅图片,新开发的算法能够识别出 90% 以上的大西洋鲑和驼背大马哈鱼。后续可通过对鱼进行分类,对大西洋鲑和驼背大马哈鱼进行分流处理。

随着人工智能技术的不断迭代升级,未来 AI 技术将应用于更多领域,如基于多模态大模型的 AI 个人助理将极大地便利人们的生产生活,数字分身成为跨界人工智能、自媒体、科普等多个领域的里程碑式数字 IP,在越来越多的垂直领域细分赛道的应用场景中出现等。

1.3   智能化正在持续赋能千行万业

随着科技的不断发展,智能化已经成为当今时代的重要发展趋势。智能化技术正在深度渗透各行各业,持续推动行业从信息化、数字化向智能化加速跃升。

人工智能是引领未来的战略性技术,全球主要国家及地区都把发展人工智能作为提升国家竞争力、推动国家经济增长的重大战略。世界各国对于通过应用牵引人工智能技术落地已达成共识。

2021 年 7 月,美国国家科学基金会联合多个部门和知名企业等,新成立 11 个国家人工智能研究机构,涵盖了人机交互、人工智能优化、动态系统、增强学习等方向,研究项目更是涵盖了建筑、医疗、生物、地质、电气、教育、能源等多个领域。中国"十四五"规划纲要明确要大力发展人工智能产业,打造人工智能产业集群以及深入赋能传统行业成为重点。英国支持人工智能产业化,启动人工智能办公室和英国研究与创新局联合计划等,确保人工智能惠及所有行业和地区,促进人工智能的广泛应用。日本将基础设施建设和人工智能应用作为重点,重点强调了跨行业的数据传输平台,全面推动人工智能在能源、交通物流、智慧城市、制造业等各个行业开展应用。

同时,世界各国也高度重视人工智能标准化工作,规范人工智能落地应用,出台战略加强标准化布局,支撑产业生态发展。ISO/IEC JTC 1/SC 42 和 IEEE 标准组织重点在人工智能基础共性、关键通用技术、人工智能可信及伦理方面开展标准研制工作,已成为国际 AI 标准的主要供给方和参考源,影响力正向全球辐射。2020 年 3 月 18 日,中国国家标准化管理委员会批复成立全国信息技术标准化技术委员会人工智能分技术委员会 TC28/SC 42,主要负责人工智能基础、技术、风险管理、可信赖、治理、产品及应用等人工智能领域国家标准制修订工作,对口国际标准化组织和国际电工委员会联合技术委员会 ISO/IEC JTC 1/SC 42,以标准化手段,分类、分级、分步骤推动大模型评测、算力、算法、数据和治理等领域的技术和应用,带动和引领人工智能技术持续健康发展。

在全球各国的高度关注下,人工智能从实验室加速走向应用市场,推动 AI 技术应用到智能产品的开发、服务模式的创新、产业升级,赋能多行业智能化转型。

交通行业以技术创新为驱动,以数字化、网络化、智能化为主线,以促进交通运输提效能、扩功能、增动能为导向,推动数字转型、智能升级。例如,智能铁路 TFDS(Trouble of moving Freight car Detection System,货车运行故障动态图像检测系统)解决方案采用华为盘古铁路大模型作为预训练模型基础,将人工智能技术与业务场景相结合,其训练和推理速度均达到了世界第一,能精准识别 67 种车型的 430 多种故障,关键故障零漏报,有效筛除 95% 以上无故障图像,大幅提升作业效率。

能源行业推动与数字技术深度融合,加强传统能源与数字化智能化技术相融合的新型基础设施建设,释放能源数据要素价值潜力,强化网络与信息安全保障,有效提升能源数字化智能化发展水平。在电力行业的应用中,基础大模型拥有百万级到千亿级别参数。CV

大模型、NLP 大模型、多模态大模型,通过与电力行业知识结合,可快速实现不同场景的适配,少量样本也能达到高精度,基于预训练＋下游微调的工业化 AI 开发模式,加速电力智能化应用。

金融行业作为人工智能应用场景密集的行业,以大模型为代表的新一代人工智能技术将加速金融数字化和金融智能化的发展,重塑现有业务流程,改变产业格局。中国工商银行发布的基于昇腾 AI 的金融行业通用模型,首家实现了企业级金融通用模型的研制投产,并广泛应用于客服、营销、运营、风控等业务主战场中,推动人工智能技术在金融领域规模化应用的跨越式发展。

智能化赋能千行万业已经成为当今时代的重要趋势。它不仅为各行各业带来了巨大的机遇,也带来了诸多挑战。在未来的发展中,应积极应对挑战,充分发挥智能化技术的优势,推动各行各业的持续创新和发展。

1.4　存在的挑战

人工智能将深入交通、能源、金融等关键行业,带来颠覆性革命,撬动难以估量的经济价值。行业智能化的构建是一个复杂工程,需要统筹点线面、系统推进和总体考虑,重点围绕核心技术、基础软硬件、数据资源体系、标准规范和行业应用示范等进行部署。

1.4.1　传统算力基础设施难以匹配大模型创新需求

AI 快速发展并在多行业落地,呈现出复杂化、多元化和巨量化的趋势。不同的应用场景对算力的要求不同,要评判算力基础设施是否满足需求,需要企业根据特定的 AI 技术场景和需求,综合考虑算力基础设施的性能与灵活易用性。

传统 AI 的模型开发方式是"作坊式"的,每个业务应用使用自己的算力,开发自己的小模型。这种模式存在算法精度低、算法通用性差、开发效率低下、人才准备度不足等问题。大模型的开发方式从基础上彻底改变了这些问题,基于基础大模型结合用户数据进行微调成为主要路径。模型的基础架构收敛、主流模型数量收敛、主流开发框架收敛、用户自研算子数量大幅减少等技术优点,将大模型系统能使能全业务流创新成为现实。

大模型技术对于算力基础设施的规模提出了更高的要求,企业传统基础设施面临算力资源不足的挑战。AI 大模型需要大算力,其训练时长与模型的参数量、训练数据量成正比。同等条件下参数变多,计算量变大,按照业界的经验,能达到可接受的训练时长,需要百亿参数百卡规模,千亿参数千卡规模,万亿参数万卡规模。这对算力资源的规模提出了极高的要求。算力不足意味着无法处理庞大的模型和数据量,也无法有效支撑高质量的大模型技术创新。

1.4.2　基础大模型难以适应行业智能化需求

基础大模型 L0 的构建,需要顶尖人才和巨额资金的持续投入,百模千态将以行业模型的形态为主。技术门槛高，基础大模型的构建是复杂的端到端系统工程，是一个典型的复杂软件平台。资金投入大，GPT-4训练成本约6千万美元，推理成本将至少是训练成本的5～10倍，达到每年数亿美元。

每个行业均有使用大模型的场景，行业用户及行业伙伴大多不具备从头开发大模型的能力，为了获得适配本行业的大模型，需要提供行业数据给基础大模型进行微调训练。各行业根据业务需求，发挥创新精神，促进行业利用人工智能新技术提高生产效率、生产质量，确保业务安全，进入行业核心生产业务流程，持续引领行业发展。

数据是行业用户的核心资产和竞争优势的源泉，行业用户部分关键敏感数据难以实现共享或者"出厂"，例如，交通行业中涉及国民经济运行、公共安全和个人隐私等方面的数据，金融行业中债权、债务关系相关的数据，能源行业中的资产明细、生产数据等，此时基础大模型难以适应行业智能化需求。

于是行业用户将行业非敏感数据提供给基础大模型供应商，形成行业大模型L1，再结合场景数据在行业大模型L1基础上形成场景大模型L2，以适应行业的需要。

1.4.3　数据供给难以满足大模型训练需求

数据是构建大模型竞争力的核心要素，行业大模型的发展离不开高质量的行业数据集，行业先锋都应该打造自身的数据飞轮。高价值、特定领域的工作流程，特别且必须依赖于丰富且高质量的专有数据集。

数据供给存在诸多挑战，缺乏多场景、可直接应用于人工智能训练的基准数据集。各行业各部门产生数据的技术标准、管理规范不尽相同，数据质量参差不齐。数据的实时采集受制于非数字化终端、多数据源等因素；数据标注困难、样本缺失，需要行业专家识别，耗时耗力。

同时，行业数据缺乏开放共享的流程、通道和制度，缺少统筹共性数据集的建设服务，开放数据集的"质"与"量"难以保证，源头数据的治理不充分，导致数据质量不高、共享不足，难以快速地训练与开发，不利于各学术机构和企业进行新技术的研究和突破。

海量数据存储与调用一直是极大的难题，数据的实时上传受制于低速网络，数据的实时分析受制于数据孤岛，行业数据难采、难传、难用，阻碍了行业智能化的进程。

1.4.4　人才储备和生态难以支撑智能化转型需求

人才是人工智能竞争的关键，更是人工智能赋能行业智能化的有效支撑。预计到2025年，中国ICT人才缺口将超过2000万，其中，云、人工智能、大数据等新兴数字化技术方面的人才尤其稀缺，各行业Know-How差异大、涉及学科种类多，缺少既懂行业Know-How又懂新兴数字化技术的跨领域复合型人才。人才储备不足问题成为限制行业智能化转型的瓶颈问题之一。

各国都要建立完善的人工智能产业生态，例如，中国人工智能发展也存在很多生态建设方面的问题，包括产业界、学术界和行业用户联合进行基础技术创新研究和应用氛围不够浓厚,降低了科研成果转化效率;行业数据未充分共享,限制了数据开发利用和数据价值深度挖掘;人工智能赋能千行万业智能化建设标准化规范缺失等。

　　要加速人工智能赋能行业智能化转型,就必须加大人工智能人才储备,进一步完善人工智能生态链,把企业的市场优势和数据优势转化成人工智能的技术创新优势和应用场景优势,加速推动人工智能赋能千行万业智能化转型。

第 2 章

行业智能化参考架构

　　企业智能化转型是一个长期的、循序渐进的过程,如何选择转型道路、如何分层分级建设智能化 ICT 基础设施,将成为智能化转型的关键,需要有一个通用的系统工程框架来引领转型过程,在不同的阶段做出合理的选择,避免走弯路、走错路,提升转型的效率。行业智能化架构的设计需要考虑以下几方面因素。

　　(1)逐步实施的建设过程。

　　智能化转型是一项系统性的创新工程,难以一蹴而就,要在业务发展方向上找准结合点,开展智能化探索。行业智能化的架构设计应是分层分级,可进行模块化拆解,可协同建设。企业可结合自身应用场景、算力资源、算法能力、数据储备等实际情况分阶段、分步骤推进智能化转型。

　　(2)开放协同的架构。

　　企业在行业智能化架构设计的过程中,需要快速地学习和掌握新技术,将新技术融会贯通形成组合优势,同时还应充分考虑对已有技术和业务系统的利用。架构设计应考虑多技术融合、多业务系统互联互通、技术分层解耦,形成智能化转型的参考架构。

　　(3)融合创新的生态。

　　坚定践行开放、开源的策略,进一步开放智能化参考架构,繁荣技术生态,做厚商业生态。全面兼容业界的应用,以更加灵活的方式使能开发者业务创新,共建、共享、共治,持续贡献,打造成支持 AI 创新的生态体系。

　　(4)适配行业的算法。

　　随着 AI 技术的发展、智能化应用的深入,应用场景变得更多元、更复杂。每个行业的应用场景都有成百上千个,每个子场景对 AI 模型的泛化性要求不同,在特定的场景,都需要对 AI 模型进一步优化和重构,以适应生产环境。需要通过预先训练好的基础大模型,支持每个场景化 AI 开发,不必再从零开始,而是基于基础大模型做增强训练形成行业大模型,并自动化抽取出适合该场景部署的小模型,缩短开发周期。

　　(5)高质量的行业数据

　　数据是构建大模型竞争力的核心要素,高质量的行业数据尤为稀缺。行业数据不但有IT 数据,还有来自工业控制系统、物联网、传感器等设备的 OT(Operational Technology)数据。行业先锋企业致力于打造自己的数据飞轮,将海量数据采集好、管理好,以支撑行业智能化。高质量的数据需要统筹规划感知、存储、网络、数据治理、数据安全,需要做好整个系统的顶层设计和各个子系统的协同。

（6）高效可靠的算力

在单卡性能增长有限的情况下，需要通过集群模式建设大规模 AI 算力，满足模型训练和推理资源池的需求，并兼顾计算、网络、存储等的跨域协同及优化，构筑高效协同的算力集群，支撑大模型训练，提升训练效率，提供高性能的存算网协同。根据场景需求不同，提供系列化的算力。

基于在城市、公共事业、交通、能源、金融、制造等行业智能化实践过程中的总结，华为联合伙伴提出了具备分层开放、体系协同、敏捷高效、安全可信等特征的行业智能化参考架构，更好地支撑多技术融合，实现不同组织、系统间的互联互通、数据共享和业务协同，加速千行万业走向智能化。

2.1 行业智能化参考架构概述

如图 2-1 所示的行业智能化参考架构是系统化的架构，它包含智能感知、智能联接、智能底座、智能平台、AI 大模型、千行万业 6 层。这 6 层之间不是独立的，而是相互协同的，就像人体一样，能感知、会思考、可进化、有温度，共同服务于千行万业的智能化发展。行业智能化参考架构是一个面向全行业的、能够服务不同智能化阶段的参考架构，通过分层分级建设，选取合适的技术和产品，提升企业的智能化水平。它具有 4 个特点：协同、开放、敏捷、可信。

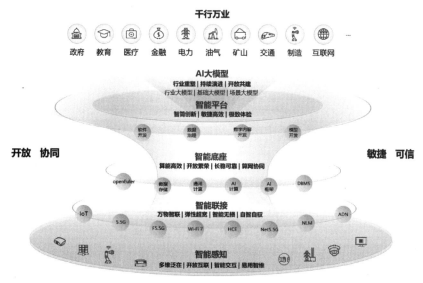

图 2-1　行业智能化参考架构

（1）协同：大模型时代，智能化产业的上下游产业多，产品能力复杂，需要各从业企业基于行业智能化参考架构来构建产品和能力，相互协同以形成合力，共同完成智能化体系的建设。各个行业的企业之间也需要协同，共同构筑有竞争力的基础大模型、行业大模型，服务于行业的智能化发展。企业内在智能化过程中通过云、管、边、端的协同，业务信息实时同步，提升业务的处理效率，并通过应用、数据、AI 的协同，打通组织鸿沟，使能业务场景全面智能化。

（2）开放：行业智能化发展是一个庞大的工程，需要众多的企业共同参与，以开放的架构助力行业智能化发展。通过算力开放，以丰富的框架能力支持各类大模型的开发，形成百模千态；通过感知开放，接入并打通品类丰富的感知设备，实现万物智联；通过模型开放，匹配千行万业的应用场景，实现行业智能。

（3）敏捷：企业在智能化的过程中，可按照业务需要灵活匹配合适的 ICT 资源，并通过丰富、成熟的开发工具和框架构筑智能化业务，让业务人员直接参与智能化业务的开发，快速上线智能应用。

（4）可信：企业的智能化系统必须是可信的，在系统安全性、韧性、隐私性、人身和环境安全性、可靠性、可用性等方面全面构筑可信赖的能力，并从文化、流程、技术三个层面确保在各场景中落地；企业智能化应用的运行过程必须是可信的，可追溯、防篡改，避免受到外部的恶意破坏。

2.2　行业智能化参考架构分层解析

2.2.1　智能感知

智能感知是物理世界与数字世界的纽带，它基于品类丰富、泛在部署的终端设备，对传统的感知能力进行智能化升级，构建一个无处不在的感知系统。

智能感知具备多维泛在、开放互联、智能交互、易用智维等特点。

1. 多维泛在

智能化时代，需要对事物进行全方位的感知，才能获取到完整、全面的信息，支撑后续的智能化业务处理。在感知时，通过雷达、视频、温度传感、气压传感、光纤感知等多种类型的感知设备从不同的维度获取数据，进而汇总成为更全面的信息，支撑后续的智能分析和处置；同时，为了保证能够获取到准确且实时的信息，感知设备还需要贴近被感知的对象，并保持实时在线，充分获取感知数据，实时上传至处理节点，形成无处不在的感知。

2. 开放互联

行业里各类感知终端种类繁多，协议七国八制导致数据难以互通，难以支撑复杂的业务场景。因此，需要开放终端生态，通过鸿蒙或其他智联操作系统，将协议复杂、系统孤立的终端有机协同起来，实现对同一感知对象的联动感知能力，做到"一碰传、自动报"。开放应用生态，ICT 技术与场景化深度融合，实现精细化治理。

3. 智能交互

随着各类智能终端的广泛应用，人与人之间、人与设备之间的协同也越来越广泛，视频会议、远程协作等交互场景在行业应用中得到了很大的推广。通过云边协同、AI 大模型等技术的应用,极大地提升设备认知与理解能力,实现软件、数据和 AI 算法在云边端自由流动,并通过包含智联操作系统的终端设备,基于对感知数据的处理结果,在物理世界中进行响应处理,实现智能的交互能力。

4. 易用智维

行业的业务场景复杂,对感知的要求也有很大差异,感知设备有相当大的比例安装在不易于部署维护的地点,如荒野、山顶、铁路周界、建筑外围等,其中一部分设备在获取电力、网络资源方面也存在一定的困难。因此,需要感知设备具备网算电一体集成、边缘网关融合接入等能力,实现感知设备智简部署、即插即用,智简运维平台和工具数字化、智能化,实现无人化、自动化的可视可管可维。

智能感知层的关键技术和部件包括鸿蒙感知、多维感知、通感一体等。鸿蒙感知是以鸿蒙智联操作系统为核心的智能终端系统,具备接入简单、一插入网、一跳入云、安全性强等特点;多维感知是通过雷视拟合、光视联动等技术融合创新,提高全场景感知精准性;通感一体,通过有线和无线组合,实现无处不在、无时不在的感知。

2.2.2　智能联接

行业智能化的场景复杂多样,智能联接用于智能终端和数据中心的连接、数据中心之间的连接、数据中心内部的连接等,解决数据上传、数据分发、模型训练等问题。各种场景对连接都有不同的要求。例如,某个工业园区场景中智能终端和数据中心的连接,AOI 机器视觉质检要求实时推理交互,软件包下载要求高峰值带宽,视频会议要求稳定带宽,需要借助网络切片保障不同流量的互不干扰。在数据中心中,AI 训练集群网络丢包率会极大地影响算力效率,万分之一的丢包率会导致算力降低 10%,而千分之一的丢包率会导致算力降低 30%。因此,行业智能化需要万物智联、弹性超宽、智能无损、自智自驭的智能联接。

1. 万物智联

在行业智能化时代,种类繁多的感知终端(如雷达、行业感知、光纤感知、温度感知、气压感知等)都需要通过网络自动上传感知数据,以支撑各种类型的业务系统。数据上传需要实时、准确,不能有丢失。智能联接综合采用 5G-A、F5G Advanced、Wi-Fi 7、超融合以太(HCE)、IPv6＋等多种网络技术,推进全场景、全触点、无缝覆盖的泛在连接,支撑数据采集汇聚,推进智能应用普及,为智能化参考架构的持续进化构筑万物智联的基础。

2. 弹性超宽

随着行业智能化不断发展,感知能力不断丰富与增强,生成的业务信息量也在极速增长,支撑大模型的训练数据更加丰富完善,训练出的模型更加精准。训练出的模型也要迅速下发,推动业务处理更加智能。面向 PB 级样本训练数据上传、TB 级大模型文件分发的突发性、周期性、超宽带连接需求,需要建设大带宽、低时延、智能调度的网络;基于时延地图和带宽地图动态选择最优路径,实现极速推理和实时交互,为行业智能化参考架构打通

"数据上得来,智能下得去"的持续进化循环。

3. 智能无损

面向超大规模 AI 集群互联需求,以 400GE/800GE 超融合以太、网络级负载均衡等技术实现大规模、高吞吐、零丢包、高可靠的智能无损计算互联;智算数据中心网络升级,以网强算,通过算、网、存深度协同优化,支撑万亿级参数的模型训练,让智能化参考架构越来越智能。面向海量智能感知终端连云入算、AI 助理以云助端等场景,基于网络大模型实现智能感知应用类型、智能优化联接体验、智能保障网络质量,为极速推理、协同工作、音视频会议等各种应用提供智能无损的高品质联接,让智能持续进化,服务更多的生产、生活场景。

4. 自智自驭

基于网络大模型识别应用与终端类型,准确生成配置与仿真验证、准确预测故障与安全风险,并实现网络零中断(智能预测网络拥塞准确率 99.9%)、安全零事故(智能预测未知威胁)、体验零卡顿(智能识别应用类型并保障体验),加速网络自动驾驶向 L4 级迈进,实现网络的自智自驭,提升智能化参考架构的整体运转效率。

智能联接主要涉及接入网络、广域网络、数据中心网络,其技术特征如下。

(1) 接入网络:承担着感知设备的接入及汇聚到数据中心网络或广域网络的职责。接入网络通过 5G-A、F5G Advanced、Wi-Fi 7、超融合以太(HCE)、IPv6＋等技术,实现稳定、可靠、低时延的感知设备接入;同时,接入网络还承载着多种业务类型,如实时业务处理、训练数据采集与上传、推理模型下发至边缘计算节点等,需要接入网络能够根据业务类型分别设置网络资源,为不同的业务数据设置不同的资源优先级。

(2) 广域网络:具备多分支机构的大型企业存在大量的数据跨分支机构互传的场景,如训练数据上传、算法模型下发、业务应用下发、业务数据传输等,相应地需要在分支机构之间提供稳定、大带宽的广域网络。企业可根据自身的实际情况,选择租用运营商网络或自建广域网络的方式,获取稳定、可靠、高带宽的多分支机构间的网络连接能力。

(3) 数据中心网络:随着 AI 大模型的兴起,大模型训练成为数据中心的一个重要职责,其超大规模的数据分析对数据中心的网络也带来了新的挑战,传统的基于计算机总线的数据中心网络技术已无法满足大模型训练的要求。因此,数据中心网络需要新的网络架构,能够打通各协议间的壁垒,"内存访问"直达存储和设备;并统一芯片侧高速接口,打破"带宽墙",使能端口复用。数据中心的业务类型也是多样的,例如,在大模型训练时就存在参数面、业务面、存储面等网络平面,需要能够按照业务类型建立网络平面,并相互隔离。

2.2.3 智能底座

智能底座提供大规模 AI 算力、海量存储及并行计算框架,支持大模型训练,提升训练效率,提供高性能的存算网协同。根据场景需求不同,提供系列化的算力能力。适应不同场景,提供系列化、分层、友好的开放能力。另外,智能底座层还包含品类多样的边缘计算设备,支撑边缘推理和数据分析等业务场景。

智能底座层具备算能高效、开放繁荣、长稳可靠、算网协同等特点,以更好地支撑行业智能化。

1. 算能高效

随着大模型训练的参数规模不断增长、训练数据集不断增大,大模型训练过程中需要的硬件资源越来越多,时间也越来越长。需要通过硬件调度、软件编译优化等方式,实现最优的能力封装,为大模型的训练加速,提升算能的利用率。同时,针对基础大模型、行业大模型、场景大模型的训练算力需求,以及中心推理、边缘推理的算力需求,提供系列化的训练及推理算力基础设施配置,根据业务场景按需选择,确保资源价值得到最大化的利用。

在数据存储方面,闪存技术具备高速读写能力和低延迟特性,并伴随着其堆叠层数与颗粒类型方面突破,带来成本的持续走低,使其成为处理 AI 大模型的理想选择。通过全局的数据可视、跨域跨系统的数据按需调度,实现业务无感、业务性能无损的数据最优排布,满足来自多个源头的价值数据快速归集和流动,以提升海量复杂数据的管理效率,直接减少 AI 训练端到端周期。

2. 开放繁荣

不同场景、不同类型的大模型,根据大模型的参数规模、数据量规模,需要的算力有着很大的差异;在推理场景,中心推理和边缘推理对算力的要求也不一样。行业用户可以根据实际业务场景选择不同的模组、板卡、整机、集群,获取匹配的算力;并可在品类丰富的开源操作系统、数据库、框架、开发工具等软件中进行选择,屏蔽不同硬件体系产品的差异,帮助用户在繁荣的生态中选择合适的产品和能力,共同形成行业智能化的底座。

3. 长稳可靠

大模型业务场景下,一次模型训练往往要耗费数天甚至数月的时间,如果中间出现异常,将会有大量的工作成果被浪费,耗费宝贵的时间和计算资源。为减少异常导致的训练中断、资源浪费,要保证训练集群长期稳定,提升集群的稳定性;同时,在出现极端情况时,可以使用过程数据恢复训练,降低因外部因素带来的影响。

4. 算网协同

随着大模型的参数数量、训练数据规模不断增长,模型训练所消耗的时间也不断增加,逐渐变得不可接受。传统的计算机总线+网络的数据传输方式已成为瓶颈,难以继续提升效率。因此,我们需要算网协同的传输架构,提升数据的传输效率和模型训练速度。同时,网络需要参与计算,减少计算节点交互次数,提升 AI 训练性能。

同样,在大模型训练过程中,数据在存储、内存、CPU 间移动,占用大量的计算和网络资源。为减少这些资源占用,需要存算协同架构,通过近存计算、以存强算的能力,让数据在存储侧完成部分处理,将算力卸载下沉进存储实现随路计算,减少对 AI 计算能力的占用。

智能底座的主要技术特征如下。

(1)计算能力:简称算力,实现的核心是 GPU/NPU、CPU、FPGA、ASIC 等各类计算芯片,以及对应的计算架构。AI 算力以 GPU/NPU 服务器为主。算力由计算机、服务器、高性能计算集群和各类智能终端等承载。算力需要支持系列化部署，训练需要支撑不同规格（万卡、千卡、百卡等）的训练集群、边缘训练服务器；推理需要支持云上推理、边缘推理、高性价比板卡、模组和套件。并行计算架构需要北向支持业界主流 AI 框架，南向支持系列化芯片的硬件差异，通过软硬协同，充分释放硬件的澎湃算力。

（2）数据存储：复杂多样的业务场景，带来了复杂多样的数据类型。数据存储需对不同类型的数据，通过全闪存存储、全对称分布式架构等技术手段，为不同的业务场景提供海量、稳定高性能和极低时延的数据存储服务；为特定业务场景提供专属数据访问能力，如直通 GPU/NPU 缩短训练数据加载时间至 ms 级；并具备数据的备份恢复机制，以及防勒索机制等安全能力，确保数据的安全、可用。

（3）操作系统：操作系统对上层应用，要屏蔽不同硬件的差异，提供统一的接口，要完成不同硬件的兼容适配，提供良好的兼容性，为应用软件的部署提供尽可能的便利；针对不同的硬件特征，操作系统需要针对性地优化，确保能充分发挥硬件的能力；在多 CPU、CPU 和 GPU、NPU 协同的情景下，操作系统如何协调调度，也是一个关键的能力。

（4）数据库：海量、格式多样的数据，追求极致的业务性能，对数据库也带来了新的挑战。为了适应业务的变化，数据库需要高性能、海量数据管理，并提供大规模并发访问能力；高可扩展性、高可靠性、高可用性、高安全性、极速备份与恢复能力，都是对数据库的基本要求。

（5）云基础服务：智能底座上运行的各种应用、服务，在不同的时间段对应的业务量是有差异的，为了合理利用智能底座的硬件资源，智能底座通过虚拟化、容器化、弹性伸缩、SDN 等技术，对外提供云基础服务能力，提升资源的利用效率。

2.2.4　智能平台

海量的数据从感知层生成，经过联接层的运输，汇聚到智能平台，通过数据治理与开发、模型开发与训练，积累行业经验，最终服务智能应用的构建。

智能平台具备智简创新、敏捷高效、极致体验等特点，理解数据、驱动 AI，支撑基于 AI 大模型的智能应用的快速开发和部署，使能行业智能化。

1．智简创新

围绕软件、数据治理、模型、数字内容等生产线能力，提供一系列的开发使能工具，并通过数据、AI、应用的协同，让智能应用的构建更高效、更便捷；让行业应用的创新更简单、更智能。

2．敏捷高效

智能化的开发生产线能力，为业务人员提供了多样化的业务开发方式选项；强大的DevOps 能力让业务迭代开发过程更敏捷，一键发布能力让业务上线速度更快，效率更高。

3．极致体验

具备简单易用的低代码、零代码业务配置能力，开发门槛低，业务人员可以直接参与到模型开发、数据治理、应用开发中；为不同的用户提供个性化的操作界面，提升使用者的体验。

智能平台层的主要技术特征包括数据治理生产线、AI 开发生产线、软件开发生产线以及数字内容生产线。智能平台支持 AI 模型在不同框架以及不同技术领域的开发和大规模训练。

（1）数据治理生产线：核心是从数据的集成、开发、治理到数据应用消费的全生命周期智能管理。一站式实现从数据入湖、数据准备、数据质量到数据应用等全流程的数据治理，同时融合智能化治理能力，帮助数据开发者大幅提升效率。

（2）AI 开发生产线：是 AI 开发的一站式平台。提供算力资源调度、AI 业务编排、AI 资产管理以及 AI 应用部署，提供数据处理、算法开发、模型训练、模型管理、模型部署等 AI 应用开发全流程技术能力。同时，AI 应用开发框架屏蔽掉底层软硬件差异，实现 AI 应用一次开发、全场景部署，缩短跨平台开发适配周期，并提升推理性能。

（3）软件开发生产线：提供一站式开发运维能力，面向应用全生命周期，打通需求、开发、测试、部署等全流程。提供全代码、低代码和零代码等各种开发模式。面向各类业务场景提供一体化开发体验。

（4）数字内容生产线：提供 2D、3D 数字内容开发，应用开发和实时互动框架。根据用户需求生成服务，如数字人等，是使用者不需要专业设备即可使用的内容生产工具。

2.2.5　AI 大模型

AI 大模型分为三层，即基础大模型、行业大模型、场景大模型。基础大模型（L0）提供通用基础能力，主要在海量数据上抽取知识，学习通用表达，一般由业界的 L0 大模型供应商提供；行业大模型（L1）是基于 L0，结合行业知识构建，利用特定行业数据，面向具体行业的预训练大模型，无监督自主学习了该行业的海量知识，一般由行业头部企业构建；场景大模型（L2）指面向更加细分场景的推理模型，是实际场景部署模型，是通过 L1 模型生产出来的满足部署的各种模型。

AI 大模型在发展过程中呈现出了行业重塑、持续演进、开放共建等特点。

1. 行业重塑

AI 大模型叠加行业场景，赋予行业场景更智能的处理能力，提升业务效率，降低企业成本，促进行业创新，为行业的发展注入新的生命力，重塑行业的智能化进程。

2. 持续演进

行业场景使用大模型提升业务效率的同时，也会产生大量的业务数据，这些数据再对大模型进行训练，让大模型的能力越来越强大，推理越来越准确，成为行业智能化的有力支撑。

3. 开放共建

行业客户与大模型供应商共同打造多样化多层级的大模型，构筑满足各类场景各种需要的大模型，为不同行业场景提供多样化的选择，服务行业智能化发展。

大模型聚焦行业，从 L0、L1 到 L2，遵从由"通"到"专"的分层级模式，可实现从 L0 基础大模型到 L1 行业大模型再到 L2 场景模型的快速开发流程。

在建设大模型体系时，要依照企业的规模、能力、组织结构和需求因地制宜，层层落实，要充分考虑云网边端协同、网算存的协同，让 AI 上行下达。大模型可以分层分级建设，从 L0 到 L1，再到 L2，不断地有行业数据加入来提升模型的训练效果，同时也需要模型压缩来节约推理资源。模型压缩是实现大模型小型化的关键技术，大模型通过压缩技术可以达到 10～20 倍参数量级压缩，使千亿模型单卡推理成为可能，节省推理成本；同时，模型压缩降低了计算复杂度，提升了推理性能。

在实际应用中，需要结合业务场景变化，迭代演进 AI 大模型能力，边学边用，越用越好。对于 NLP 大模型，可以结合自监督训练方式，进行二次训练，不断补充行业知识；在具体任务场景下，可以使用有监督训练方法进行微调，快速获得需要达到的效果；进一步可以基于自有训练后的模型，进行强化学习，获得更出色的模型。对于 CV 大模型，企业/行业用户可以结合自有行业数据，进行二次训练，迭代获得适配于自身行业的 L1 预训练大模型；同时，在具体细分场景上，可以提供小样本，基于行业预训练的 L1 模型进行微调，快速获得适配自身业务的迭代模型，小样本量，迭代也更快速。

大模型的三级模型之间可以交互优化。L0 模型可以为 L1 模型提供初始化加速收敛，L1 可以通过模型抽取蒸馏产生更强的 L2 模型，L2 也能够在实际问题中通过积累难例数据或者行业经验反哺 L1。

2.2.6　智赋万业

千行万业的智能应用是行业智能化参考架构的价值呈现，每个个体所能感受到的个性化、主动化服务体验都来自应用。智能应用的发展关键是探索可落地场景，对准其痛点，通过 ICT 技术和行业/场景 AI 大模型的结合，快速创造价值。所有这些场景汇聚起来，便能涓滴成河，逐步完成全场景智慧的宏伟蓝图。

第 2 篇

交　　通

1. 交通智能化发展现状

近年来,中国交通运输智能化发展不断取得突破。5G 通信、大数据、人工智能等新兴技术在交通运输领域不断得以运用。

在智慧铁路方面,主要采用大数据、云计算和 AI 等技术,通过对数据的全面采集、设备状态的全面感知进行智能分析处理,以实现人员、设备和环境的协同,从而引领铁路运行工作模式的深度变革。由此,南宁铁路局实现通信、信号、车载各专业的融合;怀邵衡铁路搭建智能大数据运维平台,实现了通信、信号子系统数据的归集整理,各系统的互联互通、数据集成及标准化,实现了设备的健康管理、综合监测和生产大数据分析等功能。京张高铁成为世界首条采用北斗卫星导航系统并实现自动驾驶等功能的智能高铁。

在智慧港口航运方面,中国水运尤其是远洋运输和沿海港口建设的智能化水平不断提高,智能化水运系统增强了中国水运行业在国际海运市场中的竞争力,满足了对外贸易货物的装卸运输需求。中国的水运智能化主要围绕在运营管理、指挥调度、港口物流管理等方面。厦门、青岛港相继建成全自动化集装箱码头。全球最大单体自动化智能码头和全球综合自动化程度最高的码头——上海洋山港四期码头开港,标志着中国港口行业在运营模式和技术应用上实现了里程碑式的跨越升级和重大变革。

在智慧民航方面,航空信息网络正在向实时化、智能化和先进化方向发展,智能化技术在航空物流领域也得以应用。机场作为整个民航系统中的重要组成部分，是民航服务的实施现场，承担着航班调度、航空安检、旅客服务、货运处理等多项职能，与航空公司、空管共同构建了民航三大运行主体。机场要在保障旅客进出港顺畅有序，航班安全、正常、高效运行的同时，做好机场本单位及驻场各单位之间的协调配合工作，确保机场各类资源的合理、优化利用。机场运行品质提升对保障民航安全，提升民航运输效率发挥着举足轻重的作用。随着民航运输量逐年持续增长，智慧机场建设正在逐步推进并推广中。目前，全国95%以上的民用运输机场和主要航空公司已实现"无纸化"出行。

在城市交通管理方面，中国在对城市智能交通系统进行优化和完善的过程中，将重点放在交通控制以及预测系统方面，对于城市交通信号的控制、路由预测以及车辆速度等方面进行了重点关注，并且在其中运用了人工智能技术。在交通控制和预测系统中所使用的人工智能技术主要是人工神经网络，该技术占到了整个技术应用的40%以上。除此之外，还充分结合了遗传算法和专家系统等技术，多项技术的共同融合能够有效保证整个城市网络的完整性和有效性，在此基础之上，能够有效减少车辆在行驶过程中在十字路口所停留等待的时间。

在城市轨道交通方面，国内各城市轨道交通运营公司都在应用人工智能技术，力图减少人工数量的同时提高城市轨道交通运行效率、安全性和乘客舒适性等，降低设备维护成本，真正实现企业扭亏为盈，为城市轨道交通可持续发展提供保障。目前，哈尔滨、北京、上海以及广州等地区城市轨道交通均在大规模探索人工智能技术的应用场景。主要的应用场景包括智能安防、智能运行和智能维护等方面。

2. 交通智能化发展形势与要求

当前，全球新一轮科技革命和产业变革深入发展，数字经济、人工智能等新技术、新业态已经成为促进经济社会发展的新动能。推进人工智能、物联网、大数据等新一代信息技术与交通运输深度融合发展，是推动交通运输质量变革、效率变革、动力变革的新机遇、新挑战，也是加快建设交通强国的重要任务。

2019年9月，中共中央国务院印发《交通强国建设纲要》，提出中国建设交通强国的总目标是"人民满意、保障有力、世界前列"，明确了到21世纪中叶交通强国建设的九大任务。其中涉及智慧发展重点有三方面：一是新型载运工具研发，加强智能网联汽车（智能汽车、自动驾驶、车路协同）研发，形成完整的产业链；二是推进装备技术升级，推广新能源、清洁能源、智能化、数字化、轻量化、环保型交通装备及成套技术装备，广泛应用智能高铁、智能道路等新型装备设施，推广应用交通装备的智能检测监测和运维技术；三是大力发展智慧交通，推动大数据、互联网、人工智能、区块链、超级计算等新技术与交通行业深度融合。推进数据资源赋能交通发展，加速交通基础设施网、运输服务网、能源网与信息网络融合发展，构建泛在先进的交通信息基础设施。

2021 年 2 月，中共中央国务院印发《国家综合立体交通网规划纲要》，谋划了现代化高质量国家综合立体交通网建设方案，支撑交通强国、现代化经济体系和社会主义现代化强国建设。规划提出了推进交通基础设施数字化、网联化，提升交通运输智慧发展水平。一是加快提升交通运输科技创新能力，全方位布局交通感知系统，与交通基础设施同步规划建设，部署关键部位主动预警设施，提升多维监测、精准管控、协同服务能力；加强智能化载运工具和关键专用装备研发，推进智能网联汽车（智能汽车、自动驾驶、车路协同）、智能化通用航空器应用。二是加快既有设施智能化，利用新技术赋能交通基础设施发展，加强既有交通基础设施提质升级，提高设施利用效率和服务水平；推动公路路网管理和出行信息服务智能化，完善道路交通监控设备及配套网络；推动智能网联汽车与智慧城市协同发展，建设城市道路、建筑、公共设施融合感知体系，打造基于城市信息模型平台、集城市动态静态数据于一体的智慧出行平台。

在智慧铁路方面，2021 年国家铁路局印发《"十四五"铁路科技创新规划》，提出智能铁路要大力推进北斗卫星导航、5G、人工智能、大数据、物联网、云计算、区块链等前沿技术与铁路技术装备、工程建造、运输服务等领域的深度融合，加强智能铁路关键核心技术研发应用，推进大数据协同共享，促进铁路领域数字经济发展，提升铁路智能化水平。

在智慧港口方面，2019 年 5 月，交通运输部等七部门印发《智能航运发展指导意见》；2019 年 11 月，交通运输部等九部委联合印发《关于建设世界一流港口的指导意见》；2023 年 12 月，交通运输部印发《关于加快智慧港口和智慧航道建设的意见》，以上文件均提出加快智慧港口航运发展的要求。要求以数字化、网络化、智慧化为主线，以提效能、扩功能、增动能为导向，以智慧化生产运营管理服务为重点，推动水运行业实现质的有效提升和量的合理增长，着力建设安全、便捷、高效、绿色、经济、包容、韧性的可持续交通体系，书写好交通强国水运篇章，奋力加快建设交通强国。到 2027 年，全国港口和航道基础设施数字化、生产运营管理和对外服务智慧化水平全面提升，建成一批世界一流的智慧港口和智慧航道。国际枢纽海港 10 万吨级及以上集装箱、散货码头和长江干线、西江航运干线等内河高等级航道基本建成智能感知网。建设和改造一批自动化集装箱码头和干散货码头。全面提升港口主要作业单证电子化率。加快内河电子航道图建设，基本实现跨省(自治区、直辖市)航道通航建筑物联合调度,全面提升内河高等级航道公共信息服务智慧化水平。

在城市轨道交通方面,中国城市轨道交通协会于2020年发布了《中国城市轨道交通智慧城轨发展纲要》,明确指出要在自主创新基础上,围绕数字化、智能化、网络化,大力应用新技术革命成果并与城轨交通深度融合。一手抓智能化,强力推进云计算、大数据、物联网、人工智能、5G、卫星通信、区块链等新兴信息技术和城轨交通业务深度融合,推动城轨交通数字技术应用,推进城轨信息化,发展智能系统,建设智慧城轨。一手抓自主化,创新创优,增强自主技术创新能力,持续不断研发新技术、新产品;增强自主品牌创优能力,不断研发新产品、新品牌。通过持续不断的智能化和自主化建设,完成城轨交通由高速发展向高质量发展转变,强力助推交通强国建设。

在民航机场方面,2022年1月,民航局印发《智慧民航建设路线图》,定义智慧民航是瞄准民航强国建设目标,应用新一轮科技革命和产业变革的最新成果,创新民航运行、服务、监管方式,实现对民航全要素、全流程、全场景进行数字化处理、智能化响应和智慧化支撑的新模式新形态。明确提出要推动大数据、人工智能、区块链、虚拟现实等新兴数字产业与民航深度融合,推进数据资源赋能民航发展。

3. 交通智能化发展方向

未来,交通运输智能化发展将以技术创新为驱动,以数字化、网络化、智能化为主线,以促进交通运输提效能、扩功能、增动能为导向,推动交通基础设施数字转型、智能升级,先进信息技术深度赋能交通运输发展,精准感知、精确分析、精细管理和精心服务能力全面提升,成为加快建设交通强国的有力支撑。

1)建设智能轨道交通

运用信息化现代控制技术提升铁路全路网列车调度指挥和运输管理智能化水平。建设铁路智能检测监测设施,实现动车组、机车、车辆等载运装备和轨道、桥隧、大型客运站等关键设施服役状态在线监测、远程诊断和智能维护。推进新一代高速磁悬浮交通系统研制及实验。有序推进跨座式单轨、中低速磁悬浮、悬挂式轨道交通、有轨电车和无轨电车等新型轨道交通在大中型城市主干线、大型城市地铁主干线延伸补充线路、县市特色小镇的规划及布局。布局基于下一代互联网和专用短程通信的道路无线通信网。研究布局旅游观光专用轨道交通系统。建设铁路下一代移动通信系统。

在智能铁路方面的应用主要包括以下几方面。

(1) 智能基础设施。智能基础设施通过物联网的嵌入式设备对系统互联性和典型事件定义的深入理解,集成传感器、通信、计算和控制等技术解决铁路系统基础设施的智能化问题。利用智能基础设施进行主动维护、智能计划和调度、能源管理等,不仅提高了基础设施的运行可靠性和安全性,也加强了资产利用率,降低了排放量等,还能够更准确、可靠地支持列车的自动识别、防灾安全、交通安全、应急指挥救援、交通资源管理等。主要通过分析大数据确定对象的发展趋势,进行基础设施状态预测性的智能维护;使用先进的测量或建模方法消除影响基础设施智能维护的不利因素;应用智能监控技术和数据传输技术识别基础设施的初期恶化情况,开展基于状态的预防性维护策略,而不仅是在紧急情况下进行维护。

(2) 智慧列车。智慧列车通过数据传输、通信技术平台和车载传感器实现车与基础设施之间大数据信息的实时可靠传输,实现列车智能化。智慧列车是智能铁路的核心内容,包括模块化系统的集成、设备或资产的互操作、资源的高效利用、新型多功能材料的应用和利用信息通信和电子技术实现智能化处理等方面。通过实时动态数字平台和操作环境数字平台进行列车状态信息感知和监控是下一代高速列车主要发展的趋势之一。智慧列车将工业 4.0 技术不断融入车辆产品的概念设计、工程设计、生产、销售、运行和维护等环节,开展全寿命周期管理。通过数字孪生技术实现不同子系统之间的数据传输、信息共享和信息安全等,将不同环节的信息实时反馈到产品全寿命周期的各个阶段。

(3) 智能运维。智能运维是智慧列车在线路上安全运行、高效运营的重要保障,这不仅保证了列车的稳定运行,而且可以监测列车的运营状态,提高列车编组和车辆的检修效率,降低运行和维护成本,延长产品全寿命周期等。基础设施和智慧列车等的智能运维可能会导致更多子系统之间的技术融合,如列车的预测性维护、智能基础设施和铁路设备资产的高级监控、视频监视系统、铁路运营、旅客和货运信息系统、列车控制系统、安全保证、信号系统、网络安全和能源效率等。

(4) 其他技术的应用。在智能铁路的建设过程中,一些国际企业已经在制造过程中考虑以工业 4.0 为基础的智能生态系统建设。例如,瑞典 SKF 公司提出的智慧生态系统(SmartEco-System)模型。其核心是通过可靠、安全、低延迟、高带宽和可以互操作的网络通信进行轴承制造的数据连接和信息共享,实现制造业的数字化。随着智能传感器数量和类型的增加,设备管理及所收集的运维数据也需要建立智能、多客户访问的安全管理平台和系统,满足智能操作每个环节的数据传递和管理。

在智能城市轨道交通方面的应用主要包括以下几方面。

(1) 智能安防。基于 AI 技术的新一代安检系统向网络化集成转变,从功能单

一、设备离线、人力分散和人工判图等传统安检模式向功能网络化、判图智能化和识别精准化的安检模式发展。通过跨站点远程实时动态判图任务调度机制，将一个判图员固定检查一个安检点 X 光片的模式转变为一个判图员在智能 AI 辅助下动态检查多个安检点 X 光片的模式，并通过合理的人力调度，重点提升平低峰时段安检判图员工作饱满度，提高安检判图人力利用率，达到降低人力成本的目的。具体基于安检信息管理系统，运用图像实时传输、任务动态调度以及图像智能识别等技术，开发实时判图、远程判图、集中判图和 AI 智能辅助判图等功能，在车站设置集中判图室实现车站安检工作降本增效。

（2）智能运行。列车全自动智能化运行系统是基于全方位态势感知、故障诊断以及运行控制等技术，实现城市轨道移动装备的自感知、自诊断、自决策、自学习、自适应、自修复以及自动驾驶，能够兼容不同信号制式和不同线路设备的跨制式通用列控系统。列车自动运行系统框架是以车站控制器为核心的扁平化架构。它以车载控制器为安全防护和自动运行的核心，弱化中心限制，更利于系统部署和扩展。它采用基于资源管理的进路防护算法，即以高精度行车资源管理为基础的进路防护算法，提供了灵活的安全防护能力，可在任意位置为列车建立任意方向安全进路。列车自动运行系统框架具有车载自主进路。车载控制器实时从自动转换开关电器同步本车的时刻表信息，可在中心 ATS 故障时继续按照时刻表运行。此外，它拥有完善的降级设计。轨旁控制器提供了完整的降级进路防护功能，支持基于通信的列车自动控制系统和降级列车混合运行。

（3）智能维护。关键设备或部件的智能在线故障预测与诊断能够确保行车安全，减少或避免停车时间，提升上线列车整体可靠性，降低列车运维成本，为车辆智能运维系统提供数据支撑。智能故障预测与诊断结合列车运行设备健康管理技术能够提高列车在异常事件发生时的快速自修复能力。障碍物检测预警系统是利用先进的传感器技术检测列车周围信息，通过信息融合、大数据处理和 AI 算法自动识别出危险状态，协助司机进行安全辅助驾驶，以提高行车安全和线路通行能力的系统。该技术能够实时监测列车前方线路，识别出各种潜在的危险情况，并通过不同的声音和视觉警报，帮助避免或减少碰撞事故的发生。

2）建设智慧港口航道

推动自动化集装箱码头、堆场库场改造，推动港口建设养护运行全过程、全周期数字化，加快港站智能调度、设备远程操控、智能安防预警和港区自动驾驶等综合应用。建设港口智慧物流服务平台，开展智能航运应用。建设船舶能耗与排放智能监测设施。应用区块链技术，推进电子单证、业务在线办理、危险品全链条监管、全程物流可视化等。建设高等级航道感知网络，推动通航建筑物数字化监管，实现重点航段、重点通航建筑物运行状况实时监控。建设适应智能船舶的岸基设施,推进航道、船闸等设施与智能船舶自主航行、靠离码头、自动化装卸的配套衔接。

(1)智能船舶。以工业4.0为导向,大数据技术为基础,运用先进的信息通信技术(ICT)和计算机技术,实现船舶智能化的感知、分析,保障船舶航行安全和航运效率,成为世界各国研发智能化船舶的强大驱动力。智能船舶的关键技术主要包括信息感知、通信导航、能效控制、航线控制、状态监测与故障诊断技术、遇险救助和自主航行等技术。现阶段,信息感知、通信导航和故障诊断等方面的技术正在逐步完善并实现应用,而航线规划、安全预警和自主航行等技术处在不断研究和探索之中。

(2)信息传输网络关键技术。随着水路交通智能化程度不断提高,信息传输网络技术在船-船、船-岸、船-标-岸信息交互中得到了广泛的重视和应用,一定程度上改变了过去水路运输通信网络类型繁多、系统不兼容、效率低下等弊端。加快水运智能化的发展,水运信息传输网络的畅通是基础和前提。针对智能水运系统包含的众多对象,信息传输网络需要高度的统一和全局的规划,其顶层设计意义重大;其次,需要积极推动系统、终端的统一性,提升兼容性和可靠性;最后,需要突破跨区域信息传输、资源共享的瓶颈,实现信息传输网络的通用平台建设。

3)建设智慧民航

加快机场信息基础设施建设,推进各项设施全面物联,打造数据共享、协同高效、智能运行的智慧机场。推进内外连通的机场智能综合交通体系建设。发展新一代空管系统,布局数字化放行和自动航站信息服务系统,推进空中交通服务、流量管理和空域管理智慧化。推动机场和航空公司、空管、运行保障及监管等单位间核心数据互联共享,完善对接机制,搭建大数据信息平台,实现航空器全球追踪、大数据流量管理、智能进离港排队、区域管制中心联网等,提升空地一体化协同运行能力。

(1)智慧监管。运用大数据、人工智能和安全管理理论,融合快速存取记录器(QAR)、监视、不安全事件和航空气象等数据,实现对典型不安全事件和事故的过程重构、定量分析和防范,对行业运行风险的感知、评估和趋势预测,对重点航班全程监控与安全评估,对大规模航班延误的应急处置,推动政府监管由不安全事件应对处置向基于数据驱动的预测和预警方向转变。

(2)智慧航司。依托网络智能代理,运用大数据、人工智能和现代管理科学方法,实现对航空公司运输生产的组织与调度,为旅客提供高效、便捷、灵活和舒适的运输服务;利用星基宽带地空通信、监视信息和智能传感器,实现对航班运输全球无缝和全息运行监控；不断提升驾驶舱自动化和智能化水平，在拓展航班安全飞行边界的同时降低了人工依赖性；航空器将全系统和全时段地自主健康感知和安全自检，改变当前航空器维修机制。

（3）智慧机场。运用物联网、大数据、云计算和移动互联网等技术，感测、分析和整合机场运行系统的各项关键信息，对陆侧交通管理、航站楼管理、机坪管理和飞行区监控等业务需求做出智能化响应和智慧化支撑，实现对航班、旅客、行李和车辆的精细化、协同化、可视化和智能化运行与管理。

（4）智慧空管。通过大数据、互联网、物联网、云计算和人工智能等技术与空管现有技术的深度融合，构建全系统信息管理协同环境，推动航空公司、机场和空管等民航运行单位的信息共享，实现以一体化和智慧化为特征的空中交通服务、流量管理和空域管理，逐步实现空管数字化、智能化和智慧化的发展模态。

（5）智慧出行。综合利用大数据、互联网、物联网、室内定位、生物识别和人工智能等技术，围绕交通圈、工作圈和生活圈，为旅客提供全流程、多元化、个性化和高品质的航空服务产品，实现旅客/行李门到门、自助值机、非干扰安检、无纸化出行和全行程智能信息推送等旅客出行服务。

4）建设智慧城市交通系统

推动智慧交通与智慧城市协同发展，加强城市交通需求预测及评估仿真、交通运行状态感知、城市交通多智能体仿真及决策、数据驱动的交通疏堵控制与诱导等技术应用，推动新一代信息技术在交通运输与城市协同发展、城市公交线网布局优化和车辆精准调度、运行动态监控等的应用，提高城市交通"全息感知＋协同联动＋动态优化＋精准调控"智能化管理水平。

（1）智能化交通警察。智能化交通警察占据重要地位，能够对道路路口进行有效性的管理，可以对道路的具体运行情况进行严格的监督，并结合算法和辅助技术，和交通信号灯系统进行密切配合，实现对信号灯的有效调整。与此同时，智能化交通警察具备手臂智能等一系列功能，可以在较短时间内快速告知行人需要遵守交通规则，提高行人的安全意识。针对道路交通违规问题，可以采取图像识别技术加强监测，进而更好地减少交通警察的工作量。

（2）智能化地图。将人工智能技术应用在智能化地图中，能够有效提高智能化地图的准确性。在应用智能化地图时，车载导航系统可以根据交通实况第一时间告知驾驶者道路的拥堵情况。除此之外，目前许多智能化地图都与交通运管部门进行合作，应用大数据技术来为驾驶人员提供最为便捷通畅的出行道路，这样能够有效减少城市交通的拥堵问题，同时也能在一定程度上减少交通事故的发生概率。GPS车辆监控系统的良好运用，可以帮助交通警察实现准确的定位，有效减少违规行驶问题的发生,为车辆的安全行驶,以及城市道路的交通安全管理提供重要保障。

(3)道路事故预测。在道路安全事故预测工作当中,通过积极应用人工智能化技术,例如,模糊逻辑技术和人工神经网络技术,以及遗传算法,对道路交通事故进行有效的预测,在建立道路交通事故预测系统的过程当中,以人工智能技术作为重要基础,针对现有的道路安全事故进行有效的预测,确保人们的日常出行更加安全。

第 3 章

铁路

3.1 加速铁路智能化的背景

铁路是国民经济大动脉,在推动经济和社会发展方面发挥着重要的作用。截至 2023 年 11 月底,中国铁路营运里程超过 15.5 万千米,其中高铁 4.37 万千米,并建成世界最大的高速铁路网和先进的铁路运营体系。

随着时代变迁和技术进步,铁路行业也在日新月异地发展,在跨过了工业时代、电气时代、信息时代之后,当前已经进入智能时代。智能时代最显著的特点是人工智能(AI)技术全面应用到了铁路行业之中,帮助铁路企业降本增效、优化体验、提升安全,全方位提升铁路企业的运营和管理能力。

3.1.1 铁路智能化背景与趋势

1. 发展现状

铁路行业智能化,是指通过应用现代信息化技术、人工智能技术、机器人技术等先进技术手段,对铁路的维护、管理、运营进行智能化的升级改造,提高铁路运输的效率、安全和体验。目前,铁路行业的智能化已经进行了一些积极的探索,并已经初步取得了一些成果,主要表现在以下几方面。

(1) 车辆运维智能化:车辆运维的智能化是指通过人工智能技术,对列车的养护检修进行智能化和自动化。例如,在货车领域,使用机器看图代替人工看图的 TFDS,可有效降低人力投入,提高看图效率,类似的还有面向高铁动车组的 TEDS(Trouble of Moving EMU Detection System,动车组运行故障动态图像检测系统)和面向客车的 TVDS(Train of Passenger Vehicle Failures Detection System,铁路客车故障轨旁图像检测系统)。

(2) 车站智能化:车站智能化可以通过人脸识别、智能安检、实时监控等智能识别技术,提高车站的服务水平和安全性、应急处理能力,构筑现代化的车站管理系统,提升旅客的出行体验。

(3) 票务智能化:票务智能化是指通过应用先进的信息技术和服务手段,提高旅客服务质量和效率。目前,中国铁路已经实现了电子客票、自助售票、自助取票、在线购票等一系列票务智能化服务,12306 也已经成为家喻户晓的铁路服务品牌。

(4) 行车智能化:行车智能化是指通过应用先进的列车控制和监控技术,实现列车自动驾驶、自动调度和自动控制。目前,中国铁路已经开展了一些列车智能化试点项目,如京沪高铁自动驾驶实验、复兴号列车自动驾驶实验等。

（5）货运智能化：货运智能化是指通过应用先进的物流管理和信息技术，提高货物运输的效率和安全性。典型的应用如货运自动编组站、货检 AI 自动识别等。

除上述客、货运以及车辆领域的一些探索外，中国铁路在建造施工、调度通信、信号控制、线路监测等领域也进行积极的尝试，铁路智能化发展已经成为铁路行业的重要发展方向，为铁路运输的高效、安全、舒适和可持续发展做出更大的贡献。

未来，铁路智能化的趋势是基于人工智能、大数据、云计算、物联网、机器人、智能装备等先进技术对铁路行业进行升级、转型和融合发展，实现铁路安全、效率、体验的大幅提升。按照业务的维度，包括以下几个重要的部分。

（1）智能运营：通过广泛分布在全路的摄像机、雷达、传感器等边缘感知设备，实时采集车辆和路网数据，结合人工智能等技术，实现铁路网的实时监测，对列车、设备、乘客等的实时感知，故障提前预警和应急处理，提高运营安全和效率。同时通过人工智能、大数据等技术，实现铁路运输服务的个性化、智能化，提高用户体验和满意度。

（2）智能建造：广泛采用工程机器人、无人机、卫星数据、各种智能化施工装备等技术，实现铁路工程的智能勘察和自动化、智能化施工和管理，降低成本、提高质量和效率。

（3）智能装备：通过人工智能技术，结合铁路装备运行监控、设备故障预测、安全风险评估等智能化应用，实现铁路运输装备的智能化管控和维护，提高设备的可靠性和稳定性。研究新型的信号系统和调度模式，实现铁路装备的全自动化运营，包括列车自动驾驶、车站自动化管理、设备自动维护等。通过简统化接触网技术、新型的牵引供电变电和调度技术，实现牵引供电的智能化。

2．政策背景

为了推进铁路智能化建设，中共中央、国务院、发展和改革委员会、中国国家铁路集团有限公司（以下简称"国铁集团"）等出台了一系列政策和规范。2021 年，国家陆续发布《中华人民共和国国民经济和社会发展第十四个五年规划和 2035 年远景目标纲要》《国家综合立体交通网规划纲要》《"十四五"数字经济发展规划》。在国家数字经济战略要求下，以数据资源为关键要素，以现代信息网络为主要载体，以信息通信技术融合应用、全要素数字化转型为重要推动力，加速开展铁路行业的数字化、智能化建设提出新的更高要求。

国铁集团围绕信息化、数字化、智能化发展，陆续发布以下相关规划文件。

（1）《数字铁路规划》：2023 年 8 月，国铁集团发布了《数字铁路规划》，力求实现铁路业务全面数字化、数据充分共享共用、智能化水平不断提升，为实现铁路现代化、勇当服务和支撑中国式现代化建设的"火车头"，提供数字化和智能化发展新动力。

在《数字铁路规划》中，国铁集团首次提出了两个平台体系（数字基础设施、数据资源体系），六个现代化体系（工程建设数字化、运输生产数字化、经营开发数字化、资源管理数字化、综合协同数字化、战略决策数字化），两个数字关键能力（铁路数字生态治理、铁路数字技术创新），两个发展环境（铁路数字安全保障、铁路数字领域国际合作），系统提出了对云和 AI 等技术应用的规划和诉求。

（2）《"十四五"铁路网络安全和信息化规划》《"十四五"铁路科技创新发展规划》《中国国铁集团有限公司"十四五"发展规划》：2021 年 6 月，国铁集团发布了《"十四五"铁路网络安全和信息化规划》，提出了未来 5 年铁路行业信息化的发展目标和重点任务。明确了对数字平台的诉求，包括云、AI 等技术的规划和要求。具体包括：一套一体化的铁路现代信息基础设施，6 个业务应用（战略决策、资源管理、运输生产、建设管理、经营开发、综合协同），两套体系（网络安全体系、信息化治理体系），三个业务能力（客户服务能力、生产经营能力、开发共享能力）。2021 年 12 月发布《"十四五"铁路科技创新发展规划》，2022 年 9 月发布《中国国家铁路集团有限公司"十四五"发展规划》，相关规划指出，在智能高铁技术体系框架 1.0 的基础上，面向智能铁路 2.0 技术发展目标，着重围绕智能建造、智能装备、智能运营等应用场景持续深化关键技术创新，加大 5G、大数据、物联网、AI 等现代技术与铁路融合赋能攻关，深入开展赋能技术和智能系统的研发应用，完善智能铁路成套技术体系、数据体系和标准体系，塑造智能铁路技术发展领先新优势。明确智能高铁 2.0 的内涵和代际特征，提出智能高铁体系架构 2.0，规划智能高铁 2.0 的重点任务，对于指导"十四五"期间智能高铁的高质量发展极为必要。综合而言，规划为铁路行业信息化的发展提出了明确的目标和任务，有助于推动铁路行业信息化建设的快速发展，提高铁路行业的服务水平和运输效率。

（3）《新时代交通强国铁路先行规划纲要》：2020 年 7 月，国铁集团发布了《新时代交通强国铁路先行规划纲要》，该规划纲要提出了以下几方面的内容。

① 建设高速铁路网，提高铁路运输速度和效率。

② 加强铁路货运能力，推动铁路货运与物流业的融合发展。

③ 推动铁路科技创新，加强铁路智能化建设。

④ 加强铁路安全管理，提高铁路安全水平。

⑤ 推进铁路改革，深化铁路运输体制改革。

⑥ 加强铁路国际合作，推动"一带一路"建设。

通过相关政策、规划的实施保障，中国将进一步提高铁路运输的效率和安全性，促进经济发展和社会进步。这些政策文件的发布，提出了具体的目标和落地措施，为中国铁路的智能化发展指明了方向。

在国外，各个国家和地区也都进行了铁路智能化的探索和规划。例如，欧盟委员会的 Shift2Rail 科研计划，欧洲一体化运输发展路线图，德国铁路股份公司的铁路数字化战略（铁路 4.0），法国国营铁路公司的 Digital SNCF（Digital Société nationale des chemins de fer franais，数字法铁），瑞士联邦铁路公司的 SmartRail 4.0，JR 东日本铁路公司的智能铁路战略等。

欧盟还发布了《2030 年铁路研究和创新优先事项》，明确了未来欧洲铁路行业的发展方向，提出基于"系统支柱"和"创新支柱"的创新方案，系统支柱为欧洲铁路系统开发一个系统性架构，创新支柱包含 9 个转型项目，旨在输出满足欧洲铁路系统化转型愿景的技术和运营解决方案。

德国铁路与联邦交通部签署了"铁路数字化战略"合作协议,该协议是德国政府为提高铁路安全性、减少列车晚点和提高运输效率而推出的计划。该计划的目标是在未来几年内将德国铁路系统数字化,并将其与其他交通运输系统和数据网络相连接。

在日本,已开始研发"超级智能列车",计划于 2030 年前投入运营。这种列车将采用先进的传感器技术和高精度地图,能够实时感知周围环境和路况,自主决策并执行列车运行任务。此外,该列车还将配备高速无线通信技术,能够实现列车与基础设施之间的实时数据交换和通信。

3.1.2　铁路智能化面临的问题与挑战

铁路行业智能化是未来发展的必然趋势,但在具体的实施过程中面临着诸多问题与挑战。

(1)技术和工程的挑战:相对于其他行业,由于保障运输安全的需要,铁路行业对智能算法的要求高到近乎苛刻的程度,重大故障要求 100% 能检出,不容许存在遗漏;与此同时,铁路车辆等设备本身非常精密和复杂,零部件众多,又缺少重大故障的样本,背景环境复杂多变,导致 AI 开发困难重重,难以在短时间内就取得非常明显的效果。

(2)投入和成本的挑战:AI 智能化开发是一个高成本、密集人力的活动,所需投入的资金和人力较大。同时,AI 智能化开发也是一项高科技的开发活动,对基础设施如网络通信、数据存储都有较高的要求,基础设施的更新改造很多时候也是必须要考虑的一个问题。对铁路企业来说,如何平衡成本和投资效益也是一个重大的挑战。

(3)人才培养与转型的挑战:智能化带来了新的技术和工作方式,对人员也提出了技能转型升级的需求。对铁路这类传统的行业来说,如何培养具备新技术和智能化思维的人才是实现智能化的关键,也是当前面临的一个严峻的挑战。

综上所述,铁路行业智能化面临诸多问题与挑战,不可能一蹴而就,需要铁路企业、供应商和社会各方共同努力,寻找合适路径和方案,才可能最终实现铁路行业的智能化。

3.1.3　铁路智能化的参考架构和技术实现

基于 2.1 节行业智能化参考架构,结合铁路行业的实践总结,华为提出了铁路智能化参考架构,如图 3-1 所示。

智能感知层:智能感知层处于最边缘,一般分布在铁路轨旁和各站段车间。该层最主要的职责就是获取实际的物理场景信息,并转换成数据以供上层进行处理,是铁路物理世界和数字世界的连接点。常见的感知层设备有高清相机、视频摄像头、各类传感器、X 光机、智能机器人等。

智能联接层:智能联接层主要的功能是实现数据在整个铁路系统的各模块之间相互传输互通,是将各设备连成一个整体的重要部分。常见的联接层设备有铁路传输网、铁路数

图 3-1　铁路智能化参考架构

据通信网、铁路无线网、Wi-Fi、微波等。

　　智能底座：智能底座是指铁路智能化系统最重要的训练和推理设备，主要包含 AI 芯片，如昇腾 Atlas 系列 NPU 处理芯片和集群（算力），以及为支持进行 AI 训练和推理所必要的存储设备（存力）和网络设备（运力）。当前主流应用的算力设备有昇腾 Atlas 系列 NPU 芯片，存力主要是高性能的存储服务器，运力主要是数据中心网络，如 CE 系列交换机。

　　智能平台层：智能平台层主要是指铁路云平台，铁路云平台包含集团/路局/站段三级，是承载智能化业务和其他上层业务的基础，一些重要的功能，如智能化的训练、推理、大数据也都承载在这一层。华为铁路解决方案可以很好地满足这一层的需求。

　　AI 大模型/算法层：AI 大模型/算法层是铁路行业智能化的最重要组成部分，人工智能技术主要分布在这一层中。华为的 L0 盘古大模型，具体到行业的 L1 盘古铁路大模型都分布在这一层，同时也支持天筹求解器和其他的第三方大小模型和算法的融合，构建一个整体开放的架构。

　　智能应用层：智能应用层是行业的各种业务，国铁集团规划的智能建造、智能装备和智能运营包含的业务都属于这一层，这一层是实际给行业创造价值的地方，也是用户实际接触和体验的地方。

　　华为盘古铁路大模型依托于华为从 AI 硬件芯片到应用层 AI 应用工具端到端整体的解决方案能力和技术积累，为铁路各细分场景提供更高、更快、更强、更精准的解决方案，如图 3-2 所示。

更高 **模型优化效率**	**更快** **模型开发效率**	**更强** **模型泛化能力**	**更精准** **模型识别精度**
小样本训练好模型 持续学习提升 同等精度只需要之前1/3样本 数据拟合、拼接功能，灵活构造样本	培训周期短 场景开发快 上手容易，培训周期短 单场景开发周期缩短50%	多场景适应性 更胜任实际应用 环境因素影响降到最低 可适应各场景，无地域限制	特征识别能力强 精准辨别 同等样本精度提高20%+ 3D测量技术解决业界难题，提升识别度

盘古铁路大模型，为铁路智能化而生，覆盖越来越多的业务场景

车辆领域 换车车辆5T TFDS	工务领域 线路巡防 视频AI线路检测	车辆领域 高铁动车组一级修 智能图像识别	供电领域 供电6C 接触网检测	车辆领域 高铁车辆5T TEDS	客运领域 智能客运 客运智能化	车辆领域 入库检测 车辆360°

图 3-2　铁路大模型解决方案

3.2　铁路智能化价值场景

　　铁路智能化，场景是关键，选择典型、合适、有价值的场景，关注"车、机、工、电、辆"多专业存在的痛点，保障铁路运输安全和畅通，是铁路智能化项目能够成功的首要前提。基于国铁集团提出的铁路智能化全景，如图 3-3 所示，华为和业界一起进行了很多有意义的探索和尝试，下面列举一些铁路行业的典型智能化应用场景。

图 3-3　铁路智能化场景全景图

3.2.1　TFDS（货车运行故障动态图像检测系统）

1. 业务场景与需求

铁路货运是经济发展的"晴雨表"，展现着经济发展的活力与实力。中国拥有近 100 万辆货车，是平时人们所乘坐动车组数量的数十倍，因此铁路货车行车安全非常重要。多年来，铁路车辆部门立足科技保安全，研制、应用、推广了一系列先进的货车安全监测设备及系统，其中，TFDS 是非常重要的系统之一。该系统利用高速相机拍摄列车底层、侧部照片，通过图像判断部件故障，如图 3-4 所示，有助于提高列检作业质量和效率，提高车辆安全防范的水平，在保障铁路货车运行安全方面发挥了积极巨大的作用。

目前，全国 TFDS 系统每天拍摄上亿张图像，主要依赖人工作业，工作强度大、效率低，人力投入大。AI 技术可以实现 TFDS 货车故障图像从人工识别转向智能识别，减少人工作业量。原本一列货车需要人工查看 4000 余张图片，经过 AI 识别后，可以过滤掉 95％ 以上的无故障图片，人工只需对少量故障预报图片进行复核，作业效率大幅提升。

图 3-4　货车故障图像示例

2. 智能化解决方案

华为 TFDS 货车故障图像智能识别解决方案总体架构，如图 3-5 所示。

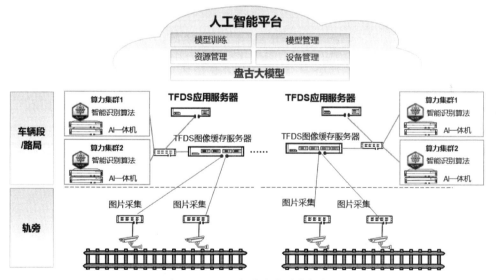

图 3-5　TFDS 解决方案总体架构

在人工智能平台，基于盘古铁路大模型进行算法训练以及调优。盘古铁路大模型为华为 TFDS 解决方案提供技术先进性的保障和支撑，基于数十亿级参数的 CV 训练模型，可以极大降低算法训练周期，提高算法的迭代速度和准确度。华为 TFDS 解决方案通过深度学习网络和大量数据样本,自动总结部件特征,自动寻找故障规律,并在实际试用中持续改善分析效果。针对车型多、故障类型多、样本分布不均衡、干扰因素多等问题,方案采用自适应增强检测算法、数据增强、图像重构、不均衡识别器等技术,实现从整体到局部再到故障特征全量精细识别,如图3-6所示。

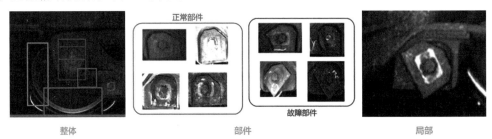

图 3-6　全量精细化识别过程示意图

先进行整图分析,定位和识别所有部件,分析大部件丢失(如摇枕弹簧丢失)、异物等故障;再根据故障部件样本,算法自动抽象总结异常特征,进行异常样本的初步筛查;最后识别关键特征(如部件间角度、间距等),结合故障标准输出故障(如锁紧板移位、手把关闭等)。

在车辆段或路局机房部署算力集群,通过铁路内部局域网连接到 TFDS 图像缓存服务器,获取过车图像数据,进行模型推理,识别故障图片。并将识别结果上传到作业平台,供人工确认复核。

另外,可支持两个算力集群,根据过车任务实现动态资源分配,以解决铁路货车过车不均匀、列车高峰密集到达作业量突发等问题。

3. 落地效果

华为 TFDS 解决方案支持-2/-3 两种类型的探测站设备拍摄的图像,车型适用率在95％以上,覆盖307类《铁路货车运用维修规程》故障以及 100 多类 TFDS 可视范围的其他故障,覆盖更全面,关键故障接近零漏报。

通过 AI 识别,无故障图片筛除率达到95％,辆均误报故障数小于 4,大幅减少了人工看图工作量,极大地提升了工作效率。华为 TFDS 解决方案可以 7×24h 高精度不间断工作,大大减轻了动态检车员的工作压力。

3.2.2　TEDS(动车组运行故障动态图像检测系统)

1. 业务场景与需求

铁路运输安全关系到人民群众生命财产安全,关系到铁路科学发展大局,甚至关系到国家稳定与社会和谐。多年来,铁路车辆部门立足科技保安全,研制、应用、推广了一系列先进的车辆安全监测设备及系统,率先建成"货车运行安全监控(5T)系统"并投入全路应用。近些年来,随着国家高铁技术的成熟与发展,越来越多的动车组投入旅客运输。为保障动车组运行安全,通过借鉴 5T 系统成功的运用管理经验,2013 年,铁路部门成功研制了动车组运行故障动态图像检测系统。

TEDS 是利用轨旁摄像装置采集传输运行动车组车体底部、侧部裙板、连接装置、转向架等可视部位图像,采用线阵图像采集、3D 成像、图像识别等技术自动对比分析发现故障并报警,实现对动车组底部及侧部可视部件状态监控的系统。系统组成包括探测站设备、动车段(车辆段)监控中心设备、铁路局监控中心设备、铁路总公司查询中心设备及网络传输设备等。

TEDS 拍摄图片需动态检查人员开展人工分析确认,TEDS 推出的自动报警信息误报率高,人工确认作业强度高,易出现错报漏报故障的情况。作业现场急需研制一种误报率低、识别率高的 TEDS 动车组故障图像智能识别系统,实现机检替代人工作业,提高作业效率,降低工作强度,进一步保障动车组行车安全的目标。

为解决上述难点和痛点,对现有的 TEDS 系统的作业模式和智能分析模式进行整合,形成全新的总体架构部署方案,达到人检与机检互为补充,从而实现当前运用管理智能化程度的全面提升,提高动车组车辆故障分析的智能化水平,确保在车辆故障精准分析的同时,减轻检车人员的工作负荷,提高效率,达到提质增效的目标。

2. 智能化解决方案

TEDS 作为数字化动车段业务之一(如图 3-7 所示),华为基于机器视觉、深度学习,利用盘古大模型优势,打造支持转向架故障的 TEDS 智能识别解决方案。

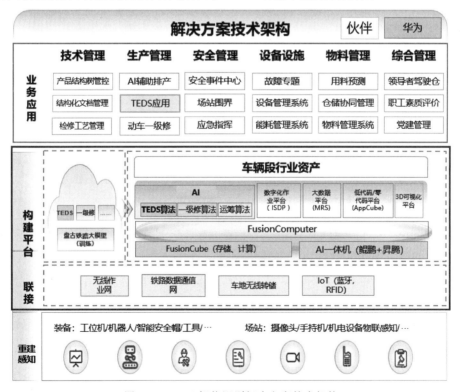

图 3-7　TEDS 智能识别解决方案技术架构

1）使用深度学习技术

深度学习是一种机器学习技术，可以用于模拟人脑的神经网络行为，在大规模数据的基础上，以比传统机器学习算法更高的准度解决实际问题。方案使用深度学习技术来分析图像中的内容，实现故障自动识别和分类。

2）计算机视觉

计算机视觉是指有机地组织信息，获得在图像中计算机可查看的相关信息。本方案使用计算机视觉技术，结合深度学习，实现图像的识别和分析，提取出图像中的细节。

3）智能识别大模型

大模型相比于小模型参数量更多，网络更深、更宽，通过吸收海量的知识，可提高模型的泛化能力，减少对领域数据标注的依赖。

解决方案能力如下。

（1）适应速度：适应动车组速度 5～250km/h。

（2）图像传输速度：8 编组动车组整车通过后 5min 内完成图像及自动识别报警传输。

（3）线阵图像分辨率：线阵图像采集模块分辨率小于 1mm/px。

（4）严重故障不漏报，一般故障识别率大于 70%。

3．落地效果

提升安全保障能力：动态检车员依靠个体经验积累，故障发现能力参差不齐，对故障判断尺度不一，易出现故障漏检、误检。TEDS 动车组故障图像智能识别系统 7×24h 处于稳定、可靠工作状态，完全按照故障识别标准检测并预报故障，智能识别范围基本覆盖了动车组运用中对安全影响较大、现实中可能发生的严重故障，可实现严重故障不漏报，对保障铁路动车组行车安全、保障铁路运输安全，全力护航社会稳定和高质量发展大局，具有很好的社会效益。

降低劳动强度、促进经济社会健康和谐发展：TEDS 动车组故障图像智能识别系统投入运用，动态检车作业人员从原来确认整车全量图片改变为只需对系统预报的故障进行确认，极大地减轻了动态检车作业人员的分析工作量，可有效改善当前工作负荷高、劳动强度高、工作压力大的现状，对于促进经济社会健康和谐发展具有现实意义。

3.2.3　动车组一级修

1．业务场景与需求

随着动车组的不断增多和运行里程的增加，铁路特别是高铁运营维护成本也面临着更大的压力。在维修维保技术方面，当前还是靠人工检修为主，成本较高、人力耗费多等问题需要通过新技术、新装备来解决，通过智能化运维，逐步实现少人乃至无人检修段所。

2．智能化解决方案

在前端使用巡检机器人携带可伸缩机械手臂使用高清摄像头进行拍照，因此可以调整角度，从各个方向对转向架进行拍摄。机器人拍摄照片后，通过无线网络传回数据分析室，由推理分析服务器对照片进行分析，生成报告和修理建议后传递给一线班组进行修理，如

图 3-8 所示。

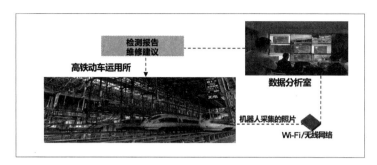

图 3-8　高铁动车组一级修智能图像识别方案示意图

该方案具有如下特点。

（1）高铁动车组一级修对 8 大类型的故障——异物、丢失、松动、超限、断裂、变形、厚度测量、表面损伤做到全覆盖，覆盖检修规范中定义的故障和常出现的故障。

（2）对故障的识别率高，当前一线测试对常见的故障已经识别到 96％，并还可以进一步提高。

（3）具备激光视觉导航定位、多模态融合诊断、高低位安全避障、机械臂防碰设计，具有设计精巧、可靠性高的特点。

3．落地效果

根据不同的模式，为客户提供不同的价值：人机共检模式下，人检和机检双重保障，提升高铁检修安全等级；人机交检模式下，人工和机器交互检测，能有效减少人力投入，提升检修效率。在总体上，使用机器代替人工进行检修，有效缓解夜间人工作业，降低劳动强度，提升了工作体验。

3.2.4　数字化动车段

1．业务场景与需求

随着动车组列车的逐年递增，以及中国高铁网的持续运营，动车检修任务也逐渐加大。动车段/动车所是动车组检修站，专门针对动车组列车进行检查、测试、维修和养护等作业，随着中国高铁的飞速发展，动车检修任务与日俱增，急需先进的技术实现生产管理效率的提升。动车组检修体系以走行（千米）周期为主、时间周期为辅共分为 5 个等级，其中，一级修、二级修统称运用修，三到五级修统称高级修。一级修，检修内容为上线前的快速例行检查、试验和故障处理；二级修，检修内容为周期性深度维护保养、检测、试验：轮轴探伤、车轮镟修等；三级修，检修内容主要为转向架、牵引电机的分解检修、功能确认；四级修，会对重要系统进行分解检修；五级修，会将整车全面分解检修、升级改造。

当前的检修模式以人工管理为主，技术、计划、生产、物料等各自为政，系统架构存在硬编码及数据孤岛问题。主要表现为系统硬编码，无法柔性化定制；人工计划制订，效率低；系统面向单功能，未协同；海量数据未实现治理和分析。需要推进动车检修全链条的数据资源集聚共享,构建覆盖动车组维修计划、作业、物料配送、检修设备等全生产要素数字化作业。

2.智能化解决方案

数字化动车段解决方案如图 3-9 所示,为动车段搭建站段边缘节点,通过华为低代码/零代码开发平台 AppCube、数字化作业平台 ISDP(Integrated Service Delivery Platform,集成服务交付平台)构建动车检修生产管控系统,通过华为大数据平台构建动车检修生产数据分析系统。

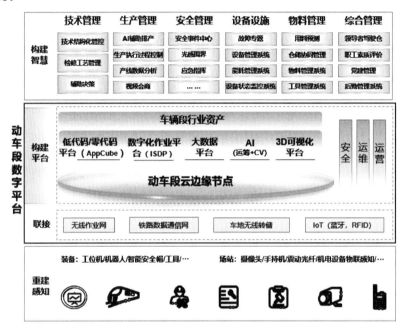

图 3-9　数字化动车段解决方案

动车检修生产管控系统实现了动车组生产检修的全数字化作业,功能涵盖技术结构化管理、生产计划及执行过程管理、物料协同管理、综合经营管理等。可支持产品结构树、结构化文档、检修工艺全要素管控,按需灵活变更;检修计划、股道使用计划分钟级一键生成;检修生产执行过程实现可视、可控、可分析;仓库管理、物料管理、物流管理与检修生产计划及实际执行紧耦合协同;现场作业与人力资源闭环量化管理。

基于动车检修生产数据分析系统,通过数据治理和构建业务指标体系实现业务数据化,通过构建数据分析模型实现数据业务化,如将仓储、物料、物流与检修计划数据打通并进行关联挖掘,利用 AI 算法对采购高低线进行优化,有效提升了备料的准确性;将修程修制、产线作业、设备故障、动车组故障与作业人员关联分析,挖掘故障根因,提升关键部件的检修效率,故障根因分析从天级降到分钟级。

3.落地效果

实现动车检修的业务协同和数据价值挖掘:以技术结构化为基础、以 AI 算法引擎为工具,实现了"计划生成、任务下发、物料配送、工步指引、质量卡控、记录形成"等全流程、全要素的管理,指导现场严格按标作业,实现安全质量双达标。可支持低代码/零代码开发应用,降低开发门槛。基于大数据平台实现数据汇聚治理,提升数据质量。构建指标体系和数据分析模型实现数据价值挖掘,达成数据驱动业务。

3.2.5　光视/雷视周界防护

1. 业务场景与需求

1) 铁路周界环境复杂,防护困难

铁路运行面临很多安全威胁,包括人员、动物的入侵,天气和地质灾害的影响。原有普速铁路基础简陋、周界缺乏安全设施,现在各国开始建设规划高铁线路,线路运行工况多,运行间隔短,缓冲空间小,周界防护难。

2) 人防、物防效率低,效果不理想

人防需求人员多,巡逻工作量大,以巡逻为主,不能全天候监测。物防以隔离为主,难以防止和监测人员攀、爬、翻等侵入。

3) 传统技防各有优势,但也各有缺陷

振动光纤、红外对射、电子围栏等技防手段不能解决各种干扰条件下的准确率问题,不能满足全天候、低误报、近零漏报的需求。

2. 智能化解决方案

华为铁路周界入侵探测方案采用多维感知技术,适应多场景要求。

1) 雷视方案

在开阔路段,推广毫米波雷达＋视频融合的方案,通过雷达有效探测运动目标(人),联动智能球机自动跟踪目标,二次复核后产生告警数据(告警消息＋图片)上报给统一报警平台,联动声光报警器输出,实现"全天候、全区域、零漏报、低误报"的周界安全防护解决方案,确保线路运营安全,如图 3-10 所示。

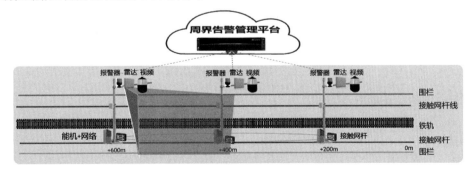

图 3-10　雷视方案

雷视方案亮点如下。

(1) 雷视融合智能视频二次复核,降低误报、减少漏报。

雷达 200m 远距离探测入侵目标,同时联动球机自动变倍跟踪,用基于深度学习的检测算法判断是否有行人、动物入侵，并联动声光报警。

（2）深度学习算法更精准。

雷达在雨雾、夜间低照度场景有效探测距离为 200m，采用背景学习算法，抗环境干扰能力强，可减少漏报。华为 SDC（Software Defined Camera，软件定义摄像机）支持深度学习人型检测算法，可降低误报。

2）光视方案

针对围栏周界场景的光视方案，其技术要点如下。

光：光纤传感是以光纤为载体，光信号为媒介，"感知"并"传输"外界振动变化信息的新型传感技术。其功能类似人体的"感觉神经"。

视：AI 机器视觉。

通过上述两种感知方式的融合，实现更精确、更智能的周界防护告警。

光视方案的业务流程如图 3-11 所示。振动光纤识别入侵动作信号，通过摄像机复核，确认告警，并可以由实时视频检查现场，所有告警在管理平台进行处理和统计分析。

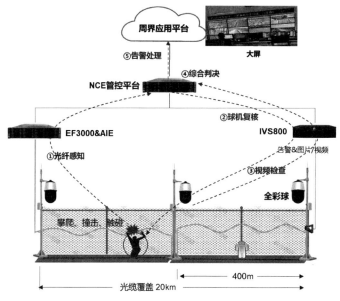

图 3-11　光视方案的业务流程

光视方案的亮点如下。

（1）光纤传感距离远（单设备单纤 50km），不产生也不受电磁干扰，无供电要求，光纤寿命长（20 年）。

（2）高可靠指标：低漏报（≤1%），低误报（≤1 次/km/天），报警平均响应时间≤5s，入侵告警定位精度≤±5m。

（3）抗干扰：能够在强风、中雨自然环境条件下支持入侵检测；对于中小型车辆和小动物干扰（小于 20kg）能够进行抑制。

总结：基于振动光纤传感＋智能视频的周界全天候防护系统的融合方案能更准确地识

别出风雨等环境干扰,实现全天候、全覆盖、长距离、零漏报、极低误报、高精准定位精度及事件快速响应,降低运维难度及成本,提升智能防护水平,全面保障铁路运营安全。

3. 落地效果

华为周界方案融合多维融合感知技术,实现周界全天候、全域的安全预警与处置,实现的效果如下。

业务安全:周界安全不可知、不可见、不可控,通过技术防护手段,实现周界入侵的实时自动报警,视频远程联动处理与处置,使铁路线路安全远程实时可感、可检测、可见、可管,极大保障铁路安全。同时周界入侵告警系统还将极大提升工人的工作环境舒适度,提高员工工作体验。

经济价值:铁路工务需要巡道 5 次/月,每次至少 5 人/组,其中两人是周界防护,每组管理大约 20km。通过周界入侵报警系统,可以远程监测周界情况,实时监控,并且减少周界防护巡检人员。周界入侵报警系统可以实时告警入侵事件,提早发现行车安全隐患,极大降低安全事故和经济损失。

3.2.6　线路巡防

1. 业务场景与需求

全国 15 万千米以上的铁路,沿线安装了大量的视频监控设备,但只是解决了视频看得见和看得清的基本功能,不具备视频分析看得懂的能力,需要人工现场巡查以及监控中心人员 24h 不间断地盯控、及时发现沿线的异常事件。铁路网覆盖全国东西南北,环境复杂,给沿线巡防的人员也带来较大的工作挑战。

铁路边坡溜坍、滑坡、泥石流以及人员和动物入侵等异常事件频发,给铁路运行带来了严重的安全隐患。国铁集团和相关部门对铁路沿线的安全防护非常重视,一直在探索人防、物防、技防"三位一体"的防护手段,但智能化的"技防"方式一直受制于技术的发展水平,难以得到大规模应用。人工智能算法的发展以及硬件算力的持续提升,为解决这一行业难题提供了可行的方向。基于铁路沿线既有庞大数量的摄像机,结合强大的智能分析算法和算力设备,可实现对沿线的各类入侵事件进行全面、实时、智能分析,及时发现安全隐患并通知相关人员快速处置,更好地保障列车运行安全。

2. 智能化解决方案

华为基于全面自主研发的智能计算、存储、网络等硬件设备,以及人工智能算法、盘古大模型等软件能力,提供铁路线路环境安全监测平台建设需要的软硬件产品。在中心侧,华为可提供智能分析服务器、通用服务器、视频存储、网络、安全以及人工智能平台、算法模型等产品;在边缘侧,华为有不同的边缘智能分析设备、云边协同管理软件、边缘智能分析算法模型等。通过"云边结合"的基础底座能力,加速铁路线路环境安全监测平台的落地。整体方案设计架构如图 3-12 所示。

上述方案设计基于"云边协同"的目标架构,在"边缘节点"部署视频 AI 分析边缘智能计算节点及配套的管理软件、算法模型等,通过从现网综合视频监控系统获取实时的 RTSP

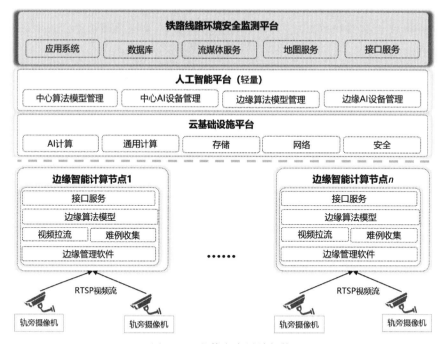

图 3-12　整体方案设计架构

(Real Time Streaming Protocol,实时流协议)视频流进行 AI 分析,并将发现的异常事件及对应的图像上传到中心平台。中心平台的智能分析算法及应用,对边缘上报的事件进行二次分析和复核,实现对闲杂人员、大型动物、落石、泥石流、水漫线路等异常事件的实时智能监测和预警。

3. 落地效果

华为联合某铁路局集团,成立了联合创新课题组,在高铁运营线路上开展了为期一年左右的技术探索,期间累计进行了上千次的模拟人员、异物入侵事件,充分验证了上述基于视频 AI 的铁路线路巡防智能化方案的可行性。课题方案成功克服了铁路线路巡防场景样本少、目标小、干扰多、环境杂等 AI 图像识别的世界难题,在攻关过程中算法精度不断提升,高铁线路现场环境模拟测试的综合检出率达到了 95% 以上。

基于视频 AI 的铁路线路巡防智能化方案,一方面可以对线路环境实现 7×24h 全面监测,减轻现场巡防人员的压力;另一方面,通过视频 AI 的实时分析与预警功能,可以解决后端巡防人员"肉眼"看视频面临的"看得累、看不全"等问题,可大幅提升线路巡防的工作效率,降低安全隐患。

3.2.7　智能客站

1. 业务场景与需求

智能客站的建设主要关注旅客服务、安全应急、运行效率三大领域,当前客站建设及管理主要有如下需求。

1）车站安全态势不清楚

（1）视频监控不智能，乘客异常行为无法自动感知。缺少对重点区域旅客异常行为（如站台两端越出安全线、进出站通道逆行、滞留等行为）的智能分析，不能及时保护旅客因自身行为不恰当带来的安全隐患。

（2）电梯等机电设备状态无法集中控制，多数设备依靠人工巡视巡检，效率低，并且容易遗漏。

2）安全管理效率低，安全事件难闭环

受控受检区域管理不直观，交接班管理靠口头传达，车站运行态势难感知。当前模式下，车站客流分布情况、进站和购票排队情况、重点部位（电梯、楼梯、站厅、站台）旅客行为监控仍需要人工管理、人工报告。

3）重大事件预警预告难，联动应急机制不足

车站旅客大客流、列车晚点等应急事件多发，应急响应靠口头报告，信息丢失严重，现场情况看不见、听不着，无法实时感知人员、物资、设备的位置，应急处理难协同。

应急指挥主要靠传统电话、电台方式，工作效率较低，需要大量的人力进行现场确认。例如，2021 年 5 月 1 日，京广高铁定州段接触网被农用塑料地膜悬挂，致接触网（向动车供电的输电线路）故障停电，造成京广高铁动车晚点到达北京西站。车站工作人员仅靠传统应急手段难以快速反应，面对复杂态势，急需有力的应急指挥手段辅助。

4）巡视及处理效率低，工作量大，漏报频发

铁路客站设备种类和数量繁多，在给客运服务效率和旅客满意度带来提升的同时，也增加了设备运维管理的难度，由于对运营需求的研究缺失，目前客站各类设备的运营管理普遍存在以下现状。

（1）缺乏有效的统一管理手段。对实际需求没有规范梳理，缺乏规范的运营管理制度，无法有效保证设备的合理化使用，且效果不理想。

（2）信息化、智能化管理工具不健全，无法实现高度的自动化运行，大部分设备的运管仍靠人工管理，且缺乏专业的运营维护技术人员，使管理水平得不到有效提高，并使运营维护的人工成本成倍增加。

5）能耗居高不下，粗放控制，无区域及联动控制，无智能预测能力

（1）据统计，特等站平均年能耗超 5000 万元，一等站年能耗超 1200 万元，空调用能占绝大多数。

（2）车站既有能耗管理手段少，车站客运部不关心能耗，支出部门无抓手。

国家双碳战略提出 2030 年碳达峰、2060 年碳中和，对各级政府和企业提出了降碳要求，而铁路车站是典型能源消耗场所。铁路车站暖通系统空调占车站 60%～70% 的用电能耗，大多数场景对空调依靠手动设置开关、设置站台/站厅温度，控制不够智能和精准，能源效率优化空间巨大。

6）客站边缘侧服务器多且分散,造成较大资源浪费

按现有方式,客站边缘侧需部署接口服务器、数据库服务器及应急服务器等多台设备,各服务器分开部署,仍属于传统烟囱部署方式,存在计算、存储资源浪费,建设及运维成本高。

2. 智能化解决方案

智能客站整体解决方案分为 4 个层次,分别为感知层、联接层、支撑层以及智慧应用层。4 层相辅相成,共同支撑客站的数字化。方案架构如图 3-13 所示。

图 3-13　智能客站整体解决方案架构图

（1）感知层由客站的作业设备和站内基础设施组成,作为终端控制、作业执行的触手,构成了智能客站的执行层。

（2）联接层由 6 张网络构成,分别为客票网、旅服网、弱电物联网、办公网、Wi-Fi 网络以及安防网。6 张网络按照安全策略实现隔离以及按需互通,连接了执行终端和智慧平台以及应用。

（3）支撑层为智慧应用提供基础设施以及基础能力的支撑,包括基于云化架构的底座,为应用提供稳定可靠的计算和存储资源。同时,基于基础设施之上构建了多样化的基础能力。

① 统一认证:实现各信息化系统统一入口,在统一门户首页进行统一呈现,实现单点登录。

② 统一集成能力:实现系统和系统之间,设备之间,不同协议之间的互联互通,实现客站内外部数据和信息的交互。

③ 大数据能力:构建数据湖,实现数据治理,积累价值数据,充分发挥数据的价值。

④ 融合通信:实现视频会议、监控设备、执法记录仪、手持机、手台等多频段设备的互联互通,统一通信。

⑤ AI 算法:提供后端的视频分析能力,实现排队长度、人群密度、入侵检测等多样的算法能力,灵活接入前端摄像头进行分析。

⑥ 物联网关：管理和控制多样的终端传感器，包括显示屏、传感器等物联设备。

⑦ 定位导航：定位引擎支持基于 Wi-Fi、5G、蓝牙等多种定位能力，提供实时的人员和位置信息。

⑧ 数字化作业：依靠数字化作业平台，实现作业的数字化编排、自动排班、作业过程管理和记录等工作，卡控工序，保障安全。

⑨ 3D 可视化：基于客站的建筑信息、位置信息，实现 3D 建模，通过和物联网和大数据的结合，实现"实景孪生"。

（4）智慧应用层：面向员工、旅客、管理者提供丰富的应用服务，通过 PC 端、大屏端、手持设备端等提供展示和处理界面。

3. 落地效果

某全真数字孪生系统及实时效果如下。

1）态势感知

结合旅客、列车实时到发数据，以及站房内外机电设备状态信息、摄像机视频、网约车、出租车等多元异构数据，集中在数智底座平台汇总处理并统一呈现在 IOC（Intelligent Operation Center，智能运营中心）指挥大厅。

2）设备运维

与既有 BAS（Building Automation System，楼宇自动控制系统）对接，实现车站冷热水泵、给排水、空调、电梯、照明等信息与车站实时客流互动。

3）应急指挥

基于融合通信的应急指挥，多网多终端融合，全面提升应急指挥效率。实现 6 种通信方式的融合（铁路电话、窄带、宽带、公网手机、综合视频、视频会议），以管理车站中心远程指挥周边小站（视频监控、手持台、视频会议等音视频远程回传）、路局外（如医疗、消防、应急等）专家资源协同；应急预案数字化管理代替文字预案管理。

4）场地巡检

客站内部多路视频，按需发放算法，实现传统人工巡检路线采用视频 AI 巡检，降低人员巡检工作强度，提升效率。

3.2.8　货检 AI

1. 业务场景与需求

随着铁路货运量逐年增长，对货运效率和货运安全提出越来越高的要求，亟待提高货运信息化水平。作为铁路货运流程的重要环节，货检作业对于提高货运周转效率和保障运输安全至关重要，因此受到越来越多的关注。

目前，货检作业存在作业需求大而实际作业能力有限的矛盾，主要挑战有：在人工作业方面，货检作业需面对高温、严寒、粉尘等恶劣工作环境，货检员平均年龄为 45～50 岁，采用 24 小时/4 班倒的工作制度，人员老龄化、工作强度大、工作环境恶劣；在机检作业方面，目前机检项点识别范围有限，识别率低、误报高、易漏检，智能识别仅具备辅助作用，无法达到实用水平。

综合铁路一线站段对货检业务的反馈,铁路部门期望货检视频检测设备由"辅助"走向"主导",做到货检图像高识别率且低误报,将出发场作业改为机检为主模式,提升货检效率和质量,改善工作条件,实现降本增效。

2．智能化解决方案

面对机检作业图像识别率低、仅具备辅助作用、难以改变出发场人工高强度作业的问题,引入铁路行业大模型赋能传统货检作业,提升货运安全保障智能化水平。总体架构如图 3-14 所示。

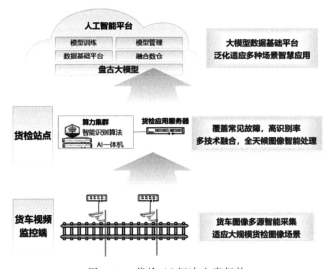

图 3-14　货检 AI 解决方案架构

（1）在目前机检设备布设方案的基础上,进一步论证货检项点的分布和图像质量要求,部署货车图像多源智能采集设备,适应大规模货检图像场景。

（2）货检 AI 解决方案通过图像识别、深度学习等多技术融合手段分析大量货检数据样本,总结问题项点特征,自动寻找货检图片规律,并在实际试用中持续迭代改善分析效果。

（3）构建人工智能平台,基于盘古铁路大模型进行算法训练以及调优。盘古铁路大模型为货检 AI 解决方案提供先进算法支撑,基于数十亿级参数的 CV 训练模型,可以极大地降低算法训练周期,提高算法的迭代速度和准确度。

3．落地效果

货检 AI 解决方案能够替代人工快速发现货物装载问题,7×24 小时高精度不间断工作,可以大幅减轻人工看图压力,解决出发场人工作业痛点,实现减员增效,提高作业效率。

3.2.9　供电 6C 检测

1．业务场景与需求

供电系统作为现代铁路非常重要的一个部分,其稳定性和可靠性对铁路运行的安全性和稳定性具有重要的影响。现代铁路供电系统主要包括接触网、变电所、配电系统和供电设备等。铁路供电系统的主要功能是为铁路牵引、信号、通信、照明等设备提供稳定的电力供应。接触网是铁路供电系统的重要组成部分,它是通过电缆和支架悬挂在铁路上方,为行驶的电力机车提供电力。变电所则是将高压电力转换为适合铁路使用的低压电力,同时还可以对电力进行监测和控制。配电系统则将电力输送到各个需要用电的设备上,供电设备包括牵引变压器、牵引逆变器、直流母线等,如图 3-15 所示。

图 3-15　铁路供电系统接触网

高速铁路供电安全检测监测系统(简称 6C 系统)包括高速弓网综合性能检测装置、接触网安全状态巡检装置、接触网运行状态检测装置、接触网悬挂状态检测监测装置、接触网与受电弓滑板监测装置、接触网及供电设备地面监测装置,具体内容如表 3-1 所示。

表 3-1　供电 6C 系统检测的具体业务内容

类别	名　　称	简称	检测的主要内容和功能
1C	高速弓网综合性能检测	CPCM	主要检测弓网的运行状态,包括磨损情况、接触导线高度、弓网接触力、离线火花、拉出值、电压、电流、硬点(冲击加速度)
2C	接触网安全状态巡检	CCVM	接触网的巡检状态,包括桥、隧道、周边环境、支柱、附加线、补偿装置、分段绝缘器、定位装置、电分相、绝缘子等关键部件的状态和外观
3C	接触网运行状态检测	CCLM	列车运行时接触网的接触状态,包括接触导线高度、接触区和环境温度、摩擦电弧、拉出值等
4C	接触网悬挂状态检测监测	CCHM	接触网的悬挂状态(高度 4500~8100mm)和部件的几何状态(物理状态):定位器、定位管、定位管的支撑、平腕臂、斜腕臂、绝缘子、防风线、接触线、吊挂、承力索等部件和周边环境以及异物(如鸟窝、气球等)
5C	接触网与受电弓滑板监测	CPVM	主要检测接触点和受电弓滑板的技术状态,主要检测点是接触点、受电弓、滑板的彩色高清图像
6C	接触网及供电设备地面监测	CCGM	地图牵引变电所供电设备的运行状态,包括张力、振动、太升量、位移等参数

6C 检测中，2C（接触网安全状态巡检）和 4C（接触网悬挂状态检测监测）当前都是采集了大量的图片和视频，然后传回后方的供电段图像检测分析室，通过人工看图的方式来分析接触网的故障。存在人力需求大、人工看图工作量大、夜晚疲劳工作存隐患等痛点问题，并且随着中国高铁里程不断地增加，这些问题也越来越突出，急需智能化的解决方案，用机器看图来替代人工看图，有效减少人力投入，提升检修效率。

2. 智能化解决方案

当前业内有不少企业已经在这方面进行了探索，应用人工智能 AI 技术，用机器看图代替人工看图，能有效减少人工投入，提升整体看图效率。

3.2.10 列车轴承 PHM

1. 业务场景与需求

走行部是指机车车辆下部引导车辆沿轨道运行，并将机车车辆的全部重量传给钢轨的部分，由轮对、轴箱油润装置、侧架、摇枕和弹簧减振装置等组成。开展列车走行部 PHM（Prognostic and Health Management，故障预测与健康管理）研究，重点关注核心轴承、轮对部件及轮轨关系，保障列车走行部承载支撑、运动转换等重要能力。列车走行部示意如图 3-16 所示。

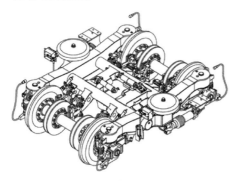

铁路工况复杂、列车频繁加减速、运行密度高、持续运行时间长、线路复杂、轨道状态不统一、地域温湿差异大，且车轮多边形/踏面擦伤/车轮扁疤/钢轨波磨等原因造成轮轨关系恶化，导致轴承承受的工况复杂，轴承故障率相对较高，故障轴承的累计使用里程根据运行工况相对随机，甚至有时远小于检修周期。

现有 5T 轨旁监测系统中的 TPDS（Track Performance Detection System，货车运行状态地面安全监测系统）、TADS（Trackside Acoustic Detection

图 3-16　列车走行部示意

System，货车滚动轴承早期故障轨旁声学诊断系统）和 THDS（Track Hotbox Detection System，红外线轴温探测智能跟踪系统）能够较好地实现对车轮和轴承故障的监测和预警功能，对保证车辆运行安全起到了至关重要的作用。但部分报警车辆扣修后发现为监测系统误报，以及在车辆段修程作业中仍发现部分轴承损伤和轴承异音卡滞等故障时未报警，这说明 5T 地面监测设备对车轴和轴承存在漏判和误判问题。

THDS 为非接触式的红外探测系统，在接收轴承的红外线辐射时，附近的其他热源对探测结果有一定的干扰，特别是车轮热辐射对 THDS 探测结果影响较大，通过运行实验数据对比分析发现，轮温升高对轴承内探温升影响较大，当轮温超过 300℃ 时，轴承内探温升受其影响超过 15℃，易造成"假热轴"的误判情况。

TADS 主要利用设在轨道两侧的麦克风阵列系统采集机车车辆通过时产生的声音信

号,然后通过信号滤波等处理单元对采集到的声音信号进行离线分析,从而识别列车轴承的工作状态。然而,受其测量方式的影响,该类系统的诊断性能受以下因素的制约。

(1)列车以较高速度通过时,麦克风阵列采集的轴承声学信号会因多普勒效应产生声谱畸变。

(2)单个麦克风采集到的声学信号可能包括多个轴承的耦合信息产生声谱混叠。

(3)采集的轴承声学信号中包含较强的轮轨噪声、气动噪声等干扰,信噪比较低。

这些因素极大地影响了故障诊断与定位的可靠性,导致误报、漏报率较高。相对轨边检测系统而言,车载监测系统发展较晚,但其准确性更高、实时性更强,近年来逐步受到轨道交通行业的关注,车载系统相对于轨边系统的主要优势可以概括如下。

(1)传感器距离监测的轴箱轴承位置更近,拾取的健康状态信息更直接,更有可能诊断出早期故障和实现定量诊断。

(2)可以持续地对轴箱轴承的健康状态进行跟踪,积累轴箱轴承全生命周期的数据,为轴承的使用性能演化规律研究提供数据支持。

2. 智能化解决方案

如图 3-17 所示,根据不同制式列车(动车、机车、货车)的通信能力特点与线路网络条件,提供以下主要无线解决方案场景。

方案一:车辆内的传感器与网关进行无线连接形成星状独立组网,车辆间 Mesh 组网,所有传感器数据汇聚在机车车头,通过 CMD 系统(China locomotive remote Monitoring and Diagnosis system,中国机车远程监测与诊断系统)或独立 LTE/5G 通道统一回传数据到地面,该方案的优缺点如下。

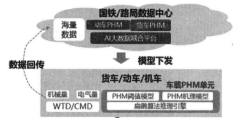

图 3-17　车内无线组网的解决方案拓扑

优点:可以在机车车头进行实时深度模型故障诊断,降低了安全风险,可通过站段 Wi-Fi 或 5G 公网高速落地,对沿路线路网络依赖小,数据定时回传基本不会丢失。

缺点:若车辆动态编组会造成 Mesh 路由较复杂,可能会造成数据传输风险,需提供断线重连能力。

方案二:车辆内星状独立组网,每辆车的网关通过 LTE(Long Term Evolution,长期技术演进)/5G 公网独立回传数据到地面。该方案的优缺点如下。

优点:适用场景广泛,动态灵活编组都适配,每辆车辆相对独立,网络架构简单稳定。

缺点:受沿路线路网络依赖大,有时会出现回传时间长的问题,影响故障诊断时效,车载深度故障诊断分析能力较弱。

华为端网边云 PHM 技术架构支持以上两个网络方案。

如图 3-18 所示,本架构的目的是打造低成本、数据可信度高的车载在线安全监测系统,通过无线组网及传输减少部署成本,且增加了方案灵活性和扩展性;通过自适应、自管理能

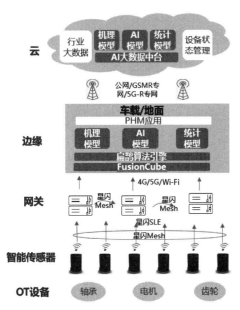

图 3-18　华为端网边云 PHM 技术架构

力,达到传感器自身维护成本极低,且提高可靠性及稳定性;通过高质量信号、稳定无线传输及融合 AI 算法,达成走行部轴承、轮对等关键部件全生命周期的振动信号频谱可信度高,及诊断数据可信度高的要求,为业务在控制安全风险、降低段修运维成本以及延长部件使用寿命等方面提供高可信度数据,有效支撑业务达成降本增效目标,其主要技术优势如下。

（1）自研频响范围大（可达 11kHz）、量程大（最大 100g）、灵敏度高（大于 50mV/g）、噪声密度低（不大于 $25ug\sqrt{Hz}$）的加速度计芯片,且支持双轴采集,信号采集质量高。

（2）通感算一体智能传感器,支持自标定、自补偿及自校准,可降低自身维护成本,及保持信号长期高精度及稳定性。

（3）多维特征工程的信号处理算法,删除无效数据及冗余数据,减少 90% 数据量,降低功耗,以及增强无线传输效率及稳定性。

（4）大带宽、高信号接收灵敏度、低功耗、低时延的星闪无线传输技术及端网协同,使得无线传输稳定性＞99.99%。

（5）可结合预测性维护大模型算法,漏报率＜1%,误报率＜8%,强泛化性（适配时间＜1 个月）。

3. 落地效果

（1）开展铁路货车车载 PHM 通信传输技术验证。

（2）开展基于历史高频振动信号进行算法验证。

3.2.11　智能机务

1. 业务场景与需求

机车车载安全防护系统（简称 6A 系统）是针对机车的高压绝缘、防火、视频、列车供电、制动系统、走行部等设计安全的重要事项、部件及部位进行监测、上报的系统,6A 系统通过 CMD 系统中的无线网络将数据回传至地面进行进一步分析。

6A 系统中的视频文件占比最高,每个交路（含段内作业）产生视频约 30GB（假设每台机车 7 路摄像头,平均每小时产生 2GB 视频）,受限于 CMD 系统无线传输瓶颈（Wi-Fi 2.4G 速度慢,CMD 升级节奏慢）,当前主要依赖人工通过 U 盘复制至地面进行人工分析。人工频繁插拔 U 盘容易造成机载设备损坏、文件丢失、病毒感染等问题。

机车安全运行,关系着管理水平及安全能力的提升,而要保证机车安全运行,机车乘务员的行为操作至关重要。当下机务段普遍采用人工复检车载视频的方式检查乘务员违规作业问题,而由于每个机务段每天产生出的车载视频数量巨大,机务段只能采取抽检的方式。人工抽检的方式导致数据分析效率低下,而且无法做到全面覆盖,对机务的运用留下了安全隐患。另外,对于机车乘务员的管理和评价,缺乏科学、客观的数据支撑,对于司机出退勤、报单等管理,还需要大量人工操作,需要尽快提升数字化、智能化能力。

2. 智能化解决方案

智能机务场景化解决方案如图 3-19 所示,包括进段后的车载数据自动转储、车载 6A 视频数据与 LKJ(L"列车"K"控制"J"监视")的智能分析和评价、TCMS(Train Control and Management System,列车控制和管理系统)和车载走行部数据的专家诊断和维修建议,覆盖机务运安、整备、检修三大核心业务,为机务的工作效率和安全管理水平的提升提供了有力支撑。

图 3-19　智能机务场景化解决方案

方案采用了 5G、AI、大数据等先进 ICT 技术,并与实际的业务场景进行深度融合,可大大提升工作人员的工作效率,实现机务工作的数字化、自动化、智能化。

3. 落地效果

某机务段当前专职 4 人负责 6A 视频的人工分析(计划再投入 15 人对 6A 视频数据进行人工分析),人工分析主要采用抽检的方式,当前视频抽检率低于 20%。

采用视频智能分析系统后,实现视频全量分析,智能视频平台 1min 即可完成 15min 视频的分析(根据当前的配置,如果提高算力,可缩短时间)。6A 智能分析系统自动输出分析报表,当天所有机车的视频可当天分析完成,及时对司机行为进行综合评价,相对人工分析,整体效率提升 60 倍以上。

3.3　铁路智能化实践

3.3.1　AI 提升 TFDS 智能分析效率

1. 案例概述

某车辆段 5T 检测车间共有 80 个检测工位,每天要完成数万多辆货车、近 300 万张图片的检查任务,每人每天平均要处理 1.5 万张。随着货车车辆不断提速重载,这对车辆运行安全构成严峻复杂的挑战。因此,迫切需要智能分析手段来提高铁路故障识别准确率,提升动态检车员的工作效率。

2021 年 11 月,国家铁路集团货车事业部把 TFDS 故障图像智能识别项目作为国家铁路集团第一批科研计划"揭榜挂帅"课题,指定该 5T 检测车间和华为公司等参研单位共同研究,联手推进 TFDS 故障图像智能识别项目。课题成立后,华为组建了包括多名算法博士、AI 领域首席科学家在内的顶级技术团队,在相关部门的指导和支持下,联合伙伴,多次深入作业现场,锁定了 AI 技术应用在车辆故障图像识别中的几个关键难题。

(1)标准不统一:不少图像介于故障和非故障之间,故障定义和判定标准不统一,影响智能识别系统的准确性和一致性。

(2)故障类型多:铁路货车常见车型有 60 多种,涉及 400 多种故障,故障形态多样,难以穷举。同时,故障之间还存在复杂的因果和关联关系,增加了开发难度。

(3)样本分布不均衡:实际中重大故障发生概率低、样本数量较少,轻微或者无故障的样本数量较多,样本不均衡,影响图像识别模型的学习效果。

(4)干扰因素多:铁路货车运行时会受到光照、雨雪、背景等环境干扰因素的影响,会导致图像中出现噪声或模糊,容易造成误报或漏报。

为解决上述问题,基于 5T 车间职工团队在故障分类、判断方式等方面的业务指导,华为联合伙伴探索出完整的可复制的 TFDS 货车故障图像智能识别解决方案,并在实际应用中取得良好的效果。

2. 解决方案及价值

华为 TFDS 解决方案支持-2/-3 两种类型的探测站设备拍摄的图像,车型适用率在 95％以上,覆盖 307 类《运规》故障以及 100 多类 TFDS 可视范围的其他故障,覆盖更全面,关键故障无漏报。

在该车间已完成集中部署小规模试点,相比独立部署,资源利用率提升 30％。在部分算力故障的情况下,TFDS 智能识别业务可正常开展,系统稳定可靠。

通过 AI 识别,无故障图片筛除率为 95％,辆均误报故障数小于 4,大幅减少了人工看图工作量,极大地提升了工作效率。华为 TFDS 解决方案可以 7×24 小时高精度不间断工作,大大减轻了动态检车员的工作压力。2022 年年底疫情期间人员到岗大幅减少,借助该方案,该车间依然可以高效识别故障图片,保证车辆段正常运转。

3. 总结与展望

如今的中国铁路,不管是在路网规模还是在装备水平上,都处于全球领先地位。华为 TFDS 解决方案的使用推动了铁路从传统作业向数字化转型,极大地提高了列车检修的智能化水平,节约了数千万运营成本,促进了从"肉眼看图"向"智能识别"的转变。借助华为 TFDS 解决方案,在效率提升的同时,大幅减轻了动态检车员的工作强度,也带来了全新的生产组织方式,实现了智能化和信息化作业形式,取得了一系列实践成果。

展望未来,除了 TFDS 货车故障图像智能识别场景外,AI 图像智能分析技术可在更多领域发挥重要价值。例如,在动车 TEDS、客车 TVDS 等相似场景,同样可利用 AI 代替人工看图；在动车运用所，AI 图像智能分析结合巡检机器人，可实现对动车的智能机检；在编组站、货场等运输站段，利用 AI 图像智能分析技术可实现远程货检。AI 图像智能分析技术未来将广泛应用于铁路的各个场景，提升铁路智能化水平。

3.3.2 采用 AI 和光视二维感知重塑铁路周界安全

1. 案例概述

南非铁路拥有悠久的历史。早在 1860 年，南非开普敦就修建了第一条铁路。到 1910 年，南非便建成覆盖全国的铁路网络。目前，南非铁路里程达 38000 多千米，拥有非洲最发达的铁路系统。

随着时间推移，城市化快速扩张，人流量剧增所带来的治安复杂等因素，铁路沿线的非法占用、各种盗窃事故导致铁路财产损失的事件时有发生。据 2021 年统计数据，南非铁路被盗 1000 多千米电缆，铁路公司平均每个月遭到 600 余起盗窃和破坏事件，且部分区域站点的设备丢失率高达 60%，严重影响铁路正常运营。每年南非需要投入大量成本来重建和恢复基础设施，确保铁路系统核心资产和运营安全。

围界作为铁路系统与外界隔离的第一道安全屏障，担负着保障铁路安全运行的重任，因此，南非某客运集团领导近年来尤为关注周界系统的安全性和准确性。考虑到围界的周边存在植被、行人以及风、雨等复杂环境的干扰，加之南非气候多变，沿线设备易受风、雨、雪、雾等影响。传统单一技防手段如振动电缆、微波对射等受到限制较多，存在误报、漏报多等风险。围界系统需具备更高的准确率。

通过对铁路现状的勘察与研究，结合华为的智能光纤传感、视频 AI 等业界领先技术，华为提出光纤振动与视频 AI 融合感知的方案（以下简称光视联动方案）。方案将光纤振动与视频 AI 两种感知方式取长补短，相互协助，更好地满足提升周界防护水平。

光视联动方案的系统包含光视联动算法系统、视频管理平台、集成地图，完成预警事件的检测、上报及确认，真正实现铁路围界安全系统的业务闭环。

系统框架图如图 3-20 所示。

2. 解决方案及价值

南非某客运集团结合各种围栏类型，实现分布式光纤传感＋视频监控＋交换机＋UPS 等产品的部署，实现全线入侵监测和告警。同时，在系统侧对接 GIS（Geographic Information System，地理信息系统）在线地图，实现图形化网管，快速入侵定位。

现场施工方案如图 3-21 所示。

该方案通过多维智能感知设备识别，校验入侵事件振动波纹，智能过滤干扰事件，联动智能球机自动跟踪入侵目标，进行二次复核，最终可实现漏报率＜1%，误报频次＜1 次/（千米·天），可抵抗大风、暴雨等自然环境的强干扰。

整体方案具备如下亮点。

（1）**看得全**：增强 ODSP（Optical Digital Signal Processing，光数字信号处理）模块，有效信号采集率提升至 99.9%。

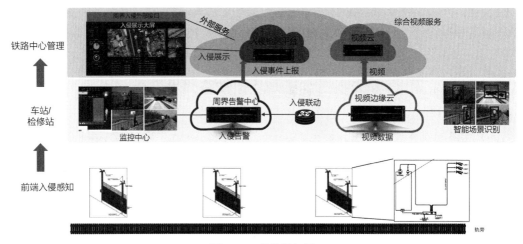

图 3-20　系统框架图

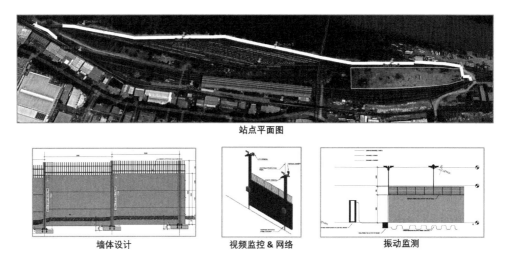

图 3-21　现场施工方案示意

（2）**识得准**：独有特征识别算法，抗干扰，告警准确率提升 90%，告警误差≤10m 范围。

（3）**远覆盖**：距离远（单设备单纤 50km），不产生也不受电磁干扰，无供电要求。

（4）**多识别**：能够对全段围栏范围内 10 个以上的人员攀爬、翻越、破坏围栏等触网式的实质性入侵行为进行检测和上报。

3．总结与展望

该光视联动方案可以适应多种场景，全天候全区域监控，具有超低误报漏报率，实时检测铁路周界的安全状况，可以有效地降低安保人员巡检压力，降低运营成本。因此，下一步可将此方案应用于全线铁路周界保护。

未来，华为将持续助力南非圆铁路现代化之梦，保障铁路大动脉的畅通，高质量完成铁路数字化转型工程。推动行业标准，让铁路生产更加安全高效，让乘客出行更加便捷畅通，助力南非铁路驶入数字化"快车道"。

3.3.3 莫桑比克 CFM 开创基于 FRMCS 架构的铁路运营通信改造典范

1. 案例概述

莫桑比克面向印度洋,背靠非洲腹地,拥有马普托、贝拉和纳卡拉等大型港口,港内有 9 条铁路线分别通向南非、斯威士兰、津巴布韦和马拉维等国,是内陆各邻国进出口货物的主要交通途径。此外,莫桑比克有着丰富的海洋资源,其中,钽矿储量居世界之首,煤储量超过 150 亿吨,这意味着智慧高效的铁路运输将不仅能增强该国与外界的互联互通,更能改善其自然资源经济转化效率,进一步带动该国经济发展。与此同时,随着莫桑比克采矿业的快速发展,对铁路运输效率和安全调度提出了巨大的挑战,现有的公共通信网络已然无法满足需求。

为此,CFM(Portos e Caminhos de Ferro de Moçambique,莫桑比克国家铁路与港口公司)提出将老化的通信基础设施进行升级,建设随业务需求增长、持续稳定的现代化通信系统,实现可靠的车地语音和数据通信。

针对 CFM 的诉求,华为为其量身打造了 FRMCS(Future Railway Mobile Communication System,未来铁路移动通信系统)综合调度通信系统项目,该系统采用先进的融合通信平台,提供 MCX(Mission Critical Services-MCX,关键任务服务)无线宽带集群通信和多媒体调度通信两大服务,支持 LTE 下的全 IP 化的通信网络,实现关键通信业务及丰富的多媒体调度业务。同时支持功能码、紧急呼叫等铁路特定业务功能,为调度人员、机车司机及运输指挥参与者带来全景可视、可控的调度指挥,有效提高行车指挥、运营运维等的运输安全及生产效能,极大地减少以往因通信技术落后,信息传递不及时、有误而导致的火车相撞、铁路维修人员伤亡等安全事故情况的发生。

解决方案框架如图 3-22 所示。

2. 解决方案及价值

莫桑比克 CFM 公司是一家在非洲区域内领先的交通运输公司,一直十分重视运输安全、效率,本次项目的建设目标一方面是通过建设先进的铁路通信网络来帮助 CFM 提高车速增加运力,同时提升铁路运营效率并减少安全事故;另一方面是支撑 CFM 铁路加速数字化转型,提升 CFM 集团信息化管理水平。

该项目采用 FRMCS 架构的无线通信方案设计,依据线路优先级多期执行。一期项目部署于 Ressano Garcia line(莫桑-南非国际线),二期项目部署于 Goba line(莫桑-斯威士兰国际线)和 Sena line(莫桑-马拉维国际线)。

现场施工方案如图 3-23 所示。

实施方案如下。

(1)中心侧部署核心网、调度台、监控中心、网管平台等。

(2)铁路沿线部署 FRMCS 基站、微波链路、配套站点电源和铁塔。

(3)火车上部署车载台 Cabradio、手持终端。

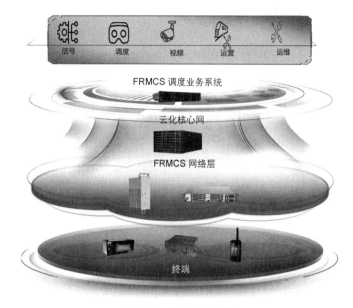

图 3-22　解决方案框架

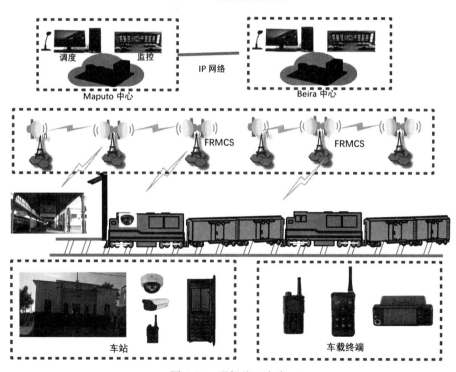

图 3-23　现场施工方案

（4）在车站里部署 IP 网络、CCTV、配套的机柜和 UPS。

系统部署后，实现火车和中心侧的实时语音和数据通信。并且改造铁路沿线车站的通信网络，关键区域部署 CCTV 系统，提升沟通效率和安全运营。

整体方案具备如下亮点。

（1）高可靠：1+1 核心网系统，实现系统 99.999％的可靠性。

（2）铁路专用调度：实现专业的语音集群功能，不仅能支持点对点呼叫、组呼，还能支持基于角色的呼叫，防止干扰。

（3）支持丰富的多媒体信息：可以提供 GIS 位置信息、大带宽的数据服务，可以将实时 GIS 位置、APP 业务数据、车载摄像头视频等数据实时回传。

（4）减少 OPAX（Operating Expense，企业运营持续消耗性支出），节省 VSAT（Very Small Aperture Terminal，甚小口径卫星通信站）卫星租赁费用。

3．总结与展望

目前 FRMCS 在莫桑比克的效益初显，大大提升了调度效率、安全运行和员工管理效率。数据显示，马普托港口货运吞吐量从 2021 年的 2200 万吨增长至 2022 年的 2670 万吨，2023 年货运吞吐量达到了 3120 万吨，货运量屡创新高。另外，本方案还具备可长期演进性，升级双网后即可承载信号，可支撑实现多机头同步的实时通信，进一步提升火车运力。

莫桑比克和华为合作的基于 FRMCS 架构的下一代通信系统，为莫桑比克的标杆性交通运输工程贡献了科技智慧与力量，使其运输能力增强，带动沿线经济快速发展，也让莫桑比克成为非洲区域内国家铁路通信现代化改造的典范，其经验也成为不同领域内国家之间技术交流的有效借鉴，间接促进了莫桑比克国际形象的提升。

3.3.4　智能排产助力动车段检修效率提升

1．案例概述

某路局动车组运用维护设施主要包括运用检查库、临修库、不落轮镟库、动存场、临修线、镟轮线、外皮清洗线等，最大能同时承担 30 多个标准组的运用检修。动车组高级检修设施主要包括整编静调库、三级修及转向架库、材料库、吹扫库、辅助生产用房及检修线路，整车年检修能力约 100 组。

该动车段根据实际业务需求及整体规划，主要负责本局配属动车组运用及一、二级检修作业，本局及部分外局动车组三级高级检修作业以及临修作业。

动车组运用修方面主要开展多种类型动车组一、二级检修、临修、专项修、60 万千米延长修以及外皮清洗、吸污作业等任务。配属载客车次 200 多对，满图运行时使用动车组 100 多组（含热备）；日常图定担当载客车次 200 多对；图定使用动车组 100 多组（含热备）。

动车组高级修方面主要承担本局及部分外局多种类型动车组 60 万千米、120 万千米整车三级检修和部分部件自主修任务，承担多种车型临时检修任务。

按照国铁集团"十四五"规划、构建"六个现代化体系"建设目标以及集团公司"数字铁路"的工作指示，该动车段先行先试，坚持以安全风险管理为核心，不断探索将信息化建设与动车运用检修工作相结合。在运维检修上，动车段一度面临着工艺流程长、技术标准多、装备要求高、作业时间紧、一体协同难等挑战。

2．解决方案及价值

为解决信息系统各自为政、数据孤岛效应明显、指标驱动业务效果不佳、系统灵活度程度不高、生命力不强等诸多问题，该动车段利用以数字技术、AI人工智能为代表的先进技术与检修作业场景深度融合，数据从独立运营到统筹分析，驱动数字化程度逐步提高，构建数字化动车段。形成的技术架构如图 3-24 所示。

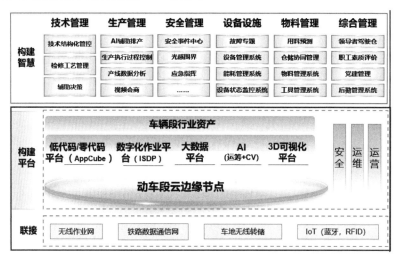

图 3-24　数字化动车段技术架构图

基于技术架构，动车段开展了业务流程数字化建设，紧密围绕着动车段 6 大核心业务域开展数字化建设。

（1）技术管理领域：动车段基于"数智底座"的低代码开发和数字化作业能力，建立产品（动车）结构树、结构化文档、检修工艺流程三棵树，结构化 2000 多本作业指导书，梳理 700 余条关键标准，变成掌上的生产工具。

（2）生产管理领域：在成都动车段，高级修作业人员近 800 人，检修车间有 30 多根股道生成日计划、列计划的变量将达到百亿级，而算法模型需要在分钟级内完成计算，并给出最优解；真正做到了 AI 编排并完成任务的指派、收集。作业人员通过手持 APP 即可实现在线管理、故障申报反馈。

（3）物料管理领域：基于"数智底座"的大数据和数字化作业能力，构建物料需求模型，从需求共享平台到物料数据共享，实现物料需求的精准预测、自动生成配送计划。作业人员通过手持机 APP 快速申领物料；物料数量、位置、编码及预警等信息一览无余。

（4）安全管理领域：检修生产中的在线故障的记录分析，现场作业情况可视化，音视频协同作业能力，故障一键直达现场。

（5）设备设施管理领域：依托"数智底座"大数据和 AI 的能力，构建车辆生产大数据边缘分析节点，并在完成数据治理后构建了故障分析大数据模型，依托此能力逐步完善动车组合修理系统建设，未来可实现面向不同组件的预测性维护。

（6）综合管理领域：数字孪生动车段建设，基于三维可视化技术及数据分析系统，并通过大数据分析系统建设，构建动车段指标体系，让数据成为资产。按照指标体系，分层分级建设数据驾驶舱，实现关键指标数据可视化，提升管理时效性，辅助生产管理决策，提升管理精准性。

3. 总结与展望

在数字化动车段顶层架构的牵引下，基于"数字底座"，围绕着三年实现全面数字化的建设节奏，该动车段一步一个脚印开展基础设施数字化，业务流程的数字化建设，提升高级修整体检修效率，提升物料周转率，AI 排产实现排产效率提升，生产过程大幅减少纸质件，技术管理全面实现线上承载。

面向未来，基于数智底座，持续建设基于 AI 和大数据分析的构型管理实现预测修；基于物料协同，实现自动驾驶的无人物流；基于大数据的指标体系实现持续运营。

3.3.5　"AirFlash"5G 助力铁路局智慧机务建设

1. 案例概述

某机务段机车 LKJ、车载 6A 等系统在运行过程中产生大量文本和音视频数据，每个交路会产生约 30GB 的数据，以往机车数据转存工作需要等机车入库以后，通过 CMD 系统中的 Wi-Fi 或者人工 U 盘复制的方式将数据带回机车乘务派班室，再由值班人员将数据上传至服务器进行存储，大约需要 40min，不仅数据传输速度慢、转存效率不高，而且人工复制存在数据丢失和病毒感染的风险。希望通过新的技术手段对机车产生的大量数据实现快速、安全的转存，并基于 LKJ、6A 的数据分析司机的驾驶行为是否满足机车作业的项点要求。

华为将"AirFlash"5G 车地高速转储和 AI 智能分析解决方案应用在机务日常作业中，实现"5G＋AI"技术与铁路机务的深度融合。方案基于"端到端"的全新体系架构，采用全新毫米波频段、多天线、波束赋型等 5G 先进技术，提供了超宽、智能、安全的解决方案。而部署了"AirFlash"5G 车地转储解决方案后，通过现场测试，机车与地面间可实现超过 1.5Gb/s 的高速无线通信，30GB 的视频数据在 3min 左右全自动完成数据转储，较之前的转储效率提升了 13 倍，而且全程无须人工干预。在安全方面，通过白名单鉴权，4 次握手协议保障接入安全，全程数据自动加密传输，无病毒感染风险，确保整个转储过程的数据完整、安全。对于转储后的数据，联合广大生态合作伙伴，融入华为数据服务平台，结合大数据和人工智能技术，智能分析、自动识别问题和故障，大大提升转储文件分析效率。并通过 AI 技术对机车乘务员十余种作业行为项点进行"全交路"智能分析，有效规范机车乘务员的作业执行标准。2020 年 9 月 4 日，全路机务相关人员参观了"5G＋AI 智慧机务系统"的实际应用效果现场会演示。当日下午 14:46，首台搭载"5G"设备的 402 号"和谐 HXD3D"型大功率电力机车缓缓驶入机车整备场，随着机车上的 5G 设备与地面设备自动建立连接，传输速率迅速从 0 上升到 1.5Gb/s，不到 90s 的时间，15.6GB 的视频数据自动转储完成，让在场的参会者叹为观止。

2．解决方案及价值

方案架构由三部分组成：车载设备、轨旁设备和机房设备（也可部署在轨旁），如图 3-25 所示。方案提供的车载设备为车载网关和 AirFlash 车载终端，LKJ、6A、TCMS、CMD 等为既有的车载设备；在轨旁部署 AirFlash 轨旁基站，负责与 AirFlash 车载终端建立连接并高速传输数据；高速缓存一体机，负责接收轨旁基站的数据并进行缓存，同时提供计算资源，安装转储管理软件和网管软件、数据分发软件。

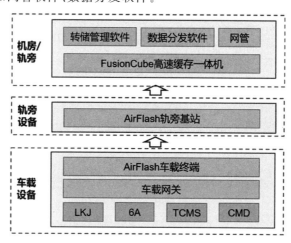

图 3-25　车地转储方案架构

机车回机务段时，机车会依次低速经过咽喉区、加砂区、保洁棚等位置，每个位置停留数分钟至 10min，一个机务段需要 2~3 个 RBS（Railway Base Station，轨旁基站）即可。RBS 分别部署在咽喉区、加砂区、保洁棚等位置附近区域以实现机车进入机务段后可确保与 RBS 能够建立连接并稳定接入。每台机车配两个 TAU（Train Access Unit，车载接入单元），分别安装在两端驾驶室的车顶，确保机车头无论是以哪个驾驶室端面向机务段回段，均能被 RBS 覆盖。

华为 AirFlash 车地转存方案具备如下价值。

1）免申请、远离民用频谱、避免干扰

免申请，免报备，随需使用；远离民用频段，避免和传统频段之间的干扰。

2）超大带宽，全程无须人工干预

提供超过 1.5Gb/s 的带宽，能在 1min 之内完成 10GB 的数据转储；基于 5G 多天线、相控阵、波束赋形技术，实现自动扫描、自动对接、自动转储。

3）安全可靠

按照 EN50155 设计，满足抗震、防雷、抗风；IP67 防尘防水，长期工作温度范围为−40~+55℃；定向波束，指向性好，可最大程度消除相互干扰；支持空口白名单鉴权认证，AES128 加密。

4）数据 AI 分析

提供 50 多项机务司机作业项点的分析,包括标准化作业项点和安全违章项点;结合 6A＋LKJ 数据对机务司机进行精准画像和建档。

3. 总结与展望

通过 AirFlash 技术实现路局机务段机车 LKJ、6A 等业务数据的高速、安全的转存,有效避免了传统 U 盘复制方式带来的数据丢失、病毒感染、转存耗时等问题,极大地提升了管理水平,未来随着更多 AI 大数据分析技术的应用,对于机车司机行为的判断会更加准确。

3.3.6 "智慧广铁"助力广州局集团成为世界一流数字化铁路企业

1. 案例概述

2020—2021 年,华为公司与广州局集团深度合作,基于中国和国铁集团的数字化转型战略要求,以及广州局集团公司的战略规划和高质量发展诉求,在中国铁路行业率先开展了《"智慧广铁"规划咨询研究》科研课题,双方成立一体化联合工作组,统一赋能,联合研讨和进行思想交流,最终形成 14 份高质量的研究成果文件。"智慧广铁"规划系统梳理了集团公司核心业务能力和流程,提出了总体愿景,明确了建设面向未来的 1 个"数字底座"加"智慧服务、智慧生产、管理管理、智慧生态"4 个"智慧体系"的主要关键任务(见图 3-26)和关键业务场景解决方案蓝图架构(见图 3-37)。

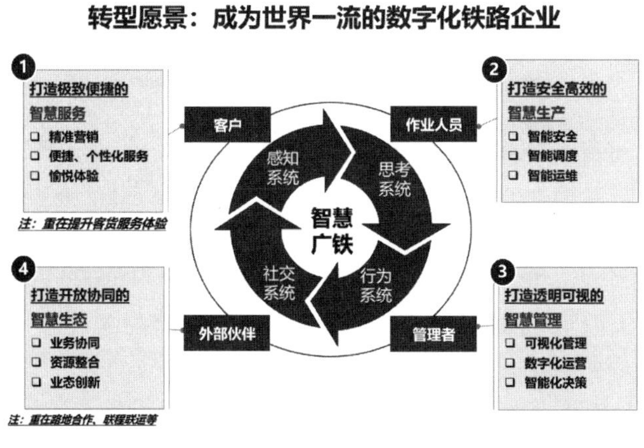

图 3-26 "智慧广铁"愿景蓝图

2. 解决方案及价值

"智慧广铁"系统设计了铁路运输企业面向未来的 4A 架构、业务流程变革举措,以及运维、IT 治理、网络与信息安全体系方案,规划了实施路径及项目建议清单。"智慧广铁"规划率先在铁路行业系统性地提出了坚持愿景驱动、问题导向,分层设计、自底向上由 4 个层级构成的铁路运输企业数字化转型实施方法论(见图 3-28),指导项目实施和建设。

(1)底层:完善现有铁路各种监测监控系统、信息网络、基础设施平台建设,进一步融

图 3-27   "智慧广铁"解决方案蓝图架构

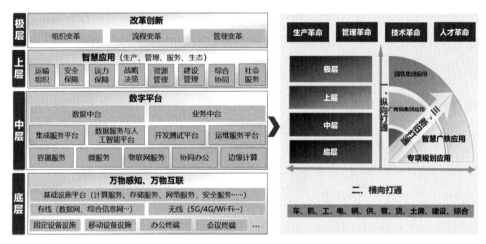

图 3-28   铁路运输企业数字化转型实施路径

合物联网、5G＋北斗、人工智能等技术，逐步推进站场、线路的无线覆盖和物联网建设，提升数据采集和分析处理的自动化、智能化水平。

（2）中层：通过数据治理消除现有铁路信息系统的数据壁垒，运用大数据、云计算、微服务、边缘计算等技术构建企业数字平台，实现企业级的数据汇聚和共享，为企业提供安全可靠、便捷高速的数据服务能力。构建"分层解耦、系统服务化"的业务中台，业务中台包括主营业务、使能业务、管理支撑，实现主干交易业务流简单、高效、畅通。

（3）上层：在数据采集与管理的基础上，通过主题连接开展企业数据资产的深度挖掘和分析研究，打造铁路安全、运力资源、经营态势分析等业务场景下的智能辅助决策服务。

（4）极层：通过对企业数据的全面掌控和智能化应用，精准发现企业在业务、管理、组织等方面存在的问题，并对解决方案进行数字化仿真，大大降低企业改革的风险。

在上述分层设计的基础上，以数据为核心要素，纵向打通铁路运输企业各级管理层，横向打通铁路运输企业各专业，新旧打通铁路运输企业新旧信息系统，满足企业数字化转型数据驱动的目标要求。华为与广州局集团联合发布的规划成果对"智慧广铁"建设实施、提升铁路企业数字化水平,具有引领和指导作用。

3.　"智慧广铁"规划研究建设成效

"智慧广铁"规划研究项目获 2021 年度广州局集团科技进步特等奖,并延伸为 2021 年度国铁集团重点科研项目《铁路运输企业数字化转型发展总体规划研究》,于 2023 年 3 月通过国铁集团结题验收,被评为 A 级。"智慧广铁"实施过程整体分为三个阶段,即起步阶段(2021 年)、主体工程推进阶段(2022—2025 年)、全面提升阶段(2025—2030 年)。坚持两个原则:①坚持"聚焦价值、适度超前、整合资源、继承优化、降低风险";②坚持"与国铁集团规划相融合、与既有系统相融合、与外部资源相融合"。广州局集团公司按照国铁集团规划及信息化架构要求,结合企业实际,主要开展如下实践探索。

(1)补强基础设施。在全路率先建成路局级一体化信息集成平台,为既有业务应用系统整合迁移、专项规划应用系统开发投产、开展大数据应用提供了有力支撑,并按需线性扩展平台能力。同时,在一体化信息集成平台搭建了地理信息平台、数据服务平台等专用资源服务,为安全风险管控大数据应用、客运营销、智能应急指挥平台、智慧编组站等系统应用提供了有力支撑。在江村站、怀化西站、长沙北物流园等地开展 5G、物联网建设,基于云边协同架构的基础设施初具规模。

(2)推进数据治理。对标《数据管理能力成熟度评估模型》,研究提出广州局集团公司数据治理管理制度、实施路径和技术方案等具体措施,建立相关专业数据目录 3500 余项,采集汇聚运输、客货运等 10 余个专业数据共约 36TB。完成《数据资源管控平台》建设,建立数据采集、集成、共享等线上流程,累计发布数据服务 267 个,调用数据 2632 万次,共享数据规模 5.22TB;大力推进大数据应用研发工作,一批数据驱动业务流程优化的大数据应用项目投入应用,如客运经营管理系统、货运营销大数据分析系统等,在集团公司提质增效、降本增效等工作中发挥了重要作用。2022 年,广州局集团在全路率先通过数据管理能力成熟度评估(DCMM)2 级(受管理级)。

(3)深化应用创新。建成并使用一批符合行业智能化发展方向的项目。例如,①在运输生产领域,开展智慧编组站系统研发,全路率先建成编组站"站区一体化综合智能管控平台",打通了调度、站、机、辆、货等专业数据,集成了智能车流、智能作业管控、站场视频等功能,实现对站区运输生产组织和作业情况的全面管控;②在综合协同领域,结合流程数字化,大力推进"让数据多跑路、职工少跑腿",移动工作平台用户达 4 万余人,完成 210 个线上流程设计,累计处理流程计 430 万条,其中,电子公文 88.7 万件,无纸化会议在集团机关和 9 个基层单位应用,累计节约纸张 477 万余张。

(4)优化组织流程。按照国铁集团统一部署,广州局集团公司结合综合维修一体化、修程修制、货运集中办理等改革,积极研发、应用高速铁路运营安全监测监控系统、动车组服役期数字化精准维修系统、货运营销大数据系统等一批符合数字化转型要求的项目,促进效率不断提升。

相较 2016 年,"智慧广铁"实施后,广州局集团公司 2021 年用工总量减少 1.3 万人,实物量、价值量劳产率分别提高 5.2%、15.5%。

3.4　铁路智能化展望

中国铁路通过持续研发与进步已经跻身世界先进铁路技术行列,部分自主化技术实现领先全球。展望未来,铁路将朝着高速、高效、安全、舒适的方向发展,围绕设施智能化、高效运营、智慧服务、绿色安全演进。其中,物联网、传感器、新一代网络技术等实现铁路基础感知与互联互通的专业设施信息化;大数据、云、数字孪生、区块链技术赋能铁路行业的数字化;人工智能加速铁路产业智能化升级。铁路智能化未来将主要围绕如下几个领域。

(1)"算网一体"铁路综合承载网。未来推进实现集 6G 通信、AI 计算、云存储为一体的信息网络,对内实现计算内生,对外提供计算服务,重塑通信网络格局,促进铁路系统可持续发展。

(2)空天地一体化的铁路通信系统。基于未来 6G 新一代通信技术的天基(高轨、中轨、低轨卫星)、空基(临空、高空、低空飞行器)等网络将与地基(蜂窝、有线、Wi-Fi)网络深度融合,组成空天地一体化网络,实现地表及立体空间综合交通全域、全天候的泛在"人机物"连接。利用北斗导航、6G 通信技术等支撑空天地一体化列控系统,提升传统轨道电路及轨旁设备定位能力,实现列车与列车之间、列车与地面(云端)之间的高效通信。

新一代感知、通信、大数据、数字孪生与人工智能技术支持物理世界中实体或过程演变数字化镜像复制,凭借数字世界中的映射实现智能交互。基于全要素、全流程、全业务数据驱动等特点,通过在数字世界挖掘的丰富历史和实时数据,借助业务算法模型赋能感知和认知智能,对物理实体或者过程实现模拟、验证、预测、控制,最终获得物理世界的最优状态。

(3)铁路建造运维全生命周期应用。通过数字域和物理域的闭环交互、认知智能以及自动化运维等操作,可以适应复杂多变的动态环境,实现规划、监控、检修、网络优化和自愈等运维全生命周期的"自治"。例如,通过智能勘察、桥隧路轨体系化智能施工和工程数字孪生,实现基础设施全生命周期正向传递和反向迭代优化。借助 AI 大模型泛化能力,开展铁路关键系统、设备设施预防性预警,进一步提升建造与运维安全隐患高识别精度,覆盖从设计、建造到运维全过程,保障列车运行数据、机辆部件和铁路运营的安全,提升运维效率,降低运维成本。

(4)创新技术促进列车速度持续提升。更高速、更安全、更智能的列车技术发展,包括真空管道、常导电磁悬浮、超导电动悬浮、高温超导磁浮、氢能等新能源在内的下一代革命性新技术,正逐渐从实验室走向商业市场。未来有望突破超高速铁路技术,实现列车运行速度从 350km 到 400km,及超过 600km 时速的牵引、制动、供电、能源消耗及噪声污染的超高速铁路技术突破与应用,确保列车运行安全可靠、经济高效、绿色可持续发展。

(5)全自动驾驶与智能调度运营发展。无人驾驶技术已成为铁路行业重要的前沿领域。基于高精定位与感知技术、无线通信技术等衍生的车车通信、车地通信、人工智能算法、智能轨道控制技术的高速铁路列车自动驾驶系统逐渐成熟,列车在行驶过程中实现自主决策,自动控制速度、行车间隔和安全距离,从而极大地提升了铁路交通的安全性与运输效率。

与此同时,智能调度则以实现深度融合的 MaaS＋全行程智能服务及面向区域路网全面发展,通过智能调度算法精确地预测和调整列车运行计划,优化列车调度,确保列车准时、安全和高效运行,以及应急救援响应。此外,乘客智能化服务为旅客提供推荐乘车方案、实时查询列车信息,实现车票的动态定价和自动分配,提高旅客服务的响应速度与满意度,让旅客享受到更为舒适、高效的旅程。

综上所述,随着建设交通强国的不断推进,以及人们对便捷舒适出行和高效货运物流的需求日益增长,人工智能技术将成为铁路行业智能化发展的核心驱动力。这一技术将催生一系列创新智能化应用,在智能建造、智能装备、智能运营和智慧出行等领域发挥至关重要的作用。通过应用人工智能技术,铁路行业将能够更好地满足人们的出行需求,同时提升中国铁路在世界铁路行业的竞争力。

第 4 章

港口

4.1 港口行业智能化背景与趋势

4.1.1 港口行业的发展现状与趋势

港口是一个国家或地区的门户,通常位于江、河、湖、海沿岸,有水、陆接运的作用。现代港口是水陆交通的集结点,具有水陆联运设备和条件,是供船舶安全进出和停泊的运输枢纽,同时也是工农业产品和外贸进出口物资的集散地,更是国际物流全程运输与国际贸易的服务中心和服务基地。

改革开放 40 多年来,国内港口业务持续快速增长,港口货物吞吐量由改革初期的 2.8 亿吨增长到 2022 年的 156.8 亿吨,增长了 56 倍;沿海港口完成货物吞吐量由 1978 年的 2 亿吨,增长到 2022 年的 123.5 亿吨,增长了 62 倍。其中,外贸货物吞吐量由 5911 多万吨增长到 45.2 亿吨,集装箱吞吐量由零增长到 2.96 亿标准箱。内河港口货物吞吐量由 1978 年的 0.8 亿吨增长到 2022 年的 55.54 亿吨,增长了 69 倍。自 2003 年起,中国港口货物吞吐量连续位居世界第一。

随着吞吐量的快速增长,沿海港口建设也呈迅猛发展态势,港口基础设施加快完善,吞吐能力和规模快速提升,成为对外开放的主要门户、综合交通运输体系的重要枢纽和现代物流系统的基础平台。1978 年,沿海港口生产性泊位仅为 311 个,其中,万吨级以上泊位 133 个,没有一个亿吨级大港。而到 2022 年年末,全国港口万吨级及以上泊位 2751 个,亿吨大港已达 34 个。从分布结构看,沿海港口万吨级及以上泊位 2300 个,内河港口万吨级及以上泊位 451 个;从用途结构看,专业化万吨级及以上泊位 1468 个,通用散货万吨级及以上泊位 637 个,通用件杂货泊位 434 个。其中,集装箱码头的建设发展速度尤为迅猛,从 1978 年中国启动集装箱码头建设,1980 年天津新港建成中国第 1 个集装箱码头,截至 2022 年年底,中国已成为全球集装箱海运规模最大、港口最繁忙的区域,在全球前十大集装箱港口中占据 7 席。随着上海港、宁波舟山港、深圳港、厦门港、天津港、大连港等港口建设了一大批设备先进、作业效率高、吞吐能力大的集装箱专业化码头,中国沿海港口大型化、深水化、自动化程度不断提高。同时,在全球集装箱海运网络体系中,这些港口也已成为全球集装箱运输枢纽港。

在高速发展的同时,国内港口也面临劳动力成本攀升、劳动强度大、工作环境恶劣、人力短缺等难题,自动化、智能化改造成为中国乃至全球港口共同的诉求。中国陆续出台多项港口行业相关政策：2020 年 8 月，交通运输部出台《关于推动交通运输领域新型基础设施建设的指导意见》，对建设智慧港口的技术落地提出更为细致的要求，要求"引导自动化集装箱码头、堆场库场改造，推动港口建设养护运行全过程、全周期数字化，加快港站智能调度、设备远程操控、智能安防预警和港区自动驾驶等综合应用"；2021 年 9 月与 2022 年 1 月，交通运输部与国务院分别发布《交通运输领域新型基础设施建设行动方案（2021—2025 年）》与《"十四五"现代综合交通运输体系发展规划》，都对具体港口的智能化改造要求进行了明确，如"推进厦门港、宁波舟山港、大连港等既有集装箱码头的智能升级，建设天津港、苏州港、北部湾港等新一代自动化码头""推进大连港、天津港、青岛港、上海港、宁波舟山港、厦门港、深圳港、广州港等港口既有集装箱码头智能化改造。建设天津北疆 C 段、深圳海星、广州南沙四期、钦州等新一代自动化码头"。

随着相关政策的陆续发布，港口行业普遍开始基于人工智能、大数据、5G、云、北斗等新技术向智慧港口进行转型，同时提出以"海港为龙头、陆港为基础、空港为特色、信息港为纽带"的四港融合战略。其中，智慧港口以信息物理系统（Cyber-Physical Systems，CPS）为结构框架，通过高新技术的创新应用，使物流供给方和需求方共同融入集疏运一体化系统；极大提升港口及其相关物流园区对信息的综合处理能力和对相关资源的优化配置能力；智能监管、智能服务、自主装卸成为其主要呈现形式，并为现代物流业提供高安全、高效率和高品质服务。2022 年 5 月，中国港口协会发布了《智慧港口等级评价指南》，对智慧港口从智能管理、设施设备、信息技术、数智服务 4 个维度展开评价。与此同时，各大港口的智慧港口建设工作也进展得如火如荼。

上海港从智慧贸易方向出发，以成为全球卓越的码头运营商和港口物流服务商为战略目标，借助新技术带来的新动能和开放式创新带来的新格局，打造 3E 级智慧港口，并为此制定了一系列行动计划。例如，推进码头运营智能化、打造全自动化集装箱码头、逐步推进人工集装箱码头自动化升级、推动外部集卡与无人集卡混行示范、推进港口物流协同化、搭建覆盖港口全业务的线上服务平台、建立"一套标准、一站受理、一次结费、一趟办结"的高效便利服务模式、推进国际贸易便利化。由上海市政府与海关总署主导整合海关 EDI 中心、港航 EDI 中心，汇聚口岸贸易与物流数据资源，加之负责运营，规划建设 84 个信息系统，推动国际贸易"单一窗口"与港口业务线上服务平台无缝对接，提供贯穿贸易、监管、物流、支付 4 大业务的在线服务。

宁波港从智慧物流出发，通过整合全省港口资源，加快实现港口一体化、协同化发展，并以港口运营智能卓越、港口服务满意便捷、港口生态圈共享开放、港口发展可持续为愿景打造智慧港口，并为此制定了一系列行动计划，如加大港口资源整合力度，通过建设全省沿海港口统一的生产业务指挥中心数字化协同平台，对货、港、航全要素进行数字化管理，实现宁波、舟山、嘉兴、温州、台州五大区域生产运营一体化；提升港口物流服务水平，打造以"一城两厅"（网上物流商城、网上营业厅、物流交易厅）为核心的港口物流电商平台，实现港口线上服务集中受理；加强生产安全数字化管控，建设浙江海港危险货物安全数字化平台，对进出港区的危险货物运输、装卸、储存进行全过程、全链条的数字化、可视化管理，实现危险货物信息状态可查、可控、可追溯。

青岛港从智慧物流出发,以港口装卸、船代、货代等传统物流业务为基础,发展货运物流、全程代理、集装箱场站、保税仓储、海铁联运,拉长服务链,逐步向综合物流服务组织领导者转型。为此制定了一系列行动计划,如构建现代化物流服务体系,主导港内堆场业务规则,推动海运、仓储、代理、通关等物流服务产品化,打造网上商城,构建以用户为中心、以港口为枢纽的港口物流服务生态圈;提升装卸自动化水平,打造全自动化集装箱码头,大力推进传统码头自动化改造,集装箱大型装卸设备自动化占比大幅提高,探索无人清扫车、油电混合智能拖轮等自动化作业场景;加强新一代信息技术融合应用,建成多个 5G 基站,并在港口大型设备远程控制、智能理货等场景实现应用,运用 GIS、物联网、数字孪生、大数据等技术建成港口生产调度与安全管控"一张图"。

天津港以"打造数字孪生天津港,引领港口经济发展"为愿景牵引集团数字化转型工作,围绕集团管控,结合以客户为中心的经营模式,形成了数字化交易、数字化生产、数字化管理、数字化经营、数字化产业和数字化底座的数字化转型整体蓝图,并通过"战略驱动,数字赋能;经营驱动,数字拓能;创新驱动,数字创能;技术驱动,数字使能"支撑数字化转型蓝图实现。面对智慧港口升级发展,天津港坚持以数智技术赋能,提出智慧港口"4＋1＋1"升级框架,"4"指的是生产智能化、物流协同化、运管数字化、生态一体化,如生产智能化要由水平运输有限混行逐步实现全面混行,港机的自动化实现港机类人操作;物流协同化通过一站式服务、业务全在线提升客户体验;运营数字化通过全量全要素数字化,支撑一体化运营等;生态一体化通过产业链数据集成共享,实现数字营销等。港口行业大数据、行业大模型、工业互联网及应用集成等智能核心平台是支撑智慧化应用的必要使能平台。

4.1.2　港口行业智能化的参考架构和技术实现

港口行业的智能化演进可以分为三个阶段：早期的信息化阶段,中期的数字化＋场景化 AI 阶段,以及未来的智能化阶段,如图 4-1 所示。

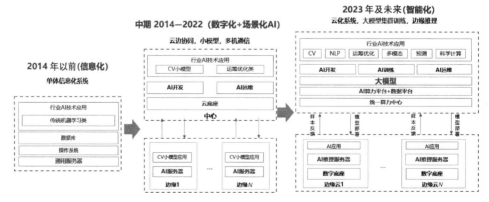

图 4-1　港口智能化转型的演进路径

2014 年以前主要通过传统机器学习方法支撑了一些港机设备故障预防预测。2014 年开始随着深度学习的逐渐普及,基于卷积神经网络(Convolutional Neural Network,CNN)的视觉小模型逐步在码头安防、监控等领域得到了大量的应用。同一时期,传统的运筹优化算法结合求解器也开始在计划调度及路径规划等场景开始持续发力,在这个阶段,水平运输系统从以磁钉+自动导引车(Automated Guided Vehicle,AGV)的方式逐步演进为以自动驾驶+高精度地图+5G+智能导引车(Intelligent Guided Vehicle,IGV)的方式。2023年,随着大模型的出现,神经网络的智能水平得到显著提升,使基于一个统一大模型底座全面支撑港口生产、管理、服务、安全各领域应用成为可能,智慧港口也开始持续演进,装卸生产智能化、物流贸易协同化、运营管理数字化、生态服务一体化成为这一阶段的特征及趋势。

港口智能化转型是一个长期的、循序渐进的过程,如何选择转型道路、如何分层分级建设智能化 ICT 基础设施,将成为智能化转型的关键,基于在多个行业的实践总结,结合港口智能化演进的方向,华为提出了具备分层开放、体系协同、敏捷高效、安全可信等特征的港口智能体参考架构,如图 4-2 所示,可分为智能感知、智能联接、智能底座、智能平台、AI 大模型、智能应用 6 层。

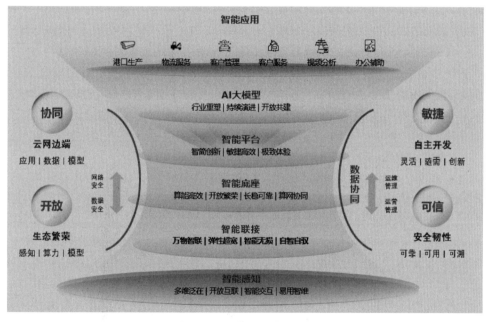

图 4-2　港口智能化参考架构

智能感知层:码头工作环境盐雾大、湿度大、温差大,且时有台风暴雨,导致雷达、视频、温度传感、气压传感等感知设备存在老化快、腐蚀快的问题。以摄像头为例,由于港机设备的特殊性,其配置的摄像头长期暴露在严酷的室外恶劣环境中,因海边盐雾的不断腐蚀,工作区间温差大,以及必须承受极大的振动和冲击力等原因,需要使用港机专用重工业摄像头。相比一般的工业摄像头,港机专用重工业摄像头在多个关键指标要求上有显著提升,如 IP 防护等级从 IP67 提升到 IP68,即在高压水枪喷射状况下也不会进水;工作温度范围从-30~60℃扩展至-40~85℃,避免摄像头镜头被"溶化";具备自加热功能,以确保在低温和冰雪天气的正常作业;具备抗电磁干扰(EMC)的功能,以避免成像过程中受到码头多种大功率电气设备的干扰;抗振动抗冲力从10~20G提升至30~60G,以避免设备移动过程中产生的各种抖动;延时要求从200ms以内提升到50ms以内,以满足设备远控要求。

智能联接层:传统码头存在网络容量不足、可靠性薄弱、安全防护弱、设备老化等架构性问题,以及业务互通难、故障定界慢、管理运维难、业务开通难等业务性问题,而智慧港口对通信连接有低时延、大带宽、高可靠性的严苛要求,自动化码头的大型特种作业设备的通信系统要满足控制信息、多路视频等信息的高效、可靠传输。目前,港口自动化采用的通信方式存在建设和运维成本高、稳定性与可靠性差等问题。

智能底座层:智能底座是智能算法模型最重要的训练和推理设备,主要包含AI芯片,如昇腾Atlas系列NPU处理芯片和集群,以及为支持进行AI训练和推理所必要的存储设备和网络设备。当前主流应用设备有昇腾Atlas系列NPU芯片,FusionStorage系列高性能的存储服务器,以及CE等系列交换机。

智能平台层:港口的智能平台一般可分为集团和码头两层,其中,集团侧部署统一算法开发平台,提供数据处理、模型开发训练、模型迭代、模型验证、模型发布、模型分发和模型部署等功能,而码头侧则部署大量AI推理服务器,为码头生产应用提供AI推理结果。

AI大模型层:大模型的出现为智慧港口升级面临的难题带来新的解题思路,如应对港口生产作业中集装箱验残、危险品标志识别的准确率不够等问题,港机自动化改造中效率瓶颈问题,码头智能水平运输的混行难题,以及降低智能计划建模门槛和难度、提升可用性等。另外,大模型也可为智能化经营管理、客户服务提供新的交互模式和工作方式。场景和数据是港口行业发展大模型的核心优势,应选择好一流基础大模型,并构建产线化的AI开发模式,保障行业智能化升级的内生能力和可持续发展。

智能应用层:港口智能应用场景较多,常见的有智能识别、自动驾驶、智能装卸、智能分析、计划调度5大领域。其中,智能识别主要运用计算机视觉对集装箱箱号、箱型、铅封有无等进行识别,覆盖集装箱卸船、堆放、理货、验残、提箱、出关等全流转环节,突破了传统OCR技术易受外界干扰而导致识别准确率较低的技术限制;自动驾驶主要满足集装箱水平运输需求,用于岸桥和堆场之间的集装箱运输,基于AI、5G、高精度定位与车路协同等技术,可实现集卡无人驾驶及实时路况回传,方便控制中心监管运输进度,实时查看车辆的感知和规划信息。智能装卸则通过使用远程操控或AI控制技术,模拟司机进行自动桥吊操控。智能分析通过针对进出港车辆等日常生产经营数据,以及火灾、烟雾等异常告警进行分析,保障港口日常生产运营。计划调度则是通过运筹优化算法结合业务规则,通过有效合理配置码头各项作业资源,提升码头整体效能。

4.2 港口行业智能化价值场景

智能化技术目前在港口主要应用在生产作业环节,这其中又以自动化集装箱码头为代表。自动化集装箱码头的生产作业可分为装船、卸船、集港、提箱 4 大流程。以卸船流程为例,码头会提前制定生产作业计划,在船舶到港后,使用岸桥进行集装箱卸载,经理货后由水平运输系统运送至堆场,再由场桥移进堆垛,最后由外集卡运输至目的地,作业流程中由安防系统进行实时监控。其核心生产作业环节如图 4-3 所示。

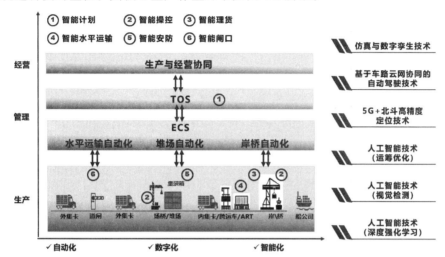

图 4-3　集装箱码头核心生产作业环节示意图

4.2.1　智能计划

智能计划是港口的核心生产环节之一,涉及各种生产资源、各岗位的配合,以及口岸单位、船公司和码头之间的配合,还有指令信息、视频信息、单证信息的配合。码头通过制定生产作业计划,为进出港船舶及集装箱装卸、运输和存放提前分配泊位、岸桥、场桥、集卡、堆场、舱位等资源。传统方式采用人工制定计划,存在人工耗时长、效率提升难的问题。通过使用数学规划、约束规划等运筹优化技术进行场景化建模并调用求解器,可在考虑多种约束的情况下,在给定优化目标上快速计算出最优解或近优解,将计划生成耗时从小时级降低到分钟级甚至秒级,同时在泊位利用率、船舶在港时间、船时作业效率、倒箱量等关键指标上带来一定优化。

集装箱码头生产计划通常包含智能泊位计划、岸桥作业计划、智能配载计划,以及智能堆场计划 4 部分,如图 4-4 所示。

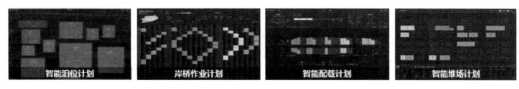

图 4-4　集装箱智能计划结果

智能泊位计划是港口企业生产作业的首要环节,通过整合泊位资源、岸桥资源、船舶到港动态信息、港口机械、人力等保障数据信息等相关数据信息,结合运筹优化算法,向运行管理人员提供智能泊位计划等决策支持,提升港口资源的综合效率。其输入一般包括 3 部分:首先是船舶到港时间、装卸载箱量、船长等船舶相关信息;其次是岸桥服务范围、岸桥工作状态、岸桥作业效率等岸桥信息;最后是泊位、堆场、潮汐、在泊船舶状态、费用权重参数等其他信息。智能泊位计划的目标是要为各来港船舶合理分配泊位资源及相应作业岸桥,在满足船舶间最小距离的情况下,减少船舶整体在泊时间。

岸桥作业计划在已知船舶的进出口船图及舱内作业顺序的情况下,基于码头各个设备的作业工艺和作业规则要求,安排岸桥的具体作业位置和作业时间,使得岸桥的作业效率和效益达到平衡。岸桥作业计划的输入信息包括 4 部分:首先是进口箱在船上的具体位置,用于计算岸桥的卸载工作量;其次是出口箱在船上的预装载位置,用于计算岸桥的装载工作量;再次是船舶结构、可作业时间等船舶信息;最后是岸桥的数量、分配时段等岸桥信息。岸桥作业计划在满足各项约束的情况下,以最小化单船完工时间为目标,确定各岸桥的作业量、作业范围和作业顺序,并给出对应的数据统计和资源配置信息。

智能配载计划指在已知晓出口箱及其堆场位置的情况下,按照船公司要求为每个集装箱安排对应船舶位置,并使得总装卸效率最大。在码头截止集港到集装箱船舶进港前这段时间内,码头会收到船公司发送的预配船图,预配船图在制定的过程中无法知晓集装箱在堆场的具体位置,因此主要考虑了稳定性及分港分舱要求。码头在收到预配图后,需要结合集装箱在堆场的实际位置进行调整,在满足船方诉求的情况下,有效降低翻箱率,提升装船效率。配载计划的输入信息主要包含 5 部分:一是类型、尺寸、重量、堆场位置、目的港等集装箱信息;二是船上可装卸位置、对应的预配重量、位置属性等预配图信息;三是各贝位的工作量、岸桥作业顺序、机械分配、岸桥的作业模式等岸桥作业计划结果;四是已配载集装箱、稳定性边界条件等船舶信息;五是类型、功能等堆场信息。配载计划的输出是满足约束条件的配载方案,通过减少倒箱量,增加双钩比,提升装船作业效率。

智能堆场计划包含卸船堆存计划、集港堆存计划,以及场地及机械计划。堆场作为衔接海运和陆运系统的缓冲区域,对于合理安排船舶装卸计划,减少船舶装卸时间有着重要意义。对于堆场来说,集装箱的不同堆放能够产生不同的运输结果,因此如果能够提升堆场堆放集装箱的水平,便能进一步提升码头整体的作业效率。通过整合堆场堆放情况、装卸机械调度情况等相关数据信息,并对数据进行整合、分析和挖掘,结合人工智能算法,可向运行管理人员提供预翻箱、实时翻箱等决策支持。以卸船堆存计划为例,其输入信息包括两大类:一是集装箱及堆场信息,如堆场布局、集装箱属性/分组信息、船期、泊位、岸桥、集卡等信息;二是集装箱堆存/转运规则信息,如集装箱堆码规则、自动化作业工艺规则、堆存的集中与分散协调原则等。堆场计划的目的是充分利用有限的堆场面积,通过合理的堆存布局,制定优化的堆存计划,提高堆场利用率和场桥作业效率。

4.2.2　智能操控

港机操控发展一般可分为现场操作、码头自动化操作、超远程集中控制、人工智能控制

4 个阶段,如图 4-5 所示。

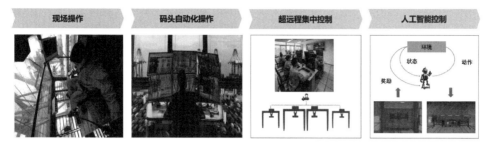

图 4-5　港机操控发展趋势

　　传统码头通过人工现场操控岸桥和场桥等吊机设备,存在作业艰苦、招工难、人力需求高、资源不能共享的问题。每台吊车 24h 作业需配备多名司机轮换工作,而吊车司机是特殊工种,要求高、培训时间长,上岗后需要持续在数十米高空低头弯腰操作,身体损伤大,一般工作到 40 岁就会转岗。自动化码头一般通过视频回传＋F5G/5G 远控的方式支持司机远程作业,1 名吊车司机可远程操控 1 台岸桥或多台场桥,改善工作环境的同时也提高了作业效率。一些自动化码头已经基于视觉 AI 技术初步实现了岸桥作业的部分自动化,以及场桥作业的全程自动化,但在控制方面仍有不足,岸桥作业时集装箱运行的线路不够优化,场桥作业时会频繁出现二次着箱、人工介入的现象。目前,国内已有个别企业通过使用深度强化学习技术,通过作业视频学习桥吊司机的操作经验,而后在实际作业中根据预设目标、集装箱历史运行路径、当前运行速度、方向、晃动等情况进行实时控制调整,选取最优路径,避免二次着箱,减少人工介入,有效提升了吊车作业效率。

4.2.3　智能理货

　　集装箱在进行船舶装卸作业时,需要进行箱号核对、箱损和铅封检查等操作,如图 4-6 所示。

箱号、箱型、尺寸　　避免错装、漏装　　箱体外表　　是否特殊箱　　积载位置

图 4-6　传统理货与智能理货

　　传统理货需要理货员在装卸现场通过理货单或者理货终端进行,因码头机械、集卡、货物环境复杂,存在一定安全隐患。部分码头已将理货作业后移到码头理货中心,前端通过光学字符识别(Optical Character Recognition,OCR)识别箱号,后端通过查看照片,检查铅封、残损状况,此时理货环境得到改善,但人工工作量仍较大。部分码头已采用智能理货系统,通过 CNN 等视觉 AI 技术,在岸桥装卸过程中自动识别集装箱号、ISO 号、危险品标识、铅封等信息,使理货人员从露天站位盯箱转到室内轻点鼠标,这样就在有效改善理货环境的同时,也提升了理货效率,并实现了理货安全。

4.2.4　智能水平运输

　　水平运输系统是指针对集装箱码头的岸边与堆场间的集装箱集运疏环节,构建集内集卡、上层 TOS 调度系统与通信系统于一体的管理与控制系统。传统方式依赖人工司机 7×24h 作业,存在司机招募难、效率提升难、安全风险高的问题。智能水平运输系统使用监督学习、深度学习、强化学习等 AI 算法,基于 5G、北斗、高精地图,通过云端智能化调度,实现了动态排泊、IGV 实时路径规划、基于运动学模型的车辆控制、300 多辆车的大车队统一管理以及车辆在码头内安全自动驾驶。提高岸线资源利用率的同时,有效保障了码头的作业效率和生产安全。图 4-7 显示了水平运输系统在实际作业中无人集卡运行的情况。

图 4-7　无人集卡作业

　　智能水平运输系统不仅是智慧港口建设的重点,由于涉及人工智能、自动驾驶、云计算、高精地图、5G、V2X 等广泛的技术领域,且因为水平运输处于港口作业的核心环节,涉及港口多个业务流的交互,以及与周边系统的复杂对接和交互,因此,它也成为智慧港口建设的难点。目前,行业内需要解决的主要技术挑战如下。

　　(1) 全业务场景多车协同的无人驾驶。基于车辆运动学和动力学模型精准构建云端多车协同驾驶调度模型,智能预测多车时空路径抢占、拥堵碰撞冲突、动态智能交叉口通行管理策略,利用多车协同区间路径配合速度规划方式有效减少多车冲突,减少车辆交互死锁的发生。要覆盖全业务场景,如车辆停泊、充电、等待、行进、路口让行、装卸船作业等。

　　(2) 基于车辆动力学特征的精细化引导。自动驾驶算法要能基于车辆动力学特征,对不同类型车辆实现有效控制和车道级精细化引导。要综合考虑车辆变道超车、解锁岛区域 PB 位的多阶段调度,规划引导的线路和精度满足自动驾驶车辆制动性要求。

　　(3) 高精地图动态刷新。结合智慧码头业务特色,在静态高精地图的基础上叠加港口动态业务图层,包括岸桥作业位和等待位动态更新、上下岸桥连接通道动态生成、动态泊位初始化和锁站三级 PB 序列动态更新,使能码头灵活靠泊自动驾驶地图高效准确生成。

(4)厘米级精准定位。要有效解决岸桥下 GPS 信号差、无人集卡在岸桥与场桥下精准对位的问题。通过高精地图和路侧设施,实现融合定位,提升定位精度。

(5)内外集卡智能交通控制。通过道闸、信号灯以及智能交通系统的合理管控,确保内外集卡在交叉路口的安全行驶。

(6)算法仿真和持续迭代。要支持水平运输系统车辆调度算法的全流程仿真。算法在架构设计上要具备可演进性,能持续优化和快速迭代。

4.2.5 智能闸口

如图 4-8 所示,集装箱在进出闸口时需要检测集卡货箱信息,传统方式下采用人工现场检查,存在效率低、易拥堵的问题。通过使用卷积神经网络等视觉 AI 技术,可自动识别集装箱号、ISO 号、装卸状态、船上贝位、装车位置、车顶号码、车牌号码、单双箱类型、危险品标识、铅封等信息,进而结合业务规则进行实时智能分析决策,实现闸口自动检测及放行,有效减少了集卡等待时间,降低了拥堵发生概率。

图 4-8 闸口检测

智能闸口系统通过视频流方式完成集装箱号及电子车牌的识别,然后将采集到的数据与 TOS 系统交互,完成预约录入、小票打印等人机交互工作,同时控制卡口设备实现自动放行,并将所有记录的数据和相关图像存入本地数据库。相比传统的人工办理业务闸口,过闸通行效率提升 20 倍,单辆集卡过闸效率为 10～15s,而传统人工作业为 3～5min。此外,智能闸口不需要在闸口前端设置现场闸口员,只需少量闸口监管人员进行集中监管即可,整体节约人力 50% 以上。

4.2.6 智能安防

港口生产是一种动态的立体交叉形式的特色生产过程,随着企业规模不断扩大,货物吞吐量不断攀升,随之而来的是安全管理工作难度加大,为减少安全生产事故的发生,各港口已在逐步建立安全监控系统。港口监控分为作业区域、锚地、航道、泊位、堆场、门卫、公共交通等子系统项目,目前建设较为分散,且视频安防系统智能化能力欠缺,监控存在盲区,难以形成一个有效的智能视频安防综合防控体系,为港口的秩序维护、生产安全、应急指挥都带来负面影响。

目前,港口安防主要是基于人的观察,对人的专业技能和工作时间有较高的要求,主闸出入口、堆场、通道等处部署的几百个摄像头,长时间由人工进行重复性检查,效率和可靠性都无法得到保障,且无法满足实时性要求。因此,通过 AI 的方式监控港口的生产安防情况将是未来的主要趋势。目前该领域存在如下需求。

(1) 多数据安全生产可视指挥。港口作为海陆两路物流的集结点,其安防兼顾了港区安防、作业安防和货物等区域安全管理。港口的安防系统涵盖围界管理、车辆作业安全管理、工作人员的工作服/安全帽识别、火灾烟雾报警等多系统。然而传统的技防建设以独立建设为主,各个子系统模块分散独立,建设风格迥异,操控方式各成一体,独立管理,多个异构平台之间缺乏有机的互访互通与数据共享,不仅增加了港口整体的管理难度,还提高了系统的管理成本。

(2) 重点区域的可视防控。港区环境复杂,集装箱高低错落,地面元素运动频繁,传统的单点摄像机重叠布设与出入口人工协调管控的港口安保方法,人力成本高,虽然可以实现局限于港区出入口、重点区域的可视化,却无法实现场区工作人员、自动化车辆、港区整个围界的更大范围、具体目标的针对性监管,存在易被不规范安全分子钻监控盲区的漏洞。

(3) 突发情况目标快速锁定响应。港口重点区域一旦出现紧急警情,指挥人员需要快速锁定关注目标所在的位置,并选择最佳视角的实时视频以获得重要信息,尽快做出判断和响应。现有视频监控系统中由于缺乏快速定位目标的方法,无法快速锁定重点目标位置,也无法快速调取重点目标最佳视角视频,不便于指挥协调和查处。

(4) 场区内违规行为报警联动响应。港口内场区重点区域超速车辆、车辆人员违规下车、工作人员未佩戴安全帽、周界报警、发生烟火状况,这些违规行为目前无有效手段进行判断,需要一套视频智能分析系统,实现对上述违规要素的识别报警,并根据报警事件要素实现视频联动及事件信息管理。

(5) 重点目标全程可视。港口作业具有设定路线、多次重复的特点,符合智能设备替代人工劳动力的工作特点,当前很多港口正逐步以智能化设备为作业主体的无人化码头作为生产理念,解放人工劳动力至后端,通过可视化手段,进行远程作业流程优化和设备配置优化的智能调度工作。当前港口的单点摄像机重叠布设＋出入口人工协调管控的安保方法在建设大量摄像机的基础上,远远没有发挥出其实际作用,还对人工管控造成了极大的监看、管理负担。在海量视频数据冲击下,导致管理人员应接不暇,身心俱疲,使视频监控沦为事后责任追究的被动工具,无法对港口重点区域整体场景进行连续的实时监测和有效掌控。现有视频监控系统中尚未联动港口的所有报警系统,缺乏快速定位目标的方法,无法快速锁定重点目标位置,无法快速调取重点目标最佳视角视频,也无法预判其下一目标场所,不便于指挥协调和查处。

通过使用卷积神经网络等 AI 技术构建的生产智能安防解决方案,可实时发现如图 4-9 所示的车辆逆行、周界入侵、人员未戴安全帽等不安全行为和不安全状态,大幅提升监控效率,有效保障码头生产安全。

图 4-9 智能安防典型场景

4.3 港口行业智能化实践

1. 案例概述

天津港是全球领先的大港,连续多年跻身世界港口 Top10,码头等级达 30 万吨级,航道水深 -22m,拥有各类泊位 192 个,其中万吨级以上泊位 128 个。华为与天津港集团的合作历程如图 4-10 所示。

图 4-10 华为与天津港合作历程

2020 年以前,华为和天津港集团主要在 ICT 设备层面展开合作,2020 年 6 月 24 日,双方在第四届世界智能大会上签署了《战略合作协议》,之后双方合作打造的水平运输、生产智能安防、集装箱智能计划等解决方案陆续在天津港落地。2021 年 11 月,双方启动数字化转型变革顶层设计和蓝图规划,并进一步在生产经营协同、平台资源整合方面深化合作,将业务范围从集装箱码头拓展到散货、物流等领域。

天津港北疆港区 C 段智能化集装箱码头项目是双方合作的一个典范,2019 年 12 月 28 日,该项目正式启动建设,设计年吞吐量 250 万标准箱、岸线总长 1100m、泊位数量 3 个、码头等级 20 万吨、用地面积 75 万平方米、前沿水深 -18m、岸桥数量 12 台、场桥 42 台、ART 76 台。2020 年 7 月,天津港集团联合华为、西井、主线等科技企业启动了智能水平运输系统建设工作，经过系统开发、实验室测试和实船测试后，水平运输系统于 2021 年 10 月 18 日正式运营投产并在 2022 年 3 月达到 6 线作业，其后现场持续调优，于 2023 年 4 月实现 10 线同时作业。2021 年 10 月，天津港集团公司与华为以及北京天睿启动了生产智能安防系统建设工作，部署后经持续调优，于 2022 年 3 月启动试运行，通过持续采集数据优化算法模型，2022 年 5 月正式上线。天津港北疆 C 段码头作为全球首个"智慧零碳"码头，真正实现了全自动化、少人、无人。

　　华为智慧港口解决方案整体示意如图 4-11 所示，涵盖了一系列子场景解决方案，其中，智能闸口、智能理货、综合安防、生产智能安防解决方案通过融合机器视觉技术，有效替代了人工进行实时识别及处理；智能计划通过融合运筹优化技术及调用天筹求解器，替代人工快速生成高效的生产作业计划；智能水平运输系统通过与自动驾驶、机器视觉、运筹优化技术有效融合，达到了码头场景下超 L4 级无人驾驶。

图 4-11　华为智慧港口解决方案总览

　　2021 年 10 月 17 日，天津港 C 段码头作为全球首个"智慧零碳"码头正式建成并投入运营，成为智慧程度高、建设周期短、运营效果优、综合投资低、适用范围广、绿色发展佳的自动化集装箱码头标杆，同时也是全国港口行业首个获得权威机构认证的"碳中和"港口企业。

2. 解决方案和价值

　　目前港口行业主要面临效率、成本、安全三方面的挑战：港口的运营，效率是核心，全年 24 小时不间断作业，而在单设备效率达到极限的情况下，因为码头生产作业"多因素、多目标、多约束、多时序、多变化、多工况"的特性，导致计划制定慢、作业协同难，资源难以最大化利用；成本方面，每台桥吊/龙门吊/集卡等设备，24 小时作业至少配备 3 名司机轮换工作，而码头不是所有龙门吊同时作业，部分现场司机会闲置，而龙门吊司机是特殊工种，要求高,培训时间长,招工难;安全方面,码头现场作业条件艰苦,除现场恶劣的噪声和振动外,几个小时不能下港机,禁食禁水,司机室 30m 高,长期低头作业,极易得颈椎病,司机视野有限,安全隐患大,一般 45 岁就会转岗。

天津港 C 段码头的建设目标是要通过一个"稳定、安全、高效、智能"的信息化系统,实现对整个码头的现场操作人员、装卸设备、集卡等生产元素的自动化、智能化指挥、调度和监控,合理调配人力和机械资源,提高作业效率,达到运作高效、生产安全,实现对码头的生产作业的全面科学管理,满足智慧港口的实际业务需求,建成"全球智慧程度最高、运营效率最优、绿色发展最佳"的智能化集装箱码头。天津港 C 段码头整体架构示意如图 4-12 所示,其中最核心的是智能水平运输系统、生产智能安防系统,以及智能计划系统。前两者已在 C 段码头上线,后者仍在测试中。

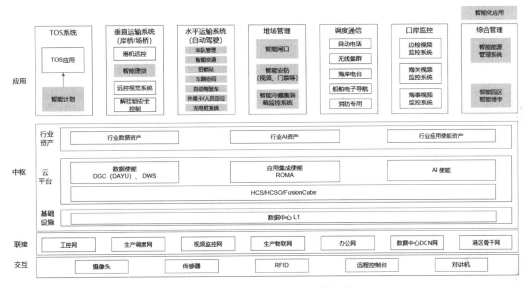

图 4-12　天津港 C 段码头整体架构

围绕着智慧港口建设这个大趋势,港口的功能也在不断拓展和延伸,随着国际多式联运的发展和综合运输链复杂性的增加,港口作为全球综合运输网络的节点,其功能也将更为广泛,并向综合物流中心发展。依托腹地经济向内陆扩展,如批发、加工、配送、仓储业及自由贸易区等,同时,为海运、陆运、空运及仓储提供综合物流服务,提高联运效率。为客户提供方便的运输、商业和金融化服务,如代理、保险、银行等,成为商品流、资金流、技术流、信息流与人才流的汇集中心。

(1) 智能水平运输,实现高效无人化运输。

智能水平运输系统的目标是实现高效无人化运输,该系统在 C 段码头落地面临着一系列挑战:基于传统人工码头布局,地面交通态势错综复杂,水平运输系统需要具备强大的运筹学能力;支持变拓扑路径规划,需要强大的"智慧大脑"配合 ART"单车智能"实现拟人化的交通控制和车车协同;串行作业工艺+地面集中解锁,在进出堆场与上下岸的关键区域形成多向交通流,需要基于多任务优先级的路权分配策略,实现多向和多级路口连续通行,快速消除交通拥塞；自动化水平运输设备与外集卡在堆场出入口存在路线交叉，需要具备高效的车路协同、车车协同能力，达到航陆运作业效率最优；码头布局中，自动化区域与非自动化区域交叉，常态化生产过程中，需要确保人机交互的本质安全。

　　为了有效应对以上挑战，华为和伙伴联合打造的智能水平运输系统，通过车路云网使能港口自动驾驶场景高效、智能，如图 4-13 所示。通过 AI 赋能智能水平运输系统统一协管控：通过监督学习分析历史作业数据，优化调度模型，提升系统整体调度效率；通过强化学习方法预测多智能体交互模型，多智能体协同规划减少冲突，提升安全；通过基于深度学习的自动驾驶态势感知，实现全港区全场景实时状态智能识别。

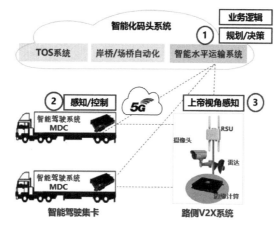

图 4-13　车路云网使能港口自动驾驶场景高效、智能

　　通过运动学仿真与 AI 模型训练提升协同效率与本质安全：基于 ART 运动学仿真的动态路径规划（见图 4-14），是实现车＋云协同自动驾驶高效、安全运行的核心技术。通过启发式算法实现自动驾驶路径的动态计算，通过 AI 训练优化车辆运动学模型，使能 ART 自动驾驶更流畅、更安全。

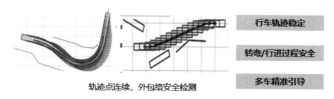

图 4-14　基于 ART 运动学仿真的动态路径规划

　　通过使用华为移动数据中心计算（Mobile Data Center，MDC）平台，提高设备控制精度和可靠性。基于双轴控技术实现灵活转向控制，通过局部精细化引导提高 ART 停车对位一次成功率，根据路径曲率自动调节行驶速度，提升转弯效率。通过采用基于深度学习的人工智能技术驱动多传感器的感知、定位、融合，实现全场景、全时段、全天候条件下 360°、100m 半径、50m 高度范围内的有效感知和全域定姿定位；控制算法引入强化学习与模仿学习，利用感知、定位信息提高路径规划的实效性和可用性。

　　华为车队管理系统（Fleet Management System，FMS）作为水平运输的核心系统，通过对码头内自动驾驶车辆的统一调度,实现了岸边与堆场间集装箱运输车辆的自动化作业。水平运输系统作为一个系统工程,生产流程的自动化打通并不是 TOS 系统业务时序＋单车智能就能实现的,需要全业务流跨系统对接和基于云端的统一调度。华为车队管理系统通过统一标准接口,同时支持多种不同类型的协议,提供了对码头场岸桥自动化控制系统、交通系统、充电管理等系统的快速集成,其整体架构示意如图 4-15 所示。

图 4-15 华为车队管理系统整体架构

华为 FMS 通过全局路径规划的 AI 算法,基于车辆运动学特征,实现多车协同驾驶安全、高效的自动化。同时,云端的动态短路径规划,可解决码头作业场景多变、任务需实时调整的难题,实现了全局效率最优。通过采用"北斗＋5G＋高精地图",结合路侧辅助感知,实现厘米级高精度定位,极大地提升了作业效率。同时,华为通过开放生态模式,实现云和车的解耦,目前已经兼容主流单车自动驾驶厂商(主线科技、西井、仓擎等)和徐工、国唐等多家单车厂商,不仅成本降低,而且可推广性更强。另外,华为 FMS 系统已具备大车队(96辆车)的常态化运营经验,且运营同时基于 AI 持续调优,实现了动态靠泊,有效提高靠泊效率和岸线资源利用率。

(2)生产智能安防,提升港口可视化管理能力。

华为和天睿联合开发的生产智能安防应用系统,提供了拥堵分析、车辆计数等多个算法模块,并覆盖了堆场、岸侧、水平运输通道等多个作业区,如图 4-16 所示。

生产智能安防系统围绕"全局展示、快速发现、实时记录、高效识别、分级告警"的思路进行设计,拥有事件中心、综合态势、智能监控三大模块。其中,事件中心提供告警事件统计发现、识别、处置功能,综合态势提供地图全局事件显示以及摄像头标定功能,智能监控则提供告警事件和摄像头联动显示功能,如图 4-17 所示。

生产智能安防系统通过 2D-GIS 地图显示事件和摄像头位置信息,实时展示码头整体安防态势;基于各位置场景部署不同事件算法,实时分析视频流,快速发现异常事件;自动记录事件告警图片和相关告警内容;通过点位地图,工作人员可快速打开事件周围摄像头,识别和判定告警事件;事件按类型分为高危、警示、提示三个级别,确保高危事件优先处理。

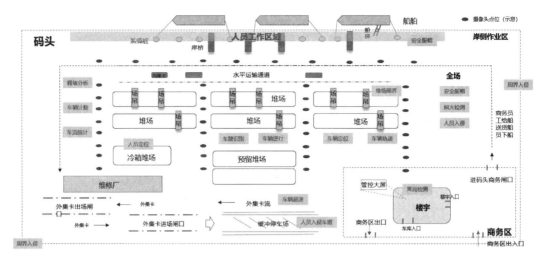

图 4-16　天津港 C 段码头生产智能安防全景图

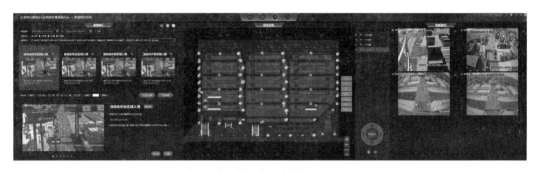

图 4-17　C 段生产智能安防应用

　　生产智能安防系统通过高点位场景算法优化,适配港口特有场景,然后根据不同区域、场景进行算法部署,目前已部署拥堵分析、限速分析、逆行检测、人员穿戴安全识别、烟火检测、周界人员检测、自动化作业区入侵检测、司机下车检测等多个算法模块。其中,拥堵分析模块实时分析路口外集卡数量,报告排队情况,发生拥堵时及时告警并提醒工作人员协调;烟火检测模块支持摄像头自动识别起火前的烟雾,并定位烟雾发生区域,实时识别区域火焰情况并及时告警;自动化作业区入侵检测模块则通过摄像头自动识别周界人员入侵,出现异常时快速生成告警事件,并作呈现及归档;司机下车检测模块监控整个堆场的东西和南北向通道,发现下车人员及时上报;周界人员检测模块支持摄像头自动识别周界人员入侵情况,出现异常时快速生成告警事件并作呈现和归档;逆行检测模块使用各个关键卡口的摄像机拍摄行驶车辆,并通过 AI 算法识别逆行车辆并产生告警事件;限速分析模块实时监控外集卡通道,观察车辆的行驶速度,发现超速立即告警;人员穿戴安全识别模块可针对高点位场景进行行人识别,并通过枪球联动对焦拉近获取对象细节信息,进而通过视频分析算法分析人员穿戴、行为特征后进行安全穿戴以及人员复核。

　　安环部、操作部及相关部门的监控座席可对重点区域进行大范围监视,系统将分布在重点监控区域周围建筑物高点的监控摄像机视频数据进行拼接、配准、矫正及融合等处理后整体呈现到一个画面上,从而实现对重要区域和部位的全天候不间断全景视频监控,如图 4-18 所示。通过全天候大视野无盲区全景监视,极大地提升了安防生产运行效率。

图 4-18　"全景拼接"效果

监控座席人员可在全景监控画面中的任意关注区域进行单击操作,系统支持自动调度区域球机,全方位、多角度捕捉用户关注区域的细节画面,实现全景画面和球机细节画面的自动关联。通过一点即视,提升画面细节监视效率,而 4K 超高清画质,超远视距,可呈现极致细节,效果如图 4-19 所示。

图 4-19　"一点即视"效果

监控座席人员可对全景视频中特定目标如某可疑外集卡进行跟踪追视,系统可自动跟踪目标在画面内的位置信息,并驱动球机进行追视跟踪,如图 4-20 所示。

图 4-20　目标持续跟踪

监控座席人员在不记录摄像机编号的情况下可通过在全景图像中移动鼠标选择关注的区域即可实现细节视频的调用查看,从而实现对重点部位的视频盯控,周边区域视频调阅。可快速准确地调阅关注区域周边视频,极大减轻监控座席工作量,提升工作效率。

生产智能安防系统通过在全景视频上叠加地面关键地理位置信息图层,如闸口、缓冲区、消防栓、堆场、解锁岛等信息,可减轻夜晚、雾天、雨雪等情况下视频信号清晰度低、噪声干扰严重、视频分辨能力差的影响,有效增强恶劣天气条件下视频场景分辨能力,提升场面态势感知效率,如图 4-21 所示。

图 4-21　"AR 增强"效果

　　整体看来,C 段生产智能安防系统通过全景拼接技术,把单一的摄像机所显示的视频图像,通过坐标维度的再整合,以宏观角度呈现大场景大视角,通过一点即视、自动追视功能实现宏观与微观联动,做到大场景安全生产保障;通过 9 类算法模型解析码头监控摄像头视频流,实时发现自动化区域周界入侵、烟火感知、车辆逆行、车辆超速等事件,并联合伙伴开发匹配港口安全管理需求的应用系统,系统通过融合 AI、地理信息系统(Geographic Information System,GIS)、视频技术,实现 GIS 一张图,事件以及人、机、车、货、物信息通过 GIS 地图按位置呈现,系统支持事件与视频快速联动,管理人员可快速识别和处置事件,大幅提升安全管理效率,有效地保障港口企业的安全生产。

　　天津港 C 段码头项目建设周期仅用时 1 年零 9 个月,人员配置降低 60%,集装箱倒运环节减少 50%,综合投资较同等岸线自动化集装箱码头投资减少 30%,并实现绿电功能 100%自给自足。同时也荣获了一系列荣誉,如 2022 年天津港、华为、中国移动共同荣获了世界移动通信大会(Mobile World Congress,MWC)的全球移动大奖(Global Mobile Awards)——"互联经济最佳移动创新奖"(见图 4-22),是全球首个获此殊荣的智慧港口项目;天津港、华为、主线、西井等科技企业共同申报的"智慧绿色集装箱码头关键技术研究与应用"项目也荣获了 2022 年度"中国港口协会科学技术奖"特等奖。

图 4-22　天津港"5G＋智慧港口"项目荣获 MWC2022 大奖

　　华为智慧港口解决方案在天津港 C 段集装箱码头的落地,代表着全球首创的自主研发的封闭场景下的车路协同 L4(Mind Off)级无人驾驶在港口规模化商用落地;也是真正基于 AI 的"智能水平运输管理系统"首次成功,系统同时连接了智能闸口、自动化场桥、智能加解锁站、自动化岸桥全作业链,率先实现水平布局自动化集装箱码头全流程自动化作业

"完整版"。迄今 92 辆无人驾驶集卡车满负荷常态化运营已超 18 个月，行驶百万千米，接管率低于 1‰。而生产智能安防系统在 C 段码头的落地，协助事件处置效率有效提高，结合 AI 智能分析，事件秒级提示，安保人员可快速到达事故现场，有效减少日常值守人员监控时间。

3. 总结和展望

天津港已将各种人工智能技术融入生产、管理、服务、安全等领域。天津港 C 段码头项目的成功，充分验证了自动驾驶、运筹优化、计算机视觉等 AI 技术在码头生产作业各环节的价值。除此之外，华为智能计划系统也已帮助天津港联盟码头多条航线船时效率提升 6% 以上，与聚时科技联合打造的基于深度强化学习的智能操控系统近期也将在天津港展开试点。

为了更好地满足数字化转型要求，支撑天津港未来的战略发展，天津港已启动全港数据治理与服务平台建设工作，未来将基于统一数据工作框架，实现全港数据资产化，持续释放数据价值。通过建设天津港数据治理与服务平台，统筹全港数据资源，实现港口数据资源的统一存储、统一标准、统一调度和统一管理，具备全港数据湖基础承载能力，同时规范数据标准，形成数据资产，构建知识体系。第一阶段将在集装箱生产装卸域围绕"管、治、供、用"，结合集团数据治理体系，建立一套标准数据治理方法和统一的大数据能力平台，具备为 TCA、IMCC、JTOS 等应用提供领域数据的能力。在建设基础数据服务能力的同时，逐步建立起领先的数据治理体系并持续开展数据治理工作，为未来适配智慧港口、绿色港口和枢纽港口的建设需求打好数据基础。

2023 年 10 月 19 日，在以"数字引领 智慧赋能"为主题的 2023 智慧港口大会上，天津港集团与浙江海港集团、华为公司、天津超算中心、云从科技共同发布，启动港口大模型 PortGPT 联合研发，初步规划港口生产、物流服务、客户管理、客户服务、视频分析、办公辅助等 6 大应用场景开展测试。图 4-23 为港口行业大模型 PortGPT 的愿景框架，希望通过大模型技术、开放合作，联合行业头部厂家共同探索智慧港口升级难题面临的新的解题思路。例如，港口生产作业中集装箱验残、危险品标志识别的准确率不够等问题；港机自动化

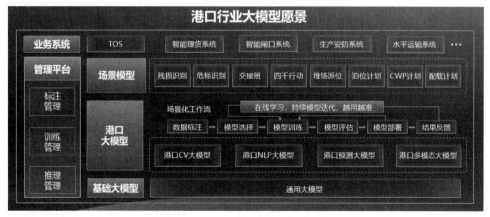

图 4-23　港口行业大模型愿景

改造中效率瓶颈问题；码头智能水平运输的混行难题；以及降低智能计划建模门槛和难度，提升可用性。另外，大模型也可为智能化经营管理、客户服务提供新的交互模式和工作方式。PortGPT研发计划的发布，标志着人工智能正从低水平徘徊中走向高度成熟与广泛应用的新时代。这一技术的涌现不仅为港口行业带来更高水平、更广泛的应用前景，而且对于数据、算力、人才队伍等提出了更高要求和需求，推动了整个港口行业朝着更智能、更高效的方向迈进。

4.4　港口智能化展望

港口行业智能化的最终目标，是要以数字化、网络化、智慧化为主线，以提效能、扩功能、增动能为导向，以智慧化生产运营管理服务为重点，建成安全、便捷、高效、绿色、经济、包容、韧性且可持续发展的智慧港口，进而推动港口行业实现质的有效提升和量的合理增长。通过与人工智能（AI）、大数据、物联网、云计算、区块链等技术的有效融合，港口基础设施数字化、港口生产运营管理智慧化，以及港口对外服务智慧化这三大领域都将迎来巨大的变化。

1. 基础设施数字化

预期到2027年，港口信息基础设施建设将基本完成，智能感知网在国内各主要港口落地，集装箱、散货、客运等码头全面实现基础设施自动化监测，港区环境、运行状态的动态监测能力得到进一步加强，F5G/5G、星闪、北斗卫星导航等技术在港口大型装卸设备远程控制、智能水平运输设备全流程作业、港区人员安防、视频监控等方面得到规模化应用，港口数字孪生平台建设基本完成。港口信息资源共享机制基本建成，行业数据共享水平大幅提升。依托数据共享交换系统，实现相关数据资源共享共用。通过打造集数据、服务、算法于一体的港口"数据大脑"，云服务、AI大模型应用得到加强。技术支撑平台和数据支撑平台按需构建，多层次智能算力支持及数据资源管理得到加强。公共数据、企业数据、个人数据的分类分级确权授权制度得到落实，统一的数据标准体系培育形成。港口关键信息基础设施的网络安全防护能力建设基本完成，码头自动化控制、生产作业等重要信息系统的网络安全管理、安全检测与风险评估全面落地、网络安全监测预警和态势感知进一步强化，重要信息系统商用密码技术得到广泛应用，数据安全保护、数据容灾备份得到加强，分类分级保护工作得到落实。

2. 生产运营管理智慧化

预期未来5～10年，集装箱码头作业自动化、智能化将从单一码头走向多个码头，岸桥、场桥等大型设备操控从自动化走向类人操作，水平运输从有限混行走向完全混行，新一代自动导引车（AGV）、无人集卡等智能化水平运输设备规模化应用。新一代自动化集装箱码头生产管理系统上线使用并得到有序推广应用，基于安全可控的计算、存储、中间件、数据库、操作系统，以及AI引擎建立的云化、微服务化的能力将会得到普及。港口智慧安全防控体系全面建成，运行安全管理能力得到大幅提升，风险分级管控、隐患排查、预防预警能力,应急处置和调度指挥智慧化水平、设备设施和作业人员安全监管智能化水平均得到提升,危险货物港口作业监控进一步加强。港口综合管控效能进一步提升,能耗监测、能源管理、环境监测等系统的智能化水平大幅提升,各单位财务会计、人力资源、资产管理等数据资源完成一体化整合并建设基于"数据大脑"的综合管理系统,运营监管得到进一步加强,报表从人工生成走向 AI 自动生成,决策从经验判断到数据驱动,经营与生产从割裂到联动,人、财、物达到精细化管理。

3. 港口对外服务智慧化

随着新技术的普及,港口物流服务将从分散式走向一站式,便利性和能化水平都将大幅提升,作业单证"无纸化"和业务线上办理将全面普及,以国际枢纽海港为重点,面向全程物流链的"一站式"智慧物流协同平台全面建成,与航运、铁路、公路、船代、货代等数据互联共享得到加强,多式联运"一单制""一箱制"得到广泛应用。与铁路、公路、水路运输企业及船代、货代、第三方平台等企业的多式联运经营主体得到建成,智能理货和智能闸口全面普及。同时,商贸服务协同化水平大幅提升,大型港口企业与国际贸易"单一窗口"紧密对接,"通关+物流"一体化联动服务规模应用,国际枢纽海港进口集装箱、干散货区块链电子放货平台应用得到建成使用。依托全流程数字化凭证和区块链等技术,国际贸易、航运信息、交易平台、融资授信、航运保险等商贸增值服务得到有效推进,为货主、船公司、物流企业等提供专业化服务。

第 5 章

民航

5.1 民航智能化的机遇和挑战

自 2005 年起,中国航空运输总周转量已连续 14 年位居世界第二。2019 年,民航全年完成运输总周转量 1292.7 亿吨千米、旅客运输量 6.6 亿人次、货邮运输量 752.6 万吨,同比分别增长 7.1%、7.9%、1.9%;千万级机场达 39 个,同比增加 2 个。从这些数据可以看出,中国已是名副其实的民航大国。

如今,航空客运正在由奢侈消费向大众消费转变,人均收入水平的增长和旅游业的发展让大众越来越倾向于选择更加便捷、舒适的交通出行方式。然而,旅客吞吐量的激增也给航空行业带来了挑战,单纯进行物理扩容或依靠人工进行调度指挥、监管运维,难以有效应对当前行业面临的供需矛盾、效率不足等诸多挑战,也难以匹配未来航空在客货运效率、安全、体验等方面高质量发展的需求。在数字化时代,利用人工智能、大数据等科技手段来建设智慧航空,实现机场、航司、空管数据的共享、整合与应用,充分发挥第五生产要素数据的价值,全面推进行业智能化转型升级成为最优选择。

5.1.1 背景和趋势

1. 宏观政策驱动

随着数字化基础设施建设不断完善,人工智能产业的发展,为民航业发展带来了新机遇。以新一代信息技术融合应用为主要特征的智慧民航建设正全方位地重塑着民航业的形态、模式和格局,在全球范围内迅速发展。各国政府和企业纷纷投入巨资进行智慧民航的建设,以提升航空业整体竞争力。

全球相继出台民航行业人工智能相关战略和规划文件,在政策上牵引智慧民航的发展,聚焦加强技术投资和人才培养、促进开放合作以及完善监管和标准建设,民航行业智能化转型进入加速落地阶段。具体而言,2020 年 12 月,民航局印发《推动新型基础设施建设促进高质量发展实施意见》提出"到 2035 年,全面建成国际一流的现代化民航基础设施体系,实现民航出行一张脸、物流一张单、通关一次检、运行一张网、监管一平台"。2022 年 1月 21 日,为加强智慧民航建设顶层设计,落实多领域民航强国建设要求,促进民航高质量发展,民航局组织编制了《智慧民航建设路线图》,并相继发布了《机场数据基础设施建设指南》《智慧民航数据治理规范 数据共享》《智慧民航数据治理规范 数据治理技术》多部行业标准,标志着中国智慧民航从顶层设计走向了全面实施阶段,智慧民航建设将有效提升民航安全发展水平以及行业运行效益、效率和发展质量。IATA(International Air Transport Association,国际航空运输协会)等机构积极推动智慧民航的建设,IATA 和 ACI(Airports Council International,国际机场理事会)推出了 NEXTT(New Experience in Travel and Technologies,新体验旅游技术)愿景,汇集了改变客运和货运旅程的概念和想法,推动大量的业务创新,促进人工智能等新理念和新技术在智慧民航领域的推广应用。

2. 民航智能化发展现状

随着科技的快速发展,民航行业正在经历前所未有的智能化变革。人工智能、云计算、人脸识别和物联网等先进技术已被广泛应用于机场、航司和空管的建设。关于智慧机场建设方面,国内部分机场的智慧化建设进程在相关企业的参与合作下正不断加快。例如,深圳机场已建成 AI 平台及一批 AI 场景化应用,包括视频分析、智能机位分配、OneID、智能客服等,进一步提升运控效率、场面安全和旅客出行体验。旨在 AI 算力、平台、大模型和管理服务等方面深化智能化引领,建设 AI 全栈能力,赋能智慧机场建设。西部机场深入安全、运行、服务、管理等领域,基于数智底座聚合多厂商算法,实现全场景智能化,满足业务需求、辅助管理决策、促进业务提升。基于 AI 核心能力构建行业最优模型,实现机场数智地勤降本增效。未来,随着智慧机场数量不断增多,国内民航业整体智能化水平将达到一个较高的层次。

在智慧航司建设方面,包括国航在内的航空公司已经引入了自助值机和自助登机服务,通过手机应用、自助服务柜台和自助服务设备,乘客可以更快捷地办理登机手续。在行李跟踪方面,智能化服务允许旅客跟踪他们的行李,确保行李与乘客能够一同抵达目的地。在维护检修方面,一些机场和航空公司开始使用无人机进行飞机的安全检查和维护,以提高效率和减少人为错误。在飞行调度和导航方面,先进的飞行调度和导航系统使用先进的技术来确保飞机的飞行安全、准时抵达和燃油效率。在旅客飞行体验方面,飞机上的智能客舱系统为旅客提供娱乐、互联网连接和个性化服务,改善了长途飞行的体验。在机票预订方面,智能应用程序和网站允许旅客比较不同航空公司的机票价格,提供最佳的预订选择。

在智慧空管建设方面,新一代的智慧空中交通综合管理平台已为民航运行管控提供了数字化的新模式。该平台能够充分发挥数字化、智能化的优势,将应急预案以数字语言重构再造,有效解决了空管行业传统应急管理中普遍存在的流程繁复,信息传递、协同处置效率不高,生产运行设备"数据孤岛"以及高度依赖处置人员经验和能力等问题,实现了智能匹配应急事件、联动处置流程、一键式全局通报、辅助应急决策,多媒介呈现处置进程和现场动态,极大提升了应急协同和指挥效能。在日常运行管理中,该平台将电报、ADS-B(Automatic Dependent Surveillance-Broadcast,广播式自动相关监视)、气象雷达、全国流量、航班电子进程单等多个数据源融合形成大数据平台,提供了集实时运行场景展示、航班进程智能感知、空中流量趋势分析、运行模式战术研判于一体的可视化运行监视驾驶舱工具,实现了数据资产的深化应用和价值挖掘。

在国家和行业政策的支持和引领下,以及自动化、信息化等技术在不断飞速发展的背景条件下,智慧民航行业将继续以科技创新为驱动,实现更加智能化、高效化、安全化的航空运营,提高航空的安全性和效率,提升用户的体验和便利性。

5.1.2 民航智能化面临的问题与挑战

随着科技的不断进步,民航行业在智能化进程中仍存在一些问题和挑战。

1. 应用碎片化

民航行业的 AI 场景应用碎片化,且泛化能力不足,预训练+小样本学习人工标注成本高、周期长、准确度不高,导致作坊式开发难以规模复制。例如,围界检测中入侵场景无法穷举,仅能部分模拟机场恶劣气候;航班保障节点采集中需根据不同机坪及航空器、车辆进行不同场景识别;视频、图片需适应机坪各种异常,如背光、雨雾、运动等;行业有多算法模型的需求,但传统模式开发新模型需要 100～200 天,效率低,而且需要业务经验沉淀,融合时间长,难以高效支持客户需求且缺少泛化能力;行业 AI 应用场景规则与客户业务管理、业务运营强相关,呈现多变特征,长尾算法需要持续迭代优化。

2. 数据质量不高

民航行业存在多主体运行特征,其数据质量存在不全、不准、不及时等挑战,导致 AI 效果通常达不到预期。此外,机场、空管、航司的旅客信息、航空器数据、管制数据等考虑安全原因,内部跨部门协调数据难,数据私有化严重,而且内部数据治理水平参差不齐,数据质量不高,预测模型如客流预测等受旅客数据质量、天气、管制等各种因素影响,数据统筹难,导致模型预测结果不够精准。

3. 算力资源不足

目前,国内人工智能的算力资源未得到有效利用,线下 AI 训练成本高。气象预测、飞行仿真等并行计算对算力需求大;缺乏统一的 AI 管理平台,各类算法烟囱式部署,管理调度难,浪费算力资源;受安全影响,民航数据、模型不出客户专网,线下部署 AI 训练成本高。

智慧民航是运用新一轮科技革命和产业变革的最新成果,通过分析整合民航业各种关键信息和要素资源,最终实现对民航安全、服务、运营、保障、监管等需求做出数字化处理、智能化响应和智慧化支撑的建设过程,其典型特征是互联网、大数据、云计算、人工智能、区块链等新一代信息技术在民航业的广泛应用和深度融合。

加快智慧民航建设,不仅是塑造民航发展新格局和支撑现代产业体系建设的需要,还是有效提高行业运营效率、保障产业链/供应链稳定、改善旅客航空出行体验以及保障飞行安全的关键。因此,应加快推进民航行业的数字化转型,在智能化应用层面取得关键性突破,全面提升民航安全水平、运行效率、服务质量和治理水平,让民航生产方式、运行模式、服务形式实现深刻变革。

5.2 民航智能化的参考架构和技术实现

民航行业的智能化转型是一个系统且需循序渐进、长期投入的任务。选择合适的转型路径和分层分级地建设智能化 ICT 基础设施是关键,需要一个明确的指导思想来引领整个过程。在不同的转型阶段,应做出与当前阶段相匹配的决策,以避免走弯路、走错路,提高转型效率。华为提出了民航行业智能化的参考架构,与行业伙伴紧密合作,共同构建民航智能化的基础设施,使能百模千态的行业大模型,加速民航行业走向智能化。

5.2.1 民航行业智能化技术需求

随着科技的不断发展进步,民航业也逐渐步入智能化时代。数据、算力、应用作为核心要素,对于民航业的智能化发展起着至关重要的作用。

为了满足大规模参数训练的大量计算资源需求,企业需要构建大规模的算力集群来满足,确保大规模、长期稳定和高可靠的算力供应。在各行业中,分层分级建设和部署大模型已成为基本要求,这需要算力系列化以适应各种业务场景。

为了支持行业大模型的训练和推理,需要高质量的行业数据作为支撑,要加强行业数据共享,在确保企业数据安全和个人隐私保护的前提下,通过行业协作,训练面向民航业的行业大模型。高质量的数据可以提高 AI 算法的精度和可解释性。对于深度学习算法来说,数据的质量直接影响到模型的性能和泛化能力。

在航班运行方面,通过收集和分析航班数据,预测航班的实际到达时间,提高航班的准确性和效率。同时,高质量大数据还可以帮助航空公司优化飞行路线,减少航班延误,提高运行效率。

在航空安全方面,可以通过分析飞行数据,预测可能发生的飞行事故,保证飞行安全。此外,大数据技术还可以帮助航空公司更好地了解飞机的运行状态,及时发现并解决可能存在的问题,提高飞机的运行安全。

在航空服务方面,通过分析旅客的行为数据,提供更加个性化的服务,提高旅客的满意度。航空公司可以根据旅客的喜好,提供定制的餐饮和娱乐服务。

总的来说,民航智能化对数据的需求是多方面的,包括数据的多样性、数据质量、数据规模、数据实时性、数据隐私和安全,大数据技术在民航业的智能化发展中起着至关重要的作用。为了满足这些需求,需要对数据从源端开始进行全面数据治理,以便为 AI 算法提供高质量的训练数据和支撑其在实际场景中的应用。

此外,需要加快应用快速迭代来降低开发门槛,确保人工智能技术在实际应用中得到有效利用。提供高质量的数据通信保障智能化各场景业务需求,保障 AI 用得好。民航业安全底线高,通过人工智能帮助提升效率,增强感知,降低失误,解决人力难以解决的问题的同时,要制定行业智能化建设的标准,利于推行。

5.2.2 民航行业智能化参考架构

民航行业智能化参考架构是系统化的架构,如图 5-1 所示,包含智能感知、智能联接、智能底座、智能平台、AI 大模型/算法、智能应用 6 层。

(1)智能感知:智能感知通过各种类型数据源(包括但不限于终端、业务系统等)采集

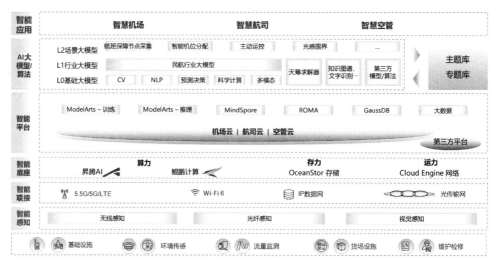

图 5-1   民航智能化参考架构图

传感数据、空间位置数据、多媒体数据、标识数据等，为民航智慧化应用提供多样化数据来源。

（2）智能联接：智能联接为民航智慧业务应用提供稳定、可靠、安全的数据传输能力，为实现数据的流通、汇聚提供支撑。智能联接用于智能终端和数据中心的连接、数据中心之间的连接、数据中心内部的连接等。

（3）智能底座：智能底座提供大规模 AI 算力、海量存储及并行计算框架，支撑大模型训练，提升训练效率，提供高性能的存算网协同。智能底座包含品类多样的边缘计算设备，支撑边缘推理和数据分析等业务场景。

（4）智能平台：智能平台通过数据治理与开发、模型开发与训练，提供大数据通用能力和服务，有效整合数据为 AI 及业务应用提供实现跨系统的数据、消息、服务的集成、交换和共享。智能平台理解数据、驱动 AI，支撑基于 AI 大模型的智能应用的快速开发和部署，使能行业智能化。

（5）AI 大模型/算法：AI 大模型/算法分为三层，即基础大模型、民航行业大模型、场景大模型。基础大模型（L0）提供通用基础能力，主要在海量数据上抽取知识学习通用表达；民航行业大模型（L1）是基于 L0，结合民航行业知识构建，利用特定行业数据，面向具体行业的预训练大模型，无监督自主学习了民航行业的海量知识；场景大模型（L2）指面向民航行业更加细分场景的推理模型，是实际场景部署模型，是通过 L1 模型生产出来的满足部署的各种模型。

（6）智能应用：智能应用是民航行业智能化参考架构的价值呈现，探索可落地场景，对准其痛点，通过 ICT 技术和行业/场景 AI 大模型的结合，快速创造价值，所有这些场景汇聚起来，逐步完成智慧机场、智慧航司、智慧空管的全场景智慧的宏伟蓝图。

民航行业智能化参考架构这 6 层之间不是独立的，而是相互协同的，共同服务于民航行业智能化发展。民航行业智能化参考架构是一个面向行业能够服务不同智能化阶段的参考架构,通过分层分级建设,选取合适的技术能力和产品,提升智能化水平。

5.2.3　民航行业智能化参考架构的技术实现

1. 智能感知

通过无线感知、光纤感知、视频感知等多类型的感知设备获取机场跑道、围界、航站楼等基础设施及飞机、保障车辆、无动力设备、人员等数据,进而汇总成为更全面的信息,支撑后续的智能分析和处置。智能感知的关键技术包括鸿蒙感知、多维感知等。鸿蒙感知是以鸿蒙智联操作系统为核心的智能终端系统,具备接入简单、一插入网、一跳入云、安全性强等特点;多维感知是通过雷视拟合、光视联动等多技术融合创新,提高全场景感知精准性。

2. 智能联接

综合采用5G、Wi-Fi 6/7、F5G、IPv6＋等多种网络技术推进全场景、全触点、无缝覆盖的泛在连接,支撑数据采集汇聚。智能联接主要涉及接入网络、数据中心网络和广域网络,其技术特征如下。

(1) 接入网络:承担感知设备的接入及汇聚到数据中心网络或广域网络的职责。接入网络通过5G、F5G、Wi-Fi 6/7、IPv6＋等技术,实现稳定、可靠、低时延的感知设备接入,及承载多种业务类型如实时业务处理、训练数据采集与上传、推理模型下发至边缘计算节点等,需要接入网络能够根据业务类型分别设置网络资源,为不同的业务数据设置不同的资源优先级。

(2) 数据中心网络:大模型训练成为数据中心的一个重要职责,超大规模的数据分析给数据中心网络也带来了新的挑战,因此数据中心网络需要新的网络架构,能够打通各协议间的壁垒,“内存访问”直达存储和设备;并统一芯片侧高速接口,打破“带宽墙”,使能端口复用。数据中心的业务类型也是多样的,例如,在大模型训练时就存在参数面、业务面、存储面等网络平面,需要能够按照业务类型建立网络平面,并相互隔离。

(3) 广域网络:地区空管局、机场集团、航空公司等具备多分支机构,存在大量的数据跨分支机构互传的场景,如训练数据上传、算法模型下发、业务应用下发、业务数据传输等,相应地需要在分支机构之间提供稳定、大带宽的广域网络。可根据自身的实际情况,选择租用运营商网络或自建广域网络的方式,获取稳定、可靠、高带宽的多分支机构间的网络连接能力。

3. 智能底座

智能底座提供计算能力、数据存储及并行计算框架,支撑大模型训练,提升训练效率,提供高性能的存算网协同。主要技术特征如下。

(1) 计算能力:简称算力,实现的核心是NPU、GPU、CPU等各类计算芯片及对应的计算架构。AI算力以NPU、GPU服务器为主。算力由计算机、服务器、高性能计算集群和各类智能终端等承载。算力需要支持系列化部署,训练需要支撑不同规格(万卡、千卡、百卡等)的训练集群、边缘训练服务器;推理需要支持云上推理、边缘推理、高性价比板卡、模组和套件。并行计算架构需要北向支持业界主流AI框架,南向支持系列化芯片的硬件差异,通过软硬协同，充分释放硬件的澎湃算力。

（2）数据存储：复杂多样的业务场景，带来了复杂多样的数据类型。数据存储需对不同类型的数据，通过全闪存存储、全对称分布式架构等技术手段，为不同的业务场景提供海量、稳定高性能和极低时延的数据存储服务；为特定业务场景提供专属数据访问能力，如直通 NPU、GPU 缩短训练数据加载时间至 ms 级；并具备数据的备份恢复机制，以及防勒索机制等安全能力，确保数据的安全、可用。

（3）操作系统：操作系统对上层应用，要屏蔽不同硬件的差异，提供统一的接口，要完成不同硬件的兼容适配，提供良好的兼容性，为应用软件的部署提供尽可能的便利；针对不同硬件的特征，操作系统需要针对性的优化，确保能充分发挥硬件的能力；在多 CPU、CPU 和 GPU、NPU 协同的情景下，操作系统如何协调调度，也是一个关键的能力。

（4）数据库：海量、格式多样的数据，追求极致的业务性能，给数据库也带来了新的挑战。为了适应业务的变化，数据库需要高性能、海量数据管理，并提供大规模并发访问能力；高可扩展性、高可靠性、高可用性、高安全性、极速备份与恢复能力，都是对数据库的基本要求。

（5）云基础服务：智能底座上运行的各种应用、服务，在不同的时间段对应的业务量是有差异的，为了合理利用智能底座的硬件资源，智能底座通过虚拟化、容器化、弹性伸缩、SDN 等技术，对外提供云基础服务能力，提升资源的利用效率。

4．智能平台

智能平台支持 AI 模型在不同框架以及不同技术领域的开发和大规模训练。围绕数据治理、模型、软件等生产线能力，提供一系列的开发使能工具。主要技术特征如下。

（1）数据治理生产线：核心是从数据的集成、开发、治理到数据应用消费的全生命周期智能管理。一站式实现从数据入湖、数据准备、数据质量到数据应用等全流程的数据治理，同时融合智能化治理能力，帮助数据开发者大幅提升效率。

（2）模型开发生产线：是 AI 开发的一站式平台。提供算力资源调度、AI 业务编排、AI 资产管理以及 AI 应用部署，提供数据处理、算法开发、模型训练、模型管理、模型部署等 AI 应用开发全流程技术能力。同时，AI 应用开发框架，屏蔽掉底层软硬件差异，实现 AI 应用一次开发、全场景部署，缩短跨平台开发适配周期，并提升推理性能。

（3）软件开发生产线：提供一站式开发运维能力，面向应用全生命周期，打通需求、开发、测试、部署等全流程。提供全代码、低代码和零代码等各种开发模式。面向各类业务场景提供一体化开发体验。

5．AI 大模型

AI 大模型叠加民航场景，赋予民航场景更智能的处理能力，提升效率，降低成本，促进创新。民航客户与大模型供应商共同打造多样化多层级的大模型，构筑满足各类场景各种需要的大模型，为不同行业场景提供多样化的选择，服务行业智能化发展。大模型聚焦行业，从 L0、L1 到 L2，遵从由"通"到"专"的分层级模式，可实现从 L0 通用模型到 L1 行业模型再到 L2 专用模型的快速开发流程。

在建设大模型体系时，要依照自身的规模、能力、组织结构和需求因地制宜，层层落实，要充分考虑云网边端协同、网算存的协同,让 AI 上行下达。大模型可以分层分级建设,从 L0 到 L1,再到 L2,不断地有行业数据加入来提升模型的训练效果,同时也需要模型压缩来节约推理资源。模型压缩是实现大模型小型化的关键技术,大模型通过压缩技术可以达到 10～20 倍参数量级压缩,使千亿模型单卡推理成为可能,节省推理成本;同时,模型压缩降低计算复杂度,提升推理性能。在实际应用中,需要结合业务场景变化,迭代演进 AI 大模型能力,边学边用,越用越好。对于 NLP 大模型,可以结合自监督训练方式,进行二次训练,不断补充行业知识;在具体任务场景下,可以使用有监督训练方法进行微调,快速获得需要达到的效果;进一步,可以基于自有训练后的模型,进行强化学习,获得更出色的模型。对于 CV 大模型,企业/行业用户,可以结合自有行业数据,进行二次训练,迭代获得适配于自身行业的 L1 预训练大模型;同时,在具体细分场景上,可以提供小样本,基于行业预训练的 L1 模型进行微调,快速获得适配自身业务的迭代模型,小样本量,迭代也更快速。

　　大模型的三级模型之间可以交互优化。L0 模型可以为 L1 模型提供初始化加速收敛,L1 模型可以通过抽取蒸馏产生更强的 L2 模型,L2 模型也能够在实际问题中通过积累难例数据或者行业经验反哺 L1 模型。

　　6. 智能应用

　　智能应用是民航智能化参考架构的价值呈现,机场智能应用有智能资源分配、时刻调度及里程碑预测、航延预测和智能恢复、智能安检、旅客流量预测、智能商业管理、少人化货运机坪等;空管智能应用有航空器时刻预测、智能化空中交通流量管理、全国航班协同指挥调度、气象预测、智慧流量管理等;航司智能应用有颠簸预测及航班运行预测、智能客服、知识管理、发动机孔探、运行风险评估等。探索可落地场景,对准其痛点,通过 ICT 技术和行业/场景 AI 大模型的结合快速创造价值。

5.3　民航智能化价值场景

5.3.1　智慧机场

　　机场智能化,场景是关键,选择典型、合适、有价值的场景,聚焦核心场景存在的痛点,可以帮助机场管理者更准确地制定航班计划和资源分配方案,通过实时监测和分析视频数据,提高安全水平并降低事故风险。例如,立体安防领域光感围界、飞行区鸟情探驱治、站坪安全合规分析等场景;运行领域的一体化运控、智能资源分配、航班保障节点采集、全景可视化等场景;服务领域的出行一张脸。华为和业界一起进行了深入的探索和实践,下面展开介绍智慧机场的典型智能化应用场景。

　　1. 光感围界

　　1) 业务场景与需求

　　随着公共交通事业的快速发展,乘坐飞机出行已经成为人们的最佳选择之一。机场作为主要的公共交通枢纽，具有规模体量大、投资高、设施设备多、运行复杂、人员密集、政治经济影响大等特点，其公共安全显得尤为重要。机场飞行区是飞机进出港口的活动区，要保障机场运行安全，除去飞机本身的因素外，很大程度上取决于飞机活动场地的安全。机场飞行区围界将公共活动区与机场航空器活动区物理隔离，对保障航空器免受非法干扰，确保运行安全起着非常重要的作用。近年来，国内外机场陆续出现不少外来人员突破飞行区物理围栏，闯入跑道或潜入机舱，导致飞机遇险及人员伤亡的安全事故，飞行区安防形势十分严峻。

民航局《民用运输机场安全保卫设施》（MH/T 7003—2017）标准明确年旅客吞吐量大于 200 万的一、二类机场应设置围界入侵报警、视频监控系统，通过设置声、光、电等安全入侵报警设施，实现对围界非法入侵的报警，配合视频监控、声光警示等措施，形成一个封闭、完整的安全防范系统。由于机场围界控制长度从数千米到几十千米，并受气候、天气、地理环境等影响非常明显，这些对有效发挥围界安防设施的安全防范作用都提出了较大的挑战。

2）智能化解决方案

目前，机场周界入侵防范使用比较广泛的技术可分为两大类，一类是被动感知防范报警系统，技术手段包括感应电缆、振动光缆、振动电缆、张力围栏、振动传感器等；另一类是主动感知防范报警系统，技术手段有视频监控、热成像、雷达、微波感应、电磁感应等。现存机场周界入侵告警系统大多误报率较高，恶劣天气下误报超千次，系统可用度不高；另外，系统维护成本较高，前端设备数量大、故障频发，后期运维投入大。

每种技术手段都有各自的优势及缺陷，难以依托单一技术实现机场围界的全面防护，故探索多种技术尤其是主被动感知技术融合实现围界安全防护逐步成为趋势，而结合人工智能技术及理念逐步提升主被动感知技术的系统可靠性及抗干扰性，达成围界入侵防护的零漏低误逐步成为研究热点。

以振动光纤传感（被动）＋红外光电双波段围界全景侦测系统（主动）融合方案为例，基于红外光电双波段围界全景侦测系统可提升方案预警能力，扩大探测范围，提高安全裕度及反应时间，可根据需要灵活调整主动探测防范距离。基于光纤传感可实现入侵事件的精准告警，减少恶劣天气（雨、雾、高温）影响。通过两种技术能力的融合实现由单一感知触发变为主、被动感知结合，由窄小线性区域防御变为全景面形防御，由单一围界安防变为赋能飞行区全面安全管理，实现安全感知全景化、探测报警智能化、监测反制协同化、指挥调度可视化，通过"看得广""分得准""管得住""测得准"4 个逻辑层级构建一个"零误报、免运维、先进可靠"的有生命力和可进化的新型智能安防管理系统，既可全天候保障机场围界安全，又可对飞行区内部施工和巡检等安全管理提供保障。方案架构示例如图 5-2 所示。

如图 5-3 所示，振动光纤传感基于全光相干噪声抑制和增强 oDSP 算法，可实现对振动信号高灵敏、宽动态采集，达成入侵零漏报；基于自监督＋对抗学习广泛提取振动信号特征，实现环境特征与细节特征融合判决，精确区分入侵事件和环境干扰，能更准确地识别出风雨等外界振动干扰，达成极低误报。

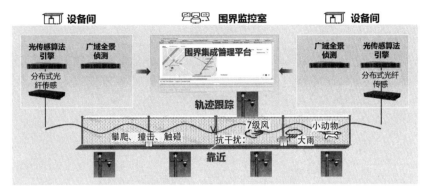

图 5-2　方案架构示例图

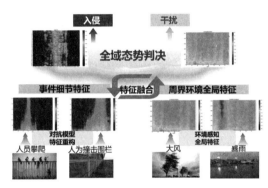

图 5-3　振动光纤传感方案图

红外光电双波段围界全景侦测系统基于高清可见光＋红外探测双确认机理,依托红外全景热成像实现多目标探测,融合智能图像和机器学习技术实现目标自动识别、跟踪和复核,实现机场周界内外大范围远距离的人、车辆和动物等各类目标入侵探测和威胁预警能力。

3）落地效果

基于振动光纤传感＋红外光电双波段围界全景侦测系统的主被动融合方案能更准确地识别出风雨等环境干扰,实现全天候、全覆盖、长距离、零漏报、极低误报,高精准定位精度及事件快速响应,降低运维难度及成本,提升围界智能防护水平,全面保障机场运营安全,极大改善人员工作体验。以省会级国际机场为例,2019 年方案上线后,围界巡检人员数量从 40 人减少到 12 人,巡检、出警、运维等费用合计节省 330 万元/年,极大地提高了围界内外安全管理水平和人员效率。

2. 飞行区鸟情探驱治场景

1）业务场景与需求

机场飞行区及周边存在诸多水、草、林地,较适宜鸟类栖息和觅食,易出现大规模鸟群活动,给航空器飞行安全带来较大的危害。美国联邦航空管理局 2021 年 7 月公布的报告显示,71% 的鸟击事件发生在 100m 以下净空高度机场围界范围内。鸟类正在不断适应机场及周边的环境,鸟群和大型鸟类在机场周边汇集的种类和数量也在增加,导致机场鸟击事件概率在逐步增大。

现有的驱鸟设备和治鸟方案由于缺乏广域、实时、有效的探测预警装备,只能做到定期、定时、定点作业,导致驱鸟、治鸟精准度不高,目的性不强,效果无法评估等问题,急需配置智能化的鸟情监测预警系统辅助机场鸟防作业。

为解决这个普遍问题,科技部"十四五"国家重点研发计划"交通基础设施"重点专项2023 年度项目申报指南中将"研究跑道周边区域超低空鸟类活动精确感知及驱赶技术"列入大型机场设施安全性能提升关键技术公关类子项。中国民航局于 2019 年发布了《关于促进机场技术应用的指导意见》(局发明电 2019 年 70 号),将鸟击防范技术列为新技术科研项目名录指南第一位,2022 年 5 月发布了"关于印发《运输机场鸟击防范能力提升专项行动方案》的通知(局发明电〔2022〕1047 号)",2023 年 3 月发布了"关于开展全国鸟情监测预警信息系统功能需求调研的通知(局发明电〔2023〕481 号)",旨在推动军、民用机场开展鸟击防范、鸟情预警新技术研究及规模化应用,最大化降低机场鸟击事件概率。

2)智能化解决方案

机场净空区鸟情探测预警与鸟击防范综合管理系统是截至目前应用于民航机场鸟击防范业务最为广泛的系统之一。该系统基于军用级复杂低空背景下弱小形变目标检测、跟踪与识别、光学双目测距、机场鸟情态势感知与地域融合的数字孪生、鸟情大数据分析与推演技术,采用广域多波段光电鸟情监测系统、多波段光电搜索跟踪系统和智慧鸟情监测系统平台(见图 5-4),接入探鸟雷达和机场各类驱鸟设备,实现机场净空区鸟情探测、鸟种识别、高危预警、鸟情调研、智能分析、大数据治鸟和探驱联动等多种功能,并建立机场专属鸟情大数据和驱鸟效果评价体系,构建了一套"探、识、驱、治、评"一体化的鸟情监测预警与防入侵综合解决方案,闭环实现机场智能化鸟情防治管理作业体系,可有效降低鸟击事件发生概率。

图 5-4　飞行区鸟情探识驱智能管理系统

系统的运行模式是：广域多波段光电鸟情监测系统始终保持 360°探测扫描，实现机场飞行区责任鸟击范围内净空监视覆盖，用于自动鸟情调研、鸟种识别、建立本场鸟情大数据、探驱联动、指导人工驱鸟、驱鸟设备布防和生态治理人工作业等功能；多波段光电搜索跟踪系统配合广域多波段光电鸟情监测系统对大鸟、群鸟和本场鸟害高发区进行实时拍摄，留存高清视频可用于鸟害防治分析。光电广域监测鸟击一体化防控系统支持高危鸟情分级报警、重点区域在线设定、探驱联动设置、鸟情统计分析、鸟种识别、鸟情切片及信息查询、鸟情分布热力图(种类、高度、距离、时段、鸟类目标大小、频次等)、图表、鸟类百科、人工驱鸟治鸟作业流程管理，提供鸟情活动周、月、季、年报及生态分析报告，并支持微信小程序、APP 和计算机版三套应用终端，如图 5-5 所示。

图 5-5 飞行区鸟情监测防控大屏

3）落地效果

通过配置机场净空区鸟情探测预警与鸟击防范综合管理系统，北京首都、杭州萧山、拉萨贡嘎等多个国际性机场在"治鸟、驱鸟"工作方面效果显著，飞行区鸟击防范工作向流程化、信息化、数字化、智能化转变，有效地将智慧引领、平台赋能贯彻落实到各项现场工作的全方位、全链条。

以省会级国际机场智慧驱鸟设备及服务项目为例：部署 4 台广域多波段光电鸟情监测系统、2 台光电搜索跟踪系统和 1 套光电广域监测鸟击一体化防控系统，覆盖 2 套跑道和飞行区净空，平均每月累积探测鸟类频次 225775 次，高危鸟情预警 1631 次，鸟群预警提示 136 次，重点区域鸟情中低危预警提示 293 次，协助识别常见鸟种喜鹊、雨燕、白鹭、埃及夜鹰等 10 个，生成鸟情数据统计、鸟种分类统计、维保作业统计、鸟情时段统计报告和本场每日鸟情分布热力图(网格图)若干，通过探测设备自动鸟情调研建立杭州机场鸟情大数据，客观反馈本场鸟情分布汇集位置和鸟害高危时段，为机场鸟情分析、人工生态治理、驱鸟设备换防部署、鸟击防范作业评估提供了大数据支撑，有效降低了鸟击事件的发生概率。

3. 站坪安全合规分析

1）业务场景与需求

航空安全是民航的生命线，是机场运行的底线，也是旅客服务和运行效率的基础。在航空安全的管理作业中，站坪安全涉及的安全风险点最多、管理责任面最广，确保站坪安全是保证航空安全的核心。在目前的站坪安全工作中，安全人员需全天 24 小时监控、巡查全站坪的安全情况,考虑站坪面积大、结构复杂等多方面因素,此工作模式效率低下,无法及时、准确掌握站坪安全态势,存在一定安全风险。

在当前航班量、旅客量快速恢复增长,机场面临更加严峻安全挑战的情况下,仅依靠人力已经无法及时、准确地发现安全问题,亟须建设一套自动化的站坪安全合规分析系统。系统以《运输机场运行安全管理规定》(民航总局令第 191 号)、《运输机场机坪运行管理规则》(民航规〔2022〕20 号)等为指导,通过引入 AI 技术,实现"自动监管、规范透明、数据可视"的站坪操作安全合规性分析。

2)智能化解决方案

站坪安全合规分析系统能及时、准确、全自动地完成对机场站坪监控视频的分析并识别不安全场景,及时预警不安全事件,为机场安全监察提供辅助支撑,降低人工监察漏检风险,提升安全监察效率。同时可对违规事件全过程留痕记录,与安全运行管理平台、CCTV监控平台等系统联动,形成事前可察、事中可控、事后可查的闭环管理。

解决方案主要包括以下几方面。

(1)坚固的 AI 分析底座,通过灵活、丰富的 AI 算法引擎,融合多个系统多维度的站坪安全、航班保障数据,借助视频结构化、小目标识别、跨境跟踪等多种视频分析技术,通过边缘计算、云计算、云边协同等多种灵活协同计算,实现对不安全事件的提前预警、及时告警,为机场的安全管理工作提供有力支撑。

(2)灵活的规则配置引擎,由于机场定位、量级的不同,导致不同机场的站坪安全业务需求、保障作业标准均有不同程度的差异。规则配置引擎可根据局方标准、机场个性化需求,灵活配置检测区域、检测目标、检测阈值,实现不安全事件检测引擎的快速部署。

3)落地效果

站坪安全合规分析系统可以有效支持智慧机场的建设,降低站坪不安全事件发生的风险,助力机场安全管理工作。取得的成效如下。

(1)通过站坪安全合规分析系统建设,可及时、准确地发现站坪不安全事件,有效降低了人工巡查漏报、迟报的风险,极大提升了站坪安全管理效率。

(2)系统可替代人工开展 7×24 小时的不间断巡查工作,节省了人力资源消耗,避免了特殊天气下人工巡查的不利因素,有效提升人工工作效率,提升员工工作幸福指数。

4. 一体化运控

1)业务场景与需求

运行管理是机场的核心业务,主要管理航空器流、旅客流、行李货物流等运行流程,运行管理的目标是,在机场区域内,将上述流程快速、高效地执行完成,以达到将旅客和货物安全、便捷、舒适地运送到目的地的目标。上述流程的保障,涉及航司、机场、地服、保障单位等多方配合与协同,运行流程的完整性与复杂性的特点,需要各单位高品质协同,因此,提高运行协同品质,提高运行效率,是运行管理的核心目标。

机场既是旅客、货物集散的场地,也是运行保障、协同配合的平台,机场运行管理部门是承担着机场运行管理的主体责任。不同时期、不同类型的机场,由于运行吞吐量不同,管理模式也不尽相同。早期,机场运行吞吐量较小的时代,一般机场运行管理模式较简单,设置一个运行管理部门,机场的计划发布、资源分配、指挥协调、地服保障等工作由一个部门承担;当规模达到百万级到千万级之间时,随着机场业务量的增长,运行管理模式调整为二级指挥模式,即室内指挥调度,现场保障;当到达千万级吞吐量时,运行管理模式调整为三级运控,即机场运控(一级)——属地/专业化保障单位调度(二级)——现场执行(三级)。机场运行管理的核心就是按照机场运行规则要求,针对航班和事件等生产任务,匹配机位、地服人员、特车、设施设备等资源。传统是以人工为主对航班保障需求和运行资源进行匹配和统筹,是局部的、单目标、滞后的供需匹配,为被动响应的运行机制,具体表现为:根据前一天的航班计划安排机位、地勤保障资源,调度工作主要是基于操作中的问题进行补救和响应,动态调整依赖人工沟通和决策,沟通时间长、效率低、难以满足多目标决策场景。

　　随着国内机场规模的不断扩大,出现多航楼、多跑道等结构,给运行管理模式也带来新的挑战,运行流程的本质和核心目标虽然没有变化,但由于运行吞吐量不断提高,资源、场地、环境变得越来越复杂,导致运行环节拆分越来越细化,进而不可避免地导致运行效率不断下降,且成本不断上涨。为应对这一挑战,机场的运行模式逐渐从三级运控、区域运控、集中运控、智能运控等方式演变,对数字化、智能化的要求越来越高,对数据价值应用提出了更高的要求,其中,主动运控是从集中运控和智能化运控迈进的关键支撑,如图 5-6 所示。

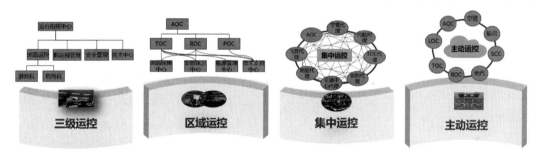

图 5-6　机场运控模式发展趋势

　　随着 5G、云计算、AI 等 ICT 技术的快速发展,强大的存储、算力及由此带来的基于海量数据、复杂场景的 AI 智能化、智慧化处理能力,为机场运行管理带来了新的机遇。正如人体大脑可以高效指挥手、脚协同完成复杂动作达到统一目的一样,机场运控管理部门就是机场运行管理的"大脑",其目标就是在复杂场景下,高效指挥、协同配合,以通过机场高效运行,达到安全、快速、精准地完成旅客、货物运送的目标。ICT 新技术为机场由多级调度、分布式管理向一体化、智能化管理转变带来可能,最终实现由"人工运行指挥"向"机场大脑"演变。

　　2) 智能化解决方案

　　现有的作业系统仅是业务管理手段的信息化支持,无法满足一体化智能运控态势感知、趋势预测、多目标全局最优决策建议的功能需求。基于多目标的智能推演决策的调度分析型系统,是传统记录型系统所不能解决的,过程注定是多目标、动态实时和全场景的,对业务指标化、预测预警和智能化提出更高需求。

　　高效调度需要更全面的数字化平台支撑，包括全场景的实时可视、智能化的分析与推演推荐、自动化的执行和决策，这就需要构建"1"个调度＋"1"个数据＋"1"个大脑，如图 5-7 所示。

　　（1）"1"个调度。面向内外部角色与场景，构建实时、一致、可信的可视服务，实现对需求、资源、任务和规则的实时可视、智能化分析与推荐、自动化执行与决策，提供一站式服务（自动关联、自助流程）、动态组合（服务化、卡片化、低代码化）、智能化（运行态势感知、预测预警、运行研判、智能调度）。

　　（2）"1"个数据。提供单一准确的数据源，提供面向多目标调度决策的一个数据，为构建一个大脑提供基础。

　　（3）"1"个大脑。提供机场一体化运行调度，实现航班保障需求与资源的最佳匹配，其中，资源包括机位、时刻等。

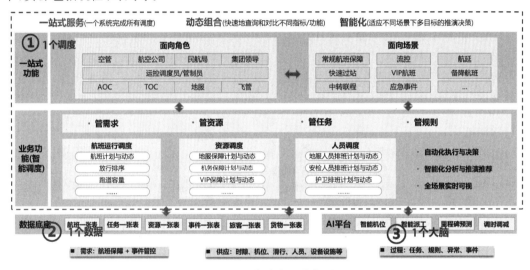

图 5-7　一站式应用功能图

　　3）落地效果

　　（1）建立全要素、全场景、全流程实时态势感知能力。能够实时展示机场航班流、旅客流、货物流等流程维度，以及吞吐量、运行效率、资源利用率等业务指标维度的全景式态势感知能力。

　　（2）实现趋势预测，态势预判能力。基于运行实时态势感知信息，结合机场大脑对于运行外部影响因素的仿真推演，对未来运行趋势、运行态势进行趋势预测，及时预警运行异常趋势及阈值，对运行态势变化做出预判与决策建议。

　　（3）实现一体化全局最优运行管理。以往运行管理，以单一流程、单一业务场景为管理基础，每一项业务流程、业务场景建立独立运行系统，并有完整的业务价值链及 KPI 指标。这种运行管理模式可以有效地对单一运行流程、场景实现高价值结果，但对于机场整体运行结果呈现无法聚焦，也无法达到全局最优结果。一体化运控建立服务于机场整体运行的价值指标体系，并基于该指标体系，综合各运行流程、运行场景的联动关系，通过机场大脑

AI算法及仿真推演,实现全局最优的运行指挥、调度结果输出,实现机场运行多目标、多主体有机统一的运行协同体系与运行指标、运行品质呈现。

5．智能资源分配

1）业务场景与需求

2023 年,随着新冠疫情的结束,中国的航班得以快速恢复,随着航班量的快速增长,航班地面保障资源不足的问题越来越明显,特别是像机场停机位、廊桥等保障资源由于建设审批周期长,无法在短时间内匹配上航班量的快速增长。停机位是机场运行的资源中心,是航空器、旅客、行李以及地面运输的交集处,机位的高效分配是机场生产组织的核心环节。如何在高速增长航班量的背景下,在有限的资源内,最优化地为每个航班合理地分配机位以保障日益繁忙的航班运行,保证分配结果的稳定性,同时提升机场服务质量,成为各中大型机场的难题。

在机场航班信息管理作业中,机位分配(如图 5-8 所示)不仅直接影响飞机停放的安全,也影响周边相关资源,如登机口、摆渡车、行李转盘等的合理分配。机位资源分配必须保证机坪运行安全,需要考虑飞机机型与机位可停机型的适配、进出航班时间安全间隔、场面滑行冲突、港湾机位推出冲突等安全规则。

同时,机位资源分配需要兼顾旅客服务质量,如果机位分配不合理,可能会导致靠桥率低、旅客排队等候时间过长、行李处理混乱、航班延误等问题,从而降低旅客服务质量和满意度。所以机位分配须综合考虑廊桥机位资源的充分利用并减少不必要的机位变更。

在航班发生延误、取消、返航等特殊情况时,需要迅速对原有机位分配计划进行相应的调整。在传统的机位分配模式中,运行指挥人员需每天根据当时日航班计划和机场设施状况,考虑繁多且复杂的机位分配规则,结合个人专家经验每天需要花费数个小时人工统筹安排飞机停机位分配计划,全天 24 小时监控调整,效率低下。

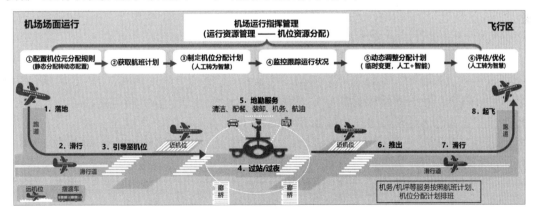

图 5-8　机场机位分配业务场景图

在当前客流量快速增长,机场运营面临安全、运行、服务体验等多重挑战的情况下,由于需考虑的因素众多,有时当场景变得复杂时,光靠人力已经无法得到最佳的机位分配解决方案,亟须对机场关键场面资源进行科学利用和合理配置,建设一套高效的机位资源智能分配系统。通过引入 AI 技术，目标实现"机器为主、人工为辅"的机位资源自动化、智能化分配，可在向指挥员提供机位智能预分配、实时分配等决策支持的同时，有效提升靠桥率、廊桥周转率等核心指标，并为值机柜台、登机口、行李转盘等运行资源的智能分配打下基础，进一步提升机场运行效率和旅客体验。

2）智能化解决方案

智能机位分配解决方案基于统一的数字平台底座，通过大数据对来自不同信息系统、不同部门的大量信息进行有效的数据融合处理，以 AI 算法为核心，打造智能机位分配解决方案，实现机位分配的自动化、智能化，同步构建易用、可靠的应用系统提升操作效率，是 AI 技术在机场核心生产系统中的首次应用。方案架构如图 5-9 所示。

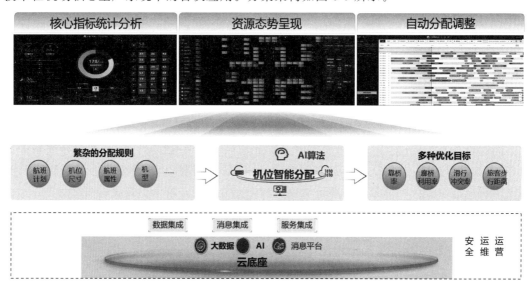

图 5-9　智能机位分配解决方案架构

解决方案主要包含如下几个层面。

（1）坚实的数字底座，云原生架构，简易部署及运维。大数据融合机位分配相关的多来源数据，深挖数据价值：融合围绕航班的动态数据，包括前序航班数据、ADS-B 数据、航空气象数据、本场的放行数据等。同时需要具备数据的挖掘和分析处理能力，需要对航班预计起飞时间、预计到达时间进行精准预测，从而提高飞机保障时间占用的准确性，减少不必要的机位占用冲突、等待、机位资源浪费以及机位变更。通过数据的接入、融合、数据业务模型处理等方式，汇聚航班的飞行计划数据、飞机状态数据、航班的地面保障数据、各种资源的基础数据、冲突预警数据、停机位的占用记录数据、供 AI 算法引擎使用的算法规则配置数据，以及用于资源分配界面的甘特图配置数据等信息传至数据资源层，为机位智能分配，提供数据支撑。

（2）灵活快速的算法规则引擎，千级复杂规则灵活可视化配置，满足不同机场的业务需求。实现复杂场景下的组合优化问题建模及大规模 MIP（Mixed-Integer Program，混合整数规划）问题的快速求解。此外打造了可靠易用的生产系统，操作接口更友好、更安全，通过告警中心、冲突提示及快速定位等功能,提升操作效率 20%。

在全面梳理机场现有机位资源分配业务流程的基础上,对当前机位分配特有的业务规则(9 大维度,2800 多条细则)进行详细梳理、抽象归纳及数字化,构建灵活可配置的智能 AI 规则引擎。并基于靠桥率、冲突率、旅客体验等多目标综合考虑,利用华为"天筹"求解器快速求解的性能,打造智能机位分配 AI 算法,快速高效输出机位分配结果,最终实现机位"机器为主、人工为辅"智能分配的目标,有效提升机场运行效率。

3)落地效果

通过智能机位分配系统的建设,有效支持了深圳机场大运控领域的智能化升级及转型,提升了靠桥率、廊桥转率等核心指标,降低了场面冲突风险,助力机场机位资源分配的全局最优化,在保证地面运行安全的基础上提高地面运行效率和旅客满意度,取得了如下成效。

(1)以目前深圳机场每日 1000 多架航班量级测算,通过智能机位分配系统建设,可使批量分配时间从原有耗时约 4h 缩短至不到 1min,动态调整耗时约 10s,极大地提升了人工操作效率。

(2)深圳机场的靠桥率提升 5%,每年使约 260 万人次的旅客登机免坐摆渡车。廊桥周转率从 10.24 个班次提高到 11 个班次,相当于每个廊桥每天可多保障 1 个航班。卫星厅建成投运后,随着近机位资源的补充,该系统的效能进一步释放,当前靠桥率为 86.2%,有效提升了机位资源的使用效率。

(3)靠桥率的提升可带来远机位保障车辆平均每天节省 300 辆,降低了场面车辆与航空器在滑行道交叉点的冲突风险,有效降低了场面冲突风险。

6. 航班保障节点采集

1)业务场景与需求

随着航空运输业的快速发展,机场航班保障节点的重要性日益凸显。在航班地面保障过程中,保障环节错综复杂,每个环节都可能相互关联。机场航班保障节点信息不仅直接影响航空公司、机场、空管、地服公司等多个航班保障相关方的运行保障,任何环节时间耗费过长都可能导致航班延误或旅客满意度变低,直接决定了航班运行品质高低。为切实抓好航班运行保障各个环节,民航局在 2020 年工作会议中明确要求,国内客运航空公司航班正常率稳定在 80%以上,全国千万级以上机场平均放行正常率和始发航班正常率力争达到 85%。

目前,航班保障进程管理结合日常保障计划,根据航班动态、作业保障情况和资源状态可实时感知航班的运营状态。目前机场保障进程管控存在以下主要问题。

(1)手工采集耗时耗力。值机地面保障作业时间节点信息的采集主要依靠人工笔录、便携式设备录入等,数据更新速度慢、错误率高,容易造成疲劳和工作效率降低,主观上容易出现错误,并且要耗费大量人力成本。

(2)事后难追溯。地面保障作业反馈的保障时间节点信息与实际工作环节操作的时间存在较大的误差,实时性及可靠性较低,一旦保障环节出现事故很难进行事故根源追溯。

（3）航班进程难监管。运控指挥部门需要重复性地监控飞机状态、保障车辆作业情况以及航班状态，并需要岗位值守记录各个进程环节状态和时间节点信息。

（4）ACARS（Aircraft Addressing and Reporting System，飞机通信寻址与报告系统）数据质量不佳。部分保障节点数据可以通过飞机 ACARS 记录数据，但部分老机型无 ACARS 数据，且 ACARS 数据传回机场延时普遍超 2min，无法满足航班运行保障的需求。

如何高质量获取各航班保障节点数据是机场亟待解决的问题。毫无疑问，航班正常率要达到民航局规定的目标，有必要利用人工智能、物联网、可视化等技术，建设一个地面运行保障时间节点智能识别系统，通过智能视频分析技术实现航班保障节点的自动实时采集，将人工采集方式转为系统自动采集，从而提高航班保障节点的采集数据质量。

2）智能化解决方案

为适应中国智慧机场建设需求，以《航班安全运行保障标准》（民航发〔2020〕4 号）为指导，参考《机场协同决策系统技术规范》（MH/T 6125—2022）和《民用机场基于视频分析的航班保障节点采集系统建设指南》（T/CCAATB 0026—2022），通过引入 AI、机器视觉、图像识别等先进技术，建立一套高效的航班保障节点自动采集系统，提升航班保障节点采集的效率，至关重要。

航班保障节点采集解决方案要结合机场航班保障监控实际需求以及智能视频分析技术的成熟度，对机场地面保障过程·中飞机、保障车辆、保障设备和人员等 30 多种物体的目标检测和目标跟踪及实现地面保障过程中的 30 多个关键节点（如图 5-10 所示）进行选择，明确需要自动化、智能化采集的航班保障节点。运用智能视频分析技术分析机位的实时视频，识别航班保障节点的目标并分析其轨迹，提取符合航

图 5-10　航班保障节点示例图

班保障节点规则的事件和发生时间。根据机场实际运营情况与相关生产部门、系统及时、准确地进行数据共享，减轻一线工作人员的负担，避免人工录入可能造成的数据瞒报、迟报、误报和漏报，为机场的协同决策提供精准、可靠的基础数据，精准掌握航班运行状况。有效改变保障过程工作协同、监管依赖人工的现状，从而大幅提升节点保障工作效率，提高航班协同运行效率，同时有效降低各方的运营成本，如图 5-11 所示。

3）落地效果

以省会级国际机场全场 180 多个机位实现航班保障节点自动采集为例，视频节点采集实时数据目前已全部接入 ACDM（Airport Collaborative Decision Making，机场协同决策）系统，支持 ACDM 的业务使用。用户可以通过 ACDM 客户端进行航班的航班保障节点信息查询，便于运行指挥中心开展航班保障运行监控等业务。同时，保障节点数据已通过接口上传至民航运行数据共享平台，对 DCI（Digital Capability Index，数字化能力指标）起到了一定的补充优化作用。

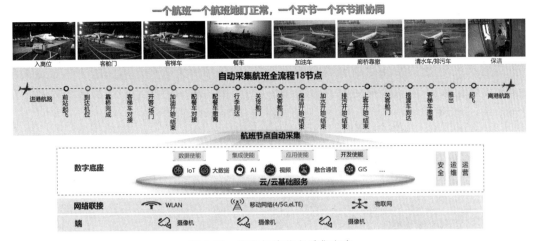

图 5-11 航班保障节点采集方案

7. 全景可视化

1）业务场景与需求

飞行区作为保障机场安全运营的重要区域,包含跑道、滑行道、机坪等功能区,伴随机场运输规模不断扩大,飞行区布局更加复杂,机坪交通流量大,航食、航油、航司等各种业务的作业车辆以及作业人员错综复杂,机坪高密度作业已呈常态化,使得飞行区运行指挥的可视化管控需求日益迫切。

当前机场飞行区仍多采用传统的监控模式,而传统监控系统采用分镜头画面监控,只有局部视角,无法对大场景进行全局实时监测和把握,缺乏对多模式、多数量图像信息的无缝融合与集中展示,无法真正实现机场重要区域全场景的宏观监视指挥与综合调度,无法满足机场对重要区域进行全天候、全覆盖、全方位、全过程实时监控的需求,无法实时感知飞行区等大场景监视区域的整体态势,无法支撑快速指挥决策、日常安防管理、突发事件处置等迫切需求。

当飞行区场坪出现紧急事件时,需要逐个查找摄像头,观察事件发生情况,不利于从全局层面监控机坪整体运行情况及突发事件处置。伴随着机场规模的扩大以及航班的与日俱增,在保障飞机起降安全的前提下,飞机的起降效率显得越来越重要。精准合理的指挥调度及灵活高效的突发事件处置能力,对提高飞行区航班吞吐量至关重要。且当前机场飞行区跑道管制权由空管局移交机场运行指挥中心趋势明显,为支撑飞行区高效的安全指挥运行与事件应急处置,亟须依托全景视频拼接技术建设飞行区的全景可视化平台。

2）智能化解决方案

运控中心、飞行区管理部、塔台可基于全景可视化平台实现对飞行区的大场面全景全局监视,将分布在重点监控区域等高点的监控摄像机的视频数据进行拼接、配准、矫正及融合等处理后整体呈现到一个画面上,从而实现对重要区域和部位的全天候不间断全景视频可视化,掌控区域整体场景内的可视实时态势。

　　全景监控场景化方案由华为数字平台以及合作件全景监控应用构建，如图 5-12 所示，华为数字平台通过整合视频云（监控系统）、物联网、GIS 几个平台的应用服务，使能全景监控应用的部署实施，并提供与机场业务系统（ADS-B、车辆定位管理系统、多点定位系统及场监雷达系统等）之间交互的消息或数据连接通道，支撑构建全天候不间断无盲区的大场面全景立体化监视，实现可视协同一体化指挥控制，提升机场安防生产运行效率及科技化管理水平，全面提高机场日常运控、应急处置以及部门间协同工作效率。

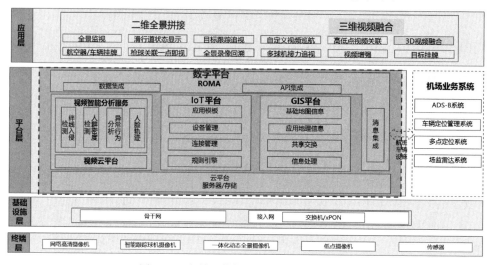

图 5-12　全景监控场景化方案总体架构图

　　3）落地效果

　　（1）全天候大视野无盲区全景监视，可极大提升安防生产运行效率。

　　全景监控系统可实现全景融合，纵观全局，实现对整体现场的全景、实时、多角度监控；支持协同追视，精细观察，以全景中的事件目标为驱动，实现纵览全局和细节掌控的有机结合；支持跨镜头的目标检测跟踪，支持风险的自动识别与告警；支持多维可视，综合感知；实现对关注目标的动态持续跟踪、对关注事件的全过程可视化管控；全面提高安防及生产运行工作效率。

　　全景可视化方案可为机场安全监视人员提供连续、直观的实时全景拼接画面，避免覆盖盲区；能够对视频进行实时存储、回放；通过画面增强技术可以增强能见度较低的条件下画面清晰度；通过远程传输视频画面可以实现机场场面远程遥控指挥。可实现机场场面停机坪、滑行道、航站楼等重点区域航空器、人员、设施及保障车辆的运行状态直观统一的监控管理，确保机场的安全高效运行。

　　在出现突发重大事件时，可为决策指挥提供全景的态势场景展现，同时机场相关部门可采用回放完整全景视频来追溯整个事件的全过程，提高整体工作效率。而不是采用人工寻找模式，在近千路监控视频中，根据经验的推测来展开筛选与查询。

　　（2）跨系统信息融合，全局态势直观可视，高效掌控全局，提升应急处置及运行管控效率。

全景可视化方案可打破机场信息化系统的烟囱式壁垒,可在全景视频上融合机场 ADS-B、场监雷达、GPS 以及其他运行生产数据,提供机场的全局态势监控,应急指挥保障。依托全景监控方案可实现飞行区的无盲区、全覆盖、可视化监管,实现对飞行区内活动目标(飞机、车辆、人员)的有效监视与管理,强化信息共享呈现,提升机场整体运行效率,提升运行管控、资源管理、车辆监管、协同指挥以及应急处置能效;以"一张图"模式看全、看透所有信息,高效掌控全局,提升常态化运行管理能力,减轻人员工作负担,并在突发状况下实现精准高效的应急处置;全方位掌控机场全局和细节,灵活掌握事件情况,全景直观回溯事件根源。

8．出行一张脸

1）业务场景与需求

近十年中国国内机场的发展取得了举世瞩目的进步,机场旅客吞吐量从 4.86 亿人次增长到 12.6 亿人次,平均年增长率 11%,客吞吐量不断快速增长,带来的是机场服务能力严重不足的问题。机场基础设施受限于地理空间、建设周期等因素,难以匹配旅客吞吐量的增长而同步增长,因此基于现有基础设施深入挖掘潜力,为旅客提供快速、便捷的服务,持续提升旅客服务质量,成为各机场当前面临的核心问题。

IATA 在 2019 年率先提出 ONEID 理念,通过生物识别技术为旅客提供一站式便捷航空服务。民航局在 2022 年发布的《智慧民航建设路线图》设定总体目标,建成具有全球竞争力和影响力的智慧民航体系,实现民航出行一张脸、物流一张单、通关一次检、运行一张网、监管一平台。

2）智能化解决方案

人脸识别技术应用场景识别旅客身份,围绕出港旅客流的到达航、值机、托运行李、安检、候机、登机的业务环节,从中选取能改善的环节。出行一张脸方案的价值是合理优化简化旅客乘机流程,加大旅客刷脸自助和智能服务设备投入,实现服务自助化,旅客乘机智能化,并提供多元化、个性化和高品质的服务供给,满足不同旅客差异化服务需求。在改善旅客出行体验的同时能提升机场的服务排名,如旅客出行环节体验既是民航 5114 行标服务质量评价指标体系的重要内容,也是 ACI ASQ(Airport Service Quality,机场服务质量)旅客类评分相关系数较高项。

(1)"刷脸预安检":刷脸预安检即易安检,在民航云平台大数据支撑下,根据旅客安全信用进行旅客分类。对于安全信用较好的常旅客,系统提示可进入易安检通道,并提供部分随身物体不取出开包检查等措施的差异化安检服务。

(2)"刷脸安检":自助安检验证通道采用了人脸识别和活体检测技术,实现刷脸或者刷证自助安检验证,支持最快 3s 自助通关。

(3)"中转注册":中转注册主要面向中转乘机旅客,在办理中转手续的环节,新增人像采集,实现旅客人像入库,完成与证件等基础信息的匹配,为后续航显、登机等环节提供输入。

(4)"智慧航显":旅客在智慧航显屏前查看航班信息时,通过人脸识别技术识别旅客,调取旅客乘坐航班信息,优先在屏幕上列显示,同时屏幕上显示旅客登机口步行路径和路径相关商业提示信息,最多可同时支持 3 人同时浏览显示。

(5)"催促登机":机场从国内安检通道到登机口的国内航班候机区域复用安检视频监控系统的摄像机,通过后台人员动线跟踪视频算法对每个进入区域的人员实时打点轨迹,在催促登机环境通过人员轨迹去定位旅客所在区域,联动广播系统精准插播催促登机广播和评估是否要减客减行李。

(6)"刷脸登机":旅客通过刷脸即可完成自助登机,同时支持刷证或者扫码自助登机。

3)落地效果

以某国际机场为例,易安检上线 3 年已为超过 300 万名信用良好的常旅客提供了快捷安检服务,较普通旅客安检过程缩短近 40%,最快 3min 通过安检检查,高峰时段通道放行效率提升到 220 人/小时以上,达到传统安检通道的 1.5 倍,放行效率和安全裕度都大幅提升。

以某省会国际机场为例,设置 33 条刷脸自助安检验证,人均安检验证时间从 12s 缩短至 7s。建设了中转注册,旅客办理中转手续同时,通过新增身份证核验与人像采集合一的终端,实现旅客全自助、零等待采集,并为机场基于人像的全面旅客管理提供便利。在国内旅客候机区部署了 230 个安防摄像机,人员 90% 轨迹秒级定位,定位精度<50cm,在小范围业务试用阶段日均找回 80 多名晚到旅客。

再以另一省会国际机场为例,建设智慧航显系统,旅客查询航班信息时间由传统航显的 120s 缩短至 3s,效率提高 40 倍,并提供公共服务点查询及 3D VR 实景导航。航显使用量 5000 人次/天(每日总客流 8 万人),减轻问询台工作人员工作量。平均每位旅客 3s 即可完成自助登机,实现旅客无接触式登机,防止冒登,工作人员无须撕副联,节省了查副联时间。

9. A-SMGCS Ⅳ 级灯光引导

1)业务场景与需求

A-SMGCS(Advanced Surface Movement Guidance and Control Systems,高级场面活动引导与控制系统)Ⅳ 级运行可全面提升机场的效率、容量、安全和自动化水平,是现代化大型机场发展的必然趋势。民航局在 2019 年 4 月发布的《关于推进 A-SMGCS 系统及配套设施设备建设应用工作的意见》中明确提出,对于多跑道大型繁忙枢纽机场,在新建或改扩建时,建议助航灯都按照 A-SMGCS 的 Ⅳ 级运行要求配置。目前,全球已有迪拜机场和北京大兴机场实现了 A-SMGCS 的 Ⅳ 级运行。国内目前新建的成都天府机场、顺丰鄂州机场,改扩建的深圳机场、浦东机场、首都机场等都明确以 A-SMGCS Ⅳ 级运行为目标。

A-SMGCS Ⅳ 级运行的核心是灯光滑行引导,即飞机落地后跟随绿色的中线灯的引导滑行,直至停机位。这期间,需要在飞机前方保持一个由多盏灯形成的灯带:随着飞机的位置变化,在飞机前方逐个点亮,飞机滑过以后灯自动熄灭。根据 SESAR(Single European Sky Air Traffic Management Research,单一欧洲天空空中交通管理研究项目)在德国慕尼黑机场的测试证明,无论是在"良好可见度"还是在"低可见度"条件下,灯光滑行引导都有非常明显的效果,可有效提升机场的运行效率和安全性。

A-SMGCS Ⅳ级灯光滑行引导依赖于对单个灯具的可靠通信,以实现精确的单灯控制。长期以来,业界一直在复用供电回路,使用窄带 PLC(Power Line Communication,电力线载波通信)方式进行单灯通信,但效果不够理想,主要原因是窄带 PLC 的通信时延为 2s 以上,而根据 ICAO(International Civil Aviation Organization,国际民用航空组织)的要求如果要达到单灯引导延时应控制在 1s 以内。此外,载波信号需要穿过隔离变压器,而变压器作为感性器件,对信号衰减严重且易老化而导致效果变差。

基于上述原因,窄带 PLC 没有被广泛应用,目前全球仅有迪拜机场和大兴机场基于窄带 PLC 实现了常态化运行。窄带 PLC 因时延仍不能满足要求,只能采用分段引导的方式,即将回路总体分成多个灯光段。但分段引导的灵活性差,需进行复杂的路径设定,无法进行灵活调整。更重要的是,在多架飞机同时滑行时,灯光段都点亮,会导致整个回路亮成一片,进而失去引导效果。此外,线缆、隔离变压器老化后,会导致通信效果进一步变差,甚至不可用。

2) 智能化解决方案

面对灯光控制通信的痛点,华为基于自身通信经验的积累,针对不同的部署需求,创新地提出了基于宽带 PLC 的单灯通信方案,如图 5-13 所示,其通信能力可满足灯光引导的需求。宽带 PLC 方案利用助航灯光电缆和屏蔽线构建通信回路,减少信号因传输距离过长导致的衰减。改进后回路具备中继能力,结合华为海思 PLC 芯片,可通过中继功能满足长距离传输要求;采用多个载波频段,可根据线缆情况调节使用不同频段;单灯控制器与信号耦合模块分离设计,可根据现场需要按需安装,灵活度高,经济性好。

宽带 PLC 通信方案在实际部署时具备典型值≤200ms,最差值<400ms 的通信时延,不仅完全满足标准的要求,还可为系统处理预留冗余量;同时具备百 K 级别的通信带宽,可满足一条回路上有 10 架飞机同时滑行的极限需求。

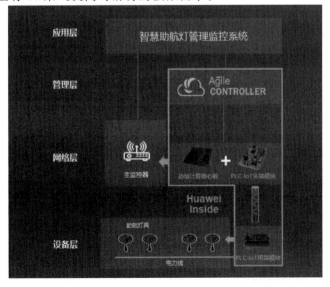

图 5-13　A-SMGCS Ⅳ级灯光引导总体架构图

3）落地效果

以某国际机场为例,完成全国首个国产 A-SMGCS Ⅳ 级灯光引导系统演示验证。此次灯光引导飞行测试共涉及 150 套助航灯具的控制,随着 A-SMGCS 系统指定路径指令,测试飞机前方十几盏助航灯光依次亮起引导飞机滑行,飞机滑过助航灯光随即熄灭,最后飞机顺利地在灯光引导下滑行至目的机位,同时 A-SMGCS 系统实时显示测试飞机位置、路径情况、灯具状态等信息显示。

5.3.2　智慧航司

对于航空公司而言,人工智能技术对内可以为员工提供业务支持,提升办公效率,对外可以提升客户服务和运营效率。下面展开介绍知识管理场景应用人工智能技术后带来的改变。

1. 知识管理业务场景与需求

知识管理是现代企业的重要竞争力之一。通过知识管理和企业知识库,企业可以将产品、服务、业务流程、专业知识等需要的知识整合起来,为员工提供方便快捷的查找和共享能力。通过对企业知识、经验、流程等的充分开发和利用,可以提升企业和员工效率,增强创新能力。企业知识库的价值如下。

（1）知识的共享、传承和增值。知识库为企业内部各个部门和员工提供了一个平台,使得大家可以方便地共享和传递知识,避免知识孤岛和信息割裂,促进团队和员工的交流协作,提高工作效率和协作能力。通过企业知识库,可以帮助企业系统化地存储、利用和管理知识,将有价值的知识记录下来,确保它们不会随着员工流动而流失,增强知识资产的价值,保证企业的持续发展。

（2）提高工作效率和员工绩效。知识管理可以帮助企业和员工减少重复劳动,帮助员工更好地利用知识,缩短解决问题的时间,提高工作效率和员工绩效,释放员工的创造力和专注力。

（3）增强服务质量。企业知识库可以成为客户服务的有力工具。通过汇集专业知识和解决方案,员工可以更快速、准确地为客户提供解答和帮助,提高服务质量和用户满意度。

以航空公司为例,航空公司内部专业工种多,专业门槛高,员工培养周期长、成本高,每个航空公司都有庞大的知识体系、流程规范、渠道供应体系、产品服务,以及历史经验案例,包括但不限于:

（1）飞行手册（Flight Manual）。这是飞行员的主要参考书,包含飞行操作、导航、通信、气象、飞机系统等方面的详细信息。飞行手册的数量取决于航空公司拥有的飞机类型和数量。

（2）机组操作手册（Crew Operations Manual）。这些手册涵盖了航空公司的运营流程、安全规定、服务标准等方面的内容。每个部门和岗位可能都有相应的操作手册。

（3）乘务员手册（Flight Attendant Manual）。这些手册包含乘务员的职责、服务流程、应急处理等方面的内容。

（4）地勤人员手册（Ground Crew Manual）。这些手册涵盖了地勤人员的职责、工作流程、安全规定等方面的内容。

（5）维修人员手册（Maintenance Manual）。这些手册包含飞机维修的详细步骤、程序、工具使用等方面的内容。

（6）管理手册（Management Manual）。这些手册涵盖了航空公司的管理流程、政策、规定等方面的内容。

（7）培训手册（Training Manual）。这些手册包含航空公司的培训课程、教学方法、评估标准等方面的内容。

（8）其他专业手册（Specialized Manuals）。这些手册涵盖了航空公司特定领域的专业知识，如航空法规、航空医学、航空心理学等。

（9）航空公司提供的产品服务、渠道和供应商。

（10）航空公司历史经验案例库。

（11）解决方案及备件库。

（12）管理局和机场的航空通告和空勤部门收集的实时航空信息等。

航空公司的知识管理系统庞大而复杂，很多知识有及时更新甚至实时更新需求，而且受公司规模、业务范围和组织结构影响。航空公司通过智能化工具提升人员效率、技能培训，以及空情和态势感知的需求强烈。现代人工智能，尤其是 AIGC（Artificial Intelligence Generative Component，人工智能生成组件）大模型应用于企业知识管理和飞行安全等领域，可以帮助航空公司极大地提升效率、安全和创新水平。

2. 知识管理智能化解决方案

通过 AIGC 大模型重构企业知识管理/知识库，对内提供知识/业务小助手，为员工提供业务支持，对外还可提供智能客服，帮助改善客户服务体验，如图 5-14 所示。

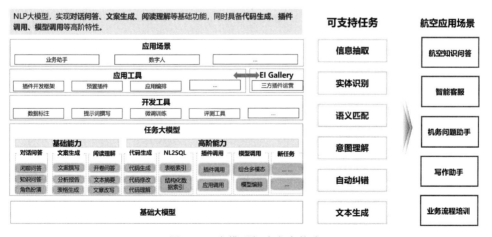

图 5-14　大模型解决方案构成

以下是大模型的一些具体应用。

（1）文档分类与聚类：通过使用自然语言处理技术，大模型可以帮助企业自动对大量文档进行分类和聚类，从而更容易地找到相关信息。

（2）智能搜索：利用大模型，企业可以构建智能搜索引擎，提供更准确、相关的搜索结果，帮助员工快速找到所需知识。

（3）知识图谱构建：通过分析企业内部和外部数据，大模型可以帮助企业构建知识图谱，将知识点之间的关系可视化，便于员工理解和应用。

（4）自动摘要与生成：大模型可以用于自动生成文档摘要，帮助员工快速了解文档内容，节省阅读时间。此外，还可以用于生成新的知识内容，如报告、演示文稿等。

（5）情感分析：通过对员工反馈、客户评论等数据进行情感分析，大模型可以帮助企业了解员工和客户对企业产品、服务和内部流程的看法，从而改进知识管理策略。

（6）个性化推荐：基于用户的行为和兴趣，大模型可以为企业提供个性化的知识推荐，帮助员工发现潜在有用的信息。

（7）在线培训与教育：通过使用大模型，企业可以开发智能在线培训系统，为员工提供个性化的学习资源和建议，增强培训效果。

（8）知识共享与协作：大模型可以帮助企业构建知识共享平台，促进员工之间的交流和协作，提高知识的传递和应用效率。

（9）知识评估与更新：通过对知识的使用情况、更新频率等进行分析，大模型可以帮助企业评估知识的有效性和价值，及时更新过时或不再适用的知识。

（10）数据分析与决策支持：大模型可以帮助企业从海量数据中提取有价值的信息，为决策提供有力支持。

3．知识管理落地效果

AIGC大模型作为最新的人工智能成果，正在为行业智能化带来新的工具和方法。目前已经有部分领先的航空公司、机场开始探索基于大模型进行知识管理、智能客服、机务维修等领域的试点应用，大模型已经在民航行业生根发芽，相信未来两三年内，大模型将在航空行业内开花结果，成为行业生产力提升的新要素。

5.3.3　智慧空管

对于空管而言，人工智能技术可以改进航空交通管理和飞行安全，高分辨率、准确的气象预报对民航运行安全和效率影响巨大，下面详细介绍航空气象预报场景人工智能技术应用情况。

1．航空气象预报业务场景与需求

航空气象预报是通过给空管、航司客户提供准确、实时、分辨率高的气象预报结果，支撑气象预报员发布气象预报结果，辅助空管塔台、进近、区域管制员、航司运行席合理安排航路、航线、航班起降等运行决策。当前气象预报主要是数值预报产品，综合准确率不高、分辨率低、实时性不足，空管、航司气象预报员主要依赖个人经验判断未来天气变化，难以满足空管、航司运行指挥要求，具体如下。

（1）气象预报算力不足：当前空管、航司主要使用传统服务器进行预报推演，算力不足，难以满足精准、实时、高分辨率气象预报算力要求。

（2）预报不准确：数值预报结果准确低，例如，跑道风速风向预报，综合预测准确率不足 40％，塔台管制员难以依赖风速风向决策跑道分配模式。

（3）预报分辨率低：数值预报当前物理分辨率为 10～20km，而行业客户需求是 1～3km，分辨率太低无法支撑管制运行决策精准指挥。

（4）影响航班运行的关键预报缺失：民航行业目前还没有成熟的跑道风、雷暴、风切变等气象预报产品。

2. 航空气象预报智能化解决方案

航空气象预报解决方案是通过使用大数据、云、盘古气象大模型、AI 等技术，对空管气象进行历史数据训练和建模，提取特征值，配合实时初始场结果进行推演，提供准确、实时、高精度的气象预报结果和产品。高质量的气象预报结果可以有效支撑管制运行决策，助力航空器安全、高效运行，并减少航班延误。

航空气象预报盘古大模型解决方案总体架构包括华为云及 AI 服务，盘古 L0 基础模型、盘古 L1 行业大模型、盘古 L2 气象预报场景等模块，如图 5-15 所示。

图 5-15　航空气象预报解决方案

（1）华为云及 AI 服务：气象预报对算力、资源的要求较高，采用云化部署可以有效支撑提供超高算力和集中虚拟化计算、存储、网络等资源，同时提供云上高阶 AI 服务，支持模型训练、推理全生命周期开发和管理，让 AI 开发更便捷。

（2）L0 基础模型：华为云盘古气象大模型目前已经基于全球气象预报海量数据进行训练,已具备传统温、湿、风、压、降水等气象预报能力,未来还将根据民航业要求,开发 10m 跑道风、闪电、风切变等场景模型,丰富大模型基础能力。

（3）L1 行业大模型：基于民航气象数据,在 L0 的基础上通过模型调整优化,能够更好地适配民航行业气象预报需求。

（4）L2 场景模块：盘古气象大模型基于历史数据、初始场实时数据等不断训练调优,然后基于业务的需求提供标准化的预报产品,支撑民航空管以及机场、航司等外部单位使用,协同支持民航安全、高效智慧运行。

解决方案竞争力如下。

（1）预报结果准确：传统气象预报特性（温湿度、气压、降水等）比 ECMWF（European Centre for Medium-Range Weather Forecasts,欧洲中期天气预报中心）数值预报准确率提升 20％＋。痛点气象预报场景（跑道风、闪电、暴雨等）比 ECMWF 提升超过 30％。

（2）预报精度高：物理精度支持 1～3km（行业 10～25km 水平）,预报结果刷新小于 0.5h（行业 1h 水平）,短临预报 2～6h（行业短临 0～2h 水平）。

（3）预报效率高：相比传统数值预报,算得快,预报速度提升 10000 倍。

3. 航空气象预报落地效果

通过提供精准的气象预报产品,对空管、航司运行指挥提供较大支撑。

（1）合理制定全国航班流量：精准气象预报支撑空管局制定航路、航线,机场合理制定流控策略,包括每个小时可以放行飞机数量等,航班取消、调时最少。

（2）减少航班延误：恶劣天气精准时刻位置预报可以支撑积压、延误航班有序放行,减少航班延误。

（3）保障航空器安全：精准风速、风切变、雷暴等预报可以支撑航空器避开危险天气,保障航空器安全。

（4）优化航线,保障航司收益：精准气象预报支撑航司合理调整航线和排班,最大化航司收益。

5.4　民航智能化实践

5.4.1　首都机场：基于数据的综合交通协同运行体系建设

1. 概述

北京首都国际机场位于北京市区东北方向,位于市中心天安门广场真方位 44°,距离市中心天安门广场 25.4km,是中国地位最重要、规模最大、设备最齐全、运输生产最繁忙的大型国际航空港,被誉为"中国第一国门"。首都机场拥有三个航站楼、三条跑道、两个塔台,航站楼总面积约 141 万 m^2,2018 年、2019 年旅客吞吐能力超过 1 亿人次。目前,首都机场具有国内通航点 160 个,国际通航点 136 个,驻场航空公司 95 家。大兴机场启用前,首都机场航空业务量位居全国首位,航空运输及保障任务压力大。2023 年,首都机场旅客吞吐量达到 5287.9 万人次,货邮吞吐量 111.6 万吨,起降架次 37.97 万架次。

作为"中国第一国门",首都机场的陆侧交通业务具有一定的复杂性,既涉及地铁、机场巴士、空港巴士、出租车、私家车辆等多种交通方式的集散换乘,也包括跨楼中转、协同调度等需求,交通运行和管理压力较大。为落实交通强国建设要求,2019 年,首都机场股份公司参与科技部重点专项课题"空港综合交通协同运行智能调度技术研究"(以下简称"9.1 课题"),运用新一代信息化手段,打造"全面感知、深度融合、科学决策"的综合交通协同运行管理系统,实现高效、有序的交通管理,全面提升国际门户枢纽城市的交通服务质量。

2. 解决方案和价值

1) 从无到有,智能感知全覆盖

此前,首都机场陆侧旅客流量数据主要依靠航站楼互联网＋测温系统统计,排队人数则依靠人工现场估测。随着疫情形势好转和航空市场逐渐复苏,航班量旅客量不断增加,与此同时,现有的综合交通管理手段暴露出诸多问题和不足之处,已经不能满足首都机场实时调度管理需求。因此,部署一套有效的智能感知平台,实时监测、统计并预测首都机场陆侧交通状态至关重要,如图 5-16 所示。首都机场结合 9.1 课题,在 2 号航站楼、3 号航站楼、快轨、出租车、停车楼、巴士区、进港区共 44 个点位采集数据,实时监测交通、客流密度并适时预警。利用人工智能技术拓展陆侧交通态势感知能力,不仅能够预估旅客排队时长、预测交通运力缺口,还能有效辅助安全及服务提升。在完善部署的基础上,首都机场持续迭代优化人工智能算法,提高态势感知的精确度和可靠性。经过 7 个版本的迭代优化,目前客流密度监测精度达到 98% 以上,旅客预计排队时长误差从 5min 缩减到 10s。同时,首都机场通过优化现场布局和系统配置,不断扩展系统智能识别范围和容量。据统计,2 号航站楼旅客等待区可识别人数达到 140 人,3 号航站楼达到 175 人。

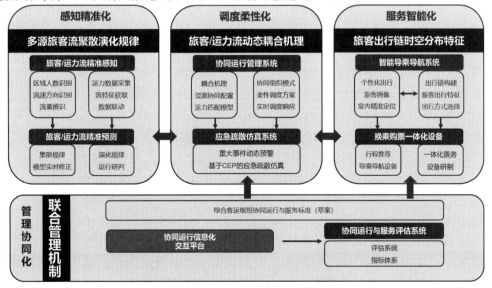

图 5-16　综合交通协同运行体系建设框架

2）资源集约,数据融合促业务

首都机场综合交通协同运行管理系统整合了此前分散在多个信息系统中的业务数据,有效改善了依赖人工查询、微信汇总、电话调度的陆侧交通管理状态,不仅提高了数据准确性,也大幅提升了首都机场陆侧交通管理效能。

经过前期的研究和梳理,首都机场根据业务需求对系统数据进行了划分,主要包括空侧运行数据（航班及旅客进出港数据）、陆侧运行数据（车辆车位数据、路况数据）、运力数据（出租车、巴士、网约车、快轨）及服务数据（排队时长、出行区域分布及偏好）4 大类。在此基础上,分别从大数据平台、停车引导系统、市交委系统、智能停车系统、限时停车系统、网约车系统、出租车排队系统、高德地图等 14 套内外部系统接入 550 余个数据项,实现数据统一。

集成数据只是第一步,为了进一步支撑陆侧交通业务开展,首都机场在 LOCC (Landside Operation Control Center,路侧运行控制中心)、出租车调度站、出租车候车区、网约车区等关键业务点开展调研 30 余次,收集需求 116 条,统计分析并设计出系统 25 个页面的 84 个功能点,并融合形成综合交通态势监测界面,有效解决了首都机场陆侧交通业务庞杂、关联部门多、信息系统孤立等问题,极大提升了首都机场陆侧交通管理效能。

3）智能预测,智慧大脑强效能

根据首都机场目前的陆侧运力调度情况,仅依靠准确的实时数据,难以及时补充运力,更需要 2h 及以上运力缺口的准确预测,为调度工作打好"提前量"。

首都机场综合交通协同运行管理系统集成并优化了运行控制中心的航班旅客预测算法,形成 12h 周期的进港旅客预测数据,再结合进港航班实际情况,优化形成 2h 进港旅客预测数据。据统计,系统预测精度达到 90% 以上。

除此之外,首都机场还联合高校,将天气、节假日等因素纳入分析范围,深入研究出租车运力与乘车旅客流量的变化趋势,构建、部署并优化出租车运力预测及乘车旅客预测算法,实现未来 2h 的数据预测,精度达到 80% 以上。为加强特殊情况下交通调度与保障,首都机场对接市交委平台,实时推送空侧、陆侧、运力等运行数据,强化协调联动,有效缩短交通调度响应时间至分钟级。

3. 总结与展望

未来,首都机场将持续打造以机场为核心的现代化综合立体交通枢纽,加强规划设计统筹,不断扩展综合交通协同运行管理系统功能,优化监测预测算法,进一步提高首都机场交通管理效能,提升旅客换乘效率和出行体验,为交通强国建设和社会主义现代化强国建设提供坚实支撑。

5.4.2 上海机场集团：基于数智底座的数字孪生机场建设实践

1. 概述

上海是中国重要的门户口岸,连接世界的桥梁纽带,也是国内首座同时拥有两个国际机场的城市,上海机场集团统一经营和管理浦东机场和虹桥机场。上海机场年客运量超 1.22 亿人次,年货运量超 400 万吨,是品质领先的世界级航空枢纽。

机场作为城市区域和服务功能的重要组成,响应上海全面推进城市数字化转型,上海机场集团发布《上海机场数字化转型、智慧化发展规划》(2021—2030 年),如图 5-17 所示,设计"18332"总体架构,以建设卓越的智慧机场标杆为愿景;实现基于智慧化的安全、运行、服务、经营、交通、环境、货运、管理 8 大目标;强调"一图观天下""一线通全域""一脑智全局"的 3 个关键点;落实智慧组织保障、智慧技术应用、智慧协同管理 3 大智慧化运营要素;建立两个关键体系:数字化管理机制及组织体系和网络安全管理标准及组织体系。

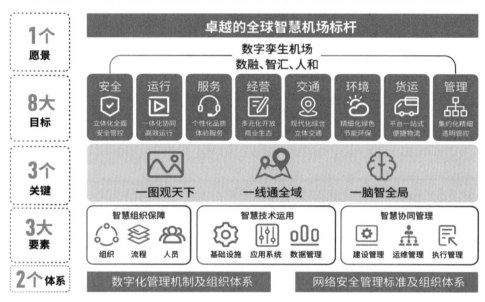

图 5-17　上海机场集团数字化转型"18332"总体架构

2. 解决方案与价值

上海机场集团将"数字孪生"作为建设上海智慧机场的抓手、途径、引擎,结合网络安全保障体系和标准机制保障体系,打造智慧机场标杆示范。上海机场集团建立以"一图、一线、一脑"为核心的数智平台。一图观天下:实现"全场景、全要素、全流程"运行一张图,呈现多层级多领域作战视图,全局态势实时感知,业务高效协同。一线通全域:面向服务技术支撑体系信息化的资源、数据、应用服务整合,实现机场面向服务的服务调度、交换中枢和业务协同。一脑智全局:以全面智能机场为目标,实现依托 AI 技术自主感知、识别业务状态,自主完成复杂事件分析、机场态势感知与预测,自主评估分析,如图 5-18 所示。

"一脑智全局"就是建设机场大脑,通过构建 AI 平台,实现算力、算法、数据闭环应用。机场大脑依托智能算法分析海量数据,形成面向各个场景、各种事件处置的"思考"能力,增强机场整体运行管理、决策辅助、应急处置能力。

机场围绕"航班流、旅客流、货物流"机场核心价值流,探索和推进上海机场业务智能化建设。围绕航站楼旅客全流程管理,梳理旅客服务质量监测、航站区安全运行监管等智能业务场景,识别旅客基础定位、旅客属性特征识别、行李特征识别、队形监测、密度分析、人脸识别、人包对应等 AI 算法,基于飞行区安全运行管理,梳理围界和道口防入侵、飞行区业

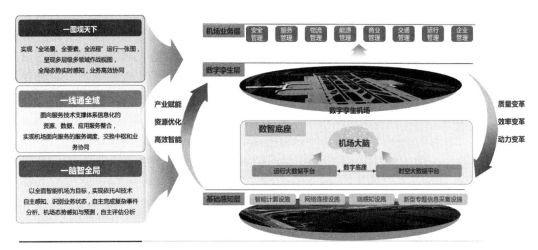

图 5-18　上海机场集团数字孪生机场架构

务合规性检查等智能业务场景,识别飞行区人员入侵、飞行区车辆入侵、反光背心穿戴检测、速度及方向检测、人员行为分析等 AI 算法。

"数实融合"机场大脑赋能孪生机场业务场景智能化。

(1)通过场监、多点、ADS-B、语义、视频、IoT(Internet of Things,物联网)等多源数据的融合,感知航空器全时域的态势,实现航空器、车辆的全场挂牌,提升运行效率,优化保障资源分配,推动机位智能分配和智慧路由规划。

(2)通过视频智能分析技术,整合各类业务数据,掌握航站楼实时运行态势,实现人员及设施定位,推动全流程 AI 感知,提供运行优化决策依据,推动服务品质全面提升,提升机场运营效能。

(3)通过对象检测、人员行为分析等 AI 技术,感知飞行区全场面运行态势,构建空中、地面立体化的安防体系,实现对违规、非法入侵等事件的主动预防和快速响应,实现全场面的实时安全监管,提升飞行区安全裕度。

3. 总结与展望

将"数字孪生"作为建设上海智慧机场的抓手、途径、引擎,结合网络安全保障体系和标准机制保障体系,打造智慧机场标杆示范。围绕数字化转型顶层设计的蓝图,分阶段实施实现数字孪生机场。

2023 年初步实现数字孪生机场:机场运行数据资源实现共享,基于人工智能的感知、分析、决策能力取得突破,机场运作全环节的数字映射实时呈现,整体态势可看可控,支撑精细化管理带来的"观、管、防"等要求。

2025 年建成国内智慧机场标杆示范:全面智慧赋能安全、运行、服务等 8 大领域,实现对机场运行整体状态的即时感知、全局分析和智能处置,机场运行自动主动,推动各类保障资源高效、精准调配,大幅提升安全裕度、运行效率和服务品质。

5.4.3　深圳机场集团：全面推行智能化

1. 概述

深圳机场是中国境内集海、陆、空联运为一体的现代化国际机场，2019 年旅客量突破 5000 万，迈入全球最繁忙机场行列，是中国内地唯一入选国际航协"未来机场"的试点机场。在 2021 及 2022 年度被评为 Skytrax"五星机场"，2023 年上半年旅客吞吐量达 2436 万人次，国内排名第二，货邮吞吐量 74.13 万吨，国内排名第三。机场集团立足于粤港澳大湾区规划，立足于深圳"先行示范区，强国城市范例"建设要求，以及奋力打造世界一流的机场产业集团的目标，确立"客、货、城、人、智"五大发展战略，以智慧化为基础，打造重要国际航空枢纽，期望通过数字化转型，为旅客创造更好的出行体验，提升运行效率和安全，以及提升企业经营管理能力，打造智慧机场建设标杆，树立高品质发展的深圳样本。

深圳机场于 2017 年 6 月与华为签署战略协议，正式启动数字化转型进程。2018 年 5 月，携手华为推进数字化转型，全面开启了数字化转型之路，2019 年正式将智慧化确立为集团五大战略之一。深圳机场坚持规划先行，加大投入，积极探索云计算、大数据、物联网、AI 等新技术应用，全面打造互联互通的 ICT 基础设施和平台，围绕安全、航班、旅客，建设"大运控""大安全""大服务""大服务"四大业务体系，分批建设、有效落地智能应用项目，全面提升航班运行效率、安全监管能力和旅客服务体验。

2. 解决方案与价值

运控是机场核心业务，在航空业务繁忙且运行及保障资源紧张的现状下，如何通过大数据、AI 技术等提升机场运行效率是机场指挥面临的难点问题，前期深圳机场面临的主要挑战为：在机位资源分配方面，深圳机场传统手工机位分配要专人进行 3～4h 的分配作业，24h 进行动态的机位分配和调整，机位调整耗时较长，效率较为低下，难以迅速满足计划外的分配需求。且人工机位分配结果效果不能用实时数据量化，单一机位的分配效果和全局分配效果无法整体评估，也很难快速准确地适应分配规则的动态变化，制约了机场运行效率的提升。

深圳机场与华为双方基于"平台＋生态"的理念构建起了"未来机场数字平台"，这个平台以华为 ICT 基础设施为数字底座，并联合生态伙伴构建行业生态系统，围绕"大运控""大安全""大服务""大管理"四大业务体系，逐渐形成了"运行一张图""安防一张网""服务一条线"的新模式，总体架构如图 5-19 所示。

在大运控方面，围绕深圳机场核心业务流的航班流，以机场"全流程、全场景、全要素"的运行管理为目标，基于统一的数字平台及 AI 技术打造机场"运行一张图"，以构建运行更高效、保障更安全、协同更顺畅的机场运行整体解决方案。打造智能机位分配等场景化解决方案，实现机场运营管理中心对空侧、陆侧的全局精准可视、智能精准预测及多域高效协同，保障航班正常运行，提升运行效率与智能化调度。

作为业界创新型项目，华为联合深圳机场打造了智能机位分配场景化解决方案，这是 AI 技术在机场核心生产系统中的首次应用。智能机位分配系统基于深圳机场统一的数字

图 5-19　深圳机场总体架构图

平台底座，通过大数据对来自不同信息系统、不同部门的大量信息进行有效的数据融合处理，以 AI 算法为核心，打造智能机位分配解决方案，实现机位分配的自动化、智能化，同步构建易用、可靠的应用系统提升操作效率。

通过智能机位分配系统的建设，有效支持了深圳大运控领域的智能化升级及转型，提升了靠桥率、廊桥转率等核心指标，降低了场面冲突风险，助力机场机位资源分配的全局最优化，在保证地面运行安全的基础上提高地面运行效率和旅客满意度，取得了如下成效。

（1）以目前深圳机场每日 1000 多架航班量级测算，通过智能机位分配系统建设，可使批量分配时间从原有耗时约 4h 缩短至不到 1min，动态调整耗时约 10s，极大地提升了人工操作效率。

（2）深圳机场的靠桥率提升 5％，每年使约 260 万人次的旅客登机免坐摆渡车。廊桥周转率从 10.24 个班次提高到 11 个班次，相当于每个廊桥每天可多保障 1 个航班。卫星厅建成投运后，随着近机位资源的补充，该系统的效能进一步释放，当前靠桥率为 86.2％，有效提升了机位资源的使用效率。

（3）靠桥率的提升可带来远机位保障车辆平均每天节省 300 辆，降低了场面车辆与航空器在滑行道交叉点的冲突风险，有效降低了场面冲突风险。

3．总结与展望

在智慧机场建设的过程中，将大量采用新的技术，如人工智能等，作为五千万级机场，IT 技术必须对业务有连续支持作用，在探索和拥抱新技术应用时，需控制新技术应用带来的风险。深圳机场与华为成立联合创新中心，不断探索新技术，并将最新的技术引入机场业务中。目前，AI、大数据、5G 等新技术已逐步引入，未来通过联合创新的模式，更多的新技术将引入机场业务。

　　智能化是机场数字化应用创新的主要技术手段,围绕运行效率、旅客体验、安全保障,基于视频 AI、神经网络、运筹优化等 AI 技术的业务应用已经逐步嵌入机场日常运行的每一个环节,但单一场景、单一算法仍然具有其局限性,未来基于大模型的多场景多模态的算法将会发挥更大的作用。例如,在面对机场日常运行中产生的海量数据、表格、文本、文档时,可以利用大模型的理解能力从中抽取出相应的信息,包括文档智能信息抽取、OCR、延误事件分析预测等,提高决策能力;利用大模型的对话能力,可以打造全新的智能客服交互体验,提供专业建议和航班业务指引,更精准、人性化地响应旅客需求;利用大模型的图像识别能力,进一步提高图像分类和目标检测的准确率,对安检物品快速精准研判等,从而实现对违禁物品的实时监控和管理,保障运行安全等。通过 AI 及大模型逐步重塑机场业务,助力破解机场当前日益突出的保障资源瓶颈,全面提升机场安全保障、运行效率和旅客体验。

5.4.4　西部机场集团:夯实数智底座,探索民航行业智能化转型之路

1. 概述

　　西部机场集团是在原陕西省机场管理集团的基础上通过联合重组而组建成立的,是全国第二大跨省/区运营的大型机场管理集团。现管辖陕、宁、青三省/区 18 个机场,形成以西安机场为核心,银川、西宁机场为两翼,12 个支线和 3 个通用机场为支撑的机场群,机场数量和航空业务量均达到民航西北地区总量的 70% 以上。其战略愿景是打造“具有国际影响力的一流机场管理集团和国内领先的机场集群”。

　　西部机场集团在整个中国民航业都很有代表性:大型、中型、小型机场都有,干线发达,支线众多,涉及干支协同、运通互补和大量的跨省区域运作,其智能化建设面临的挑战主要来自以下两方面。

　　(1)从集团总体智能化来看,随着集团成员机场类型不断丰富、产业链条不断延伸、规模不断壮大,以及国企改革的深入推进,集团现有的组织架构、运营模式和管理方式都面临更高的要求。

　　(2)从机场智能化建设来看,传统的信息弱电建设模式不能很好地匹配智慧化的目标,主要存在两个关键的挑战:一是如何实现从业务到系统再到数据的高度衔接整合,做到不重(复)、不(遗)漏、不(偏)离;二是机场建设涉及的系统多、产品多、使用单位多、施工单位多,如何实现全局统筹管理,集约建设。

　　面对这些挑战,必须要向数字化、智能化要生产力,驱动集团智能化“从量变到质变”,实现跨越式发展。

2. 解决方案及价值

　　西部机场集团始终围绕业务关键资源的全局最优,从 4A 架构梳理、高效的数智底座、高质量的数据、智能化的应用 4 个要素推进枢纽机场智能化建设。(如图 5-20 所示,以西安机场三期建设为例。)

图 5-20　西安机场三期智能化建设架构

1）4A 架构梳理和架构看护确保智能化架构落地

在西安机场三期改扩建项目中，西部机场集团在全行业首次引入了 4A 架构理念，对机场的生产业务进行了全面且深入的梳理。以业务流程和业务需求为中心，在统一的架构引导下进行信息化建设，实现了业务、系统、数据的衔接，探索解决传统建设中常见的业务与 IT 脱节的问题。既确保了智能化架构对业务的有效支持，保证了建设需求的完整传递，又降低了系统建设偏离业务需求的风险，并且避免了应用系统的重复建设。

2）构建机场数智底座，赋能业务智能化升级

为了支持智能化的建设，基于华为云平台搭建了一个可靠、安全、智能的数智底座。可靠性方面，在行业首次采用了云服务的双活架构，实现了云上业务系统的不间断运行。安全性方面，实现了云、网络、安全一体化。智能化方面，引入了高性能的算力和高效的人工智能平台，为业务的智能化提供有力支持。

基于这个数智底座，实现了 50 多个核心系统的全面上云和深度用云，提升系统的可靠性，降低运维难度。

未来，将把西安机场的云架构和建设经验复制到银川、西宁等成员机场，实现一云多池的统一架构和统一运维，形成西部机场集团一个统一的云平台。

3）全面数据治理，打造有生命力的大数据，为智能化提供高质量算料

智能化的前提就是要有高质量的数据。西部机场集团从以下几方面努力，让数据变得更有活力。

第一，建立全集团的数据管理体系和运营流程规范。通过建立统一的数据标准，涵盖整个集团范围内的两万多个业务字段，确保数据的一致性和准确性。

第二，进行全面的数据治理。通过梳理数据的血缘关系，使数据的来源和使用过程变

得透明,确保干净的数据在各个系统之间顺畅流通。

第三,充分挖掘数据的价值。建设 1000 多个指标和 20 多个算法模型,为 37 个智能化应用提供数据支持,从而让数据发挥出更大的作用。

4)深入运行、安全、服务等领域,基于数智底座聚合多厂商算法,实现全场景智能化

在业务场景的智能化建设方面,智能高效的算法是关键,在与华为合作过程中,探索形成了四大核心能力:对业务的深刻理解、精准的数学建模、高质量的大数据平台、高性能的算力底座。

目前已在运行、安全、服务等领域上开发了 35 个智能算法。

(1)在运行领域,可实现保障节点视频自动采集、航班里程碑节点提前预测、时刻调整优化,全面提高保障效率。

(2)在安全领域,可实现全景视频、围界入侵报警、跑道异物探测、空飘物防范等,构筑机场主动安防体系。

(3)在服务领域,可实现值机、托运、安检、登机全流程自助,无感通关,刷脸登机,提升旅客服务体验。

其中,与华为联合打造了"数智地勤"和"智慧运行"方案,有效提升了运行保障效率。

(1)基于高质量的数据,打造智能化的数智地勤方案,实现降本增效。地勤服务是机场核心业务之一,航班保障的流程链条长、协同部门多、参与人员多。传统运行调度模式已无法满足快速增长的保障业务需求,为此构建了数智地勤方案,创新性地建立"一机、一组、一管理"的扁平化运行管控模式和智能化运行管理方案。

(2)智能高效的数智地勤算法是关键,可以实现对航班、旅客、资源的实时状态预测预警,对保障资源提供智能化的派工和调度。系统上线后航班管控效能整体跃升,人机保障比提升 20%,航班地面保障时长缩短 17%。

(3)智慧运行方案,实现复杂场景下多目标求解,打造积压放行的新标杆。航班运行控制是机场运行的大脑,传统运行指挥方式难以对各单位进行高效协同。在流控、复杂天气等因素影响下,会出现大面积航班延误,严重影响机场运行效率和旅客出行体验。

为此开发了机场智慧运行方案,引入航班计划最优求解模型,以安全隐患最小、运行效率最高、服务体验最佳等多目标为牵引,优化空域、跑道、地面等关键资源,实现供需最佳匹配和 AI 辅助运行指挥,在不利条件下,可提升航班放行正常率,降低放行延误时长,机场运行效率显著提升。

3. 总结与展望

坚持战略驱动和顶层规划,持续构建全集团的智能化,助力世界一流机场的构建。西部机场集团将以西安机场智能化建设为起点,以智能化升级为抓手,从三方面持续向智能化要生产力。

(1)枢纽机场 AI 大模型场景孵化,如机场全域协同运行、恶劣条件的积压放行与恢复、作业与服务的智能化、容量及资源评估等,实现枢纽机场关键资源全局最优。

(2)机场群智能化场景孵化,如干支协同、旅客中转联程、多式联运,让机场群协同更高效。

（3）集团全局智能化管理，如安全运行一体化、业财一体化、产业融合等，促进集团产业融合发展更深入。

未来，将以数智底座为基础，聚合更多的行业应用生态，助力民航行业智能化转型升级。

5.4.5　厦门翔业集团：数字化效能标杆

1. 概述

厦门新机场位于福建省厦门市翔安区境内，在厦门本岛以东海域、翔安区东南方向，北与泉州南安市相望，南与台湾省金门岛一衣带水，西与厦门本岛远眺，东与角屿岛相近。机场范围包括小嶝岛、大小嶝岛之间的浅滩区以及大嶝岛周边的部分海域，同时涉及大嶝岛东部部分用地。距厦门本岛市中心直线距离约 25km，距泉州约 44km，距漳州约 72km，距金门约 15km。

厦门翔安机场智慧机场愿景体现厦门特色"数字化效能标杆，体验式人文标杆"，如图 5-21 所示，以提高运行效率、强化安全屏障、提升服务体验、实现绿色低碳为业务目标，开展智慧机场规划建设。同时，4 个融合实现智慧机场落地支撑保障：规划、建设、运营相融合；业务、流程、数据、技术相融合；内部数字化建设与外部生态相融合；智慧机场建设与数字化人才培养相融合，从而达到让机场更好建、更好用、更好管，让机场更安全、更绿色、更人文，真正实现"人享其行、物畅其流"的目的。

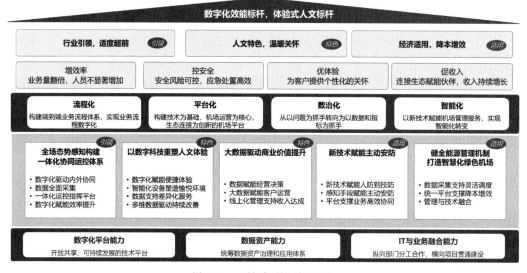

图 5-21　厦门智慧机场愿景

从厦门机场所处的发展环境来看，其智能化建设面临的挑战如下。

（1）厦门新机场与金门空域较近，且全年适航性会受台风影响。

（2）周边机场存在分流竞争。

（3）国际客运市场国际航线竞争激烈。

（4）高铁网络扩张,存在分流竞争。

因此,翔业集团对机场发展目标、业务定位以及数字化建设提出要求,将厦福两场打造成有灵魂、有温度、有生命力的标杆四型机场和国际一流的枢纽机场。

2．解决方案与价值

1）福厦机场云与大数据平台先行先试案例

翔业集团以先进的数字技术驱动商业模式和组织变革,深刻落实打基础立长远战略,立足厦门高崎机场与福州长乐机场一期现有业务需求与特色,为厦门翔安机场与福州长乐机场二期扩建先行先试,成功打造一期云与大数据平台。

先行先试云平台具体建设包括虚拟化平台、容器云平台和云管平台,通过厦门与福州两个平台的分布式架构,以厦门为核心节点,完成福厦两场数据的融合和系统的集成,实现两个平台的分布式架构,统一建设和分级管理,应用上覆盖两个新机场的数字赋能中心(集成总线、大数据平台等)、BIM(Building Information Modeling,建筑信息模型)协同系统、地理信息平台和飞行区可视化应用等创新技术。

实验室云平台由基础设施层、IaaS(Infrastructure as a Service,基础设施即服务)层、PaaS(Platform as a Service,平台即服务)层、SaaS(Software as a Service,软件即服务)层、终端设备层、云管理支撑体系和云安全支撑体系组成,如图 5-22 所示。

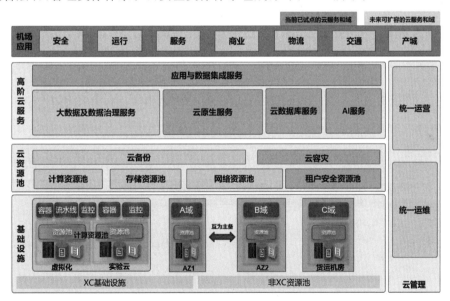

图 5-22　福厦机场云平台先行先试

云管理体系支撑云运营统一管理,是云高效运营的重要保障模块,而云安全支撑体系则用于保障实验室平台信息安全。在性能上,先行先试云平台的先进性能如下。

（1）先进成熟:设计采用成熟、稳定、可靠的软件技术,保证平台长期可靠运行。

（2）扩展灵活:遵循业界统一标准,采用开放架构,具备适配和中介的能力。

（3）业务需求快速响应：具备云业务自动化管理的云平台，为各先行先试系统、测试系统创建、分配相应虚拟机资源，可满足业务上线时间最短半小时业务的快速响应。

（4）风险纵深防御：从网络、主机、应用、数据等多层面综合考虑，建设纵深防御体系。

（5）定义机场统一大数据底座：打通数据断点，统一管控全场区数据资产，数据赋能机场全业务系统。

2）厦门 AI 全面机场管理数字孪生机场

数字孪生机场建设作为翔业集团面向未来智慧机场的基建工程，将与机场核心运控业务场景紧密结合，面向生产运行核心用户，辅助运控决策与事件任务执行。通过在数字孪生基础上叠加 AI、大数据等技术，构建基于 AI 全面机场管理的数字孪生运行体系，实现全域运行感知动态可视、可预测推演以及关键任务可视化协同的全面主动运控。

在应用场景上，数字孪生运控可实现航班协同、资源协同、中转管控、运行事件协同等关键生产运行管控场景，如图 5-23 所示，传统的数字孪生以 GIS 呈现为主，侧重于现场实时监控，缺乏对具体业务场景的支撑，导致无法形成业务闭环，真正在机场运行过程中实际业务价值无法充分体现，而厦门机场推行的 AI 全面机场管理数字孪生是在数字世界里实现对机场运行全流程、全场景、全要素的智能化监控、预测、决策和调度，特点如下。

图 5-23　厦门机场 AI 全面机场管理数字孪生架构图

（1）聚焦运行管控的难点和痛点，实现在数字世界对机场运控的全场景、全流程和全要素的高效管控。

（2）核心通过一个 IOC 智能中心实现对机场运控业务的智能化监控、预测、决策和调度。

（3）就数字化维度，要能够从监控 CCTV→分析业务指标，从看现在→看未来，从人工决策→多目标 AI 决策。

在应用场景上，AI 全面机场管理数字孪生可实现包括：

（1）航班协同。支持航班运行全局态势、单一航班态势和保障进程的实时监控,包括实时指标、预测预警(航班起飞延误、进港延误、保障延误等),并提供起飞排序、推出排序等放行排序建议,以及航班延误、换飞机等相关事件的处置和跟踪,实现航班协同的闭环。

（2）资源协同。支持保障资源需求和保障能力匹配评估和预警、保障进程监控、事件处置过程监控,为地服等作业系统的派工提供统一的航班保障任务输入,并进行派工结果的跟踪,实现保障资源协同的闭环。

（3）中转协同。通过提前识别航班中转事件(如配对、急转、中转旅客人数预警等),结合机位分配、航班延误等情况,进行事件分级分类,触发地勤快速保障、机位和登机口变更、时刻调整等处置流程,并对事件处置进程进行跟踪。

（4）运行事件协同。建设事件中心支持机场各类运行事件的统一管理,提供智能化的事件信息聚合和分级分类,并实现任务指令自动上传下达,事件处置及时闭环。

（5）运行品质。通过事后对航班保障流程、放行流程、资源使用状态和各节点数据质量等进行复盘分析,对流程和数据的堵点进行挖掘分析,以及优化仿真建议,为业务流程优化和数据质量提升提供支撑手段。

3. 总结与展望

翔业集团提出以科技创新与数字化建设推动转型升级,分步完成智慧机场创新实践先行先试,包括智慧机场云、数字赋能中心、BIM 等创新技术,并基于数字化转型规划引领与智慧安检等创新应用体验先试,加快推动数字孪生、大数据、AI、5G 等创新技术和实体产业融合应用,精简流程、降本增效,完成业务和管理的同步赋能,实现厦门机场新一轮跨越式发展。

未来展望上,2025 年翔业集团将在高崎机场进一步实现 AI 全面机场管理数字孪生系统高阶方案、自动驾驶、货运远程判图、数字人服务等四型机场创新应用场景研究,并整合产学研优质资源,重点打造数字孪生运控与便捷中转新模式,打基础立长远,统筹规划实现关键场景先行先试,并基于高崎机场经验总结,结合联调与试运行成果,实现 2026 年完成新机场顺利转场的目标。

5.4.6　香港国际机场：基于 TAM 的集中运行指挥中心建设

1. 概述

香港国际机场(Hong Kong International Airport)位于中国香港新界大屿山赤鱲角,距香港市区 34km,为 4F 级民用国际机场,世界最繁忙的航空港之一,全球超过 100 家航空公司在此运营,新冠疫情前客运量位居全球第 5 位,货运量连续 18 年全球第 1 位,2019 年旅客吞吐量 7150 万,货运量 480 万吨。香港国际机场于 1998 年 7 月 6 日启用,并在 2023 年 7 月 6 日开展了通航 25 周年庆典。2022 年,香港国际机场耗资 1415 亿港元完成三跑道系统,新跑道投入使用,规划未来年客运将达到 1.2 亿人次;另外,香港国际机场计划在东莞新建物流园区,建成后规划未来货运量达到 1000 万吨。

1998 年 7 月,香港国际机场开始运作,运营和技术部门的控制中心位于机场周围不同的建筑内,包括飞行区管理部、航站区管理部、陆侧管理部、行李部门、IT 部门、维护部门和安保公司。2007 年,7 个控制中心合并运营,机场当值经理负责香港国际机场的实时管理和运作。2018 年,基地航空公司、航线维护运营商和停机坪处理公司的运控人员迁入前 IAC (Integrated Airport Center,机场集中运控中心)。当时部门间以及对外的协同主要靠人工,大屏系统还是传统的电视墙。

2022 年,机场在三跑道扩建过程中规划了一栋全新的 IAC 大楼,并改变现有的运行模式,基于 TAM(Total Airport Management,全面机场管理)建设 IAC,实现可观、可控、可分析,提升运行效率,如图 5-24 所示。

图 5-24　机场集中运控中心(IAC)

2. 解决方案及价值

1) 实施路径

针对客户的业务诉求,香港国际机场确定了三个阶段的建设目标,第一阶段搭建运行数据平台,实现基于数字孪生和场景化的场景可视化;第二阶段实现事件管理和自动化运行;第三阶段实现预测以及更多的 What-if 功能,如图 5-25 所示。

香港国际机场 IAC 大厅按业务功能主要分为 4 个区域,依次为航空公司区域、空侧运行保障区域、航站楼服务保障区域及地面交通保障区域、专业单位支持及预留区域。设置 160 多个座席,20 多个部门,航司协同指挥调度,中间设置了机场应急指挥中心,用于在出现突发事件时开展多方应急指挥,以及平常小组讨论会商。

IAC 展示屏长 43m,高 3.5m,分为 8 块大屏,从左到右依次实现 4 个协同:跑滑协同、停机坪协同、客运大楼协同、地面交通协同。要入驻的作业保障单位席位布局基本与大屏对应,而且基本按照空中与起降、停机坪保障、航站区保障与地面交通保障的业务流程进行席位布局。

为了满足业务协同对数据的要求,香港国际机场 IAC 构建运行大数据平台,融合了 20 多个系统的数据,覆盖了全域运行数据,包括航班、机位、旅客、交通、柜台、地勤等关键数据。依照行业标准实现数据治理和运行数据建模,支撑了 TAM 的 4 大场景共 30 多个复杂

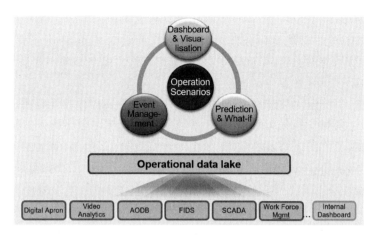

图 5-25 建设目标

指标,实现了对航班任务和资源调度的事前预测、事中监控、事后分析,支撑全球领先的TAM 管理在机场落地。

2)价值

(1)实现了物理集中到业务协同:构建了全球领先的基于 TAM 的集中运控中心,打造了跨域作业指标体系,实现了基于业务协同的集中运营和控制。

(2)实现全流程的信息协同:160 多个座席,超过 20 个部门集中办公,除了机场、空管,还设立了航空公司、货运座席,基于 IAC 实现协同指挥调度。

(3)建立运行大数据平台:打通了 20 多个生产系统,实现运行数据集中管理,以及实时的信息共享。

(4)建立运行 KPI 体系:解决了不同系统 KPI 计算标准不同,内外部信息不统一的问题。

3. 总结与展望

香港国际机场 IAC 基于 TAM 建设集中运控的智慧运行中心,实现了机场内部、机场与航司、机场与空管的真正意义上的运行协同和集中运控。建设了运行大数据底座,建立统一的运行指标体系,覆盖全场区域。未来将进一步覆盖应急情况下的机场运行,同时基于预测和辅助决策,提升运行效率,实现自动化指挥调度。

5.4.7 东方航空:智能化转型探索之路

1. 概述

中国东方航空集团有限公司(China Eastern),简称东航,是由中央直接管辖的国有独资公司,也是国务院国有资产——中国西北航空公司,联合中国云南航空公司重组而成。它是中国民航第一家在中国香港、纽约、上海三地上市的航空公司,也是首家实现航空客运和航空物流两项核心主业"双上市"的国有大型航空运输集团。

东航经营业务涵盖航空客运、航空物流、航空金融、航空地产、航空食品、融资租赁、进出口贸易、航空传媒、实业发展、产业投资等航空高相关产业。在建立起现代航空综合服务集成体系的基础上，全力打造全服务航空、创新经济型航空、航空物流三大主业，着力打造东航技术、东航食品、东航科创、东航资本、东航资产等五大航空相关产业板块。

东航的"十四五"规划主要包括以下几方面。

（1）围绕"双碳"目标，推进能源节约与生态环境保护，实现绿色低碳循环发展。东航已经成立了由党政主要领导担任组长的"全面推进能源节约与生态环境保护领导小组"，统筹推进集团公司能源节约与生态环境保护、绿色低碳循环发展、碳达峰碳中和等工作。

（2）优化产业布局，打造"3+5"产业格局。东航将进一步优化产业布局，打造形成以全服务航空、经济型航空、航空物流为三大支柱产业，以航空维修、航空食品、科技创新、金融贸易、产业投资平台为五大协同产业的"3+5"产业格局，实现高质量发展，加快打造具有全球竞争力的世界一流航空服务集成商。

（3）深化改革、科技赋能。东航秉持新发展理念，在安全管理、深化改革、物流再塑、海外战略等多个维度实现突破，成为行业里领风气之先者，令市场对航空公司的"服务版图"有了再认识。

2. 解决方案及价值

东航从"业务的增加值和提升客户体验"的需求出发，积极引入适合自身实际的新技术，推动企业向智能化不断迈进。例如，东航 2019 年联合华为公司，基于 5G，率先在北京大兴集采推出智慧出行集成服务系统，围绕"一张脸走遍机场""一张网智能体现""一颗芯行李管控"三个维度，构筑立体化智能出行服务。

作为全球领先采用"刷脸"值机系统、机舱口人脸识别系统等技术的航企，东航推出"首见乘务员"服务模式，为乘客的航空出行提供了极大便利。通过这些系统，乘客仅凭"刷脸"便可以实现值机、登机的全流程自助化出行，从值机到登机的全流程耗时可控制在 20min 之内，相比传统出行模式，等待时间大幅降低。

东航还通过"5G＋东航服务网"系统，为乘客智能推送覆盖出行全流程各个场景的服务信息，除出票提醒、值机提醒、登机提醒等常规信息提醒外，还新增预计到达登机口时间提醒、行李装机或上转盘提醒、无人陪伴儿童登机通知等，让乘客出行变得更加具有确定性和体验感。

此外，东航集团高度重视数字化的能力，和华为公司开展云化转型咨询工作，数字化转型对航司未来是否能高质量发展至关重要。随着数字化转型的需求，针对云化转型的问题和挑战，华为给东航做了一个全面的云化转型规划：从战略上，提出了 1 条指导思想和 3 项基本原则。"云优先"指导思想，包括 3 层含义：应用云化优先，高阶云服务优先，（一定条件下的，兼顾现有资产投资）公有云优先。3 项基本原则，包括目标牵引，业务与技术双轮驱动；架构支撑，全球化、混合多云架构；落地保障，立而不破、安全合规演进。从云化能力上，一方面，东航规划了未来三类云，即公有云、私有云、传统 IT 三类模式，并给出了三类云未来的定位；另一方面，对未来东航到底需要哪些能力，这些能力应当如何构建，构建在哪朵云上，相互之间的匹配关系等做出明确的定义。从应用角度看，全面分析应用上云价值，匹配了东航当前的技术成熟度、人员准备度等因素，对未来应用的整体上云节奏给出了建议，如图 5-26 所示。

2023 年，东航面临 TeraData 即将全面退出中国的情况，联合华为公司一起对数据仓库进行全面升级替代，从传统数据仓库迭代演进到新一代数据仓库，改善了以往数据仓库的一体机架构封闭扩展性差、性能有瓶颈、升级运维成本高等问题。由华为公司提供的 GaussDB（数据仓库服务）是 Shared-Nothing 架构的新型 MPP（Massively Parallel Processing，大规模并行计算）数据仓库，使

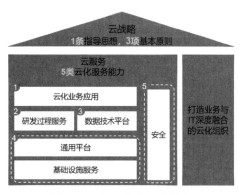

图 5-26　全面云化转型战略

用普通 X86 和 ARM 服务器即可，为东航大幅降低了 TCO（Total Cost of Ownership，客户总拥有成本）。面对航司大规模数据处理的需求，DWS 提供 2048 节点海量算力和存储规模，并且提供全并行处理架构、行列混合存储、向量化计量等性能优化技术，满足航司对海量数据分析诉求。

3. 总结与展望

近年来，东航在提升自主研发、科技创新的能力上重点发力，取得了一系列创新成果，正从以流程信息化为主的数字化阶段向以数据为基础，以云计算为平台的数字化高阶阶段演进。"十四五"以来，雏形初具的东航智慧航空将迎来新的发展阶段。未来，东航将依托云平台，更加深入地推动数字化转型，积极展开云化转型工作，不断朝着创建全球系支撑、全周期管控、全链条生态、全方位智能的智慧航空目标迈进，与合作伙伴一同开启智慧航空的"数字化 2.0"新征程。

5.5　民航智能化展望

民航行业安全底线高，人工智能能够帮助操作人员提升效率，增强感知，降低失误，解决人力难以解决的问题，进而将在机场、航司、空管等领域核心生产系统广泛应用，大幅提升效率、安全和旅客体验，降低成本。展望未来，5G、云计算、AI 技术的融合将进一步推动机场、航司、空管智能化的发展，全面进入智能化时代。

机场实现多方全域协同运行，建设运行调度大模型，实现行业调度效率整体最优，从前端感知、到数据建模、到智能调度，智能化深度支撑诸多场景，帮助机场实现保障少人无人化、决策智能化等目标。

航司利用智能化技术提供更加个性化的服务。通过 AI 和数据挖掘技术，提供定制化的飞行体验。提供更加便捷的票务、登机、行李托运等服务，提升乘客的整体满意度。

空管实现全国民航协同保障运行，基于算力的融合运行，通过智能放行管理、智能进离场排序、进港/离港时间预测等场景创新，实现全国统筹运行，实现更高吞吐量和效率。全

行业齐心协力建设民航气象大模型，突破民航精准气象观测、探测、预报和预警，实现基于四维航迹的精细运行。

随着数字化技术不断发展并走向普及化，智能化技术的应用场景将更加广袤。任何一个行业、任何一家公司，都需要重新审视和思考智能化浪潮将带来的巨大变革和机遇。对于民航，我们将坚持推广应用人工智能等新兴技术为全行业拓展出无穷无尽的新空间，迸发出源源不断的新动能。

第 6 章

城市交通

6.1 城市交通行业智能化背景与趋势

6.1.1 城市交通的发展现状与趋势

2021 年 10 月，为贯彻党的十九届五中全会精神，落实《中华人民共和国国民经济和社会发展第十四个五年规划和 2035 年远景目标纲要》要求，按照《交通强国建设纲要》《国家综合立体交通网规划纲要》相关战略部署，交通运输部印发了《数字交通"十四五"发展规划》，进一步明确了发展目标：到 2025 年，"交通设施数字感知，信息网络广泛覆盖，运输服务便捷智能，行业治理在线协同，技术应用创新活跃，网络安全保障有力"的数字交通体系深入推进，"一脑、五网、两体系"的发展格局基本建成，交通新基建取得重要进展，行业数字化、网络化、智能化水平显著提升，有力支撑交通运输行业高质量发展和交通强国建设。

6.1.2 城市交通行业智能化应用与发展展望

城市智慧交通经历了多年的发展，可以总结为交通控制自动化、大数据辅助管控、大模型智慧运营三个阶段，如图 6-1 所示。

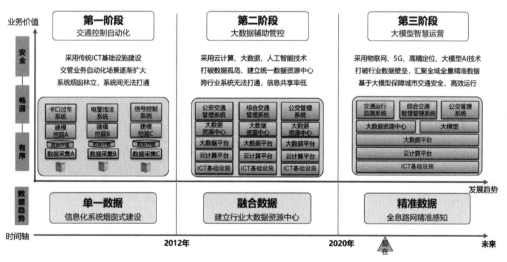

图 6-1 城市智慧交通发展历程

第一个阶段是交通控制自动化阶段。在该阶段重点建设信号控制、过车抓拍、违法抓拍、流量检测、视频监控等外场设备，以及配套的设备管理及信息采集系统，实现了交通信号自动化控制、交通违法自动抓拍、交通过车自动采集、交通流量自动采集、视频监控自动回传，初步构建交通自动化控制与监测体系。但系统之间为烟囱式建设，数据利用相对单一，缺少统一的管理平台。

第二个阶段进入了大数据辅助管控阶段。随着云计算、大数据、人工智能等新技术的出现，智慧交通信息化迎来了新的发展方向，在进一步完善监测预警手段的基础上，围绕着大数据资源中心、大数据辅助管控、视频智能分析开展建设，深入挖掘数据价值，进一步提升辅助决策、管控能力，同时提供基本的公众信息服务，基本实现交通态势可视、可测、可服务。但公安交通管理、综合交通管理、公交管理行业系统之间仍然相对独立，数据共享利用率低。

第三个阶段进入了大模型智慧运营阶段。物联网、5G、高精定位、AI 大模型技术的进一步成熟，带动了城市智慧交通的进一步发展。通过打破交管、交通、应急等行业数据壁垒，汇聚全域全量精准数据，基于大模型保障城市交通安全、高效运行。将高质量 prompt 标注、AI 训练芯片、人工反馈强化学习训练等技术与能力，与交通行业管理的需求深度融合，构建交通千亿级参数规模大模型，以多模态多能力为未来的新一代智慧交通体系提供服务。

城市交通系统的管理职责主要由城市交通运输部门与道路交通管理部门承担，由于参与主体包含社会大众、从业人员、相关交通企业，管理对象包含各类交通载运工具、固定设施系统、道路管理系统，按照不同的类目，城市智能交通系统以相关政策及标准牵引，以职能部门的行政许可、行政审批、行政监管、服务考核等核心职责为导向，面向综合规划、工程建设、设施养护、交通管理、安全应急、公共交通、道路客运、道路货运、交通执法、静态交通等不同的业务场景提供基于业务流程的信息化服务。

城市智慧交通系统包括道路交通、城市公交、相关配套设施等，是一个开放的复杂巨型系统，需要从交通需求、交通供给、交通组织、交通管理、交通行为等各方面综合制定顶层方案，如图 6-2 所示。

在智慧交通快速发展的情况下，交通行业管理服务不但面临着交通事故预防、交通拥堵治理等复杂难题，同时也面临着公共交通、交通枢纽供需匹配不平衡、不精准等问题。建设的大量设备设施的健康状态检测主要采取人工巡查和定期检测的方式，导致基础设施类灾害预警评估所依据的数据来源不全面、不准确且滞后，基础设施类灾害的预警预报缺乏及时性、有效性和准确性。这些问题可以基于视频监控数据、全域全量标准化数据，依靠人工智能的 CV 能力、预测能力、多模态能力、NLP 能力实现交通事故预防、交通拥堵治理、智慧公共交通、智慧交通枢纽、设施监控状态监测等 AI 场景，支撑多种运输方式的调度协调，提供交通行政管理和应急处置的信息保障，提升交通事件发现、预警、预防、处置的能力，降低交通运输隐患和风险，提升交通运输效率，如图 6-3 所示。

图 6-2　城市智慧交通业务场景全景图

图 6-3　城市智慧交通大模型应用场景

6.1.3　城市交通智能化参考架构

交通运输是兴国之器、强国之基。发达的交通,不但能提升人们的获得感、幸福感,同时也能促进人流、物流等资源高效聚集和配置,为经济发展带来强劲动能。

未来 5～10 年将进入智能社会,以数字技术为核心,一体化、数字化是必然趋势。交通也不再仅是铁路、公路、水路、航空几个垂直领域独立的客、货运输,而是围绕旅客出行、货物运输、载具运行三大业务流形成的一体化综合立体大交通。数字化是实现融合的关键。

与此同时,在新一轮科技革命和产业变革的浪潮推动下,5G、云、人工智能、大数据、物联网、机器视觉等技术飞速发展,进一步加速了交通数字化的进程。

交通数字化包括基础设施数字化和业务流程数字化两个层次。基础设施数字化的技术特征是全方位的感知与传输,涉及的典型技术如雷达、视频、物联网、5G 等。业务流程数字化的技术特征强调融合、智能，涉及的典型技术如云、大数据、AI 等。

城市交通智能化是城市交通行业智能化的参考架构。

城市交通智能化通过将连接、云、AI、计算、应用等多种技术有效整合，构建一个开放共享、多域协同、持续进化的智能系统。以"不变"的架构，应"万变"的交通业务与需求，以系统思维支撑交通行业智能升级。

城市交通智能化针对旅客出行、货物运输、载具运行等全业务流程，通过整合连接、云、AI、计算、交通应用等多种 ICT 技术，融合全域数据，沉淀行业资产，实现交通业务在安全、效率、体验领域的全面提升，最终实现人悦其行、物优其流的智慧交通愿景。

城市交通智能化参考架构是一个行业共享的开放技术架构，该架构包括 4 层：智能交互、智能联接、智能中枢和智能应用，如图 6-4 所示。

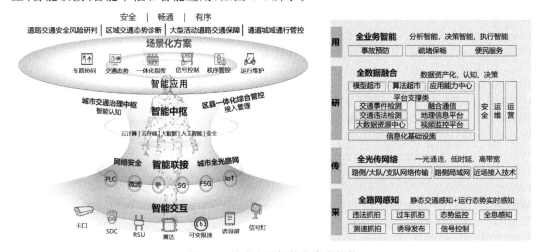

图 6-4   城市交通智能化参考架构

1. 智能交互

联通物理世界和数字世界，让数据、软件和 AI 算法在云边端自由流动，推动交通基础设施的全方位感知、信息实时交互。

全方位感知是未来智慧交通的"眼睛"，通过采集全量、实时、精准的交通流和道路地图信息，如图 6-5 所示，以边缘计算为核心，充分整合既有电子警察、违停、卡口、视频监控、信号控制等子系统，以构建全息路口、全息路网、全息高速为抓手，在充分利用现网已有设备和综合复用的基础上，实现交通信息的采集，不断提高科技设施智能化比例、设备联网率、基础数据准确率及采集鲜活率，逐步完善智慧交管泛在感知体系，形成一个多网覆盖、多部门互通和多数据共享的集约化交通信息采集管理平台，满足道路交通安全、道路畅通、服务高效和便捷出行的交通管理业务需求，打造智慧交管城市级标杆，进一步提升城市交通智慧化管控水平。

2. 智能联接

通过 5G 等连接技术，打造全覆盖、低时延、高可靠、超宽、无损的网络通信能力，实现无

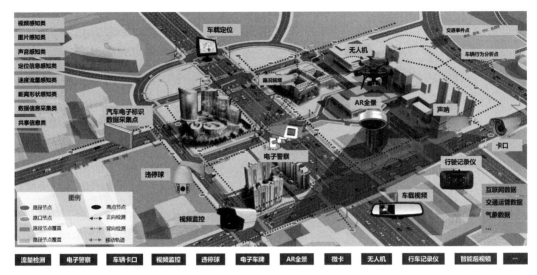

图 6-5　政企网多源化,全时全域全息智能感知

缝覆盖、万物互联。

为实现智慧交通系统"一张网",达成各类业务统一承载、统一运维、统一管理的目标,如图 6-6 所示,在城市交管支队至交管大队、中队,以及城市交通局至各区交通分局之间,建立一张覆盖所有重要节点的骨干传输网络。骨干传输网络以 OTN(Optical Transmission Network,光传输网)为技术基础,可以建立端到端的业务配置,统一维护,根据业务需求后期向网状网模式灵活组网;建设业务端到端配置、端到端维护、端到端调度的网络管理平台。在城市路段中,可以将多个路口通过环网连接起来,形成路段的 OLT(Optical Line Termination,光线路终端)环网,从而有效增强路口通信的可靠性,并且在回传时可以有效降低回传光纤的数量及光纤/带宽的租赁费用。

3. 智能中枢

智能中枢是交通智能体架构的大脑和决策系统,以云为底座,以 AI 为核心,整合 ICT 技术,融合数据,沉淀资产,支撑全业务场景、全生命周期的行业智能升级。在智慧交通技术架构中,智能中枢位于智能感知与智能应用之间,对不同前端采集的数据进行存储、计算、分析、治理,为交管各类业务应用提供云计算、大数据、人工智能、数据治理等服务能力。交管大脑主要包括基础设施、应用支撑、数据服务、应用服务 4 部分。基础设施提供计算、存储、网络等基础性资源,满足计算能力和存储能力;应用支撑提供满足业务需求的共性、工具类应用支撑服务,不仅能向用户提供基础的应用功能,还能向各业务系统提供可集成基础组件;数据服务是交管大脑的核心能力,依托完整的数据汇聚融合治理、高效的数据存储分析、开放的数据共享、标准的大数据基础应用等能力,实现智能大数据平台的建设;应用服务通过各类普适性应用服务能力支撑专业场景化应用。

如图 6-7 所示,智能中枢通过统一的数据接入标准规范,实现对各类外场设备采集数据、交通管理信息化数据、社会信息资源、公安信息资源、交通相关部门数据以及交通相关

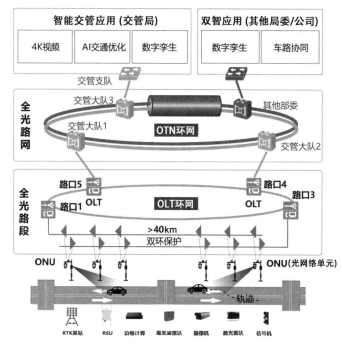

图 6-6 城域全光路网

企业数据的接入、清洗、转换与治理，建设全域全量大数据资源池，实现数据"统一处理、统一存储、统一分析、统一应用"的目标，为交通管理各类业务应用、实战应用、研判应用、交通组织优化、一体化指挥调度、队伍管理、便民服务等提供数据标准、数据模型和视图智能解析算法支撑等服务内容。

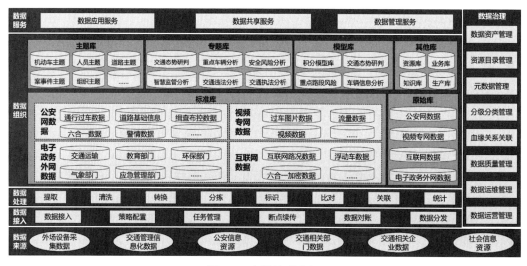

图 6-7 交通治理中枢

4.智能应用

智能应用是指面向交通业务场景,通过与客户、伙伴的协同创新,加速 ICT 技术与行业知识深度融合,帮助交通客户在业务上实现安全、效率、体验的全面提升。应用架构是业务实现的关键过程,即通过 IT 系统实现业务。业务架构设计完成后,要把业务域、业务线和业务事项都梳理清楚,然后通过应用去实现。当前主要的应用平台体系包括决策指挥应用、秩序治理应用、交通安全防控应用、出行服务应用 4 方面。

(1)**决策指挥应用体系**。持续开展大数据、人工智能、数据可视化、互联网＋等技术在交通管理领域的创新应用,全力打造"用数据研判、用数据决策、用数据治理"的城市交通治理新模式,随着交通管理领域新技术、新理念的不断发展,持续打造 4 个转变:指挥决策由经验判定向数据研判辅助决策转变,交通事件发现由被动获取向主动预警转变,事件处置由延时管控向即时管控转变,调度机制由随机指派向预案化、统筹化转变。

(2)**秩序治理应用体系**。秩序治理各个业务系统由单业务、单链条管理的模式,向全要素、全链条、全流程转变,形成数据融合、闭环管理、全程监管的全新智能交通秩序治理应用系统。将目前独立运转的各个模块进行整合,打通内部现有各系统之间的通道,数据贯通、数据共享,建设交通秩序治理融合平台。通过系统融合,让秩序治理获得更好的信息化支撑能力,实现更好的管理效果,提升整体交通秩序治理水平,更好地应对城市快速发展带来的交通治理新挑战。

(3)**交通安全防控应用体系**。构建智慧交管安全风险防控体系,建设"安全隐患治理防控平台"和"事故分析研判平台"。提升道路安全隐患协同治理、成效评价、优化提升等闭环管控能力,开展源头管理和末端治理,实现城市中心城区道路、郊区县道路、国省道及高速公路交通安全。

(4)**出行服务引用体系**。以"以人为本,服务优先,提升群众满意度"为原则,以公安交通管理"放管服"为中心思想,支撑群众服务与宣传教育业务重构,开展微信群众服务平台改造优化、社会服务统一热线平台建设、融媒体平台建设、投诉分析研判平台建设等工作,推动群众服务业务"应上尽上、应放尽放",宣传教育业务"精准推送、精细管理"、群众意见"统一归集、闭环管理",实现群众服务高效便捷、科技兴警质效提升。

6.2　城市交通运输行业智能化价值场景和实践案例

6.2.1　城市交通运输智能化价值场景

目前,中国交通运输综合交通网络基本形成,交通基础设施网络规模以及客货运输运力、运量规模均位居世界前列,已经进入交通大国向交通强国迈进的发展阶段。伴随城市化的迅速发展,机动车快速普及,城市交通道路拥堵、运输安全、空气污染、出行服务、多式联运问题不断涌现,出行需求增长与道路资源瓶颈矛盾显著,缓解城市交通拥堵、提升交通运行安全、优化公共交通供给结构、改善联程联运接驳服务、提高交通资源集约利用效率、提升公众出行服务水平和出行体验已成为各级政府和广大市民普遍关注的问题。

随着 5G、物联网、云计算、大数据、人工智能等新一代 ICT 技术的发展，推动新一代 ICT 技术与交通运输行业深度融合，推进数据资源赋能交通发展，加速交通基础设施网、运输服务网、能源网与信息网络融合发展，构建综合交通大数据中心体系，建立行业大数据平台，形成数据驱动综合交通数字治理和服务体系，建设综合交通一体化监测、运输安全监管、交通事故预防、交通拥堵治理、交通综合治理、设施安全管养、应急指挥调度、交通综合执法、公交资源调控、枢纽出行服务等应用场景，其中，智能化价值场景包括交通事故预防、交通拥堵治理、智慧公共交通、智慧交通枢纽、交通基础设施健康监测等子场景。

1. 交通事故预防

"十四五"时期处于"两个一百年"奋斗目标的历史交汇点，迈入高质量发展新阶段，预计到 2025 年，中国机动车保有量、驾驶人数量、公路通车里程将超过 4.6 亿辆、5.5 亿人和 550 万千米。人、车、路等道路交通要素仍将持续快速增长，导致中国道路交通安全整体形势依然不容乐观，道路交通安全工作基础仍然比较薄弱，存在不少短板弱项，地区和领域发展不平衡不充分问题仍然突出，农村交通安全问题凸显，道路交通事故时有发生。根据国务院安全生产委员会办公室印发的《"十四五"全国道路交通安全规划》的要求，道路交通事故万车死亡率"十四五"期间相较于"十三五"末年年均下降 3% 左右，较大道路交通事故起数"十四五"期间相较于"十三五"末年年均下降 4% 左右，"十四五"期间重特大道路交通事故起数年均控制在 4 起左右，国省干线交通安全设施技术状况优良率 2025 年达到 85%，摩托车骑乘人员头盔佩戴率达 90%，电动自行车骑行人员头盔佩戴率达到 80%，汽车安全带佩戴率 2025 年前排达到 95%，后排达到 70%。可以依托 AI 技术保障交通安全，排查交通隐患，降低交通事故的发生概率。

交通事故预防的 AI 场景包括机动车特征识别（包括号牌号码、号牌种类、车辆类型、车辆品牌、车辆子品牌、危化品车辆检测等）、交通事件检测（包括交通事故、交通拥堵、逆行/倒车、异常停车、路面抛洒物、路面积水、隧道烟火、团雾检测）、交通违法检测（包括机动车闯红灯、不按导向行驶、疲劳驾驶、超高、超载、闯禁行、不系安全带、接打电话、开车玩手机、非机动车闯红灯、非机动车骑行人员不戴头盔、非机动车逆行等）等场景。

2. 交通拥堵治理

交通拥堵是指由于机动车、非机动车、行人交织在一起，造成通行效率低下的情况，通常出现在节假日或者上下班的高峰时期。在经济发达、人口密集、车辆众多的大中城市，造成交通拥堵的主要原因是交通系统的承载量小于区域交通负荷量、交通供需不匹配、交通组织不良等。可以借助 AI 技术手段对交通拥堵路段、区域进行缓堵治理，引导分流，提升交通通行效率。

常见的交通拥堵治理 AI 场景包括交通流量检测（包括过车流量、车头间距、停车次数等）、城市交通规划、交通组织优化（包括信号控制优化、信控绿波带、HOV 车道、潮汐车道等）、交通流量分析与预测（包括客货运流量、出行规律等）、OD（交通出行量）分析、预约出行等场景。

3．智慧公共交通

根据交通运输部和国家发展和改革委员会印发的《绿色出行创建行动考核评价标准》，"十四五"期间，超/特大城市的公交机动化出行分担率要求达到50%以上，大城市、中小城市分别为40%、30%；清洁能源公交车比例不低于50%，有必要持续提升公交出行品质，强化公交行业的交通服务竞争力。由于公共交通属于传统型交通行业，在行车计划编制、运营调度、充电管理流程中往往依托于人工经验，存在方案编制周期久、人工填写时间长、充电效能待提升等短板。

智慧公共交通以城市地面公交的数字化、智能化为依托，全面提升行业效能、强化公交服务。其中，公交智能排班调度基于公交车辆运力与客运需求的精准匹配，通过AI算法快速输出排班计划，为车辆提供调度灵活的发车时刻；公交智慧充电根据波峰、波谷不同的电价成本，推导智能充电计算模型，从而合理安排公交车辆班次和充电计划，降低新能源公交企业整体用电成本；公交线网优化融合城市出行大数据，通过客流OD与线网模型快速生成轨道接驳、高快干线，为行业决策提供数字化依据。

4．智慧交通枢纽

交通枢纽是城市内外交通的骨干节点，承担交通出行换乘、接驳任务。由于枢纽内部的到发客流量大，市内交通接驳服务需求高，在高峰客流抵达、发送的时间节点出现时，极容易出现枢纽周边交通拥堵、枢纽内部旅客滞留、乘客等待出租、公交等待时间过长等各类问题。

智慧枢纽以"多位一体"综合枢纽建设理念，通过对海量出行数据的分析，建立一套枢纽覆盖服务区，具备感知、互联、分析、预测、控制等能力。包括基于枢纽各类交通方式的OD时空矩阵，通过枢纽出行算法在高峰出行时期对各类交通方式的接驳运力进行预测，并根据旅客的出行需求，通过大模型推荐合理的出行方案等，从而实现高铁、长短途公交巴士、地铁、社会车辆等各类交通无缝换乘，以充分发挥交通基础设施效能，提升交通系统运行效率和管理水平，为通畅的公众出行和可持续的经济发展服务。

5．交通基础设施健康监测

交通基础设施健康监测是预测设施健康状态的重要依据，是交通安全、畅通的重要保障，是减灾防灾的重要内容。其核心是通过直接观察和仪器测量记录基础设施灾害发生前各种前兆现象的变化过程和基础设施灾害发生后的活动过程。交通基础设施监测包括对桥梁健康状态、隧道健康结构、山体滑坡、路面裂缝识别、路面坑洼/破损识别、标线模糊识别、护栏损坏/位移识别、标识牌倾倒识别、井盖开启/缺失识别等设施健康状态进行自动监测等场景，这些场景同样可以通过AI技术来实现。

6.2.2　交通运输一体化智慧平台（深圳市交通运输局）

1．案例概述

深圳市交通运输局负责交通运输（道路、枢纽、场站、港口、航道、空港、道路交通、道路运输、水路运输、城市公共汽电车、城市轨道交通、出租小汽车等）管理工作，协调铁路、民航、邮政、海事等涉地管理事务，深入推进全市综合交通运输建设，为城市交通综合治理、运输行业管理、交通出行服务提供了强大支撑。进入"十四五"期间，随着《数字交通"十四五"发展规划》《交通领域科技创新中长期发展规划纲要(2021—2035 年)》等指引智慧交通、交通科技的顶层指导文件陆续印发，城市交通数字化进程加快，深圳市面临着先行示范区、交通强国试点城市等现代化城市标杆创建的建设要求。与此同时，随着深圳市经济快速发展，机动化出行率持续提升，面对城市交通拥堵持续加剧、营运车辆安全问题突出、信息化壁垒和数据烟囱等严峻挑战，传统的交通信息化业务系统建设已难以满足当下城市交通快速发展的数字化业务需求。为此，深圳市交通运输局基于深圳市政府提出"便民利民、互通共享、自主可靠、开放创新"等方面的指导意见，启动了统一底座、统一平台、统一能力的《深圳市交通运输智慧平台建设项目(一期)》的立项与建设。

深圳市交通运输智慧平台建设项目(一期)的建设目标是围绕"安全、高效、便捷、绿色"四大主题，依托科技信息化技术手段，打造更加安全可靠、绿色便捷、智能先进的城市交通运输管理和完整出行服务体系。

深圳市交通运输智慧平台建设项目(一期)是基于华为云计算、大数据、AI 等技术，通过汇聚海、陆、空、铁各类交通数据，以"互联网＋"思维重塑运输管理模式，再造行政服务流程，打造智慧交通管理服务体系，面向智慧设施、智慧公交、智慧运输、智慧执法及综合交通治理 5 方面，基于数据的"监测-预警-处置-指挥-发布"实现交通运输日常稳定运营和重大节假日安全应急智慧管控，构建"全息感知、一体监测、精准预警、调度指挥、全程服务"的面向平战结合的新一代交通运输智慧管控体系，打造智慧交通建设的"深圳样板"。

深圳交通运输一体化智慧平台项目是以数据技术一体化，促进交通运输内外部高质量协同一体化。深圳市交通运输一体化智慧平台将围绕"感知-调控-服务"的主线开展建设。数据技术一体化是以人、车、企业、设施等跨行业动静态数据融合，实现复杂交通系统演变机理和规律深层次认知；内部应用一体化是以行业全链条治理一体化、设施全周期管理一体化及跨方式综合调控一体化，推动数字时代交通业务流程再造；外部协同一体化是以城市跨部门、跨区域协同治理和政企合作服务新生态，促进城市治理与服务高质量协同发展。

深圳交通运输一体化智慧平台总体架构如图 6-8 所示。

深圳交通运输一体化智慧平台以华为云计算平台为载体，以大数据平台为支撑，汇聚交通、数政、交管、公安、应急等行业数据，通过数据治理构建交通大数据平台，使用人工智能、数据治理、数据分析、BIM、GIS、视频分析、物联网、融合通信等技术，基于局内各业务处室职能与业务，面向设施安全管养、运输安全监管、交通综合执法、公交资源调控、枢纽出行服务、行业信用服务等典型交通业务场景进行业务需求分析与功能需求分析，通过整合业务流、数据流，最终建设综合交通一体化 9 大应用体系，打造交通运输业务监管平台。

深圳交通运输一体化智慧平台功能架构如图 6-9 所示。

综合交通一体化监测系统对多部门的多维度数据进行行业化、专题化的融合监测分析应用，促进行业数据生态融合，提高数据跨业务综合场景的服务能力。系统包括路网运行状态监测、公共交通运行监测、交通枢纽运行监测、交通运输安全监测、交通执法运行监测、

图 6-8　深圳交通运输一体化智慧平台总体架构

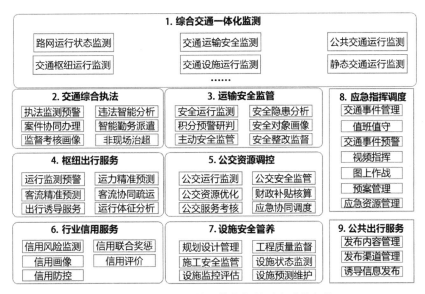

图 6-9　深圳交通运输一体化智慧平台功能架构

静态交通运行监测、重点区域运行监测、交通设施运行监测、交通运输运营监测、交通舆情运行监测、交通政务运行监测及辖区交通运行监测功能,面向交通运输行业运行监测的各个场景展示实时运行情况和行业统计指标,深层次展示行业运行特征,以及提供对突发事件等情况的告警管理功能。

设施安全管养打破设施规建管养信息系统壁垒,建立设施一体化综合监管平台,打通各业务系统之间的业务流程和数据库,实现基于 BIM 的"规、建、养"全要素指标数据的查询和可视化服务。

应急指挥调度基于融合通信平台,结合 GIS 对人员、资源、设备统一可视协作,实现事前运行监测、事发多渠道接报、事中联合各级资源融合音视频会商和图上协作调度、事后总结分析以及回溯,提供统一协作、专常兼备、反应灵敏、上下联动、平战结合的可视协作应用系统。

运输安全监管基于人工智能、计算机视觉、大数据分析等技术,围绕重点运输车(泥头车、重货车、两客一危、公交车、巡游出租车、网约出租车、驾培车)与汽车维修等行业进行交通运输安全监管模式优化改造,新建运输安全监管一体化平台,接入各行业现状相关系统的"人、车、路、政、企、环境"基础信息,运行监测感知数据与业务管理数据,实现对企业运营状态、车辆在途运行、司机驾驶行为、行业隐患态势的全面感知与风险评估,打造安全态势全局把握、源头隐患主动预防、在途风险及时干预、末端治理精准决策的全链条运输安全监管平台,实现"源头-在途-末端"全过程精准监测,有效提升行业监管整体执行力。

交通综合执法为满足执法业务开展的信息管理、协同办理、情报分析、指挥调度、政务(勤务)管理、数据共享等信息化需求,强化交通运输行政执法互联互通、信息共享及业务协同,需要建设包括协同办案、违法监测预警、执法指挥调度、移动执法应用、执法督查考核、政务(勤务)管理、信息公示与服务及信访处置管理 8 大功能的交通执法平台。

公交资源调控通过建设公交线网优化评估、运营服务考核、设施运行评估、大客流疏解决策支持、公交舆情管理 5 大功能,实现公交线路优化、公交线路管理等功能。

枢纽出行服务融合航空、码头、铁路、公路长途客运以及地铁、公交、出租、小汽车停车场、道路等交通方式的相关数据,实现机场、火车站、口岸、码头等枢纽的运行监测、分析决策、预警中心、协同疏运、旅客引导等功能。

行业信用服务是以交通信用信息数据库为基础,以"信用交通"为服务窗口,以信用监管平台为主要应用的国内领先、功能齐备的交通运输行业信用监管与信用服务体系,实现交通运输行业市场主体信用信息全方位、全领域、全业务、全链条、全过程互通互连,推动信用信息共享应用,建立守信联合激励和失信联合惩戒机制,达到"一处失信、处处受限"的监管目的,营造"守信激励、失信惩戒"的行业环境,全面提升交通运输行业监管水平。

2．解决方案和价值

1）行业挑战

近年来,随着深圳的高速发展及湾区一体化建设加快推进,深圳智慧交通已经取得了显著的成果,但是在交通事故预防、交通拥堵治理、公交运营与服务等方面还面临着诸多挑战。

（1）交通事故预防。在交通安全方面,深圳市约有普通货运、公共交通、危险品运输、泥头车、长途客车等营运车辆 12 万多辆,虽然仅占全市机动车保有量的 5%,但每年发生的交通事故率远高于普通家庭用车,营运车辆交通安全态势十分严峻。

（2）交通拥堵治理。随着深圳机动车保有量的进一步增加,截至 2023 年第二季度已超过 400 万辆大关,受制于城市道路交通整体承载力,深圳市交通的拥堵时空范围进一步增加。根据互联网数据统计分析,2023 年第二季度路网高峰行程延时指数为 1.724,85% 的通勤出行时间在 1h 以上,高峰干线公交运行速度仅 22.3km/h,绿色出行流量分担率低于

60%,因此在交通拥堵治理、高效绿色出行方面也面临着严峻挑战。

（3）公交运营与服务。传统公交运营模式存在几大行业挑战:一是驾驶员、车辆等生产计划制定不准确,或各类原因导致计划变更,造成发车计划不稳定,关键运力资源无法保障;二是营运排班采用传统信息录入的作业模式,部分城市甚至采用手工作业模式,整体耗时长,方案不灵活;三是全面新能源化,公交企业的运营支出由燃油成本逐步转换为电力成本,无须用电易导致成本浪费。

随着新能源公交车辆的持续推广,公交企业面临着从传统运营模式到数字化转型的难得机遇。如何通过人工智能、大数据等技术能力,在现有公交系统的基础上提升公共交通供给侧效率,提升自我造血机制,成为缓解城市交通拥堵、提升居民出行服务水平、公交可持续发展的重要环节。

表 6-1　某典型城市的阶梯电价

类别	时　　段	电价/元·度$^{-1}$
高峰	9:00—11:30 14:00—16:30 19:00—21:00	1.027
平时	7:00—9:00 11:30—14:00 16:30—19:00 21:00—23:00	0.675
低谷	23:00—次日 7:00	0.231

（4）客运枢纽供需匹配。随着中国抗击新冠疫情取得决定性胜利,各省、市之间的人员出行流动性在迅速恢复,2023 年 1～6 月全国营业性客运量达 43.2 亿人次,同比增长 56.3%。庞大的客运出行需求带来对重要枢纽节点的高质量、高稳定服务与管理需求的挑战。

一是客运量激增,枢纽内部统一的管理指挥与运营调度压力加大;二是出租车辆、公交车辆的服务调度与客流不匹配,易导致驾驶员或乘客等候时间过长;三是停车位的周转效率不足,容易影响枢纽配套车库内部交通流,导致私家车进出枢纽不便;四是海量视频覆盖枢纽各个位置,依托传统人工巡查的方式,发现潜在风险与隐患效率有所不足。

如何实现整个枢纽统一的平台支撑、统一的运营调度、统一的综合管理、统一的旅客服务、统一的安全保障等,是智慧枢纽建设的主要挑战。

（5）设施管养缺乏智慧化监测预警体系。一方面,在重大交通基础设施运行安全管控方面,缺乏基础设施监测预警体系,不满足城市级大规模交通基础设施安全管控的需求。目前,市交通局负责的设施管养内容包括道路 9184 条、桥梁 3285 座、隧道 100 座、边坡 2998 座等,现阶段交通运输局对全市 7 座桥梁、9 座边坡开展了实时监测,基础设施管理仍主要采取人工巡查的方式和定期检测的方式,导致基础设施类灾害预警评估所依据的数据来源不全面、不准确且滞后,基础设施类灾害的预警预报缺乏及时性、有效性和准确性。另一方面,安全智能监测体系尚未建立,在只有片面实时监测信息和传统数据的基础上,无法开展管养决策准确性研判,无法满足城市级大规模设施运维的需求。

2）解决方案

目前，深圳交通感知设备建设已基本完善，构建覆盖较全的数据感知体系，但数据感知尚未突破人力巡查无法覆盖的"盲区"，各类采集设备功能发挥有限，对人、车、路、场、环境等交通安全要素状态的感知没有实时化、智能化，精准度不高，城市交通综合体征检测和全息感知能力不足，平战结合的一体化管控与多业务协同有待加强。因此，需要通过建立深圳交通运输一体化智慧平台项目，实现跨委办局、跨区县的数据汇聚，通过 AI 的 CV 能力、预测能力、多模态能力、NLP 能力，助力实现交通事故预防、交通拥堵治理、枢纽出行服务、信息接报服务等业务场景。

AI 解决方案架构如图 6-10 所示。

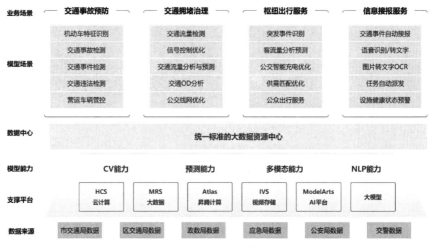

图 6-10   AI 解决方案架构图

深圳交通运输一体化智慧平台项目以华为云计算平台为载体，大数据平台为支撑，跨委办局、跨区县融合汇聚交通、数政、交管、公安、应急等行业数据，通过数据治理构建大数据资源中心，利用 CV 能力、预测能力、多模态能力、NLP 能力，基于视频实现对人、车、路、事件的快速智能识别，支撑交通事故预防、交通拥堵治理、枢纽出行服务、设施智慧管养等应用场景。

当前已经接入"雪亮"工程等视频监控数据，包括高速公路收费站视频、隧道视频、公交首末站视频、城市干道视频、港口码头视频等共计约 30000 路，使用大模型 CV、NLP 等能力基于 3000 余路进行视频智能分析，包括机动车特征识别、交通事故检测、交通事件检测、交通违法检测、交通流量检测、营运车辆管控、班车违法上下客识别算法、车辆违规运输算法、占道施工算法、路面病害识别算法、隐患二次识别算法以及对道路、桥梁、隧道、边坡等重点设施的健康状态的监测算法，构建一个全天候、全时空交通事件监测、交通安全运营的交通空间。

同时还跨委办局、跨区县汇聚局内外 20 个业务部门、9 个企业单位、66 个业务系统、930 种数据，共计约 6000 亿条数据。基于这些海量的结构化数据，使用大模型预测、多模态等能力进行模型分析，包括公交线网优化、客流量分析预测、供需匹配优化、信号控制优化、交通流量分析与预测、交通 OD 分析等，针对不同的预测结果采取不同的处置手段，保障交通高效、便捷地运行。

在跨委办局、区县数据共享层面实现与市交警局、规资局、城管局、区县交通局等部门间的信息共享共用；在业务层面通过系统对接，与市应急局、交警局、住建局、区县交通局等实现应急协同指挥、运输安全管理等业务联动；在信息资源层面充分复用市政务云资源，避免重复建设；并依托运行指挥中心，纵向与市政府管理服务指挥中心联动，实现市级层面的日常运行监测和事件处置联动；横向与区智慧城市运营中心联动，服务区级交通数据共享、辖区特色交通监测和相关业务处置。

（1）通过交通事件智能检测助力交通事故预防。

交通事件智能检测依托 AI 技术，结合安装在公路、桥隧等道路上的视频监控流，利用人工智能算法自动检测公路、隧道发生的交通事件，包括交通事故、交通拥堵、逆行/倒车、异常停车、路面抛洒物、路面积水、烟火等。

通过对证件过期、报废、无证营运等违法载客识别、黑名单车辆识别（非法营运）、车辆不按规定范围营运识别，对营运车辆进行营运分析，识别违法上下客、违规营运等违规事件。

车辆违规运输检测实时监控道路的车辆，在指定监控区域内对六轴泥头车违规上路、泥头车带泥上路、危运车辆和货车上盖不密闭运输进行识别，可以有效地提高执法效率，减少违规运输事件，保证公众的行车安全。

检测出来交通事件后可以自动推送到指挥中心，指挥中心接收到预警信息后可以进行快速处置，避免发生次生事故。

注：如图 6-11 所示从左上到右下分别是交通事故检测、交通拥堵检测、倒车检测和异常停车检测。

交通事故检测

交通拥堵检测

倒车检测

异常停车检测

图 6-11　交通事件检测 I

注：如图 6-12 所示从左上到右下分别是机动车逆行检测、路面抛洒物检测、路面积水检测和烟火检测。

机动车逆行检测

路面抛洒物检测

路面积水检测

烟火检测

图 6-12　交通事件检测Ⅱ

通过针对机动车违法检测与预警，如图 6-13 所示，降低交通事故发生概率。

基于车载摄像机，智能识别驾驶员当前状态和接打电话、玩手机、吃食物、抽烟等分心驾驶行为，预防驾驶员因精神状态不佳，或违反操作规范，导致交通意外发生。

（2）通过供需匹配优化助力交通拥堵治理。

如图 6-14 所示，基于视频交通流量检测、客流

图 6-13　机动车违法检测

量、卡口过车数据进行交通流量和 OD 分析，掌握出行规律，识别并设置 HOV 专用车道、公交专用车道、交替通行交叉口以及潮汐车道的路段，提升交通运输效率，实现 85% 通勤出行在 45min 内可达。

① 智慧公共交通。

如图 6-15 所示，智慧公交排班通过汇聚公交企业源业务系统的 IC 卡刷卡数据、车辆 GPS 数据、线路及停靠站数据、首末站数据、车辆属性及驾驶员等相关数据资源，基于公有云服务提供 ModelArts 算法引擎及智慧排班算法，形成标准化服务接口，供公交企业或第三方应用系统开放厂商调用，输入相关参数（开收班时间、车辆数、站场埋车数等）后即可调用 AI 算法引擎。

公交智能充电，基于华为云的算法引擎，合理安排公交车辆班次和充电计划，让公交车

图 6-14　交通拥堵治理

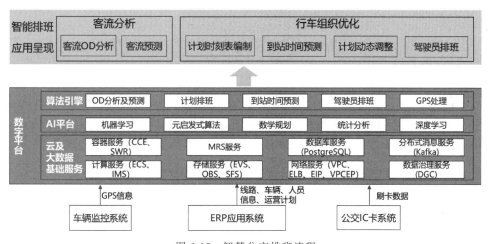

图 6-15　智慧公交排班流程

辆尽量利用低谷时段充电,减少平峰和高峰充电时间,从而降低新能源公交企业整体用电成本。

一是夜间充电,根据车辆的剩余 SOC,通过 AI 充电模型预测出每个车辆在不同充电桩充满电需要的时间,然后根据充电时间把充电任务合理分配给各充电桩,尽可能让充电桩利用率达到最大。

二是白天补电,电量不足以支持后续班次计划时,可以通过调整班次计划来减少白天补电。如有的班次车辆电量不足时，利用其他电量充裕的空闲车辆完成后续班次。一般不增加或减少班次，只是改变班次对应的车辆或者对应的驾驶员。

② 智慧交通枢纽。

智慧交通枢纽通过枢纽场站内部的感知与传输等信息化基础设施，以华为云计算平台为承载，建立"感知-分析-预警-决策"全链条闭环管理的调度组织与运营管理业务流程。

枢纽交通运行感知系统，基于部署于枢纽周边道路与枢纽内部的智能摄像头，可以实时监测到周边道路的车流画面及枢纽内部的客流画面，通过基于 Atlas 服务器与昇腾计算卡的 AI 视频解析能力，将相关数据结构化并形成动态数据推送至 ModelArts 智能分析平台。

智能分析平台聚合枢纽内部运行状态、出行配套交通资源、周边道路拥堵情况等关键要素，基于交通客流分析能力，结合列车准点情况、出行需求匹配算法对当前枢纽运行情况进行分析，动态识别枢纽的客流滞留、拥堵位置，对高于阈值的分析结果进行预警，并通过 NLP 大模型生成预警信息报告，自动向管理者与公众通过不同渠道进行及时提醒与发布。

（3）通过交通基础设施智能监测自动巡检设施健康状态。

如图 6-16 所示，通过安装在桥梁、隧道、边坡、护栏、道路上的视频监控流，依托 AI 技术通过视频监控对路面病害区域进行提取，包括对道路裂纹、坑槽、交通标志牌倾倒/倒伏、地面大体积遗落物（如纸箱）、车道线/斑马线/标识线模糊或缺损、井盖/护栏损坏等进行自动监测，当发现异常情况后第一时间发送预警信息，交通管理人员可以进行快速处置，降低交通安全隐患。

护栏状态检测　　　　　　　　　　　路面健康检测

图 6-16　护栏状态检测和路面健康检测

① 道路路面病害：识别路面出现的裂纹、坑槽等病害类型，提供警示图片、检测时间、地点、设备，提醒管养部门及时维护。

② 交通标志牌倾倒/倒伏：识别各类交通标志是否存在倾倒/倒伏等情况，提供警示图片、检测时间、地点、设备，提醒管养部门维修或更换。

③ 车道线/斑马线/标识线模糊或缺损：识别车道线/斑马线/标识线是否模糊或缺损，提供警示图片、检测时间、地点、设备，提醒管养部门及时重漆标线，提醒相关部门及时处理。

④ 地面大体积遗落物：识别道路上是否有大体积遗落物，提供警示图片、检测时间、地

点、设备等情况,提醒相关部门及时处理。

⑤ 井盖/护栏损坏:识别道路上是否有井盖/护栏损坏,提供警示图片、检测时间、地点、设备,提醒相关部门及时处理。

3)方案价值

AI 在城市综合交通运输一体化项目中的应用,为城市综合交通运输智能监测提供核心支撑。通过 AI 技术在各业务流程的应用,实现综合交通运输全流程提升,带来多方面的 AI 价值体验。交通事件智能监测,减少了 50% 的人力资源投入;突发事件 AI 算法主动识别、自动上报预警,让事件响应时间缩短 30%,避免发生二次交通事故;通过危化品车辆智能检测、营运车辆违法检测、营运车辆驾驶员状态检测有效地预防交通事故,为交通违法治理提供智能化的技术分析手段,营运车辆发生交通事故数量降低 30%。

通过公交线网及设施优化、公交运营服务考核、卡口过车数据分析,深圳 85% 的通勤出行时间在 45min 内,通过个体出行链需求分析、公交潜在客流识别与大公交多方式结构调控,实现绿色出行分担率达到 85% 以上,大幅提升了城市竞争力;通过公交线网及设施优化,高峰干线公交运行速度将由现状的 22.3km/h 提升至 25km/h,高峰单次出行公交站点停靠延误将由现状的 8min 下降至 6min 以内,出行服务更加高效快捷。

依托 AI 技术,通过视频监控对桥梁路面状态、隧道路面积水、护栏破损、路面坑洼、标线不清晰进行自动监测,自动预警,防患于未然,提升 60% 巡逻效率。

6.3 城市交通管理行业智能化价值场景和实践案例

6.3.1 城市交通管理智能化价值场景

1. 城市交通秩序管理

城市交通秩序管理包括规范信号控制设施建设、加强交通检测设备建设及应用、加大信号系统联网联控力度、加强多源数据的融合应用 4 方面的内容。

(1)规范信号控制设施建设。持续开展在用交通信号设施的排查梳理,对不符合标准规范的要及时整改。梳理路口控制方式,符合《道路交通信号灯设置与安装规范》等国家标准信号灯设置条件的路口要推进"应设尽设",不断提高信号控制率;尚不具备设置信号灯条件的路口要设置相应的让行标志和标线。根据道路条件和交通流控制,需要合理选择信号灯组合形式;根据道路等级和路口规模,选择相应的信号灯灯盘规格,面积较大的路口可设置多组信号灯。针对信号灯被遮挡、受霓虹灯干扰等问题,要积极协调园林绿化、城管执法等部门,通过修剪绿化、优化广告牌设置、清除干扰光源等措施,确保信号灯具有较好的视认性。

(2)加强交通检测设备建设及应用。推进交通检测设备接口标准化,鼓励各类检测设备与信号机在前端实现直连互通和数据共享,提高交通信号控制设备对交通流的实时、准确感知能力。结合实际选用线圈、地磁、视频、微波或雷达等交通检测设备,充分发挥不同交通检测方式的技术优势,形成组合效益,精准采集交通流量、排队长度、占有率、车头时距等多元数据,为交通信号控制实现感应控制、自适应控制提供数据支撑。加强交通检测设备维护力度,及时发现和排除检测设备的故障,确保在用检测设备正常运行。

(3)加大信号系统联网联控力度。加强路口与指挥(控制)中心之间的网络基础设施建设,加快推进路口交通信号控制设备与信号控制系统中心平台之间的联网,实现交通信号控制参数的远程调整、路段及区域协调控制等。新增或更换信号机时要充分考虑设备兼容性,便于实现设备的联网和协调控制。鼓励各地将不同品牌交通信号控制系统接入城市交通信号统一管理平台,推进城市各区域信号控制系统的统一管理和跨区域统筹优化。

(4)加强多源数据的融合应用。提升和完善交通信号控制系统或交通信号优化平台的数据采集、存储、处理和研判、分析能力,构建数据驱动的交通信号控制新模式。融合交通检测设备、交通监控系统、互联网出行平台等多源交通数据,运用各类数据的特点和优势,对道路交通运行状态进行动态监测、诊断和预警,支撑信号控制策略和方案的优化,评估和反馈优化效果。积极应用人工智能等新技术,完善面向各类交通场景的信号控制方案优化算法模型库,加强算法迭代更新,实现信号控制方案的智能优化和匹配。

2. 城市交通缓堵保畅

缓堵保畅是城市交通管理的核心场景,对于行业智能化提升的需求主要包括数据感知、拥堵溯源分析、仿真建模和拥堵评价体系构建。

(1)数据感知。近年来,随着城市开发强度不断提高以及城市机动车保有量不断增加,以及民众对出行环境品质要求的提升,交通拥堵治理工作的重要性与急迫性与日俱增。但随着交通治理工作的不断精细与深化,一些由于信控配时、交通渠化不合理、工程设计缺陷等较为直观、表层、单一的原因引起的交通拥堵现象已经逐渐得到治理消解,余下的大量拥堵现象的成因较为复杂综合,针对这些拥堵问题的研判分析需要更为精准全面的数据感知技术提供数据基础支撑,从而达到精准聚焦成因,有效缓解拥堵的效果。

(2)拥堵溯源分析。拥堵溯源是交通治理中最为核心的工作环节,在建立了更为多元、精准的数据感知系统后,如何用好基础数据,对数据进行提炼加工,追本溯源识别交通拥堵成因则是交通拥堵治理工作的核心需求。首先应树立"点、线、面"的治理框架。交通拥堵识别及成因分析不能仅停留在点的层面,应扩大研究范围,从线、面的层面去研判分析,将彼此关联度较大的交叉口、路段聚集成片,从交通走廊、城市结构、路网结构、用地类型等角度去分析,将拥堵治理当作一个系统性工程、综合性学科去开展研究。

(3)仿真建模。建模交通仿真的作用在于对现有系统或未来系统的交通运行状况进行再现或预先把握,从而对复杂的交通现象进行解释、分析,找出问题的症结,最终对所研究的交通系统进行优化。在缓堵保畅具体工作中,交通仿真技术在现状问题分析、方案制定决策等方面都有重要的应用意义。现有工作过程中,交通仿真技术虽已开展大量的建模工作,但存在精度不高、数据接入渠道单一受限,并且大多局限于单点交叉口的交通建模,未能形成路网级别的仿真建模成果。

现有工作中,对仿真需求最强的环节集中在治理方案决策过程中的方案有效性评价及方案择优。在仿真技术空缺时,只能通过方案试运行的方式进行测试,耗时费力且容易引发舆论关注。更为成熟精准的交通仿真技术将大大提高交通治理工作的方案决策水平及工作效率。

（4）拥堵评价体系构建。拥堵评价体系构建主要分为两个子模块,一是现状拥堵评判体系,二是优化方案后的评价方法。现有交通信息研判平台中对现状交通运行态势的评价以交通运行指数为结论性参数,但在路网层面的评价过程中,由于各个道路等级及区位不同,路段平均交通指数无法表征整个区域的整体交通运行状态。因而需要根据评判对象不同,选用适合的交通特征参数进行评价,并且对片区中评价对象的选择建立一套科学的方法体系。拥堵评价体系还可以用于具体治理方案落地后的片区交通运行效率提升程度评价,从而更为客观科学地对交通缓堵保畅整体成绩进行量化指标评价。

3. 城市交通安全防控

城市常住人口和道路里程迅猛增加,交通参与者体量大,安全隐患风险多,交通事故易发,必须用大概率思维应对小概率事件,抓住关键、盯住重点,全力以赴防范系统性、根源性、潜在性风险。道路交通安全工作要实现新突破、新飞跃,必须转变观念,依靠科技赋能,强化信息化建设和应用,重点围绕精准预警目标,加快智慧交管、指挥调度、研判预警平台等的建设,为尽早发现和高效处置抢占先机、赢取主动。

（1）实现科技赋能预防前置,推动粗放预判向精准预警进一步转型,将隐患消除在萌芽中。需要针对事故前道路交通运行风险,利用大数据分析技术,从人、车、路、环、管理多个维度,耦合交警的管理业务,开发道路交通运行风险防控集成分析指挥平台,前置道路交通运行风险防治节点,全面预防交通事故发生。

（2）优化应急处置救援效率,推动被动应对向主动应急进一步转型,大大降低道路交通事故后果。强化应急处置防控及时性,就非常有必要。要通过调整部门强化联动,调配资源实化整合、调度,事故处置环节优化等流程,确保应急措施与时俱进,满足社会之需、应急之要。

（3）强化事后分析能力,推动明确责任向压实责任进一步转型,为后续道路交通风险防控提供依据。针对交通事故影响因素多、分析难度大的问题,利用大数据挖掘技术和 GIS 地图分析技术,开发道路交通事故深度分析智慧辅助系统,提高交通事故发生后道路交通事故深度分析准确度和效率,有助于倒逼责任落实,从根本上消除隐患问题。

4. 交通管理全息高速

近年来,中国高速公路建设快速发展,通车里程逐年提升,当前全国已近 15 万千米,部分省份已超 6000km。高速交通管理里程快速增长的同时,每千米警力数量却在下降,给警务带来新挑战。加之中国各地地形差异大,高速公路桥隧比例高;地形差异同时带来气候多样性,可谓"十里不同天",长隧道一头艳阳高照,可能另一头却雨雾绵绵,不同路段的差异,需要不同的管理手段,管理难度大。高速公路行车速度快、道路封闭管理,路面若有问题将带来极大影响,若不能及时消除交通隐患,将会诱发群死群伤事故以及次生事故。

2019 年 6 月 4 日,国家发展和改革委员会、交通运输部联合印发《加快推进高速公路电子不停车快捷收费应用服务实施方案》。当下，全国高速公路出入口已大量改装不停车收费通道，省界站点已经被全部拆除，所有的车辆可直接通过，无须像原来一样降速、排队、缴费再通过。统计显示，正常通行情况下，客车、货车通过省界的时间分别由原来的 15s、29s 减少为取消后的 2s、3s。高速公路通行效率大幅提升的同时，对交通安全管理和治安管理也带来了新挑战。对交管来讲，随着省界站点拆除，高速公路执勤执法的主要阵地将会转移至主干道、服务区，高速公路基层大队勤务模式将从"守点巡线"向"区域管控"转型升级，势必由传统的以人防为主，转向以技防为主。

高速交管技防面临监控设备在线率低、路网设备覆盖不足、重要枢纽节点管控盲区、重点车辆管控难等诸多挑战。交管业务需要由传统的以人防为主，转向以技防为主，但因科技信息化手段滞后、全域监测能力不足，难以满足当前及未来高速公路公安交管实战应用需求。需要以事故预防为导向，充分运用大数据、人工智能等新一代信息技术手段，构建"区域闭环智能管控、全域信息感知监测、数据融合精准研判、重点违法精准打击、安全风险精确防控"的高速公路交通安全区域智能管控体，实现全域全息管控和高速快警指挥应用。

5．城市交通全域管控

全域全息管控的特点是：全域隐患发现、全域流量闭环、智能非现场转现场执法处置，通过信息化赋能打造高速快警的解决方案，并提供面向高警指挥应用系统，集成路面摄像机、情报板等设施，同时联动警员，实现一图展示、一图指挥，并提供事故、事件、流量、违法等多维模型分析，助力打造安全畅通的高速公路管控新模式。

1）全域隐患发现

智能前端微光卡口摄像机，通过人工智能技术增强图像质量，可在微（补）光环境下工作，无光污染，能够全天候清晰抓拍过车，对人脸信息清晰捕获，并对抓拍图片结构化解析，精准识别车型等信息。可对驾驶员开车打电话、不系安全带等违法行为进行抓取。

利用高速业主共享视频，可实现视频的深度分析，对高速路面常见的违法行为，如车辆的违停、倒车、逆行、骑轧分界线、闯禁、不按规定车道行驶、占用应急车道等交通违法行为进行实时抓拍，并形成执法证据链。同时，对路面的交通事件，如排队溢出、行人闯入高速、非机动车闯入高速、主干道路缓行、路面有大件抛洒物、异常停车等实时识别，为排除隐患提供了有力的支撑。

对行经高速辖区的所有车辆实现精准管控。例如，将路面监控连点为线，可实时监控每一辆车，分析出每一辆车的运行轨迹。对嫌疑车辆实行布控，加强实时监管。对所有车辆生成历史线路进行分析，数据可以随时调取。对特定车辆（如班线客车、旅游包车、危险品运输车、快递车、货车、面包车等）进入辖区实时监控，对车辆超速等违法行为及时预警。更进一步，可对车型、颜色、速度、车内人员人脸识别/比对，关联车辆历史违法行为。对于 5 类重点车辆（公路客运、旅游客运、危化品运输车、营转非大客车、校车）的超速行驶、疲劳驾驶、违法占用应急车道、违法停车、违法倒车、货车不按规定车道行驶、长途客车凌晨 2 时至 5 时违规运行、危化品运输车不按规定时间路线行驶等易扰乱秩序和易肇事肇祸的突出违法行为可动态识别。尤其是载运爆炸物品、易燃易爆化学物品以及剧毒、放射性等危险物品车辆,未按指定的时间、路线、速度行驶进行重点预警。

2）全域流量闭环

聚焦精准防控,聚力科技赋能,实现了从人过留影、车过留牌到人过留名、车过无患,从卡口管控到全程联控,以卡口检测为主,对路网中过车信息分析挖掘,可提供宏观的统计信息,如整体通行量与设计通行量的差异,并以采集断面之间的各路段流量状态统计生成整条高速公路的状态。路面所有出入口按个体通行车辆信息统计,连点成线,可对"两客一危"等重点车辆全程监控是否疲劳驾驶(如连续驾车超 4h)。并根据断面之间时空分析流量,可间接测算出是否有事故造成路面阻塞等情况,尤其在夜晚等光照条件较差,依监控无法有效分析路网/路面问题时,提供了一种新的思路。

为提升实战效果,达到精准研判的目的,需要在所有出入口以及关键路段布设卡口摄像机,以形成闭环的区域。

3）非现场转现场执法

对路面行驶的车辆违法行为通过智能抓拍后,将违法行为推送给指挥中心、研判室、路面民警。对于违法车辆通过沿线 LED 显示屏、声音喊话等方式推送给违法行为人,提示其进入执法站接受检查。若未进入执法站,在违法车辆经过沿线、通过动态 LED 显示屏连续提醒车辆驾驶人,为夜晚等光照条件较差、依靠监控无法分析的场景,提供了一种新的思路。

对于跨省界即将驶离违法车辆,利用限速提示屏、交通诱导屏、高音号角提醒车辆逐步降低车速,引导分流进入规定车道接受检查,对拒不进站接受检查的"两客一危"重点车辆,实施非现场处罚,实现了布控预警、诱导发布、智能核查、综合管控等功能一体运作。

6. 高速公路快警指挥

高速快警指挥可实现图像一键调看、数据一键调用、警力一键调度的功能。对域内高速外场设备及采集数据统一接入,实现图像一键查看,可对监控图像分组轮询,或图上设备一键调看。通过数据挖掘分析,对重点车辆、流量、事件、违法、事故等可通过看板直观查看。警力上图,对问题点就近调度警力处置。

整体可实现"高速快警1315"的新模式,即路面隐患 10s 内发现,警力 30s 内调度,隐患 15min 内排除(依赖勤务安排)。

全息高速依托数字化区域管控,对交通违法车辆实行多点拦截,层层过滤,做到了"少扰民、多惠民、保畅通",技术赋能高警,打造精准制导、智慧便民、实战实效的高速公路交通安全管控新模式。

通过全域流量大数据分析、全域隐患及时发现,将高速公路按检测断面数字化切片分析,域内高速连廊管理。

路面信息实时推送民警,从低效的路面巡检,依靠人力视频巡检的模式转换到可全域管控、精准化管控、实时管控的新模式,信息化武装高速民警,从而形成人工智能赋能"高速快警"实践的落地,最大限度消除了道路交通安全隐患。

7. 智能非现场执法

随着科技手段的不断深入应用,越来越多的违法行为可以依靠智能化手段实现智能非现场执法。这也意味着智能非现场执法将成为路面管理的主要手段,节约更多警力,提高交管工作效率。

展望未来智能执法的发展,将在以下 4 方面呈现出鲜明特征。

一是多维数据准确识别。基于深度学习算法的产品和系统更加成熟,支持包括车牌、车型、车身颜色、车款和车标等几十项车辆特征信息的快速准确识别,同时支持非机动车及行人特征的识别,识别指标更加丰富,准确率大幅度提升。诸如驾驶人不系安全带、开车打电话等行为特征的识别,准确率越来越高。

二是违法抓拍关注点在向人、车两个方向发展。电子警察相机,具备很多机动车违法行为的自动抓拍,如闯红灯、违法变道、逆行、压线、不按导向车道行驶等,为交警非现场执法带来了很大的帮助,但这基本都是围绕着机动车这个目标展开的。

随着 AI 技术的快速发展,抓拍相机的识别能力有了很大的提升,违法抓拍的关注点已经不仅仅是机动车,如斑马线不礼让行人抓拍、行人闯红灯抓拍、失驾人员布控等业务开始出现并快速发展,违法抓拍关注点在向人、车两个方向发展。在抓拍有效率方面,实测数据显示,部分功能如闯红灯、闯红灯停车、压线、占用公交车道的抓拍有效率高达 100%,依托深度学习算法,真正实现了单相机多功能合一高效抓拍、分场景灵活应用的需求。

三是新型执法方式不断出现。越来越多的城市不断出现一种新的违法抓拍业务:不戴安全帽。随着电动车的增多,产生了越来越多的电动车交通事故,电动车交通事故中,戴安全帽能更好地保护生命安全,结合摄像机的长尾算法能力,能够有效地识别未戴安全帽的行为,并对骑行人的身份比对落地,实现非现场非接触执法。

再如,对于夜间车辆不按规定使用远光灯的违法驾驶行为,想通过非现场执法的方式来进行抓拍识别难度是很大的。随着行业厂家不断突破技术难点,以后也将可以进行远光灯识别和抓拍。

四是违法提醒业务开始增多。早期的非现场执法主要集中在违法抓拍,前端系统完成违法抓拍,后端系统进行违法处理,最终形成违法处罚,也就是人们通常讲的扣分、罚款。但对于部分交通违法行为,如果可以进行及时的违法告知,在其产生的源头就可以大大减少违法行为。

除了违法停车提醒外,还有如超速提醒、斑马线不礼让行人的提醒、行人闯红灯的提醒等,都伴随着违法抓拍业务开始出现,在人性执法的大命题下,违法提醒业务一定会得到较大的发展。

6.3.2　拓展智慧交通创新应用(东莞市智慧交通)

1. 案例概述

东莞位于珠江口东岸,北接广州,南连深圳,处于广深经济走廊之间,是国际花园城市、全国文明城市,广东重要的交通枢纽和外贸口岸。东莞城市面积约 2460km^2,经过近十几年的快速发展,东莞已成为一座 GDP 达 11 200 多亿元、常住人口超过 1000 万人的城市。

随着经济社会的快速发展,东莞市机动车保有量快速增长,2023 年东莞汽车保有量超过 410 万辆,位居广东第 1、全国第 10。而东莞市道路通车总里程 7952km,每千米道路车辆数达 512 辆,远高于国内其他城市。东莞全市停车位仅 170 多万个,停车缺口巨大,停车供需矛盾突出。同时,随着新业态兴起和市民出行习惯的改变,电动自行车已经成为重要的交通工具,目前东莞电动自行车已达 600 万辆,电动自行车数量快速增长,与有限的道路资源存在比较大的矛盾。

总体上,东莞车多路少现象尤为突出,交通拥堵、出行难、停车难等"城市病"日益凸显。同时,东莞下不设区,下辖 4 个街道、28 个镇和多个园区/新区,30 多个镇街(园区)碎片化管理,统筹协调管理难度大。

2020 年,东莞市启动品质交通千日攻坚行动,除了推动轨道、道路、停车位等基础设施建设外,东莞交警在打造智慧交通方面加强交通秩序管控,加快交警指挥系统升级,强化智慧交通体系应用,科学设置信号灯和优化配时方案,推动交管工作向更科学、更规范、更精细的方向发展,打造集感知、管控、服务、赋能等于一体的综合智慧交通样板示范区,形成全市辐射效应。

2. 解决方案和价值

1) 行业挑战

道路安全、畅通、有序是交通管理的根本目标,智慧交管是实现这一目标的首要科技手段。经过多年的建设发展,东莞市交警在提高城市交通运行效率、保障道路安全性、提升便民服务能力、确保道路有序方面取得了一定的成绩。但随着城市建设的不断推进,人民物质生活水平的不断提高,交通管理目标也将朝着更安全、更畅通、更有序的方向前进。在向着美好愿景稳步前进的过程中,东莞交管信息化还存在信控智能化程度不足、感知智能化程度不高、系统孤岛导致指挥无法高效协同、非机动车管理无法形成闭环等问题,制约了道路全方位的立体防控、交通安全隐患的协同治理、统一的交管服务、指挥的快反处置、高效的业务支撑等方面,亟须进一步提升。

(1) 信控智能化水平有待提升。

历史上,东莞市 33 镇街各自建设,缺乏统筹,导致信号控制系统"七国八制"难以互通,极大地限制了东莞市信号控制水平提升。目前,东莞市大部分路口都部署了信号控制设备,但由于部署时间、部署设备品牌的差异,大部分路口未联网,只能依靠人员现场配置,无法实现远程配置,同时缺乏前端流量感知设备,无法实现路口自适应,路段/区域内的路口信号控制也无法联动。

① 联网联控基础弱:国内外 25 余个品牌信号机并存,信号机联网率低,协议不开放,数据不统一,无法适应复杂交通场景。

② 数据驱动不充分:传统的信号控制理论和模型针对多源海量数据应用不足,控制策略精度化程度不高。

③ 建管用评未闭环:设计、建设标准不统一,信控业务缺乏客观有效评价,未能形成良

性循环的闭环。

④ 运维保障不理想：路口基础设施无统一档案管理，网络及控制线缆布设杂乱，多杆多线成本高，故障不易定位，运维监管困难。

信号机孤岛现象比较突出，信号控制产品的标准化程度不高，私有协议大量存在，导致信号控制无法达到统一管控、集中优化，整体信号控制水平不高。东莞面临的问题也是国内众多其他城市面临的共性问题，具有典型的代表意义。

（2）交通感知建设覆盖力度和新技术应用不足。

经过长时期持续建设，东莞市交通感知设备范围已逐步扩大，并覆盖市内主要路口、路段。但随着科技的不断发展，交通管理需求不断增多，对路面信息的感知要求也越来越高。当前部分电子警察、视频监控等设备存在清晰度低、使用年限长等问题，极大地影响了监测质量及视频深度应用。在感知源覆盖上，未能构建全面覆盖城市主城区重点区域、拥堵点段的交通流动态感知，无法满足道路交通安全管控要求，火车站、热点商圈周边车辆乱停乱放，对交通秩序造成严重影响。同时，在建设过程中对视频、微波、雷视设备等多种感知方式以及物联网新技术应用不足，感知手段较为单一。总体来看，交通多维感知能力亟须进一步提升。

（3）态势监测及事件处置协调效率需进一步完善。

东莞市按照全市"一级接警、分级分类处警"及"2＋N＋N"巡防的新指挥勤务机制，市交警支队指挥中心、交警大队不设置接警座席，公安分局指挥中心承接交警大队指挥调度职能，接受市局指挥中心的交警警情流转，并对交警大队警力进行指挥调度。除了市局接处警外，交警同时通过人工视频巡查、互联网路况平台等多种方式获取交通态势及异常事件，并且在发现异常事件后一般线下处置跟踪，事件处置勤务调度无路况、周边设备设施、警力位置等信息辅助决策，人工关联相关信息，处置过程无记录，效率较低。

（4）非机动车管理业务运作模式有待转变。

电动自行车是交通历史上规模最大、发展最迅速的燃料替代型交通工具。过去 20 年，中国电动自行车保有量从 5.8 万辆增长至 3 亿多辆，形成了全球最大的电动自行车生产销售和出行市场，平均每 5 人就拥有一辆电动自行车，平均每辆电动自行车日出行频率两次以上。在互联网新零售模式推动下，即时配送行业在中国城市快速兴起、高速发展。电动自行车因在中短距离运输市场中具有轻便快速、成本低廉、易于骑行等特殊优势，成为外卖行业最主要的交通工具，电动自行车逐渐具备了实质性的营运功能。电动自行车从通勤方式到行业工具，从自有自用到配送运输，骑行需求更加多元、使用模式更加丰富，但同时，城市道路上电动自行车交通安全形势不容乐观。涉及电动自行车的交通事故数占城市道路交通事故总量的 40％，骑乘人员伤亡人数占城市道路交通事故伤亡人员总量的 30％。近 5 年，中国城市电动自行车交通事故数年均增长 17.2％，电动自行车交通事故的增长速度在所有城市交通方式中位居第一。

2）解决方案

聚焦"安全、畅通、秩序、指挥、服务"五大交警业务域，根据交通新业态、交通发展新趋势,拓展智慧交通创新应用,打造东莞智慧交通新体系,如图 6-17 所示。

图 6-17　东莞智慧交通综合架构

(1) 全息路口。用雷视拟合、边缘计算等技术,精准化、数字化还原路口复杂真实状态,构建孪生计算的数字交通系统。实现路口车道流量精准测量,赋能信号优化系统,同时检测路口拥堵、异常停车/事故等交通事件,实现被动接警到主动预警转变。东莞智慧交通一期选择核心 5 个路口建设全息路口,实现路口全时空监测、事件的快速发现和处置。

全息感知:位置、车牌、速度、姿态、属性五维元数据,动静态交通信息全数字化,精准测量路口流量。

信号优化:实时精准车道流量、排队长度及溢出、拥堵等事件推送信号控制优化系统,实现路口自适应、动态绿波、多路口协调等优化

多样化事件检测和安全评价:交通事故、急转弯、违法掉头、逆向行车、冲突点、非法占道、违法变道等。

事件主动预警:交通事故/异常停车、拥堵快速主动预警处置,飙车党等异常行为驾驶人分析,及时短信警示教育

(2) 全光路口。通过光通信技术改良传统交通信号控制系统,把传统交通信号机对红绿灯的控制方式,从模拟电缆升级为数字光纤,从集中式控制改造为分布式控制。全光路口具备施工简单、路口主动保护、极简运维等优势,一网承载信号、电警等系统业务,加速路

口信息化设备的联网联控,也为道路交通的智能化管理运维、信号调优奠定了基础,如图 6-18
所示。

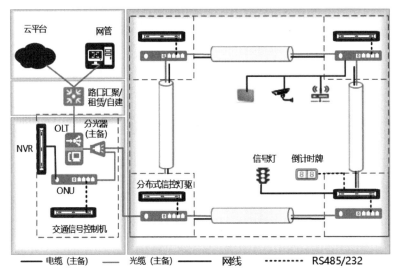

图 6-18　全光路网技术架构

　　东莞建设总共有 60 个全光路口,极简施工,高效运维,提升了交通流转效率,提高了道
路安全管理,具有四大特点:一是全新架构,提出业界首个独家分布式信控方案,使用创新
革命性的光总线信控架构,将复杂线缆改为光纤通信,以工业级设备提供电和网 1+1 保护,
任意一个方向的光纤或电缆出现故障时均可以通过环网保护保持信号和电源的持续传输,
信控系统正常工作不受影响,全光路口故障率低,稳定可靠,便捷运维,已成为中国道路交
通安全协会的全新标准;二是极简施工,1 纤+1 缆替代原来的 30 多根线缆,管道利用率
高,降低成本;三是高效运维,系统全程可视、可管、可控,降低了 30% 的工作量;四是一网
承载,路口其他感知设备和信控可以一网承载,利用光纤长距离通信实现片区级别的智能
交通管控,形成“城市一张光网”的统一承载。

　　(3) 无电无网多功能布控球。如图 6-19 所示,无电无网多功能布控球由太阳能供电,
使用光储一体锂电池,支持 4G/5G 通信,按场景支持违法停车、逆行、不礼让行人、大货车不
靠右行驶、车牌识别等智能算法,具有以下优势。

　　① 灵活部署,即装即用。可以根据需要随时随地快速部署或迁移,一机多场景使用,算
法可升级。

　　② 全天候执法。低功耗设计,可以至少保障 72h 不间断连续工作。

　　③ 简单运维。集中管理、集中维护,各部件状态及电池电量统一监控,可快速定位故
障,快速维护。

　　东莞 355 套设备每月抓拍大量违法行为,其中以违停为主,90% 以上车主收到违停警告
短信后驶离(免于处罚)。针对火车站等违停高发区域,灵活加装无电无网多功能球治理违
停后,99.6% 的车主在收到短信警告后驶离,有效地缓解了火车站周边秩序的管控压力。

图 6-19 东莞无电无网多功能布控球场景

(4) 集中信控系统。针对东莞多品牌信号机现状,基于国标协议形成东莞信控地方标准,建设统一标准、统一管控、统一评价、统一优化的"1+N"市镇两级架构信控统一联网优化评价平台。平台分层解耦,打通莱斯、海康、海信、大华、SCATS 等东莞主流信号机信控孤岛,实现主城区 100% 联网联控,2024 年实现全市信号机联网。平台融合全息路口、雷达数据,结合"互联网+"技术,在实现智能信号控制、优化、评价,以及一体化运维、大数据研判等核心功能的同时,打造面向未来的开放、规范、标准接口和科学、客观、合理的应用评价标尺,构建了建设、管理、应用、运维、评价一体化地方标准体系,如图 6-20 所示,保障交通信控业务的连续性,积极开展多维度数字化智能应用,从而实现城市交通信控的建设、管理、运营一体化业务闭环。

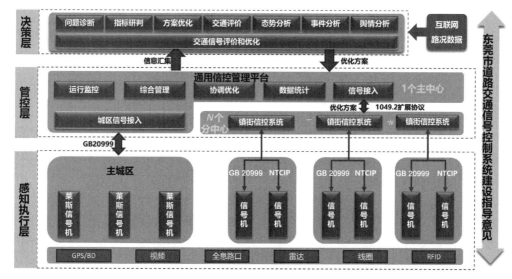

图 6-20 东莞市镇两级秩序管控体系

(5) 综合实战一张图。交通全要素上图,态势一图掌握,多来源事件分类自动分发,警力关联全流程闭环跟踪。

针对重点高快速路及部分关键城市道路拉取 64 路视频进行 AI 事件检测,识别行人/

二轮车上高快速路、异常停车、拥堵、逆行、施工等交通安全隐患事件。

综合实战一张图（如图 6-21 所示）提供统一接口接收全息路口、AI 视频分析、互联网路况推送异常事件信息，自动按事件类型、辖区流转对应大队进行处置闭环，系统同时一图展示路况、施工、易涝点、设施设备、警力等交通要素辅助事件快速处置决策。事件处置打通互联网导航系统，可基于事件或自定义信息推送互联网导航平台，实现社会面路况信息共享、协同共治，服务民生。事件处置全流程闭环记录，事件复盘有据可依。

图 6-21　综合实战一张图

（6）非机动车违法管控。以科技赋能大力提升电动自行车管控效能，非现场转现场执法探索非机动车管控难题突破口。

东莞交警采用软件定义相机技术对原有电警卡口进行平滑升级，无须改变原有 SDC 设备安装方式，即可实现机动车、非机动车过车及违法一体化抓拍，超微光补光保证白天黑夜精准抓拍，如图 6-22 所示。

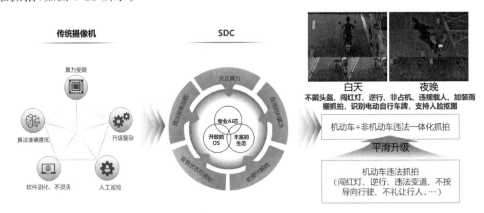

图 6-22　东莞市机动车、非机动车违法管控

电动自行车违法管控闭环系统实现违法数据汇聚，通过车牌/人脸关联身份/电话，违法合并、去重，自动生成整治任务下发各大队，相关违法信息经过审核后通过短信推送给违法人员，违法人员到大队接受现场违法处理，学习交通安全知识。系统同时对电动车违法相关人、车、路等进行具象分析，研判违法根因，识别违法高发人员、地点，支撑专项治理、源头治理等，监督街镇大队治理效果。

经过不断优化，如图 6-23 所示，目前非机动车违法抓拍准确率在 80% 以上，东莞 16 大队 650 余套电警升级实现了全东莞市低成本、广泛的非机动违法抓拍,向违法骑行人员推送 1500 多条短信。

　　系统上线前,电动自行车骑行人员不戴头盔、闯红灯等现象严重;系统上线后,骑行人员的交通行为安全意识提升,二次违法率大幅降低。

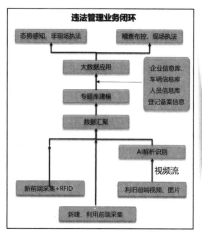

图 6-23　东莞市非机动车违法管控技术架构

　　3)方案价值

　　(1)**通行效率提升,拥堵缓解**。多品牌信号机 100% 联网联控;信号智能优化,主城区 41 条绿波带,路口占比 45%;拥堵指数两个月内下降 2.8%。

　　(2)**事件主动预警,处置效率提升**。事件秒级发现,综合检测率 90%,事件响应延迟减少 5min 以上;交通态势一图掌握,实时警力关联,处置效率提升 20%,缓解拥堵,消除事故隐患。

　　(3)**秩序管控加强,降低安全风险**。移动布控灵活,随需部署迁移,大幅降低了热点区域秩序管控压力;电动自行车由非现场转现场教育处罚,有效提升了市民安全意识,降低二次违法率,实施抓拍的路口涉电动自行车违法率下降 21%。

6.4　城市交通智能化展望

6.4.1　移动通信赋能智慧交通

　　中国已建成全球最大的 5G 通信网络,目前已经部署 5G 基站超 220 万个,已经实现 5G 信号对全国大部分城市的覆盖。目前,业界已经开启 5G+/6G 的研究探索。从移动互联,到万物互联,再到万物智联,5G+/6G 具有高速率、低时延、广连接等技术优势,将实现从服务于人、人与物,到支撑智能体高效连接的跃迁,通过人机物智能互联、协同共生,满足经济社会高质量发展需求,服务智慧化生产与生活。

　　5G+/6G 将充分利用低中高全频谱资源,实现空天地一体化的无缝覆盖,随时随地满足安全可靠的万物无限连接需求；提供完全沉浸式交互场景，支持精确的空间互动，满足人类在多重感官甚至情感和意识层面的连通交互，将助力实现真实环境中物理实体的数字化和智能化，极大地提升信息通信服务质量，助力人类走进人机物智慧互联、虚拟与现实深度融合的全新时代，最终实现"万物智联、数字孪生"的美好愿景。

具体到智慧交通领域，移动通信能够把人、车、路、事故等目标对象信息，更加实时、安全、稳定地传输到智能中枢，实现高效数据采集、决策研判、快速指挥与智能化服务的快速闭环。同时，通过 5G/6G 移动通信网络把更实时的信息传输、更全面的信息连接和更丰富的信息服务传递到每个驾乘人员，提升出行效率、交通安全及智能化服务水平，实现对智慧交通的赋能。

5G＋/6G 等新一代移动通信技术对智慧交管的核心价值在于信息连接、传递与交互向实时、透明及联网化转变，助力智能化发展，而联网化水平的提升需要能够满足智慧交通对网络更快、更多和更准的需求，其关键技术主要包括移动通信＋V2X、移动通信＋MEC 及移动通信＋高精度定位等。

1. 移动通信＋V2X

车联网借助新一代通信技术，实现车内、车与车、车与路、车与人、车与服务平台的全方位网络连接，提升汽车智能化水平和自动驾驶能力，构建汽车和交通服务新业态，是支撑智慧交通发展的关键技术。基于 3GPP 全球统一标准的车联网无线通信技术即 C-V2X。

C-V2X 是推动智慧交通发展的关键技术，通过将"人-车-路-云"等智慧交通的参与要素有机地联系在一起，不仅可以支撑车辆获得比单车感知更多的信息，助力解决非视距感知或容易受恶劣环境影响等情况，而且利于构建智慧交通体系，助力解决车辆优先级管理、交通优化控制等问题，从而促进汽车和交通服务的新模式新业态发展。从技术演进路径看，伴随着蜂窝移动通信技术的发展，C-V2X 技术也在不断发展，未来基于 5G＋/6G 的 V2X 技术将继续作为关键技术，支撑智慧交通的发展。

移动通信技术的发展使这一切都成为可能，5G 网络逐渐融入智能交通系统，交通系统的安全性、可靠性、效率不断增强，借助新一代通信网络与数据处理能力（5G 网络的上传速率达到百兆位每秒），能够实时监测交通违法车辆轨迹，还可以在后台实时监测事故现场处理进度。5G 支撑下的直升机无人机飞行编队，传输的视频信号更加清晰稳定，大到整条道路的路况，小到每一辆车的车牌、司机的驾驶行为，都能清楚呈现、实时传输。投入使用后，将对路段的拥堵、事故等进行实时监控，也可以对非法侵占应急车道等交通违法行为进行抓拍，提高了管理效率，交通态势实时感知，辅助城市交通治理。

在 5G 技术支撑下的 V2X 技术希望车辆能与一切可能影响它的实体实现信息交互，其通过网络技术接收和发送位置、车速、道路情况、交通信号和驾驶人行为（如紧急制动）来实时提示周边驾驶人。目的是减少事故发生，减缓交通拥堵，降低环境污染以及提供其他信息服务。V2X 主要包含 Vehicle-to-Vehicle(V2V)、Vehicle-to-Infrastructure(V2I)、Vehicle-to-Network(V2N)和 Vehicle-to-Pedestrian(V2P)。V2V 和 V2P 是基于广播功能实现车与车、车与人之间的信息交互，例如，提供位置、速度和方向信息用以避免车祸的发生。V2I 是车与智能交通设施之间的信息交互。V2N 是车与 V2X 服务器、交警指挥中心之间的信息交互,V2I/V2V/V2N/V2P 之间交互是一个闭环的生态系统。

2. 移动通信+MEC

多接入边缘计算(Multi-access Edge Computing,MEC)技术是从移动边缘计算(Mobile Edge Computing)扩展而来,是 5G 时代的关键技术。MEC 通过在网络边缘处部署平台化的网络节点,为用户提供低时延、高带宽的网络环境以及高算力、大存储、个性化的服务能力。通过建设基于 MEC 的网络架构,一方面可以通过减少数据传输的路由节点来降低端到端网络时延,另一方面可以利用 MEC 区域覆盖的特点,支持部署具备地理和区域特色的智慧交通服务。

例如,将 MEC 与 C-V2X 相结合,可以丰富和扩展车联网业务应用场景。一方面,相比传统 Uu 模式通信连接中心云的服务模式,将 V2X 服务器部署在 MEC 上能够在降低网络及中心云端负载压力的同时,以更低的时延提供闯红灯预警、行人碰撞预警、基于信号灯的车速引导等场景功能;另一方面,利用 MEC 可实现 V2I2V 通信,在提供更可靠的网络传输的同时确保满足低延时要求,实现前向碰撞预警、交叉路口碰撞预警等场景功能。此外,基于 MEC 的蜂窝网络环境具备强力的计算、存储、传输资源,配合路侧智能设备,具有对大量交通要素进行快速、准确的组织协调能力,可以进一步扩展 C-V2X 网络可支持的应用场景,如车辆感知共享、十字路口的路况识别与综合分析、高精度地图的实时分发、大规模车辆协同调度等。为满足车联网计算处理能力和跨服务平台互联互通等方面的需求,欧洲电信标准化委员会(ETSI)针对 MEC 技术的服务场景、参考架构等开展了一系列标准化工作,包括"MEC 对 V2X 支持研究"等项目。3GPP 也将支持 MEC 功能作为 5G 网络架构设计的重要参考。

在智慧交通领域,未来 5G+MEC 将作为一项关键技术继续发展,并进一步解决诸如低抖动低时延的可靠传输、跨运营商业务连续性、数据与业务安全性等一系列技术问题,规范车载终端与 MEC 平台之间、MEC 平台与部署业务之间的接口协议,明确 MEC 与路侧基础设施的部署、运营、管理权限与责任,丰富 MEC 平台上的业务应用,从而构建全面完整的 MEC 生态。

3. 移动通信+高精度定位

精准定位技术是支撑智慧交通特别是智能驾驶的关键技术之一,是实现车辆安全通行的重要保障。不同程度的智能驾驶水平对定位精度的要求也各不相同,例如,辅助驾驶中对车的定位精度要求在米级,而对于自动驾驶业务,其对定位的精度要求在亚米级甚至厘米级。虽然对定位精度要求不同,但定位的连续性是智能驾驶安全可靠的必要前提,考虑到环境(遮挡、光线、天气)、成本以及稳定性等因素,单纯采用某一种定位技术并不能满足车联网业务的定位需求。

将移动通信与卫星定位相结合,可以实现高精度定位,能够提供车道级导航、线路规划、自动驾驶等应用。为满足车辆在不同环境下的高精度定位需求,一般需要在终端采用多源数据融合的定位方案,包括基于差分数据的 GNSS 定位数据、惯导数据、传感器数据、高精度地图数据以及蜂窝网络数据等，并通过平台层提供一体化车辆定位平台功能，包括差分解算能力、地图数据库、高清动态地图、定位引擎等。

移动通信与高精度定位的结合应用可以保证较高的数据传输速率，满足高精度地图实时传输的需求。基站也可完成与终端的信号测量，上报平台，在平台侧完成基于移动信号的定位计算，为车辆高精度定位提供辅助。基于移动通信边缘计算，可实现高精度地图信息的实时更新，提升高精度地图的实时性和准确性，从而能够为应用层提供车道级导航、线路规划、自动驾驶等应用。

6.4.2　人工智能赋能智慧交通

人工智能研究领域包括机器人、语言识别、图像识别、自然语言处理和"专家系统"等，可实现的功能包括感知、学习、创新、推理、预测、文本理解等。人工智能已在大多数行业得到广泛应用，如解决业务问题、检测欺诈行为、提高作物产量、管理供应链、推广产品等。近年来，商业需求的大幅增加、数据的爆炸式增长、技术的突破性发展，以及计算与存储能力的快速改进，都在推动人工智能的进步。

未来趋势：自然语言处理技术将受到高度关注，其投资力度和发展速度将大幅提升。无代码或低代码系统将催生新的企业运行模式。亚马逊网络服务、微软云计算服务和谷歌云的无代码或低代码服务将渗透到日常生活中，消费者可创建自己的人工智能应用程序。各大互联网公司将大力推进人工智能云共享技术的发展。人工智能行业仍将以闭源模式运行，行业内部的代码透明性和可再现性较低。自然语言处理算法将用于研究病毒基因突变原理。人工智能将在合成生物学、遗传学、医学影像学、疾病传播预测、疾病康复等方面发挥关键作用。

当前中国在部分地市建设了"交通大脑"或"交管大脑"，应用人工智能技术已经支撑了部分交通违法识别、绿波通行、信号灯优化、治堵疏通等工作。人工智能通过图像识别、机器视觉、机器学习等技术，从海量视频图像中识别出人脸、车辆等，识别、定位嫌疑人、嫌疑车，随着机器学习、机器视觉等技术的进一步发展，识别的精准度将更高，速度将更快，长尾算法更精准，能更快地锁定嫌疑人、车，更多地识别交通违法行为。随着语音识别技术自然语言处理（Natural Language Processing，NLP）的进一步发展，交警在执法处置过程中，对人员的询问记录可由人工智能自动完成，语音自动生成文字，并存入案事件管理系统，这种技术大大节省了交警处警的时间，提升警务效率。针对车管所需要处理大量的档案文件，需要大量的手工录入信息系统工作，通过光学字符识别（Optical Character Recognition，OCR）技术将图片或文字识别成可结构化的文本，并自动填入系统，可大大降低重复劳动中的人力成本。

6.4.3　自动驾驶赋能智慧交通

汽车产业乃至整个交通出行领域正在发生一场革命，曾经出现在科幻影视作品中的自动驾驶汽车正在加速来到每个人的身边。作为国际公认的汽车未来发展方向，自动驾驶的意义在于汽车行业的技术升级,因其涉及的产业链长、价值创造空间巨大,已成为各国的重要战略高地与汽车产业和科技产业跨界、竞合的必争之地。

出行平安不仅是公众美好的期盼,也是自动驾驶汽车设计与应用的前提条件。随着自动驾驶技术及示范应用的快速发展,自动驾驶交通安全引发了政府、行业的高度重视,公众的关注度也在不断地提升。更高效、更便捷、更智能、更安全的交通环境已成为社会各界的共同期待。

自动驾驶时代势不可挡,政策法规正在逐步健全保障安全发展。中国汽车产业整体规模保持世界前列,自动驾驶产业受到了政府的重视和支持,具有多元化的应用场景、良好的道路条件、快速发展的通信技术等良好产业发展土壤。

中国的自动驾驶汽车的发展始终强调智能网联、车路协同,近年来已初步形成《汽车产业中长期发展规划》《智能汽车创新发展战略》《中国制造 2025》《交通强国建设纲要》等系列智能网联汽车发展战略,并在国际产生影响。其中,《国家综合立体交通网规划纲要》(2021年)的 2035 发展目标为基本实现交通运输感知全覆盖,智能网联汽车(智能汽车、自动驾驶、车路协同)的技术达到世界先进水平。在顶层设计的推动下,地方政府相继开放了自动驾驶道路测试和示范运营区域助力产业发展。截至 2021 年 11 月,全国已有 38 个省/市出台管理细则,先后建设了 70 家测试示范区,开放了 5200 多千米测试道路,发放 1000 余张测试牌照,自动驾驶道路测试取得了阶段性的进展。

自动驾驶正处于技术快速演进、产业加速布局的商业化前期阶段,交管建设将加强自动驾驶方面相关基础研究,推进关键核心技术攻关和自主创新,推广自动驾驶规模化测试和商业化试点,加强自动驾驶汽车安全相关法规标准体系建设,自动驾驶的发展和应用将为建设智能交通、塑造智慧城市夯实基础。

6.4.4　电子车牌

在政策层面,为了规范"电子车牌"行业发展,《机动车电子标识安全技术要求》《机动车电子标识读写设备通用规范》《机动车电子标识读写设备安全技术要求》《机动车电子标识读写设备安装规范》等行业标准不断发布。2021 年中国发布了《道路交通安全法(修订建议稿)》,标志着"电子车牌"开启了从点到面的全国性推广。

汽车电子标识系统通过车辆电子标签和传统牌照信息的有机结合,可以实现对无牌假牌车辆、逾期未年检、未报废等嫌疑车辆、"两客一危一货"、出租车、网约车等重点管控车辆的精准预警、精准拦截,为各类限号限行措施的实施提供监控保障,满足城市公交车辆优先通行需求,对"两客一危一货"等重点车辆实现有效管控,提高车辆监控的准确性和时效性。通过采集车辆身份信息、车辆运行信息以及道路交通流量信息等关键数据,可构建动态的车辆运行数据库,为政府职能部门制定涉车管理、交通管理等决策提供数据支持。

1. 创新社会治安防控体系

通过路面采集设备和公路卡口设备的集成应用,遮挡、污损、变造牌照将无处可藏,通过对车辆身份精准识别,提升公安机关对假套牌车辆、未年检车辆、报废车辆等嫌疑的识读、监控及追踪能力,提升涉车治安防控水平。

2.提高交通运行监控能力

实时准确地采集车辆通行信息,为交通区域限行监控、公交信号优先控制、危化品运输车辆路线监管、客运车辆运行监控、货运车辆区域限行监管、重点车辆电子通行证管理、出租车辆运行监控、货运物流点及危化品储运地等车辆出入管理、网约车管理、公众出行诱导服务提供数据支撑,提升道路交通运行的感知及管控能力。

3.提升道路通行及停车的便利性

通过与ETC结合绑定提升高速出入口的通行效率,提升通行的便利性;通过与停车场的联动,提升停车便利性,并保证金融支付安全。

4.促进多行业信息融合及涉车综合服务

汽车电子标识将年审、保险、环保等多种车辆信息整合,促进公安与各相关涉车管理部门和行业间的信息融合共享,提供跨行业、多部门的“一站式”服务,实现车辆保险监管、涉车税费监管等,同时,通过拓展涉车增值服务,营造汽车电子标识涉车服务与运营生态圈。

6.4.5　无人机赋能智慧交通

无人驾驶飞机(Unmanned Aerial Vehicle,UAV)是指以空气动力为升力来源、无人员搭载的空中飞行器,可重复使用并可携带任务载荷。除无人机和任务载荷外,飞行任务的完成还需要控制、通信、维护、发射、回收设备等。无人机具备使用效能高、飞行速度快、机动性好、范围广、部署简单等特点,已经被应用到社会各个领域,如国土资源调查、气象探测等遥感探测、农业植保、林业防护、搜捕营救、反恐除暴、边境巡检等。

在交管领域,无人机已经在部分省市应用于交通巡检、非现场执法、交通疏通等场景,对拥堵疏通、流量疏导等起到了重要作用。

面对日益庞大的交通路网和越来越拥堵的交通,交通治理和执法的压力越来越大,传统管理方式变得有些力不从心。由于管理范围广、交通拥堵,交警无法及时赶到现场处置。因此通过无人机进行巡检、执法、疏通势在必行。

6.4.6　元宇宙赋能智慧交通

元宇宙是整合多种新技术而产生的新型虚实相融的互联网应用和社会形态,它基于扩展现实技术提供沉浸式体验,基于数字孪生技术生成现实世界的镜像,将虚拟世界与现实世界密切融合。元宇宙服务于人,重点关注人的感受,并构建新型经济社会关系。元宇宙不是要镜像真实世界,而是要创造一个有人参与、带有经济系统、与真实世界交融的新世界。

元宇宙的发展有两种思路:元宇宙产业化和产业元宇宙化。元宇宙产业化里的“交通管理”有三层含义,一是指元宇宙空间里的交通运输,服务于用户的体验,是现实交通的主观延伸;二是指支持元宇宙发展的现实交通运输,体现在流通环节需适配元宇宙发展所带来的变化;三是指支持元宇宙交通梳理指挥,体现在对车、路、事件整体感知融合赋能交管大脑,服务交通梳理、执法。"交管元宇宙化"则是指元宇宙赋能指挥交管相关产业,激发发展的新动能。

展望元宇宙交通发展,可以畅想的应用场景十分多。

一是行业政务服务"一次也不跑"。元宇宙提供了线上与线下等效的沟通方式,将交通业务对象在虚拟空间进行展现与讨论,政务服务"现场办理"的必要性被削弱。交通政务元宇宙平台提供全天候在线公共服务,身份系统认证办理人员真实身份,并发放不能被篡改的电子证照,变革政务服务"最多跑一次"为"一次也不跑",打造服务型政府。

二是交通设施数字孪生远程管控。对行业而言,数字孪生目前更具实用价值。数字孪生在虚拟空间再现真实交通运行场景,通过"虚实融合,以虚控实"的系统实现,提高交通基础设施的精准感知、精确分析、精细管理和精心服务能力。

三是元宇宙驾培与数字人教练。元宇宙提供更加丰富、科学、舒适、个性化的驾培方案,新型虚拟设备能够弥补实车(船)教具的不足,数字孪生提供真实世界不易发生的培训场景,智能数字人教练实现全时个性化指导,身份系统认证元宇宙培训的学时,沉浸式互动教学环境让深度学习更易发生。

四是自动驾驶无限场景测试。实际路段的自动驾驶测试场景和里程始终是有限的,元宇宙为复杂、极限、危险性、不可复现的自动驾驶系统测试带来了无限可能。历史场景复现、实时监测生成和用户生成内容(User Generated Content,UGC)为自动驾驶系统边界条件测试带来了海量用例,辅助提升自动驾驶系统安全性。

五是交通安全生产事故复盘与元宇宙模训。在元宇宙平台中,将安全生产重大事故进行三维复盘,形成标准化、数字化、可视化案例库。以案例为抓手,开展隐患发现、风险辨识、事故三维复盘、原因分析、过程推演、应急演练等,提升从业人员安全生产和应急处置能力。

六是交旅融合的元宇宙 MaaS(Mobility as a Service,出行即服务)。当旅游出行成为主流,交通和旅游深度融合,跨越交通网络的出行服务方式持续成熟与升级。新型便携式移动终端作为元宇宙入口,一次规划、一键支付、一码通行、一路服务,打造一个比自己拥有车辆更方便、更可靠、更经济的交旅融合服务环境。

七是交通知识、文明传播元宇宙化。交通会展、科技资源、职教、科普/文化/文明宣传等知识传播行为将率先元宇宙化。

第 7 章

城市轨道交通

7.1　城市轨道交通智能化背景与趋势

7.1.1　宏观政策推动城市轨道交通快速发展

2022 年 1 月,交通运输部发布《数字交通"十四五"发展规划》,提出推广城市轨道交通智能运营管理,提升公共交通柔性运营能力,推进城市交通大数据综合应用,实现信息一体融合、综合服务。打造一体化出行服务平台,倡导"出行即服务"理念。2022 年 12 月,国务院发布《"十四五"现代综合交通运输体系发展规划》,提出超大特大城市构建以轨道交通为骨干的快速公交网络。

城市轨道交通行业积极引入云计算、人工智能、大数据等新技术推动数字化、智能化的发展。例如,通过引入云计算技术,打破数据孤岛,实现了城轨业主信息技术使用效率的大幅提升,并极大程度地节省了投资。2019 年 9 月,在中国城市轨道交通协会的推动下,正式发布了城市轨道交通行业首个城轨云团体标准,为城市轨道交通行业云计算发展实施出台具体行动纲领和路线图,上云在城市轨道行业成为必选项。2020 年 3 月,中国城市轨道交通协会发布《中国城市轨道交通智慧城轨发展纲要》(下文简称《智慧城轨发展纲要》),秉承"交通强国,城轨担当",布局"1-8-1-1"智慧城轨发展蓝图,如图 7-1 所示。

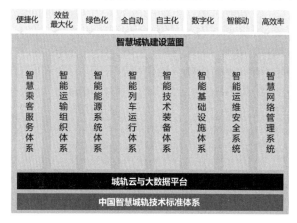

图 7-1　智慧城轨建设蓝图

作为《智慧城轨发展纲要》的姊妹篇,2022 年 8 月,中国城市轨道交通协会发布《中国城市轨道交通绿色城轨发展行动方案》,贯彻落实"双碳"战略部署,规划"1-6-6-1-N"的绿色城轨发展蓝图(见图 7-2)。推动绿色装备自主创新和新一代绿色智能技术装备的研发与应用,聚焦节能降耗潜力大、能效利用率高的新一代绿色智能技术装备。绿色低碳拓展了智慧城轨的内涵,是建设智慧城轨的重要内容和重要场景。通过大力推进"云、数、网、安、智"等新一代信息技术与绿色低碳业务深度融合,夯实数字底座,以推进城轨信息化,发展智能系统,建设智慧城轨为载体,以智慧赋能节能降碳关键核心技术攻关,助力城轨交通绿色低碳、高质量发展。在减碳、低碳达标基础上,绿色城轨追求更高运输效率效益、更高质量和绿色出行。智慧城轨与绿色城轨相互支撑,协同发展,成为城市轨道交通行业发展的方向。

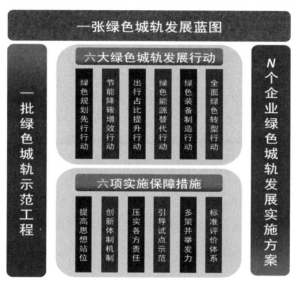

图 7-2　绿色城轨发展蓝图

截至 2023 年 9 月底,中国大陆 58 个城市开通 308 条城轨,里程超过 10841km,总运营里程排名世界第一。共计 29 个城市的线网规模达到 100km 及以上,并且有 19 个城市开通了 37 条全自动运行系统线路,已形成了 923km 的全自动运行线路规模。2019 年,中国城市轨道交通平均客运强度为 0.71 万人次/(千米·日),民众对城市轨道交通需求发展仍处于上升阶段。

在《智慧城轨发展纲要》中提出,力争通过"两步走"实现智慧城轨建设的战略目标。第一步:2025 年,中国式智慧城轨特色基本形成,跻身世界先进智慧城轨国家行列。实现的总体目标是:中国城轨行业的信息化、智能化、智慧化水平进入世界先进行列,重点智能化关键核心技术得到应用,智能化产业初具规模。第二步:2035 年,进入世界先进智慧城轨国家前列,中国式智慧城轨乘势领跑发展潮流。实现的总体目标是:中国城市轨道交通的智能化水平世界领先,自主创新能力全面形成,建成全球领先的智慧城轨技术体系和产业链。

7.1.2　城市轨道交通智能化面临的挑战

从民众出行需求的角度来看,随着城市人口的增长和交通拥堵的加剧,民众对出行安全和效率的要求越来越高。随着城轨线路和车站数量增加，线网客流持续增长，城轨线网结构愈加复杂，运营压力随之加大，安全隐患和风险无处不在；运能与运力难以匹配巨大的潮汐客流；传统的运营运维成本居高不下，城轨面临可持续发展的挑战。智慧城轨建设的核心和基础是数字化建设，这给 ICT 技术与城轨建设的融合提出了新的要求。国内各大城市均围绕"安全""效率""体验"的整体目标展开智慧城轨的探索和实践。智能化、自主化、绿色化已经成为中国城市轨道交通行业当前的发展趋势，其中智能化更是引领着这场变革。

随着城市轨道交通行业开通线路和里程数的日益增多，大量城市从单条线路到多条线路，进一步形成城市轨道交通网络，这种业务的变化给城市轨道交通行业业主带来了大量新的挑战，也就带来了大量新的需求。面向旅客的智慧乘客服务体系需要提高乘客服务的便捷化、舒适化、智能化水平，包括提升票务服务的智能化水平，提供智慧出行咨询，建立智能安检（防）系统。面向自身业务的生产经营也需要进一步提升智能化水平，做到运输组织、列车运行、技术装备、基础设施、运维安全等方面的智能化。

技术的演进总是逐步迭代演进，期间需要克服各种挑战，才会迎来爆发的拐点。自从 1956 年人工智能概念的提出，经历近 70 年的技术演进，直到 2022 年 11 月 ChatGPT 问世，人工智能的发展才进入全新的阶段，各行各业的大模型如雨后春笋涌现出来。中国大陆在 1969 年就开通了第一条地铁，但也是一直到 2000 年后才开始快速增长，总运营里程于 2010 年突破 1000km，并于 2022 年突破了 10000km。同样，城市轨道交通行业的智能化也是一个循序渐进的过程，需要克服多重挑战才会迎来快速发展的拐点。

1. ICT 基础设施能力的挑战

智能化应用对于城市轨道交通行业 ICT 基础设施的完备度和成熟度提出了更高的要求。要实现智能化的第一步是要实现全行业的数字化和信息化，做到可视、可管、可控。虽然城轨云已经大大提升了行业的数字化水平，但城市轨道交通行业当前的实际应用中仍然存在由于基础设施陈旧导致的如数据采集、处理和分析的准确性、实时性和可靠性等方面的问题，不仅需要解决设备连接的兼容性问题，还要确保实时性和高可靠性，需要对 ICT 网络能力进行评估，制定相应的升级扩容计划，为智能化应用打好基础。另外，在算力资源方面需要做好储备也是智能化的前提条件。

2. 行业数据规模和质量的挑战

各个行业都有各自长期且专业的积累，大模型必须结合行业知识、专有数据，完成从通用到专业的转变。城市轨道交通行业自身已经积累了大量高质量专用数据，但是如何充分利用发挥数据要素价值是一项艰巨的任务。

3. 人工智能落地应用的挑战

国内有 58 个城市开通了城市轨道交通，但各自的规模和能力参差不齐，对智能化的需求也不尽相同，因此构建不同层级的模型并提供相应的资源和部署能力，并做好智能化应用建设与成本之间的平衡等问题都是一项挑战。

7.2　城市轨道交通智能化参考架构

7.2.1　智慧城轨总体要求

《智慧城轨发展纲要》提出"应用云计算、大数据、物联网、AI、5G、卫星通信、区块链等新兴信息技术,全面感知、深度互联和智能融合乘客、设施、设备、环境等实体信息,经自主进化,创新服务、运营、建设管理模式,构建安全、便捷、高效、绿色、经济的新一代中国式智慧型城市轨道交通",并指出智慧城轨的建设按照"1-8-1-1"的布局结构,即铺画一张智慧城轨发展蓝图;创建智慧乘客服务、智能运输组织、智能能源系统、智能列车运行、智能技术装备、智能基础设施、智能运维安全和智慧网络管理八大体系;建立一个城轨云与大数据平台;制定一套中国智慧城轨技术标准体系。

当前,城轨云成为数字化、智能化转型的基础已成为行业共识,充分共享信息化资源,建立大数据共享平台,并利用数据分析,提升管理能力和管理效率,智慧城轨技术架构见图 7-3。未来,为达成智慧城轨建设的战略目标,数字化、智能化技术使能管理效率的提升、运营可靠度提高、服务质量改善会成为下一阶段发展的主要趋势。

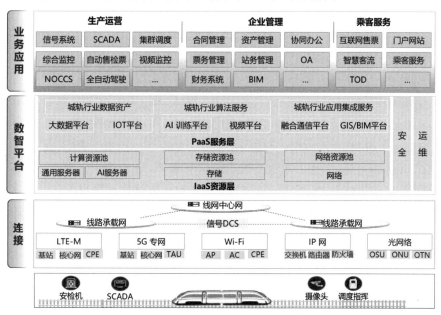

图 7-3　智慧城轨技术架构

智慧城轨的建设要坚持智能化和自主化"两手抓"的实施战略,智能化重点推进云计算、大数据、AI 等新兴信息技术和城轨交通业务深度融合,推动城轨交通数智技术应用。充分利用城轨云数智底座能力,并逐步在业务场景中融合 AI 等创新技术,打通流程的断点,重构城轨业务,技术使能场景,逐步向智能化、数字化大步迈进,达成智慧城轨的建设目标。

7.2.2　城轨云的现状与演进

2016 年,城市轨道交通行业首次提出"云计算＋城轨"理念,城轨云作为智慧城轨发展的重要平台,有效支撑了城市轨道交通行业走向高质量发展。尤其是 2019 年中国城市轨道交通协会牵头制定的《智慧城市轨道交通信息技术架构及网络安全规范》、2020 年中国城市轨道交通协会牵头制定的《城市轨道交通云平台构建技术规范》等系列规范发布,标志着城轨云标准的确立,为城轨云平台的建设和应用提供了统一的规范和指导,推动了城轨云平台的规范化、标准化、集成化发展。

国内主流云计算解决方案供应商以领先的云技术积极践行城轨云标准工作,在中国城市轨道交通协会带领下协同设计院、业务系统厂家、集成商积极参与中国城轨云建设工作。截至目前,中国已有 31 家地铁公司完成或在建 70 多个城市轨道交通行业云平台项目,有力地支撑了城市轨道交通行业的数字化进程。经过近 10 年的发展,城轨云的建设已经取得了显著的成效。

1. 城轨云建设思路

中国城市轨道交通协会发布的城轨云标准,编制过程汇聚了城轨领域顶尖专家,吸取了其他领域云平台建设的经验和教训,也为各地城轨预留了自主创新的空间,确定了城轨云建设的几项根本原则:一云遮天、三域分治、OpenStack 开放云资源管理架构、平台统保系统自保。统一采用 OpenStack 架构保障了基于主流技术路线长期演进,又保证了可通过标准接口实现云平台统一纳管;三域分治又保障了生产/管理/服务三类业务系统按照城轨客户组织架构建设和运营,也有利于安全方案"平台统保系统自保"原则的落地。4 条原则自成体系,又相辅相成,浑然一体。

(1) **一云遮天**:城轨云方案的设计目标是实现城轨线网级、线路级业务系统的统一承载、统一管理、云数融合,它能够统一管理生产中心、灾备中心和车站资源,统一调配多个资源池和多个 VDC 的资源,支持生产中心配置公共资源池,统一展示管理视图、拓扑、告警、性能、报表等信息,统一执行信息资源、审核模型、用户权限等管理流程。

(2) **三域分治**:根据业务性质和安全等级保护的需求,构建三个业务域(Region),覆盖安全生产、内部管理、外部服务三类业务范畴,三个域内设立共享平台;三域各自配置计算、存储、网络和安全池资源,并实现统一调度和管理;在三域部署域内数据平台,负责管理网内各自的数据。

(3) **OpenStack 开放云资源管理架构**:选城轨云平台就是在选城轨企业的数字化底座,为了保证云平台技术架构的开放性和演进能力,平台应采用云计算领域通用的 OpenStack 开放云资源管理架构,保障不同类别虚拟化资源之间、同一类别不同品牌的虚拟化资源之间的互联互通,异构纳管,避免被供应商或技术架构锁定,云平台应支撑一云多池、一云多芯。

(4) **平台统保系统自保**:网络信息安全对于保障城轨云及云上业务系统的稳定运行至关重要,城轨云系列标准在制定时就提出了"系统自保、平台统保、边界防护、等保达标、安全确保"的 20 字核心方针。城轨云的主备中心、边缘云分别配置云安全资源池,以云化形式提供各安全能力组件,满足城轨云平台自身的安全防护要求;规划"安全管理区",集中构建"零信任""安全态势""数据安全"等共性的安全能力,供全网共享调用。

这些设计理念是城轨云平台的灵魂,也是城轨云与其他云平台的本质区别。深圳 NOCC(Network Operation Control Center,网络运营控制中心)生产云、西安地铁线网云、武汉城轨云的实践(中城协线网云示范工程)充分验证了城轨云标准的可行性、合理性和前瞻性。以武汉地铁线网云为例,IT 资源利用率较传统方式提升 50%,新业务上线所需时间从平均 6 个月降到平均 2 个月,统一云平台的建设也打破了数据孤岛,线路间数据共享由原来的 30 天降低到 7 天,资源集中又使得统一安全能力中心发挥更大效能,减少 80% 安全威胁节点。

2. 城轨云技术发展演进

从 2016 年开始讨论城轨业务上云,到 2019 年的行业第一朵城轨云(呼和浩特城轨云)落地、2021 年武汉地铁城轨云、2022 年西安地铁线网云,经过近 10 年的讨论和发展,城轨云所承载的业务已经从线路、线网的生产管理服务业务,发展到今后需承载整个城轨企业的数字化转型的底座。城轨业务架构在逐步演进,新的城轨云架构既需要通过打补丁解决传统业务变化带来的需求(如刷码乘车等高并发大流量业务、开放网络),也需要从公有云技术栈汲取新的养分,支撑包括车站(云边缘节点)、绿色城轨、企业数字化转型等新业务形态和新的要求。

城轨云的发展演进过程如图 7-4 所示,从以虚拟化为特征的城轨云 1.0,到以云数融合为特征的城轨云 2.0,再到现在的城轨云 3.0,行业向自主化、智慧化、低碳化演进。城轨云 3.0 具有以下特征。

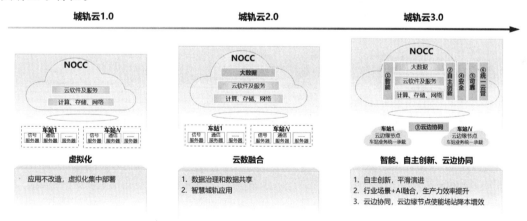

图 7-4　城轨云的发展演进过程

(1) **行业场景＋AI 融合**:通过行业大模型＋求解器赋能运营运维,统一训练推理,支撑生态伙伴 AI 上云,支撑生产力效率提升。

(2) **云边协同**:云边智能、数据、应用、运维四协同。算法云上训练,边缘推理;应用云上开发,批量部署;数据云上分析,边缘清洗;统一云管,边缘自制。支撑站段级业务创新,提升资源利用率45％,设备数量减少40％,机房空间降低30％,设备能耗降低40％。

（3）**云网安融合**：在等保基础上构筑体系化防御,解决单纯的合规化手段无法系统解决城轨云安全问题。通过云网安融合,实现风险云上云下统一分析,全面态势感知,识别90％的安全威胁；通过云网安协同联动,威胁近源高效处置,分钟级响应。

（4）**多场景容灾**：全业务架构保护,满足不同阶段业务上云灾备需求；支持业界最全云原生服务容灾能力,支持云管、云主机、数据库、对象/文件存储、缓存、大数据等实例同城、异地容灾保护；支持同城跨 AZ 故障整站点无感知切换（IP 不变）。

（5）**一云多芯**：联合生态打造全栈根技术创新的城轨云,全栈云服务、核心架构全面支持；完全具备自主维护,保证软件供应链连续的能力；硬件开放,支持鲲鹏/飞腾/海光 CPU 混合部署,支撑城轨业务的平滑演进。

（6）**统一运营运维**：城轨信息化建设意味着客户要管理包括生产、管理、服务三个独立的业务域,车站/车辆段的边缘计算节点,计算、存储、网络、安全、数据等资源的管理将会带来极大的挑战,城轨云解决方案提供统一运营运维能力,实现多云、异构云及云网边的统一纳管和运营运维。

7.2.3   城市轨道交通智能化参考架构

智能化是城轨云 3.0 的最重要特性,也是智慧城轨的两大抓手之一。城市轨道交通智能化参考架构如图 7-5 所示,分为智能感知、智能联接、智能底座、智能平台、AI 模型/算法、智能应用。

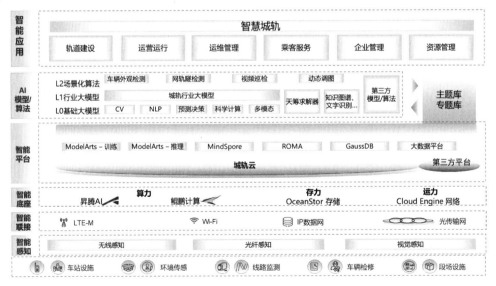

图 7-5   城市轨道交通智能化参考架构

1. 智能感知

车站/段场是轨道交通的基本组成单元,智慧车站/段场是实现智慧城轨的基础。智慧站段建设要求以运营业务需求为导向,具备状态感知、数据管控、自动诊断、业务闭环、持续进化五大特征,实现管理升级、运维升级和服务升级。智慧城轨及智慧车站的建设要求增强站段终端设备的感知能力和智能化,一方面实现对于物理世界的感知,另一方面基于终端智能化赋予终端交付能力。

2．智能联接

城市轨道交通的业务智能化发展,对通信基础网络提出了更高要求,连接人、物、应用系统以及大模型的训练和云边协同。城轨业务上云后,业务数据集中处理需要足够的传送带宽,高清视频实时回传也对通信性能提出了更高的要求。同时,业务云化促使南北向流量快速增长,将占到总带宽的 70% 以上,网络结构需要适应流量模型的新变化。通过多种创新连接技术,无线有线结合,构建城轨全连接网络,实现万物智联、弹性超宽、智能无损、自智自驭等重要特性。

3．智能底座

城轨智能化平台作为城轨业务单位共享共用的 AI 基础能力支撑平台,需要提供一个可持续演进、超强算力,以及生态开放的公共算力底座支撑,为 AI 训练和 AI 推理提供算力资源,满足智慧城轨业务多样化人工智能应用需求。算力底座包括 AI 算力硬件以及云基础设施。

城轨智能化服务主要应用于城轨视频类 AI 识别分析、语音分析、文字识别、内容审核等 AI 应用场景。城轨智能化主要的训练场景是机器视觉应用使能,包括视觉能力训练平台、图像增强模型、目标检测、图像分割、人员跟踪需求。AI 训练资源支持算法调优开发,提高算法精确度;支持新的业务场景算法开发,满足城轨智慧化业务需求。

考虑城轨智能化需要支持中心推理,同时需要支持靠近业务边缘的 AI 推理,AI 硬件资源宜采用中心＋边缘的部署方式。AI 推理中心算力部署于中心云,为城轨智能化统一提供推理算力。以当前主流的算法乘客行为分析、车辆运维、视频解析等计算,单台推理节点可支持 20 路以上的视频并发分析,按业务需求可以横向扩展。随着 AI 应用推广,段场业务、车站业务的 AI 应用更靠近业务的前段,实现业务实时处理,因此推荐使用 AI 一体机/服务器,它是专门为边缘场景设计的产品,具有计算性能超强、体积小、环境适应性强、易于维护和支持云边协同的特点,可以在边缘环境广泛部署,同时通过云基础设施的云边协同统一部署、运维,极大地提高其使用的高效性。

4．智能平台

随着人工智能技术的发展,各行各业均在积极探索人工智能技术在各自行业的应用,城市轨道交通行业也不例外,多家城轨业主都在积极探索人工智能技术在智能运维、客流预测等多个场景的应用,对于人工智能算力的建设模式也有一些积极的探索。建立统一的算力中心对城市轨道交通行业是合理的方式。首先,城市轨道交通行业的算力需求并不是实时并发的,例如,客服系统一般在城轨运行时段使用算力,而 360°车辆检测系统一般在车辆检修时段使用算力,所以建设统一的算力中心可以形成算力共享,避免算力资源浪费;其次，城轨在中心大数据平台积累了大量高质量数据，可以充分利用起来，最大限度发挥数据价值，用于提高生产效率、保障运行安全；第三，城轨线路上车站众多，人工智能的应用部署架构应统筹规划，设计人工智能的云边协同架构，综合考虑中心-车站的协同，在算力中心把算法统一管理起来。

智能平台层覆盖了数据处理、模型训练和应用开发三大环节，把复杂的大模型开发过程流程化、标准化、简单化，帮助城市轨道交通行业用户一键启动，实现一站式开发。

1）AI 训练平台

随着安全生产、内部管理，以及乘客服务业务的提质增效，AI 融合到传统业务中的场景越来越多，但是 AI 需要在不同的应用场景下，通过场景化数据训练、开发才能比较好地适应对应场景的应用，具有开发成本高、开发门槛高等难点。

AI 训练平台是面向开发者提供数据管理、模型训练、模型管理和模型部署的一站式 AI 开发服务，帮助用户快速创建和部署模型，管理全周期 AI 工作流，可极大地提高 AI 开发效率，降低 AI 开发门槛。AI 训练平台可广泛应用于分类、预测、聚类等传统机器学习模型开发场景，也可以广泛应用于图像分类、文本挖掘、语义理解、知识信息抽取、定制语音识别、定制化 OCR 等深度学习模型开发场景。

2）AI 推理平台

AI 推理的主要原理是基于训练好的算法模型，输入需要 AI 识别的数据流（如视频、图像、语音、文本等数据），通过对应算法模型的 AI 分析、处理，给出识别结果的过程；AI 推理平台实现对推理资源的统一管理，通过部署调用已经训练好的模型，基于输入数据实现模型结果的输出。AI 推理平台包括模型管理、模型部署和资源管理三个模块，可满足多样化、多场景的 AI 模型管理和推理需求。

5. AI 模型/算法

城轨智能化为城轨企业的安全生产、内部管理，以及对外服务业务应用提供共享的 AI 基础能力支撑，各部门的业务场景对 AI 算法的需求是无穷无尽的，任何一个厂家都不可能完全满足城轨智能化发展过程中长尾的 AI 需求，因此要解决过去算法与平台绑定、多厂商的算法无法共享平台的问题，实现平台与算法解耦。平台需要开放算法生态，提供算法管理的标准和规范，使多厂商的多算法共存，持续繁荣 AI 的算法生态。当前城市轨道交通行业普遍存在 AI 算法以及 AI 厂家众多、系统分散等情况。典型的城市轨道交通行业 AI 算法有人脸识别、智能文档识别、语音综合服务、入侵检测、异常行为检测、人流量分析、人群热力图分析、物体追踪、人员结构化分析、视频内容检索、危险品及滞留物品识别、视频摘要、图像增强等几十种算法。

智能平台应针对以上各种算法管理提供多算法仓库管理。算法管理主要对开发完成的算法在平台上进行上传、发布、部署、作业管理、运维管理等全生命周期的统一管理，实现各方算法一致的运营、运维体验和一致的服务体验，同时满足对 AI 算法、平台解耦的要求。

城市轨道交通行业在 CV（Computer Vision，计算机视觉）大模型和 NLP（Natural Language Processing，自然语言处理）大模型领域都有相关的应用场景。计算机视觉大模型是指使用深度学习技术训练的大型神经网络模型,用于解决计算机视觉领域的各种问题。这些模型通常由数百万个参数组成,可以对图像、视频等视觉数据进行高级别的理解和分析。在城轨领域,应用场景包括车辆 360°检测、乘客异常行为检测、刷脸过闸、智能巡检等。自然语言处理大模型在城市轨道交通行业领域的应用场景包括智能客服、智慧运维、企业信息检索、会议纪要撰写、文档问答、公文撰写等。例如,针对乘客服务的语言大模型赋能智能客服代替普通基于知识图谱的客服系统,有效提高了智能客服对于乘客意图的理解,提升乘客满意度;基于城轨企业内部数据训练的大模型可以帮助办公人员快速生成会议纪要、快速生成公文、检索城轨企业内部知识等。

6. 行业数据

人工智能离不开大数据,可以说大数据是燃料,而人工智能是手段。通过数据的采集、存储、分析处理、数据检索和挖掘才能逐步释放价值。智慧城轨要求扩大智能创新应用建设,规划的 8 大智能应用体系,均离不开大数据在其中的支撑作用,通过对乘客、设施、设备、环境等实体信息的全面感知、深度互联以及智能融合,实现用数据说话、数据驱动业务,从而更精准、更智能地实现服务、运营、建设管理模式的创新,实现数据从信息、知识再到智慧的价值释放。

1)城轨大数据建设原则

结合城轨大数据的现状,以及城市轨道交通智能化的建设需求,城轨大数据规划需要满足如下建设原则。

(1)**需实现数据融合共享**:充分实现全线网的数据融合和共享,统一存储、统一管理、统一共享,解决数据的找数、取数、用数、管数难题,实现数据服务唾手可得。

(2)**需实现数据说话、辅助决策**:通过数据的主题连接,实现数据变为信息和知识,从而实现通过数据来反映业务的运行现状,辅助决策。

(3)**需实现数据与人工智能的结合**:海量数据目前的分析技术还相对不足,需要通过人工智能的算法和算力,来实现诊断型分析、预测分析及教导性分析,帮助解决业务的实际问题。

2)城轨大数据与人工智能结合

实现大数据与人工智能的深度结合是行业智能化的一个重点工作和重要前提,城轨大数据为人工智能提供高质量、快捷的数据服务,同时人工智能提升了大数据的服务和分析效率,通过研究大数据和人工智能的结合,加速高价值数据应用场景的孵化和实现。

(1)**打通数据湖与人工智能的数据链路**。人工智能中数据使用过程如图 7-6 所示,AI 的开发需要大量的数据集,尤其是预测类的 AI 分析,需要大量的历史数据,可以研究通过高效的自动标注和数据预处理技术,为模型训练提供高质量的数据输入,是提升算法开发效率、提高算法精度和准确性的重要保障。

其中,在城市轨道交通行业客流预测、智能调度、智能维修计划排程等场景的预测类大模型的应用数据流见图 7-7。

(2)**通过人工智能提升大数据的分析效率**。当前城轨数据基础薄弱,数据质量参差不

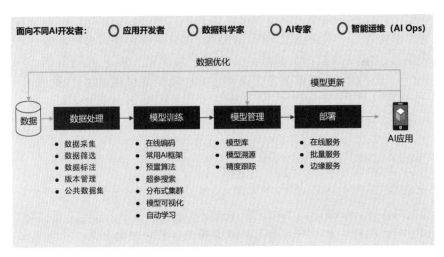

图 7-6　人工智能中数据使用过程

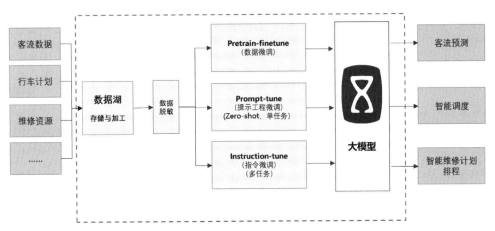

图 7-7　预测类大模型的应用数据流

齐,数据治理和数据分析工作量较大,其中,数据工程师、数据分析师的固定工作,如 SQL (Structured Query Language,结构化查询语言)查询编写、数据清洗和转换、数据分析和可视化生成,未来将可能被大模型代替,将大幅提升找数效率、分析效率、建模效率、应用效率。大数据分析智能化如图 7-8 所示。

（3）**结合城轨业务难点和痛点,用大数据和人工智能寻求突破**。绿智融合作为城轨发展的重要方向,在机器代替人工、提高资源利用率、个性化服务等方面有较大的提升空间,基于数据感知和数据分析,结合人工智能机器学习,大有可为。由于城市轨道交通行业的数据敏感性,需确保模型的训练数据和算法都是合法的,遵守相关的法律法规和伦理标准,同时严格控制模型的输出;需要考虑数据隐私和安全的问题,如个人身份、财产信息等。在使用大模型处理数据时,需要采取一系列措施,如数据加密、访问控制等,保障数据的安全性和隐私性。

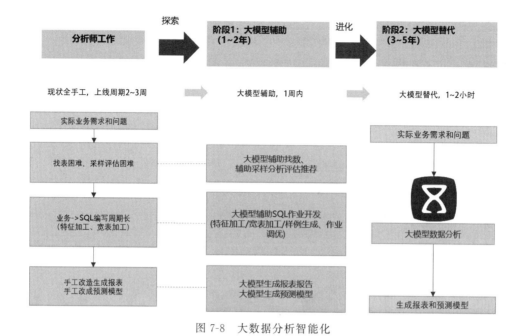

图 7-8　大数据分析智能化

7. 智能应用

智能应用层基于 AI 模型、平台、算力的基础能力,为行业业务提供智能化应用服务。用于机器代替人工,如客流预测、设备故障预测、车辆 360°检测,基于 BIM 的安全风险预测等;用于提高资源效率,如列车动态调图、运力与运量匹配分析、智能运维排班计划、节能算法等;用于客户服务,个性化路线推荐,基于标签画像的服务推送、商业新零售、广告精准投放等。

7.3　城市轨道交通智能化价值场景

7.3.1　城市轨道交通智能化价值场景综述

随着线网规模持续增长,全球城轨面临巨大挑战。在运营安全方面,事故时有发生;在运营效率方面,维修窗口只有 3～4h,同时线网调整计划周期长,人力成本持续增加;在乘客体验方面,需要多元化、个性化的服务;在绿色节能方面,能耗持续增加。

多种挑战驱动城市轨道交通行业积极开展智能化探索,当前各地城轨业主、生态厂家已经在城轨智能化领域展开各种尝试,如将 AI 能力应用于城轨的建造、运营、运维、管理、服务的主要业务流,也在智慧客运、智慧运维、智慧客服、无人驾驶、智慧工地等具体业务领域展开了具体实践。

7.3.2　智慧客运

随着中国城市轨道交通网络规模的持续扩大,呈现出客流巨量化、信息海量化、制式多元化等特点。一方面,轨道交通网络规模的持续扩大带来了客流快速增长、线间客流叠加作用明显、突发事件影响传播较快造成的应急处置压力大等一系列轨道交通运输组织管理问题;另一方面,运营条件越来越复杂,设备故障、突发事件等因素将对正常的线路运营造成扰动,如不及时调整运行计划,将会造成线路乃至整个网络运营秩序紊乱,乘客滞留、危害乘客人身安全、引发重大舆情等严重危害。

一次突发事件可能会导致数十辆列车脱离原计划运营,这需要调度员在短时间内站在全局的视角考虑故障处置策略,对几十辆列车下发指令,指挥受影响的每个车次及时采取如加开、扣停、降速、折返、下线、跳站等操作,从而降低故障影响。如若处置不当,可能会造成更大规模的晚点。因此,在出现突发工况时,需行车调度指挥对全局性的行车组织进行安全、科学以及灵活的调整,最大限度地把地铁设备和地铁设施的潜能充分发挥出来,进一步把突发事件对运营的影响降到最低,尽快恢复正常稳定运营。

当前调度指挥通常依托既有规章预案,依赖人工经验现场判断的方式制定各类应急处置决策,再通过操作 ATS(Automatic Train Supervision,列车自动监控系统)等设备控制平台执行,执行的效率和结果的优劣更多取决于调度人员的业务能力和经验多少。调度员在面对来源各异、形式多样、内容复杂的信息时,难以快速整理有效信息,做出合理的处置决策,也使故障场景下的调度业务处置出现瓶颈,难以满足日益复杂的网络化运营环境下精准、高效的处置要求。此外,新建地铁的城市缺乏有经验的调度员;地铁网络成熟的城市也面临调度员更新换代,新上岗调度员缺乏经验等问题。

智慧客运将调度指挥业务与智慧化技术有机融合,如图 7-9 所示,通过对现场状态的实时动态感知,以云平台、大数据平台为支撑,围绕运营监视、应急处置,根据异常状态研判运营态势,强化数据资源在行车组织、客运组织专业领域的深度集成,建立多目标多约束的运力调度模型,将运力精准投放到客流聚集面,解决运力不匹配导致的站台、通道乘客积压问题,为调度日常运营和应急处置提供辅助决策,支撑调度从“经验范式”向“知识范式”转变。

利用传统实时 AFC(Auto Fare Collection,自动售检票系统)客流数据,如进出站客流、换乘路径、断面客流等数据,结合视频智能分析技术,提供实时的客流动态分析和预测,提升客流数据的实时性,提高客流预测精准度,细化客流数据颗粒度,支撑调度员提前掌握“点(车厢、站台、站厅等)、站、线、网”的客流变化趋势。

车辆故障、供电故障及信号故障及突发大客流是影响线路正常运营的主因,通过梳理运营调度数百条细则及各种工况的处置策略、抽象归纳数字化,构建灵活可配置的 AI 规则引擎。以客流数据、线路基础数据、计划时刻表、突发事件影响的时空范围、运营规章要求等为输入,利用启发式算法降低问题规模和求解复杂度,通过天筹求解器精细调整发车时刻,在 1min 内得出全局最优的调度策略,从而优化最大晚点时间、清客次数、5min 晚点次数等主要运行指标。

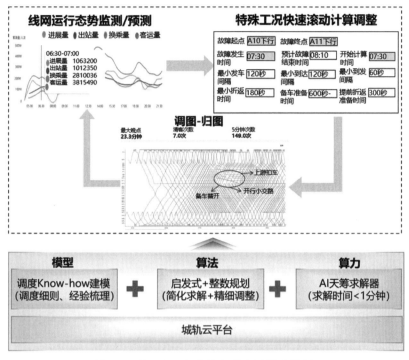

图 7-9　基于人工智能的智慧客运调度指挥

在现场状态的实时动态感知的基础上,围绕列车运行图,建立编制、调整、统计评价的自动化运作体系,实现列车运行图的在线动态调整以及突发情况下列车运行调整策略的自主决策,满足运能精准配置,延误高效吸收与固化优秀经验的要求,包括以下几方面。

(1) 运能精准配置。

千万级变量在 1min 内求解输出调图结果,明确受影响的每个车次的处置措施(如扣停、降速、折返、下线、跳站等),提升处置效率,将运力投放到客流聚集面,降低因故障延误而引发大客流积压的风险,为应急决策、人员疏散和运营抢险赢得时间。

(2) 延误高效吸收。

降低 5min 及以上晚点事件的次数和最大晚点时间,降低对客户出行体验的影响。

(3) 固化优秀经验。

降低调度经验学习成本,将调度员从海量的信息、数据和交织的业务逻辑中解放出来,为延误事件的处置提供快速、可信的决策辅助,弥补不同调度间因经验差异而导致的处理能力差距。

未来,基于人工智能的智慧客运可以帮助城轨业主打破常规既有运输服务模式,采取客流需求响应式的线网运营组织模式,实现"按图跑"到"按需跑"的智能化、精细化和标准化的运营组织,推动城市轨道交通运营服务模式的创新发展。

7.3.3　智慧运维

随着地铁在支撑城市交通现代化、服务市民出行方面发挥越来越重要的作用,地铁的网络规模在不断发展壮大。同时,随着人民生活质量的提高,对地铁安全运营服务水平的要求随之提高。但地铁在设备设施运维方面,存在着设备维修能力与维修质量压力日益增大的问题,主要体现为"天窗期"越来越短、线网设备种类和数量日益庞大、传统的人海战术越来越无法满足设备高质量运行的要求。运用数字化和智能化技术赋能地铁设备设施高质量运维,可以实现设备的人检向机检、计划的人工编排向智能编排提升与转变,最大化保证作业质量、提高维修效率。

1. 车辆360°智能检修

越来越多的车辆投入城市轨道交通的运营中,给车辆检修任务带来了极大的压力。同时,随着乘车人员的不断增加,地铁开始实施延时运营,挤压了夜间列车检修时间。传统列车检修主要通过人工查看车体外观等区域是否存在故障,需要 2～3 人花费 45min 时间完成一列车的检修。检修作业人员水平参差不齐,有经验的专家能识别 70% 的故障,普通员工只能识别 30% 的故障。

由于检修人员长时间、高强度地工作,容易疲劳,检修质量也难以保证,因此行业配置车辆360°动态图像智能检测系统,自动对车辆外表故障、磨耗件、走行部状态以及车体外形等信息进行拍照分析和检测,减少了列车在库内人工检修的内容,降低了检修频次,大幅缩短了检修时间。

轨道交通故障样本少是行业通病,导致 360°图像识别的故障检出率低,无法真正通过技术减少工时。同时,传统的以模板匹配为主的图像识别技术无法解决光照、水渍、转动件识别场景的高误报率,给检修人员带来了额外的工作量。

对于 360°图像识别场景的技术难点,发挥盘古 CV 大模型的大量行业知识沉淀的优势,并结合 360°采集的图像样本,进行下游任务微调,生成城轨车辆 360°检测 L2 模型,如图 7-10 所示。将传统 360°图像识别系统的误报率大幅降低 50%,将故障检出率提升到 95%,及时准确地掌握车辆部件的运行状态,减少重复性的人工检查,提升车辆外观的检查质量。360°图像检测覆盖无电检查作业 70%,盘古 CV 大模型加持图像识别算法后,人工日检工作量减少约 50%;检测不受环境及人为失误影响,车辆安全与检修人员安全更有保障;日检检修人员工时可减少 50%。

2. 智能计划排程

地铁车辆检修一般分为计划修和故障修。计划修是根据车辆检修规程要求,对列车进行预防性维修,按照检修规程对维修作业进行计划编制;故障修是针对列车发生的故障进行维修。

传统地铁车辆检修计划主要依靠人工编制。由于列车临时故障等各类突发事件影响列车检修计划调整,如果继续以人工方式对计划进行调整,工程师将面临如何高效、准确地

图 7-10　基于大模型的车辆 360°智能检修系统架构

调整检修计划涉及的股道、列位、检修备品备件、工器具、人员等的挑战。例如,某辆列车的部件发生了临时故障,需要对该故障实施紧急检修,因此该部件的下一次检修时间就应该调整,这就会涉及检修作业人员、列车停放股道和列位、检修相关的配品配件和工器具的连锁调整变化,普通工程师很难综合所有因素做出最优的计划调整。如果不调整会导致过修,而调整不合理会带来欠修或更大的资源及成本浪费。

使用 ISDP(Integrated Service Delivery Platform,运维检修支撑平台)处理检修计划排程智能化的场景,通过梳理计划约束规则,建立智能计划模型和任务调度模型,可实现计划智能排程和任务智能调度。以车辆周检修计划为例,根据月计划输出每天的具体执行计划,考虑班组安排、车底计划、股道状态、其他专业施工任务状态等情况,对检修计划涉及的资源进行最优调度,为地铁车辆精细化管理提供有力的决策支撑。

ISDP 智能计划与调度模型所采用的 PhotonMIND 引擎采用启发式算法组合(包括随机搜索、贪婪算法、最长尾算法等)、大邻域自适应搜索算法、基于混合整数规划的邻域搜索算法及组合优化算法等,并适配多业务场景(工单调度模型、人员排班模型、计划策略模型、业务预测模型)。

ISDP 智能计划与调度模型的一个优势是能根据规则快速地输出高精度的计划,如 1min 自动编排车辆检修周计划,并且与最优解的计划偏差 5%,如此快速的智能编排计划的特性特别适合临时车辆故障要快速调整检修计划的场景。

7.3.4　智慧车站

各类新技术的不断发展和应用,也在推动城市轨道交通行业从"人适应系统"向"系统适应人"转变。运营管理场景覆盖城市轨道交通线网运营的各个环节,包括轨道交通与大型交通枢纽站场站连接的运营管理,在线网/线路控制中心实现高效调度指挥、各座车站的灵活运营管理、城市轨道交通车辆基地的主动智能运维,实现前台调度指挥管理,后台运营维护管理。不同运营人员对于不同业务场景有着各不相同的运营需求,这也对系统建设能力提出了更高的要求。由于地铁运营收入低、运营成本高等因素,对地铁运营也造成了较大的财务压力,使各地降本增效的需求持续增加。

2018 年,佳都科技依托近 20 年的城轨业务系统建设经验,通过对行业现有技术、业务等能力的沉淀,正式推出行业首个智慧城轨大脑——华佳 Mos(Metro operating system,城轨操作系统)。华佳 Mos 正是基于智慧城轨建设的大背景,通过强化能力支撑、数据驱动,为搭建端到端的智能应用提供数字"底座"。在"底座"之上,将乘客、运营、各种设备等多维度数据打通,并提供一套可靠的、通用的、开放的、支持可迭代开发和应用创新的建设框架和基座,也就是城市轨道交通行业操作系统。智慧城轨大脑将地铁运营技术、知识、经验、模型等工业原理封装成微服务功能模块支撑城轨智慧车站业务:乘客服务、运营管控、智慧安检、机电运维、环控节能。

1. 智能乘客服务

传统车站运营完全依赖人力,客服水平参差不齐、人力成本居高不下、客服资源与客服需求难匹配、客服水平无法有效监测。智慧城轨大脑可以有效支撑城轨智慧票务、无感乘车、智能导引、智能客服、智慧导航、智慧招援等应用。例如,智能客服应用基于城轨大脑平台的语音识别、语音合成、语义理解等 AI 技术,通过拟人化语音、文字等方式与乘客进行自然流畅的交互,支撑自助终端智能咨询、在线语音问答、咨询、业务办理等服务。

2019 年 9 月,佳都在广州首个智慧车站——天河智慧城站推出基于智慧车站小脑的智能客服中心,同时,相关方案于 2021 年 9 月在广州地铁 18 号线,2022 年 3 月在广州地铁 22 号线全线落地,2022 年 6 月基于线路智慧地铁大脑的无人值守智能客服中心在长沙地铁 6 号线上线运行。以长沙地铁 6 号线为例,全线 34 个车站共设置了 74 套智能客服,客服中心无须安排专职站务人员。对比传统票亭运营模式,每个票亭需设置 4 个运营人力,按全线需要 34 个票亭计算,则需要投入 136 个人力,按当地人力资源成本 6.5 万元/年估算,则需要 884 万元/年,基于智慧城轨大脑快速构建的智能客服应用,则可以大幅节省地铁在客服方面的运营成本。

2. 智能运营管控

城轨运营管理是一项错综复杂的工作,一般都需要配置大量的岗位人员,且大部分作业依赖人工,效率低、易出错。基于智慧城轨大脑的智能运营管控,通过智能开关站、智能巡检、客流预测等应用,辅助运营管理人员优化作业流程,减少人工重复性工作,提高工作效率。以长沙地铁 6 号线为例,在巡站方面,车站日常安排人工巡站一般每次需要 20～40min,而采用 AI 巡检功能,工作人员可自定义设置巡检路线,通过同步调阅监控画面、自动监测站内各类设备运行状态、捕捉安防异常行为的方式执行自动化巡检,10min 之内即可完成,不仅不需要人员到现场,且能够自动生成巡检报告。再如,传统开关站人工操作耗时至少 30min,而借助智能开关站应用,只需要 5～15min 即可完成,大幅减少了人员的工作量。

而在应急指挥方面,基于智慧城轨大脑构建的智能应急管理体系,通过实施业务流程数字化、预案数字化、智能监测预警、设备智能联动等手段,有效提升了城轨运营的应急响应能力和韧性。例如,事前可根据各专业的报警信息结合智能分析算法模型,自动生成预警信息。事中可针对突发大客流、气象灾害、安防异常、设备故障、行车组织、车站消防、汛情监测等场景各类数据进行监测,构建健全的监测预警机制。事后可根据内置的报告模板自动生成处置报告,为用户编写处置报告提供素材参考,有效减轻了人员编写报告的压力。以车站防汛为例,传统方式是新增各种传感设备,采集监测数据作为防汛处置依据,而基于智慧城轨大脑的车站防汛应用,通过利用既有、常规的温湿度数据、水泵运行状态等综合监控系统所采集的数据,结合算法模型智能分析,即可实现站外天气评估、车站爆管渗水风险评估、车站水泵故障监测评估、车站出入口风险评估等,同时基于数据拉通可联动各业务系统实现快速的预案处置。

3. 智慧安检

城轨传统安检模式下,信息化、智能化能力不足,无法支撑基于城轨客流特点所带来的安全防控压力,导致执行核心安检任务的判图人员工作强度大。此外,安检人员工作能力不均、不足,人工判图识别准确率低,安检人员投入大,不仅存在重大安全隐患,还需要高昂的人力成本,与安全防控的实际效果预期存在较大偏差。佳都科技结合行业痛点,基于智慧城轨大脑支撑智慧安检解决方案及系列化自研软硬件产品,包括智慧安检管理平台、集中判图、智能判图等核心应用,打破了传统安检区域化分立模式,向安检专业的自动化、网络化、智能化、精准化、少人化及低成本的模式发展。

以长沙地铁 6 号线为例,基于线路智慧地铁大脑,构建了面向全线的车站的集中判图应用,同时也成为行业首个全线应用集中判图的案例。以节省成本的角度评估,该线如果按传统方式配置本地岗安检人员,34 个站至少需要 68 个安检点,人员数量达 136 人,按当地人力成本约 5.4 万元/年计算,人力成本需要 734.4 万元。而采用集中判图方式,初期过渡阶段配置 16 个集中岗和 24 个本地岗,成本降至 432 万元,可为客户节约 302.4 万元/年的成本。在成熟阶段,通过设置 16 个集中岗满足全线判图需求,取消本地岗,仅需 172.8 万元/年,可节省 561.6 万元/年的成本。

4. 站段机电智能运维

城轨设备的运维管理是运营工作的重要组成部分,各类设备犹如城轨的"器官",需要时刻监测健康状态,及时修复故障,保障运营的安全。但现行的运维管理模式下,先进的数智化技术与运维行业融合尚浅,效率显著受限。以智慧城轨大脑为依托,利用长期专注于轨交领域积累的大量经验和数据,智能运维可化身为全能的维修专家,为全系统的维修人员提供 24h 在线专家指导服务。如果员工遇到棘手且未出现过的问题,对某一类故障处理没有足够的经验,可能会造成运维质量参差不齐,借助智能运维手段即可应对此类问题。

在长沙地铁 6 号线中,基于线路智慧地铁大脑的设备智能运维为设备维保人员带来了便利,以自动巡检功能为例,实现了帮助车站平均减少 50% 的计划检修项点,大幅减少人工巡检的工作量和路途花费时间,获得了一线维修人员的高度认可。随着 2023 年 6 月佳都知行大模型的发布,智能运维应用借助大模型的能力,其智能水平又拔高一筹。例如,当站台门出现故障时员工可借助大模型专业知识库的实时建议,故障的修复时间被降至最低,对地铁正常运营的影响也随之减少。

5. 车站环控节能

现阶段,国内城轨大部分既有旧线的通风空调系统仍采用 BAS 控制这种简单的控制系统,不具备智能节能控制的功能。部分新建线路采用风水联动控制系统,但是仍未达到最佳节能效果,轨道交通通风空调系统仍然具有较大的节能空间。佳都科技基于智慧城轨大脑,采用基于混合模型和 AI 算法的节能控制系统,结合自适应模型预测控制算法,以“机理模型＋数据驱动”为技术基础,可根据客流预测算法和天气预报信息,结合实时天气、车站实时客流、站内环境参数等数据,不仅可以预测空调负荷,还可以根据空调负荷的变化计算室内温湿度的变化,规划空调系统在未来一段时间的冷量输出,有利于提高系统能效,使得空调系统的运行更加平稳和高效节能。采用自适应模型预测控制算法,通过将人为设定固定的控制规则和控制参数,转变为基于模型与数据的动态控制规则和控制参数,既避免了现场调试时间,也摆脱了对人员经验的依赖,还可以解决设备性能变化带来的控制效果下降等问题。

在长沙地铁 6 号线,基于线路智慧地铁大脑实现了全线 34 站的 AI 节能应用。根据实测数据,AI 节能控制相对于工频控制的平均节能率为 55%,AI 节能控制相较于车站风水联动控制的平均节能率为 28.15%。据长沙地铁 6 号线运营报告,2023 年空调季节 7、8、9月采用 AI 节能算法控制后,车站动照部分节约电耗 615 万度,电费成本节省 484 万元,为地铁运营节约了可观的能耗成本。

7.3.5　城轨无人驾驶

城市轨道交通是能够在实际运行中成功应用无人驾驶的领域之一。轨道交通的无人驾驶系统一般称为全自动运行系统,全自动运行系统相比现有城市轨道交通 CBTC(Communication Based Train Control) 系统,引入了自动控制、优化控制、人因工程等领域的最新技术,进一步提升了自动化程度。全自动运行系统具有更安全、更高效、更节能、更经济、更高服务水平的突出优点,列车平均出入库时间减少 50%,每千米配员数减少 15 人,同等服务水平下减少列车 3 列,平均旅速提高 7.8%,已成为城市轨道交通技术的发展方向。在自主化全自动无人驾驶等方面,北京地铁燕房线实现了全生命周期性价比最高的目标,全生命周期成本比国外引进系统低 30% 以上。燕房线是我国首条自主研发的全自动运行地铁线路,由交控科技股份有限公司牵头负责,并于 2017 年顺利开通。燕房线首次创建了基于中国运营场景的全自动运行技术体系,研发了基于全生命周期的综合保障技术,填补了我国全自动运行系统的空白,代表着我国轨道交通列车运行控制技术达到国际前沿水平,与高铁复兴号并列作为"十三五"两项轨道交通的重大科技创新成果,在全国地铁线路掀起了全自动运行系统的热潮。截至 2023 年 12 月 31 日,中国已有 20 个城市共计 39 条地铁线路开通 FAO(Fully Automatic Operation),线路里程达 985.30 km。

近年来,随着国内城市轨道交通列控技术经过 CBTC、FAO 的快速发展,中国城市轨道交通协会基于我国列控系统的实际情况和发展趋势的研究,提出了我国城市轨道交通列车运行控制系统技术体系(Chinese Metro Train Control System,CMTCS)。该体系归纳总结了信息时代城轨列控技术,并以分级形式描述了标志性系统,如表 7-1 所示。国内列控行业正在从 CMTCS-2 级向 CMTCS-3 级迈进,关键是要突破系统的传输方式、轨道资源的管理与申请方式、列车的主动感知能力等核心技术。随着 5G、传感器和人工智能技术的发展成熟,车车通信、列车自主感知等一众列控技术涌现,有力地加速了 CMTCS-3 级实现的进程。

表 7-1　CMTCS 发展等级表

系统等级	自动化等级	闭塞方式	传输方式	轨道资源管理单位	轨道资源申请单位	列车自主感知	列车自主运行
CMTCS-0	GoA 1	撞硬墙移动闭塞	车地	进路	中心	否	否
CMTCS-1	GoA 2	撞硬墙移动闭塞	车地	进路	中心	否	否
CMTCS-2	FAO	撞硬墙移动闭塞	车地	进路	中心	否	否
CMTCS-3	FAO	撞硬墙移动闭塞	车地+车车	进路/逻辑单元	车载/中心	是	是
CMTCS-4	FAO	撞软墙移动闭塞	车地+车车	进路/逻辑单元	车载/中心	是	是

1. 车车通信列车运行控制系统

随着中国高质量发展的需要和居民多样化出行的需求,符合 CMTCS-2 级的全自动运行系统面临新的瓶颈,主要体现在"安全与韧性""能力与效率"两方面。"安全与韧性"指目前城市轨道交通缺少完备的轨行区安全防护,且以人员瞭望为前提下的行车工作强度大、安全系数低,同时系统运行缺乏韧性,既有系统故障后能力断崖式下降。

CMTCS-3 级中提出基于车车通信的列车运行控制方式,目前在国内外已经进行了示范应用,典型示范应用的线路是北京 11 号线、青岛 6 号线、深圳 20 号线。其中,北京 11 号线所应用的基于感知的车车通信列车运行控制系统(Perception Based Train Autonomous Control System,PB-TACS)融合基于多传感器的轨道环境感知技术、"撞软墙"的列车安全防护等技术,能够有效解决上述问题,提高运行效率,提升系统安全。

图 7-11 中,控制中心负责运营状态的监控和调度指挥,实现运行计划灵活配置的线路

及线网的智能运行；智能车载负责列车自主定位、车车追踪防护，以及车地通信，并基于激光雷达、相机的多传感器融合实现列车高精度定位、障碍物识别，并在故障情况下将可视距离的最远点或最近的障碍物位置作为防护点控制列车运行。基于感知的后备运行模式提升系统运行韧性，实现"故障导向安全"到"故障维持安全运行"的转变，故障降级下提升运营效率40％以上。

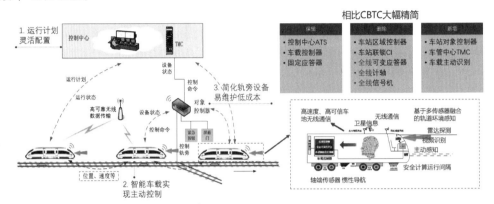

图 7-11　PB-TACS 系统架构图

基于相对制动的列车安全防护技术作为 PB-TACS 核心技术之一，其支持列车之间通过无线通信实时交互位置、速度、加速度和制动性能等信息，并基于相对速度的"撞软墙"模型实现更短的列车运行间隔和更高的追踪效率。"撞硬墙"和"撞软墙"两种模型对比如图 7-12 所示，"撞硬墙"方式下的列车安全防护距离随列车运行速度的增高而增大，不利于列车运行效率提升。

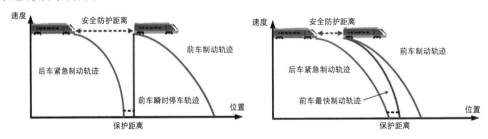

图 7-12　"撞硬墙"（左）和"撞软墙"（右）

基于资源精细化利用技术，列车自主控制道路资源，实现道岔的提前控制，提高折返作业的运行效率。高度自主的列车移动体控制能够支撑更灵活、更智能的调度技术。PB-TACS 功能如图 7-13 所示。

2. 主动障碍物检测

由于列车运行环境复杂多变，车载感知面临诸多挑战，近几年曾发生过地铁撞击人防门、地铁列车相撞等事故，这些事故究其原因都是列车未能有效感知前方运行环境。为提高列车的自主感知能力，降低列车运行的安全风险，提升系统故障下的运行效率，"主动障碍物检测系统"应运而生。

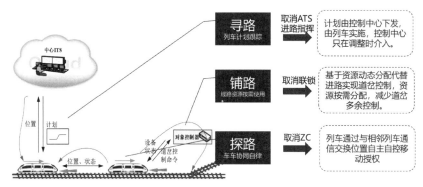

图 7-13　PB-TACS 功能

"主动障碍物检测系统"通过激光雷达、相机、毫米波雷达三种传感器对列车前方进行扫描,获得大量的实时传感器数据。基于这些传感器数据,利用先进的激光 SLAM (Simultaneous Localization And Mapping,即时定位与地图构建)和传感器融合技术,实现了精确定位和障碍物检测等功能,使列车能提前"看"见 300m 外的车辆、150m 外的行人,甚至 50m 外的小型障碍物。在其主动识别到障碍物后又能够准确判别出障碍物的类型和距离,一旦系统判断该障碍物会影响列车正常运行,便会及时输出报警信号,提醒列车采取制动或防护措施,达到安全驾驶的目的。

3. 地铁车辆与屏蔽门间隙探测

地铁每站的平均停站时间只有 35～40s,为了给司机操作留足时间,就必须提前关门,留给乘客上下车的时间不得不缩短到 20～25s。地铁停靠过程中,乘客为了赶时间,无视红灯闪烁警示,冲抢车门的情况时有发生。尤其是上下班的高峰客流期,夹人或夹包的情况屡见不鲜,是不可控的安全事故隐患,更有甚者被卡在屏蔽门与车门间隙造成生命安全风险,安全与效率的矛盾隐隐再现。传统的地铁运营中,多采取人工瞭望、激光对射监测的方式,但其弊端也十分明显:站务员人数有限,难以满足每个屏蔽门都有人值守;而激光对射监测屏蔽门方案仅能感应到有异物,不能精准定位异物,也不能识别异物的类型、大小,影响处理效率。

如图 7-14 所示,为了延长留给乘客上下车的时间窗口,可以把每站确认屏蔽门关闭、确认无夹人夹物、确认发车信号这种重复性工作也交给自动化系统,由激光雷达实现地铁车辆与屏蔽门间隙的主动探测和告警,将检查间隙这一工作实现自动化、实时化和精准化。将自动驾驶从人工确认屏蔽门 CMTCS-1 级自动驾驶提高到 CMTCS-2/3/4 级自动驾驶,司机无须下车确认,从而提高发车效率。

CMTCS-2/3/4 级将设计精致小巧的高性能激光雷达安装于屏蔽门顶部,通过俯视视角来扫描整个屏蔽门的空隙。120°×70°的超广视场角以及超高分辨率,使其能够做到无死角监测,无论是乘客抑或遗落的物品夹在间隙,都能高效实时探测,从根本上杜绝漏报问题,阻绝安全隐患。一旦检测到潜在危险,系统也将及时发出警报,自动打开列车门,停止地铁出站,避免造成进一步的财产及生命损失。

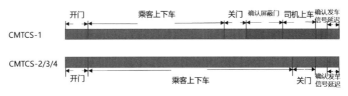

图 7-14　城轨车辆与屏蔽门间隙探测示意图

4. 城轨无人驾驶未来展望

CMTCS-3 级的列控系统的典型关键技术正在国内开展积极探索与实践，但还没有形成的成套系统装备。从 CMTCS-3 级开始，人工智能、智能感知等颠覆性技术给城市轨道交通赋予巨大创新动力，城轨列控系统作用正向轨道、车辆、能源、人力等资源高效安全利用发展，支持我国列控系统从 CMTCS-3 级向 CMTCS-4 级长期演进。

7.3.6　智慧枢纽

综合交通枢纽是综合交通网络的关键节点，是各种运输方式高效衔接和一体化组织的主要载体。国家《现代综合交通枢纽体系"十四五"发展规划》中肯定了中国综合交通枢纽快速发展，取得积极成效的同时，也列举了存在的短板和薄弱环节。例如，综合交通枢纽在网络化服务能力方面有待提升，综合交通枢纽间有效协同运作水平较低，设施共享共用程度不够，信息互联互通水平不高，多元化、专业化服务功能还不完善。规划中也明确了积极推动基于大数据、物联网、人工智能、5G、区块链、先进感知等新技术与枢纽规划、建设、运行管理深度融合，从而解决及改进相关的短板和薄弱环节。

智能化目前已经在枢纽各种场景中发挥出重要价值，其中，客流疏散应急是典型的枢纽场景应用之一。综合交通枢纽是铁路、航空、城际轨道、城市轨道、公交、出租、社会车辆等多种交通方式的汇聚点。日常运营中枢纽运营单位除了负责安全、秩序、卫生之外，还需要负责春运、暑运及其他节假日、重大事件高峰期的客流疏导工作。枢纽运营单位需要结合枢纽及周边区域公共交通方式的运力情况、重点区域人流集聚、列车航班的到发等信息，实时监测枢纽运行情况并及时预警当旅客大量集中到达或大面积滞留时，协同调度多式运力，保障旅客的安全疏运。但是传统的客流监控由于缺少智能化手段，往往需要安排大量的人力监视关键出入口的客流变化，铁路、城际等大运量交通工具的客流信息也无法实时传递给运营单位，往往导致大客流疏导不及时从而导致投诉甚至大客流滞留等安全事件。

要实现枢纽客流的精准研判与运力多式高效协同调度，需要构建多种交通方式的信息共享与按需调度体系，并将相关数据共享给政府、周边部门及枢纽运营单位，当旅客大量集中到达或大面积滞留时，协同调度多式运力，保障旅客的安全疏运。

客流疏散应急场景中，首先需要建设智能感知及大数据采集系统。通过视频监控、探测传感器等设施，结合 CV 模型，完成客流动线信息及客伤安全等突发事件信息的分析。通过接入铁路、城际、地铁、航空等相关系统，获取班次信息、延误时间信息和客流量信息，构建集中的大数据池。多方式协同调度的技术实现如图 7-15 所示。

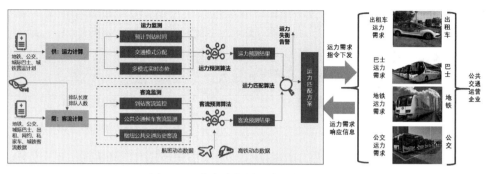

图 7-15　多方式协同调度的技术实现

基于感知数据及大数据池,通过智能 CV 算法,实时监测并预警枢纽重点区域人流聚集、应急突发状况,能够提前预测客流到达情况,根据延误时间通过多种方式实现信息发布,及时通知旅客安排出行;当出现旅客大量集中到达或大面积滞留时,协同调度周边 3～5km 轨道、公交、出租等进行疏解,实现枢纽安全精准预警与多方式高效协同调度,有效提高枢纽的安全应急保障与指挥调度能力,各交通方式协同响应时间不超过 10min,从发现乘客滞留到疏散完成的时间不超过 30min。

通过客流及交通动线智能模型实时分析,推演道路交通变化趋势及客流量变化趋势,能够精准预测未来 5～15min 内的人流情况,协调枢纽区域与周边其他集中区域的车流,保障路网畅通,各区域时空流量均衡,对保障枢纽及周边区域的正常交通运行秩序产生重要作用,极大降低因大量旅客集中到达、大客流延误滞留等突发应急事件导致混乱无序情况的发生概率,扩大枢纽的辐射影响范围。

基于客流及交通动线智能模型计算结果,以客流集聚程度和实时客流量作为关键指标,协助枢纽运营单位建立多级预警应急预案。例如,一级预案(预警指标:客流量每小时 1 万人次),发布枢纽交通出行信息,实时通报客流饱和度;二级指标(预警指标:客流量每小时 2 万人次),启动客流预警程序,引导旅客合理化分散,有序离开;三级指标(预警指标:客流量每小时 3 万人次),与公交、出租车企业联动,调配资源,启动保障工作。

通过枢纽智能化,实现了枢纽区域客流监测与预警,保障了枢纽区域旅客、民众的出行安全。当然,智能化不仅在综合交通枢纽的客流疏散应急方面可以发挥作用,在设施管理、旅客服务、绿色低碳、安全应急等方面也有广泛应用,通过智能化一定可以让中国综合交通枢纽的建设管理水平更上一个台阶。

7.3.7　智慧工地

随着地铁建设的快速发展,建设线开始密集化、线网化、多元化(地铁、轻轨、有轨电车、市域铁路等,综合交通枢纽)。随之而来的是管理难度增大,线网建设工点数量急剧增加,大型城市同时多达 400 多个工点,月高峰 70000 多人参与施工。在“数字中国”的政策大背景下,急需一个线网级工程数字管理平台,通过资源共享、技术共享、数据共享,以更好地实现施工单位管理、安全管理、应急管理等职能,提高效率,保障建设安全。

地铁建设的线网化导致工点多、分布广、距离远，通过施工单位的人工报表的上报，以及依赖业主代表的巡检，工作量大、周期长、人工失误多，难以满足监管的要求，如图 7-16 所示。同时，政府要求将地铁建设过程中涉及的大型设备、危险源、环境、劳务人员等多方面关键数据进行上传监管，整理数据报表的工作量大。

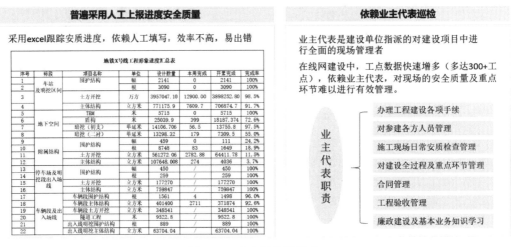

图 7-16　安全质量进度表

安全管理难度大、手段相对落后、事故时有发生、影响大，是客户的重要关切点，如图 7-17 所示。急需通过数字化手段对安全进行全方位、实时监控，甚至对事故进行预警。

图 7-17　安全隐患案例

业主信息化水平比较低，处于初级信息化阶段（自动化办公/工程管理信息平台/隐患排查系统），还未进行有效数据共享和分析，如图 7-18 所示；在视频监控层面，只有少量业主做了线网视频联网，依赖人工查看；在指标体系层面，安全质量、进度成本、文明施工依赖人工上报。

智慧工地通过融合智慧设计信息、智慧施工（智慧工地）、智慧运维、智慧监管的过程，

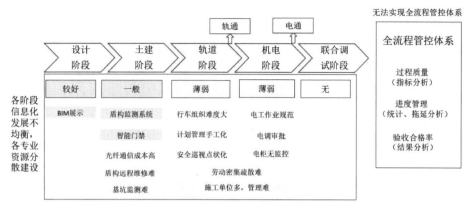

图 7-18　建设生命周期信息化水平

实现更加融合、更加智慧、更加高效的建设过程管理。例如,基于 BIM 实现设计和施工的信息一体化,土建和设备施工一体化,建立信息共享平台,满足多方的信息获取和协同。

智慧工地方案按 4 层技术架构划分为前端感知层、联接层、城轨云平台、智慧应用层,如图 7-19 所示。

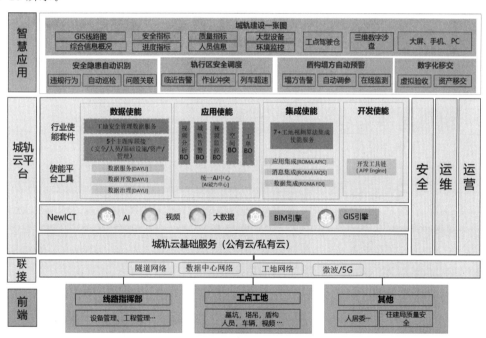

图 7-19　智慧工地解决方案架构图

(1) 前端感知层的前端数据分别来源于工地、工区系统,如机械、门禁、视频监控、环境监控、车辆监控、劳务;线路级业务系统,如线路指挥部,包括隐患数据、设备数据、监控数据等;其他数据,一部分来自政府数据,如住房和城乡建设局质量安全平台、劳务实名数据、人民居民委员会扬尘监测系统,一部分来自已有系统,如工程信息管理平台数据等。

（2）联接层包括工地现场网络（隧道无线网络、工地局域网络，包括无线局域网、微波、光纤等），工地到建设集团网络（运营商光纤专线、4G 无线网络）。

（3）城轨云平台层包含大数据、AI、视频、GIS/BIM 等，遵循城轨云 3.0 标准，作为集团二级云部署，与内部管理网独立，在管理面可以被集体统一纳管；行业使能层工具软件包括 ROMA 应用与数据集成平台、AppEngine（Application Engine，应用引擎）；行业使能套件包括工地安全管理数据服务、城轨告警、视频及视频分析、工地视频算法。

（4）智慧应用层包括地铁工程一张图管理，安全隐患辅助识别，轨行区安全调度应用。

智慧工地解决方案实现从"人管"到"技管"，融合施工与管理数据，实现对线网工地的远程化、数字化、智能化精细管理。通过建立工程建设数据中心，利用视频、物联、大数据、AI、移动互联网等手段对工程建设的安全、质量、进度、文明施工等情况进行全面监控，实现集团对城轨建设的运行一张图管理。随时随地利用计算机、手机查看工程建设状态，实现施工现场情况可追踪，安全违规行为可抓拍，从而促进施工安全管理的标准化、规范化管理。同时，将硬件资源进行云化管理，采用城轨云通用架构提供基础服务，资源弹性复用，统一管理。实现 IT 资源利用率提升 50%，机房空间节省 25%，平台安全性提升 80%。

7.4　城市轨道交通智能化实践

7.4.1　车辆智能运维提升运营维护效率（上海地铁）

1. 概述

根据《上海城市总体规划（2017—2035）》，到 2035 年，上海将建成卓越的全球城市和社会主义现代化国际大都市。上海地铁从建设运营的高速增长向高质量转型。截至 2021 年 1 月，线路总长 772km；上海地铁运营线路 19 条（含磁浮线），2019 年客运量 38.8 亿人次，最高日客流量 1329.4 万人次；2020 年客运量虽然有所降低，年客运量 28.34 亿人次，但仍位居全国首位。随着上海地铁线网建设的不断发展和网络化运维转型的不断深化，线网规模大、系统复杂化、场景多样性、运营负荷重、维保时间紧的特点凸显，基于数字化的技术创新及管理手段变革，成为支撑城市轨道交通运维管理的原动力。

上海地铁运营维护保障遇到了新的挑战。新建线路的监测功能较为完善，而老线路监测采集信息量有限。虽然各线路各专业维护支持系统采集了大量数据，也进行了一些分析和处置，但由于系统的智能化程度不高，当故障发生时，现场人员还是主要依赖经验进行判断处置。设备管理信息链不完整，上海地铁存在多个设备管理系统且各自独立，主要承载系统为设施设备基础数据管理系统、物资供应系统，缺少对设备管理的全过程记录，存在信息流断层和不对称的情况。当前，上海地铁维护管理体系以计划为主，各专业维保主要根据修程修制进行巡检、日常维护、集中维护、检修、调测、鉴定等，为事件驱动型维护模式。通过计划性维修作业降低设备元件的失效率，防止系统性能下滑。在该体系下维护作业缺乏事前指导,针对性不强,会造成部分人力、物力浪费。随着运行线路的不断增加,维保工作量迅速增长,加之设备维护规程的滞后与维修模式的不同步、不适应,影响了日常养护维修的有效性。

2. 实践案例

为了保障上海地铁运营安全,上海地铁维保车辆分公司以 17 号线为契机,着力打造 RISE(Rolling-stock Intelligent Support Engineering,车辆智能运维)系统,如图 7-20 所示。该系统由车联网子系统、车辆维护管理信息系统、轨旁车辆综合检测子系统组成,可完成从车辆运行到车辆检测维护全过程的数据采集工作,并实现对上海地铁全路网车辆的状态实时监测、异常情况预警、计划自动生成、维修维护指导等功能。

图 7-20　上海市轨道交通车辆智能运维系统框架

该系统是在充分了解国内外新技术的基础上,从顶层设计角度出发,基于大数据分析、人工智能技术,结合具体应用场景做深度开发而形成的体系。其涵盖了能够支撑城市轨道交通车辆智能运维的技术、管理和标准。

车联网子系统通过在车辆上安装无线传输设备,对列车运行的状态数据与故障数据进行采集与安全的数据传输,同时可实现实时在线监测、定位追溯、在线升级、统计报表等功能。

车辆维护管理信息系统的实质是通过信息化手段,将维护人员的作业行为、维护对象实际状态、维护过程工具使用信息、维护过程物料流转信息等采集后,对这些信息进行分类、汇总管理。车辆维护管理信息系统以点巡检系统为核心,辅以可视化接地系统、鹰眼系统、检修物料配送系统、工器具管理系统,实现了检修全流程的信息化。

3. 总结与展望

1) 实践总结

(1) 车辆智能运维系统的核心是在领域知识和历史数据的基础上,通过实时发现异常状态并对车辆状态进行准确及时的评估,精确定位现有故障并预测零部件和车辆未来状态趋势,从而科学化、系统化地实施运维决策。

(2) 车联网子系统取代了等待列车入库后手动下载故障数据、离线分析和判断列车故障原因的传统检修模式,具备预警功能、历史数据分析、设备健康评估、司机驾驶行为评价和视频调取等应用模块,涵盖线网电压、车门开关状态、行驶速度,实现了对列车 95% 子系统的远程故障监测。

（3）轨旁车辆综合检测子系统实现了列车不停车自动检测功能,覆盖了70%以上的原人工检查作业内容和100%的轮对尺寸测量作业,列车每次回库时都会自动检测一遍,检测精度均达到或超过检修标准。

（4）车辆维护管理信息系统实现了对车辆运维过程的质量控制。可实时监控列车检修过程并将其他辅助数据上传到车辆维护管理信息系统。工具管理模块可将检修工具清单推送给检修人员。物料模块实现了任务工单与各类物料的对应关系,完成物料领取流程。工艺设备管理模块可将不落轮镟床、洗车机、地下式抬车机等纳入平台进行统一管理,并同步采集和汇总设备工作状态、运行时间、自检参数等信息。

2）未来展望

（1）为满足城市轨道交通高质量快速化发展需求,实现数字化持续赋能,通过加快研究建立标准规范,覆盖"云、网、数、智、安"（云平台、网络、数据、智能化、信息安全）等核心技术,为城市轨道交通数字化建设提供坚实有力的机制保障。

（2）针对维护成本高、维护人员工作强度大的问题,推进"专家型故障修＋经验型计划修＋感知型状态修"的维修模式。围绕精准维修理念、智能化诊断分析能力,形成列车全寿命维护管理模式；基于设备质量评估,实行设备巡检、养护、调测、鉴定、轮修、大中修等周期性维修,达到设备运行质量可靠性提升,形成经验型计划维修模式；依托系统运行状态在线感知及预警能力,形成感知型态修。

7.4.2　智能运行中心提升城轨企业运营管理水平（深圳地铁）

1. 概述

深圳市地铁集团有限公司（以下简称深铁集团）是深圳市轨道交通建设和运营的骨干力量,承担着全市95%以上的轨道交通建设运营任务,肩负着助力深圳和粤港澳大湾区构建世界级轨道交通网络的历史性重任。借助深圳市城市发展以及深铁集团自身业务模式创新优势,目前深铁集团已形成轨道建设、轨道运营、站城开发、资源经营"四位一体"发展格局。

截至2023年12月31日,深圳城市轨道交通运营里程增至516.7km。地铁公交分担率增至71%,地铁成为深圳市民低碳出行的首选。2023年全年累计运送乘客27亿人次,日均客运量742.7万人次,同比增长55%,其中单日最高客流超1000万人次。稳步推进2条国家和地方铁路、4条城际铁路以及20条（段）地铁线路建设,"三铁"在建总里程达625.9km。

随着深铁集团建设线路的增多、运营规模快速增长、客运量不断攀升,城市轨道交通的安全保障难度越来越大,乘客的服务需求和期望也越来越高,对提升行业管理水平提出了新的更高的要求。

为提高深铁集团的管理水平、支撑快速发展,需要在现有信息化建设成果的基础上,一方面通过信息集中和资源整合,广泛地搜集、分析和处理深铁集团运行的各类信息,及时掌据深铁集团运行的状态;另一方面通过智能分析和仿真预测,为深铁集团管理者提供决策支持。

2.实践案例

深铁集团结合数字化转型的目标,经过对现状进行深入调研,发现集团数字化建设存在散点式发展、"烟囱林立"、数据共享度低、未能有效承接战略要求等突出问题,急需破除系统壁垒,实现信息系统更敏捷的响应和业务数据的互联互通。基于业务和发展诉求,深铁集团打造数字地铁,建设信息化资源的数据整合中心及物理门户,实现深铁集团全业务的综合态势呈现,辅助决策支持和协同应急指挥。总体架构如图 7-21 所示。

图 7-21　深铁集团数字地铁架构图

数字地铁项目实现了资源统一上云管理、数据集中汇聚管理、业务系统统一认证、移动端办公应用集中入口的统筹管理目标。云计算、大数据、企业数据仓库、融合通信、机器学习正在推动深铁集团内外部的业务协同和数据赋能。数字地铁项目的成功建设,标志着深铁集团数字化转型取得了实质性进展,迈出了坚实一步。

数字地铁项目搭建了"五个平台",组建了"三个基础组件",开发了"三个应用系统"。

(1)"五个平台":云平台、大数据平台、融合通信平台、BIM 平台和集成平台。

云平台通过虚拟化技术将 IT 基础资源云化,向集团管理系统提供了统一的计算、存储、网络、安全资源,提高了设备利用率。

大数据平台为深铁集团提供大数据基础能力、人工智能能力、数据支撑应用服务以及数据处理分析服务,支撑了一企一屏、态势呈现、决策分析、应急指挥、CDMC(工程数字化管理中心)等业务系统的数据分析呈现。

融合通信平台实现了固话、手机、视频监控、视频会议的互联互通,为应急指挥及重要会议提供音视频通信和融合会商服务。通过该平台及系统,深铁集团成为深圳市首家占道视频监控与市交通局视频联网平台成功对接的单位。

BIM 平台搭建了"1+1+N"综合应用体系,建成 9152 个 BIM 模型,2.2 万个构件库产品。2023年,深铁集团成为国内首家实现全市域地铁运营线路BIM化的轨道交通企业。

集成平台对内实现关键系统数据的采集,对外提供统一的数据接口。通过多次协调深铁集团内部原系统开发厂商、外部深圳市国有资产监督管理委员会及政务服务和数据管理局等单位,成功实现了内外部数据共享。

(2)"三个基础组件":统一用户管理组件、移动办公组件、可视化服务组件。

数字地铁项目组建"三个基础组件"主要致力于解决集团系统用户密码数量多、移动办公入口多及可视化能力弱等问题,为远程办公提供技术支持。

(3)"三个应用系统":态势感知系统、决策分析系统、应急指挥系统。

态势感知系统全面整合深铁集团各业务部门、分/子公司运行数据,建立集团层面运行监测指标体系,实现对整个深铁集团运行态势的立体化、可视化、动态化展示,形成"指挥中心运行全景图"。主要包括对深铁集团下属深铁建设、深铁运营、深铁置业、物业管理、其他分/子公司及参控股公司等重点领域运行态势的监测、预警、分析,通过数据关联融合形成深铁集团管理服务关键指标,全面呈现深铁集团管理与服务的综合态势和发展趋势。

决策分析系统提供大数据决策分析能力,以海量跨部门数据为基础,大数据挖掘分析为手段,对地铁规划、建设、运营、开发、人力、财务、投资等各个环节进行数据分析,形成相关主题数据库和事件预案库,对深铁集团发展筹划、重大事务决策、重大事件处置提供以数据为驱动的知识情报支撑。

应急指挥系统是集团实现"对上有信息、对下有行动、对外有声音"的现代化运转中枢。可增强集团各部门之间、上下级之间的联系和沟通,充分发挥综合协调作用,确保发挥"上传下达、下情上报、联系左右、沟通内外"的重要作用。地铁大脑的联动指挥系统可实现7×24小时值守,承担着"平时"事件管理和"战时"联动指挥的重要功能,实时响应来自各部门、各分/子公司报送信息电话,实现事件接报、研判、报告、处置、评估闭环管理。

3. 总结与展望

数字地铁项目大数据平台系统对内实现关键系统数据的采集,对外提供统一的数据接口,实现内外部数据共享,提高应用系统部署效率,节约部署成本。通过多次协调集团内部原系统开发厂商、外部市国有资产监督管理委员会及政务服务和数据管理局等单位,成功实现了内外部数据共享,并大量节省了接口费用。

数字地铁项目通过态势呈现系统将整个深铁集团运行态势进行场景化、可视化、动态化表达,让管理者一屏感知全局,提升管理效率,节约管理成本。

数字地铁项目团队将在"数字地铁"一期项目基础上,逐步建设完善集团端层和基础设施层,进一步构建和完善深铁集团"1+3+1"通用平台,即"1"个云平台、"3"个通用平台(大数据平台、融合通信平台、BIM平台)、"1"个集成平台,着力于应用层建设,全面实现"六个一"目标,为轨道交通安全、运行、服务等领域的工作效率提升和管理模式变革提供技术支撑,最终实现智慧城轨。

7.4.3　提高客流预测精度,缩短预测时间(武汉地铁)

1. 概述

武汉地铁集团有限公司成立于 2007 年,负责武汉轨道交通的工程建设、运营管理、土地储备、物业开发、资源经营和融资。集团以"引领城市发展、市民出行首选"为使命,通过轨道交通的建设和发展,更好地方便市民出行,改善城市交通环境,加快构建发展格局先行区,贡献地铁力量。

当前武汉已建成轨道交通线路 11 条,运营里程达 460km,车站总数达 291 座,跻身世界级地铁城市。按照国家发展改革委的第四期建设规划批复,至 2026 年形成总长约 660km 的轨道网络,着力推进线网建设加密度、提速度,全面打造"轨道上的都市圈""轨道上的武汉"。

随着中国"交通强国"战略目标的持续推进,自主创新技术与城轨发展的加速融合,智慧城轨建设进入了新时期。2020 年,武汉地铁集团与华为公司签署战略合作协议,双方共同推进 5G、大数据、物联网、AI、云计算等新 ICT 技术在武汉轨道交通上的应用和实践,打造安全、可靠的数字底座,实现地铁数字化转型目标,进一步促进武汉轨道交通高质量发展。

在双方联合开展的一系列转型探索与实践中,如何通过大数据、AI 等提升运营效率和服务质量是其中的一个重点工作。地铁运营高度依赖客流预测,而当前客流预测缺少足够的数据源输入和精准的 AI 算法,预测精度较低;对于突发大客流及事件等,无法提前 30min 或者 1h 预警,依赖人工进行调度及决策。因此,双方基于武汉地铁的城轨云平台,重点开展大数据治理共享及客流预测、预警等工作。

2. 实践案例

面对线网化精细运营的挑战和诉求,智慧客运解决方案联合行业生态伙伴,通过业务流程分析和客运大数据资产,建立客流画像、线路画像,使用机器学习和深度学习算法进行精准的客流分析、预测和预警。

基于城市轨道交通线网智慧运营调度对于客流大数据实时、精准、共享和全过程评估分析的要求,构建面向数据分析、标准统一的混合型数据资源仓库,汇聚多源异构数据,通过数据治理后形成不同颗粒度的数据资源层级,涉及贴源库、主题库和专题库等客流大数据资产,实现数据"统一采集、统一存储、统一管理、统一运营和统一服务",形成线网级的数据和服务共享能力。其中,数据仓库采用高性能数据仓库 GaussDB,利用其 delta 及列模式存储模式,地铁客流亿级规模的客流统计分析效率可提升 10%;客流大数据除了传统的 AFC(Automatic Fare Collection,自动售检票系统)刷卡数据外,还通过视频 AI 分析、手机信令大数据等补充客流断面数据,支撑客流预测精度提升,方案架构如图 7-22 所示。

基于地铁客流大数据资产,综合考虑几十种客流影响因素,如早晚高峰、节假日、天气及大型活动等,构建客流 AI 预测推演模型与算法,经过不断的参数优化及算法训练,实现车站、线路和线网多场景、多状态的客流预测,包含客流量、客流服务能力和客流时空分布等,提升客运管理分析和客运服务质量。

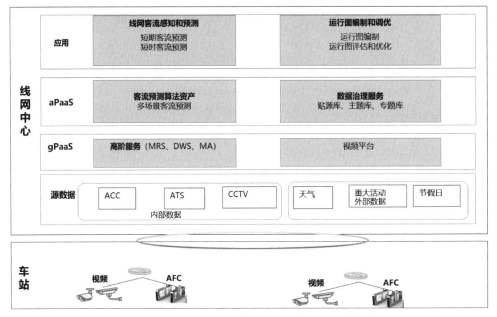

图 7-22 城市轨道交通线网智慧运营调度方案架构

通过客流实时监察、短时预测等手段,实现客流的状态和预测可视化,帮助调度人员、站务人员准确掌握客流实时状况和短时变化趋势,提前准备大客流采取应对措施和引导方案,提前时间从 30min 到数小时不等,提升客流管控效率并保障运营安全。

武汉地铁基于大数据底座建设完善的地铁大数据资产,从业务上数据共享平台实现对武汉地铁集团全业务流程的覆盖,从能力上支持"智慧地铁"的构建,促进全国地铁全面数字化转型。通过智慧客运提升突发大客流、行车故障等场景下的客流应急疏导能力。针对不同维度和时长进行精准预测,精度提升到 90% 以上,实现提前 30min 以上的提前大客流应对准备。

3．总结与展望

武汉地铁智慧客运当前已实现精准的客流预测,并初步实现客流的监察和预警。在智慧运营方向,后续将基于线网客流预测数据和运力资源统筹编制线网运行图,通过 AI 求解器的算法模型建立多目标多约束的运力调度模型,实现秒级求解,将运力精准投放到客流汇集面,解决线路间运能不匹配导致的站台、通道乘客积压问题,实现经济性和乘客体验的最佳平衡。

同时,在加速智能化和武汉智慧城轨建设方面,将继续围绕规划、建设、运营和经营等城轨业务,持续探索 AI 大模型与行业业务场景的深度融合和应用。

7.5 城市轨道交通智能化展望

总体来说,中国城市轨道交通发展方兴未艾,推动数智化转型成为行业共识。在城市轨道交通行业高速发展的同时,政府和行业协会发布了多项政策,推动城轨基础设施数字转型和智能升级。部分城轨业主积极展开智能化试点,覆盖建造、运营和运维全流程,旨在通过技术创新和应用实践,提升运营效率和安全性能,或在车辆等基础设施维护等方面提质增效,并着手制定相关标准和行动纲领。

当前,人工智能技术进入从"实验室"走向"应用场"的关键阶段,更成为城市轨道交通智能化转型的重要手段工具和驱动因素。大模型的出现,减少了行业场景化方案训练模型研发成本,并降低了 AI 在行业落地应用的门槛。随着大模型通用性增强,上线部署过程大幅简化,迅速驱动 AI 在千行万业的广泛应用。

虽然 AI＋智慧城轨的建设需求迫切,但 AI＋业务场景的落地往往需要历经多年的打磨和进化,既需要云、数、智等相关的技术不断进步并相互融合,也需要行业客户和产业链上下游生态合作伙伴共同努力,加速城市轨道交通智能化。人工智能技术在城市轨道交通行业的应用还处在起步阶段,未来将在规划建设、运营生产、经营管理等方向上持续进行更多的探索,为城市轨道交通行业的智能化建设提供有效的支撑。

展望未来,随着新技术的不断涌现和应用深化,城市轨道交通行业将实现更高水平的智能化和绿色低碳化的协同发展,将会进一步推动城市轨道交通的发展,提高运营效率和服务质量,同时也将带来更多的安全和便利。我们认为,城市轨道交通智能化未来可能的趋势包括但不限于以下几方面。

1. 安全和效率进一步提高

城市轨道交通的安全和效率是人们最为关注的问题之一。未来城市轨道交通行业将会更加注重安全和效率的提升。通过智能化技术,在建造、运营和运维等不同时期可以实现车辆和信号系统的自主控制和监测,及时发现和解决潜在的安全隐患,还可以应用于安全监控和应急处置等方面,提高城市轨道交通的安全性和可靠性。另外,城市轨道交通行业正在从"规模建设"向"高质量运营"转变,行业智能化水平的提高将促进全行业的提质增效。

2. 数据共享和智能化决策

城市轨道交通是一个复杂的系统,需要处理大量的数据。未来城市轨道交通行业将会更加注重数据共享和智能化决策。通过大数据和人工智能技术,可以对城市轨道交通的数据进行挖掘和分析,为决策者提供更加准确和及时的数据支持。同时,数据共享也可以促进城市轨道交通行业内部的协作和交流,推动整个行业的发展。

3. 智能交通协同发展

城市轨道交通是城市交通系统的重要组成部分之一,未来城市轨道交通行业将会更加注重与智能交通的协同发展,包括"轨道的四网融合"和"多种交通方式的融合"等。通过智能化技术,可以实现城市轨道交通与其他交通方式的协同和衔接,提高城市交通系统的整体效率和便利性。

4. 自动化和智能化技术广泛应用

随着自动化和智能化技术的不断发展,未来城市轨道交通行业将会更加广泛地应用这些技术。在自动化方面,无人驾驶技术将会成为未来城市轨道交通行业的一个重要趋势,运营线路里程会持续攀升。智能化技术还可以应用于信号系统、站场管理、安全监控等方面,提高城市轨道交通的智能化水平。城轨业主通过自动化和智能化技术,实现车辆的自主控制和运营管理,提高运营效率和服务质量。

预计城市轨道交通智能化未来将会进一步推动城市轨道交通的发展,提高运营效率和服务质量,同时也将带来更多的安全和便利。未来城市轨道交通行业将会更加注重自动化和智能化技术的广泛应用、数据共享和智能化决策、安全和可靠性的进一步提高、定制化和个性化服务以及智能交通协同发展等方面的发展。相信随着科技的不断发展,城市轨道交通行业的智能化水平将会越来越高,为人们带来更加便捷、安全和高效的出行体验。

第 3 篇

能　　源

第 8 章

油气

8.1 油气智能化背景与趋势

8.1.1 油气行业发展现状与智能化趋势

油气资源作为战略储备的关键组成部分,在维持国家稳定运行、推动经济发展以及支撑基础设施等方面具有至关重要的作用。全球经济回暖,带动了石油需求恢复增长,美国凭借非常规油气技术的不断迭代升级成为全球石油产量增长的主要推动力,而"欧佩克+"国家为稳定油价控制产量增加。叠加地缘政治影响,国际能源市场供应维持动态紧平衡,油价高位宽幅震荡运行。油气供应安全备受各国政府高度关切,围绕油气资源的争夺日益激烈。

随着国民经济持续快速发展,油气消费迅速增长,导致供需缺口不断扩大,中国的石油对外依存度在 2020 年超过 70%。中国在石油消耗量方面居全球第二,但储量仅排名全球第 13,与中东等地相比相差甚远,且地质情况复杂,石油资源分散且深层开采难度大,与中东地区的浅层开采便利性和丰富储量存在明显差异。与此同时,中国拥有丰富的天然气资源,其发展潜力巨大。作为一种优质的低碳能源,天然气在国内能源结构中的占比不断提升,天然气消费增速远超全球平均水平。

在"十四五"规划和 2035 年远景目标纲要中,着力于"构建现代能源体系""提升重要功能性区域的保障能力""实施能源资源安全战略"等一系列关键部署。在国内油气行业面临巨大挑战,原油开采成本上升、炼油利润空间收缩等因素影响深远的情况下,为维护经济稳定和供给安全,油气行业迫切需要加速数字化转型和智能化发展,驱动产业优化升级、生产力整体跃升,推动信息技术与油气行业深度融合,增储上产、降本增效。

近年来,中国陆续出台一系列政策文件支持石油化工行业数字化、智能化转型,主要涉及科技创新、工业互联网、智能制造、基础设施建设等方面,有效推动了行业的数字化生态建设。《"十四五"能源领域科技创新规划》和《关于加快推进能源数字化智能化发展的若干意见》等文件明确人工智能技术在推动能源数字化转型方面的关键作用,为油气行业的数字产业化发展提供了清晰指引。未来,随着技术的不断进步和应用的深化,人工智能在油气领域的应用将迎来更加广阔的发展空间,为油气行业带来更大的价值。

1. 勘探开发与生产

1) 当前现状

在全球能源转型的大背景下,油气资源潜力依然很大,但剩余资源严重劣质化,低成本高效勘探开发与生产面临着新的形势和挑战。国内油气资源类型多，资源总量丰富，勘探开发程度总体较低，增储上产的资源潜力大。但是，待探明石油资源中，超过 70% 为低渗透、超低渗透、深层、深水及非常规油气，勘探开发风险高、难度大。同时，国内主力老油田普遍进入中后期开发阶段，剩余资源品质劣化趋势明显，实现稳产尚且不易，增产更为困难。面对一系列挑战，油气企业亟须加强科技创新和数字化转型，促进油气资源增储上产。

中国油气勘探开发与生产领域，在技术创新发展、产业趋势的带动下，在国家政策的引导下，全面开展数字化转型，加快布局人工智能领域。总体上，国内油气行业先后经历了自动化、数字化、智能化发展阶段，经历了单机应用、分散建设、集中建设、集成应用等建设和应用方式，目前基本实现了数字化油气田建设目标。三大石油公司建成的信息化支撑体系可涵盖勘探、开发、生产业务链，覆盖作业区、采油厂、油气田公司、集团总部等范围的应用，并在降本增效、增储上产、提高效率、量化决策、促进业务变革和转变生产组织模式等方面取得一定成效。

全球油气勘探开发生产智能化已成为行业的前沿趋势，总体处于人工智能技术与典型应用场景融合赋能为特征的起步探索阶段，主要成果集中在三方面：首先，智能装备的初步应用已经展开，例如，用无人机和机器人代替人工进行巡检操作，这些设备已初步应用于无人值守平台等场景；其次，大数据和机器学习等技术已应用于勘探开发生产数据的分析处理，但目前的应用主要停留在"点"上，尚未形成广泛的"面"应用；最后，大多数企业已经认识到数据共享的重要性，并开始研发勘探开发一体化协同研究平台和集成软件等工具。

2）面临挑战

在油气勘探开发生产中应用人工智能，尽管充满潜力，但实现工业级应用仍面临一系列挑战。

首先，石油地质问题的"多解性"和"不确定性"是应用人工智能的重要挑战。储层的非均质性导致每个地质问题存在多种可能的解决方案，同时存在巨大的不确定性，使获取机器学习的"教材"（标签数据）变得非常困难。高质量的标签数据对于机器学习技术实现工业化应用至关重要。然而在实际操作中，地质数据的获取成本相当高昂，且通常只能获得有限的"小样本"数据，成为人工智能在这一领域实际应用的瓶颈。

其次，由于石油勘探开发与生产数据的专业性和特殊性，通用人工智能算法难以直接应用。石油数据的特殊性要求定制化的解决方案，而现有的通用人工智能算法无法满足这种需求。迁移学习技术可以提高训练准确率，但在实践中，石油勘探开发与生产应用场景的特殊性使得在已有资源库中找到合适的预训练模型和先验知识变得困难，缺乏相关领域的预训练模型和先验知识成为问题。

此外，人工智能在勘探、开发、生产领域呈现出零散的小作坊式研究，缺乏系统性的梳理，导致资源的浪费和重复的投资。勘探开发数据呈现"体量大、多源异构"的大数据特点，但石油勘探开发与生产数据标准不一致、质量参差不齐，并且缺乏数据的共享，导致人工智能应用缺乏必要的数据基础。同时，人工智能应用场景不明确、不系统，其发展目标和技术路线也不够清晰，缺乏"油气＋智能"的关键基础理论和技术装备，需要重构管理流程，实现人工智能对提质、增效、降本的助推作用。

3）发展趋势

油气作为能源系统的重要组成部分,国家政策支持增加勘探开发生产投资、加速向数字化和智能化迈进。2021年,国家能源局提出增加勘探开发资金和投入,大幅提高产量和采收率,培育油气新动能。在"十四五"专项规划中,部署了多个油气领域科技创新工程,包括深层页岩气、页岩油、海洋深水油气、煤层气勘探开发等示范应用,以及勘探开发一体化智能云网平台、地上地下一体化智能生产管控平台、油气田地面绿色工艺与智能建设优化平台等油气田智能化技术装备和示范应用。

总体而言,油气勘探开发生产智能化已经成为行业前沿热点和发展趋势,国内油气借助国际能源转型的契机,加快油气生产用能结构转型、数字化转型和智能化发展,促进业务流程优化再造和油田生产模式转型升级,实现油气生产的高效、绿色和可持续发展。

2. 管道储运

1）当前现状

油气管道储运,广义上涵盖上游地面多相流、中游单相原油/成品油/天然气,以及下游城市配气管网等。全球陆上70%的石油和99%的天然气依靠管道输送,这里所指的管道一般为中游的原油/成品油/天然气干线管道(简称原油/成品油/天然气管道),是石油及石油产品从采出至消费之间长距离运输、存储和分配的重要通道。

随着科技发展与自动化水平日益提升,油气管道储运的信息化、数字化方兴未艾。早在21世纪初,油气管道行业相继提出数字管道、智能管道等概念,目前国内油气管道数字化建设实践已经开展了近20年。2003年,连接西气东输与陕京输气系统的冀宁联络线,是国内首个开展"数字管道"建设的尝试;2005年,中国石油管道生产管理系统(PPS 1.0)进行研发与应用;2008年,在西气东输二线、中缅油气管道等工程建设中,将卫星遥感影像、无人机、GIS等数字化技术应用于油气管道的勘察设计和施工阶段;2012年,开始对管道全生命周期数据建设开展系统研究;2013年,中国石油管道生产管理系统PPS 2.0上线运行;2014年,中国石化启动智能管道(全称为中国石化智能化管线管理系统)建设及相关技术开发工作,同年年底在管道储运公司、天然气分公司、燕山石化等7家单位完成了试点应用;2015年,中国石化第一条智能化管道新东辛输油管道项目投产;2016年,中国石化管道储运公司开始智能化管线上线运行,初步实现了管道管理的标准化、数字化、可视化,在原油管道及华南销售成品油管道的智能化建设也取得了一定成果;2017年,中国石油提出"全数字化移交、全智能化运营、全生命周期管理"的管道智能化建设运营理念,提出"智能管道、智慧管网"的概念;同年,中国石化发布了智能化管道管理系统2.0版。中国海油在管道智能化方面构建了信息化主体框架,形成了生产运营系统的全息化基础平台,同时生产数据采集与展示平台将GIS、数字化管道、DCS(Distributed Control System,分布式控制系统)、SCADA(Supervisory Control And Data Acquisition,数据采集与监控系统)等数据进行融合,成为统一的"数据仓库"。

当前,国内智慧管网建设尚存在一些问题,如管道大数据处于初级阶段,智慧管道成果有限,信息安全需突破,数字孪生技术普及较慢。也可以说,目前国内在管道智能化建设方面仍处于建设的初期阶段,已有成果尚无法为油气管道提供全面的智能决策理论和技术支持。尽管国内各大石油公司开始逐步探索管道数字化平台建设,并在局部管道取得了一定成果,但在数字管道建设的核心模型、算法方面,相比于国外公司开发的多款商用软件已规模推广应用,国内管道尚无业界认可的商用软件。在模型算法与数据结合方面,国内外均处于局部应用探索阶段。在管道风险识别、运行控制、优化调度等方面进行局部在线系统开发,虽然通过构建面向对象的管道数据模型并采用相关技术开展了全生命周期数据管理等工作,但是还存在数据交互难、信息孤岛多等问题。也就是说,尽管管道企业在工程建设、管道完整性管理和生产运行等方面进行了信息化建设,但各系统数据类型和结构不一致,阻碍了系统数据的集成与综合应用,导致数据无法充分共享。

数字化是智能化的必经之路,但管道行业的数据十分欠缺,为智能管道的发展制造了很大障碍,只有各项数据积累到一定量级,才有可能通过演算对运行做出精准的预判。真正现代化的智能管道、智慧管网应是可持续发展的,其建设重心在于综合应用各种新技术改进油气管道系统的各方面,使其安全高效、环保运行。

2)面临挑战

伴随着数字化、智能化等技术的发展,油气管道运行管理模式发生着根本性转变,形成以智能管道、智慧管网为核心的发展理念。从不同的角度看,智能管道、智慧管网的概念存在许多不同的定义和解释。但其更好的方式是考虑"智能管道"能做什么,以及如何为管道企业、用户企业及社会带来效益。智能管道与智慧管网,是信息化、数字化、智能化深度融合的产物,离不开物联网、大数据、云计算、人工智能等新兴科技的加持,更需以管道相关专业的持续技术进步为基础。一方面,油气管道系统的变革为相关技术研究带来了更多的数据资源;另一方面,管理理念的变革对油气管道系统相关的模型算法提出了新问题、新挑战。

油气管道储运的智能化,应贯穿于油气管道全生命周期,是油气管道自动化、信息化、数字化在物联网、云计算、人工智能等技术之上的延伸与发展。不论上游连接的是油气田或是国际管道的国内各大重要主干、支线油气管道与管网,还是所属地方的城市燃气输配系统,其全生命周期所涉及的业务涵盖规划、可行性研究、设计、采办、施工、投产试运、运营维护、改扩建、应急抢修、废弃处理等阶段。为了更好地阐述管道储运生命周期内智能化所面临的挑战,着重聚焦于现阶段已有的智能化建设成果,本节将以管道设计、施工、运行、维抢等关键环节为例,阐述其智能化所需面临的挑战:实现数字化设计是智能化管道设计的关键技术,推进智能工地建设是智能化管道施工的重点问题,突破管道数字孪生工艺仿真技术是智能化管道运行的重要组成,搭建智能化应急救援体系与智能仓储是智能化维抢的首要任务。

2019年国家石油天然气管网集团有限公司(以下简称"国家管网集团")组建成立,促使原信息化应用需要进行彻底变革以适应新的业务需求,尤其在市场营销、生产运行、集中调控、管输结算、管输计量等多个业务领域。由于系统架构的局限性,一些信息化业务应用在新模式业务需求下可拓展性较差,最终为适应新模式业务需求而不得不关停下线,并重新建设新系统。因此,尽管数字化建设成为当今形势下很多行业的一项重点工作,但对于长输油气管道生产运行管理领域,行业变革才是真正推动该领域信息化抑或是数字化换代的根本性决定因素,也是管网智能化的基础。

3)发展趋势

在数字化、智能化发展趋势下,油气管道储运需要自动化、数字化、智能化、网络化。为实现高水平运行管理,需要建设"智慧管网"系统,通过智能传感器感知运行状态和环境,构建基于大数据和知识图谱的分析计算模型,支撑全局智能辅助决策。因此,需要通过建设统一数据标准和平台,确保智能系统的可扩展性与鲁棒性;需要统筹规划解决数据读取、系统互斥及数据孤岛等问题;需要深化物联网、云计算、区块链等技术融合,建立全生命周期数据标准,形成数据库,实现智能管网平台设计;需要科研人员与应用者协作,提高综合应用新技术的能力,构建基于多源数据的智能管理平台。

智慧管网应是在标准统一和管道数字化的基础上,以数据全面统一、感知交互可视、系统融合互联、供应精准匹配、运行智能高效、预测预警可控为目标,通过"端＋云＋大数据"体系架构集成管道全生命周期数据,提供智能分析与决策支持,用信息化手段实现管道的可视化、网络化、智能化管理,具有全方位感知、综合性预判、一体化管控、自适应优化的能力。智慧管网是系统工程、持续工程,需要很长的时间。

以"全数字化移交、全智能化运营、全业务覆盖、全生命周期管理"为目标,国家管网集团将智慧管网建设分为"智能化""智慧化""平台生态化"三步走。通过智能化全面推进,实现"四全"目标。通过智慧化聚力攻坚,实现全方位感知协同。通过平台生态化布局,促进行业协同发展,实现油气管网与能源互联网一体化调度优化。

智能管道建设永远在路上,其将在新技术、新管理模式的推动下持续发展,推动行业管理与技术的整体进步。究其本质而言,智能管道建设应该涵盖信号、数据、信息、知识、智能5个层次,通过管道传感设备采集的信号获得管道系统实时数据,利用多维数据融合计算获得管道的数字信息,实现数字管道的构建。在此基础上,应用多领域知识构建虚拟管道系统,对管道实体进行映射,最终实现管道全生命周期的智能决策。

3. 炼油化工与成品油销售

1)当前现状

炼油化工是化工产业发展的关键环节。其中,成品油是原油经过加工而成的工业产品,主要包括汽油、柴油、煤油等。成品油是现代社会的重要能源之一,广泛应用于交通运输、工业生产、农业生产、民用生活等领域。成品油销售与炼油化工相辅相成,作为油气下游产业的炼油供产销环节与最终消费者和用户更为接近,二者的发展状况不仅关系到国民经济的运行,也影响到能源安全和环境保护。

当前,中国的炼油总产能达 9.2 亿吨/年,已经成为世界第一炼油大国。但是国内石化行业仍存在着产能过剩的压力和结构性矛盾,淘汰落后产能、节能减碳转型升级等措施持续推进。2022 年,受国际原油环境影响,国内炼厂生产、成品油产出、炼油效益等多项主要生产经营指标显著降低,成品油消费量也显著下降,整体消费量比上一年减少7%。其中,汽油、煤油、柴油与上一年相比增速分别为-11.2%、-32.5%和0.9%。

随着数字化浪潮在油气行业的广泛探索与应用,新一代信息技术与油气领域深入融合,数字化转型和智能化发展成为推动炼化行业和成品油销售实现生产安全可靠、产能结构优化、行业竞争提升、高质量发展的重要手段。自2010年起,国内石油石化企业聚焦炼化企业信息系统建设与应用展开探索,这个阶段称为智能炼厂1.0阶段;自2015年起,炼化企业围绕企业全流程优化展开研究,称为智能炼厂2.0阶段。但总体来说,国内多数炼厂远未达到智能阶段,与国外同行还存在着较大差距。

2）面临挑战

在面对炼化行业激烈竞争和严峻的安全环保挑战,尤其是在产能过剩和产业结构调整加速的大背景下,构建智慧炼厂成为炼化企业实现高质量发展和提升竞争力的最佳选择。相对于新建企业,传统炼化企业在智慧炼厂建设上面临着多方面的困难。

首先,存在基础设施陈旧的问题。许多设备的仪表不具备数字化条件,自控率低,工业视频和网络基础设施老旧,无法为智慧炼厂提供必要的数据支持。

其次,各层级对智慧化的重视程度不够。尽管部分具有远见卓识的管理者对信息化建设高度重视,但这还远远不够。各业务部门需要突破思维定式,积极行动,实现主体业务与信息化的深度融合,通过智能化手段提升企业综合能力。

再次,各信息系统孤立问题。经过多年来的信息化建设,大中型炼厂的信息应用系统已经达到几十上百个之多,统建自建各自为政,数据重复及标准各异,存在明显的信息孤岛。唯有整合各信息系统的数据,统一数据标准,实现数据同源,才能充分体现数据的真正价值,为企业决策提供全面支持。

最后,工艺流程复杂性是一大难题。由于流程工业技术参数众多,变量不确定,建立一套完善的机理模型极具挑战性,给基于大数据分析的流程一体化优化带来了巨大困扰。

在成品油销售领域,新能源的崛起打破了传统能源商业格局,当前在环保指标、单价成本上新能源占据较大优势,对成品油市场形成明显冲击。外部市场环境及行业内部竞争格局的改变,对成品油销售企业提出了严峻的考验,成品油销售转型与优化势在必行,但同样面临着多方面的困难。

首先,部分企业技术创新能力不足。加油站智能识别与智能终端技术的支持推进较为缓慢,大部分中小企业加油站依然使用的是传统加油机,并采用拉横幅等方式促销,安全和运营多依赖人工管理,加油站数字化、智能化水平较低。

其次,难以构建用车全生态链非油服务项目。大部分加油站设立综合服务区仅提供洗车与一些出行必需品服务,与用车相关的检测、维修、代办车险、缴费项目较少,非油品业务效率较低。

再次,缺乏自有销售平台,同时,大数据识别与挖掘能力欠缺,精准营销困难。成品油销售企业虽然可以通过收银系统获取用户的相关加油及部分个人信息,但很难识别加油频率、偏好等重点信息,并与车辆和顾客形成实时关联,满足和挖掘用户需求十分有限,未充分利用数据实现精准营销。无法及时、精准推送油品销售价格,线下加油地点、线下加油服务、促销政策等营销信息无法实现商情信息共享并促进成品油有效的销售,线上营销能力受限。

最后,成品油销售物流复杂是一个痛点。国内成品油销售企业中,通过运输车辆从油库发货,将成品油配送到加油站和客户指定位置,成品油物流除了要实现物流行业里常见的降低成本、提高效率、提升数字化水平之外,由于影响供应链的因素较多,时常伴随着物流方式、资源渠道、产品类别、市场需求以及油库技改等相关因素的变化,成品油物流在运行过程中呈现出其特有的业务痛点。

3）发展趋势

当前炼油化工与成品油销售行业的智能化发展趋势不可逆转,智能炼厂的建设应根据企业实际情况,实施顶层设计并采取分步实施的策略。局部试点智能升级是一个较好的方式,这样可以在小范围内快速发现和解决问题,待试点达到预期效果后再进行全面推广,既高效又避免了资金浪费。随着成品油市场竞争愈发激烈,单纯提高销量和市场份额的营利空间被大幅挤压,传统成品油销售企业发展面临严峻的形势,利用数据构建智慧加油站和智慧物流已是势在必行。

在智能炼厂建设方面,《"十四五"智能制造发展规划》提出了明确目标。到 2025 年,规模以上制造业企业大部分实现数字化网络化,重点行业骨干企业初步应用智能化。到 2035 年,规模以上制造业企业全面普及数字化网络化,重点行业骨干企业基本实现智能化。规划还强调了支持企业以标准为依托,推进智能车间和工厂的建设,通过"鼎新"引领"革故",提高生产质量、效率和经济效益,降低资源和能源消耗,畅通产业链和供应链,以助力实现"双碳"目标。因此,数字化转型、网络化协同和智能化变革是当前炼化行业发展的不可逆转趋势。

在成品油销售方面,以智慧物流为基础,实现供需的高效决策、运营以及在线监督状态,灵活应对各种不确定性因素或不可抗阻力。同时以智慧加油站为载体,构建"人-车-生活"生态圈,共享共进,实现高质量发展。

炼油化工和成品油销售行业作为传统工业产业,面对能源革命的各种机遇与挑战和能源转型加快推进的新形势,需要有效利用以云计算、物联网、5G、大数据、人工智能等为代表的数字技术,驱动业务模式重构、管理模式变革、商业模式创新与核心能力提升,实现产业的转型升级和价值增长。

8.1.2　油气智能化的参考架构和技术实现

油气行业数字化转型、智能化发展是个复杂的系统工程,需要持续的投入。为更好地支撑油气行业各场景的人工智能应用,实现信息技术与油气行业的深度融合,需要统一的参考架构作为支撑。基于行业智能化参考架构,本章重点讨论适用于油气智能化的参考架构及实践。

基于第 2 章介绍的行业智能化参考架构,油气行业的智能化参考架构也主要从智能感知、智能联接、智能底座、智能平台、AI 大模型、智能应用几个层次进行设计和应用,支撑人工智能在勘探开发、油气生产、管网储运、炼油化工、成品油销售等全产业链的应用，见图 8-1。

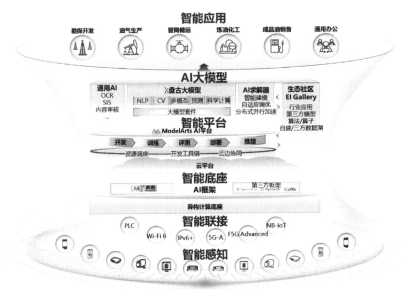

图 8-1　油气智能化参考架构

1. 智能感知

随着技术的发展，在油气生产运行场景，越来越多地使用数字化、智能化的仪器仪表来实现油气生产现场末端信息的实时采集与近端控制，如摄像头、传感器、仪器仪表、无人机、机器人、智能穿戴设备等，并通过与 AI 算法和行业大模型结合实现场景化的智能感知。通过对周围环境的感知和分析，能够自动识别并处理各种信息，从而实现智能化控制和决策。

例如，在油气行业生产现场的安全风险感知，已经从单一的视觉感知向多维感知发展。多维感知可以从可见光扩展到多光谱，利用如融合视觉、光纤传感、光视联动、雷视感知等技术，使得融合判决更快速，且同时感知声音、图像、温度、湿度等多种信息，并将相关信息进行融合分析，从而实现全面的智能化感知和信息研判。

油气行业各类感知终端和仪表种类繁多，不同厂家或型号的设备采用的协议不同导致彼此间数据无法互联互通。对于此类情况，可以通过 OpenHarmony 系统实现各终端操作系统层面的数据协同，通过物模型实现对感知数据的统一规范，在数据和系统交互层面实现不同厂家设备感知信息的开放互通，同时通过云边协同技术实现 AI 算法和数据在云边端的同步流转。

油气全产业链涵盖了从勘探、开采、储运、炼化到销售，涉及各种各样的室内和室外环境，并面临复杂多变的天气状况，如严寒、酷热、沙尘、雨雪冰雹等。多样性的环境要求智能感知系统具备灵活的安装和供电特性，远程自动化运维，并可以根据环境的变化，通过物理协同或者 AI 算法自动调整感知和处理策略，从而保证感知数据的实时、准确、全面，实现感知系统全天候、全场景、全覆盖作业。

以末端的多维感知为基础,对油气生产全场景的数据进行采集和智能分析,辅助油气企业实现数字化转型和智能化发展。

2. 智能联接

油气行业智能化的智能联接技术旨在通过 5G-A、F5G Advanced、Wi-Fi 6、超融合以太(HCE)、IPv6＋等多种网络技术,将井场、场站、油气生产云等各环节连接起来,实现数据上传、模型训练,以及数据下发等工作,以加速传统油气生产环节的转型升级。

智能联接的核心是网络连接,油气田网络按照业务场景可分为井场物联网络、井场回传网络、场站园区网络、油气承载网络、油气办公网络等,这些网络为油气田构筑全栈网络技术融合的"一张网",实现油气田统一的网络架构。

(1)井场物联网络。通过物联网技术,收集、传输和分析油井、气井、场站现场的感知设备数据,通过边缘计算技术在边端实现部分业务的边缘闭环,价值数据通过井场回传网络上传到智能平台层及应用层,支撑油气业务智能生产监控决策。智能化的井场物联网络应该具备支持集成化、边缘智能、平台化的能力。

(2)井场回传网络。井场回传网络通过接入物联网数据,实现井场到场站的数据上传,利用工业 PON(Passive Optical Network,无源光网络)、Wi-Fi 6、5G、微波等先进网络接入技术,实现生产现场末端数据的全面覆盖;同时,通过网络切片、IPv6 等技术,实现数据回传的物理隔离、高效处理。智能化的井场回传网络应该具备大带宽(＞100Mb/s)、架构简洁、可靠安全、长期演进等特征。

(3)场站园区网络。在场站场景,针对不同的应用环境,利用工业 PON、Wi-Fi 6、IP 接入等网络技术,实现井场到上层网络数据的承上启下传输,以及场站内业务数据的采集分发。

(4)油气承载网络。作为油气田传输的高速公路,承载油气田各分支机构的办公业务数据,实现分支机构间生产办公数据的畅通传输,是油气田智能化的数据大动脉。

(5)油气办公网络。办公网络为日常办公提供稳定、高效的数据管道,同时也承载各种业务数据,如生产信息、视频监控数据等,以实现统一管理、一网统览、统一运维的目标。此外,办公网络也可通过采用有线、无线等全栈网络技术进行有效融合,以满足复杂的油气业务需求。

通过"油气一张网"的智能化架构设计,可满足油气生产"百兆到井,千兆到站,万兆到厂"的大带宽需求,并具有可靠安全、架构简洁、长期演进等特征,实现油气田生产数据和云端算法的上通下达,以及统一架构、统一运维、一网多用、一体安全的业务目标。

3. 智能底座

油气行业的数字化、智能化发展,离不开计算、存储、网络等技术和设备的支持,这些技术和设备的不同会对油气行业智能化发展水平产生较大的影响。

例如,在地震数据解释处理中,需要高性能计算能力和大规模并行计算能力的底座,以处理和分析超大规模地震数据;在油气田生产业务中,需要具有宽温工业级的智能小底座,实时实现生产数据监测和预测,以便及时发现和处理生产问题;在油气管道安全业务中,需要极简一体化部署底座满足快速部署、全局统一管理的智能底座，对管道进行实时监测和预警，以便及时发现和处理管道泄漏等问题。

油气智能底座最基本的要求是开放、可靠、高效率，用于支持大规模 AI 算力、海量存储，以及并行计算框架，支撑油气行业大模型的训练，提升训练效率，提供高性能的存算网协同。先进合理的智能底座设计，可以提高智能化过程中数据分析处理的计算性能，降低能耗，减少计算时间，从而加速人工智能应用的开发和部署。

油气智能底座根据具体场景可以分为云底座、轻量化数据中心、一站式训推超融合一体机、边缘智能小型底座等。

4. 智能平台

油气智能平台总体框架以数据资源为基础、平台算力为支撑、人工智能算法为核心，面向油气行业生产需求，构建集勘探、开发、生产于一体的油气数据资源池，通过数据清洗和数据融合，提高数据的质量和准确性，从而为决策提供可靠支持。

例如，可利用物理模拟与数据挖掘等手段，实现服务功能模块化，并在 PC 端、管控大屏、移动 APP 等多维度平台实现智能监测、预警与展示等多态应用。利用深度学习等人工智能技术手段在油气行业领域进行应用实践，通过实例分析，表明其具有良好的应用前景及应用效果。

未来，石油公司与科研院所、油服公司、科技公司等通力合作，挖掘石油行业数据的巨大潜能，实现降本增效，建设全新的智能化油气行业生态圈，完成产业升级。

5. AI 大模型

油气行业 AI 大模型是基于人工智能技术的数据分析和预测工具，它能够处理大量的数据，并从中提取有价值的信息。油气行业 AI 大模型技术是实现工业 AI 落地的关键，其基于大数据和机器学习等技术，通过分析和理解大量数据，提供对油气生产和运营的智能化决策支持。

这种模型通常包括机器学习、深度学习、自然语言处理等技术，可以应用于地震预测、储层识别、智能生产配注及优化、智能安防、智能炼化等场景。随着油田精细化勘探开发的需求不断加深，地震资源处理解释工作量逐年递增，目前地震资料解释以人工解释为主。地震类大模型应用于地震场景多、地质条件复杂的场景，可解决 AI 泛化性问题，并进行地震预测，从而实现井位的优选预测、地震层位快速准确拾取，提高地震数据处理、地震层位解释工作效率。测井解释是勘探开发领域重要的环节，主要用于识别井下油气层分布情况，涉及资料多，要求专业性与经验性强。测井大模型可以解决提升测井 AI 模型的泛化性，结合 NLP 对话提升复查工作效率，提升油气水层的识别效率，提升测井生产力。办公生产辅助大模型基于行业积累知识，赋能行业，辅助生产，快速提升客户全产业链生产力。

大模型给人工智能的落地带来了思路上的变化。在落地过程中，针对小样本、长尾分布等场景，预训练大模型与预置工作流配合，往往能达到很好的效果，在模型调优方面也具有相当优势。在油气行业和学界的共同努力下，大模型将会支撑更多人工智能应用落地，提升效率。

6. 智能应用

从技术架构上来讲,上述的几层基础架构,最终都是为了支撑最上层不同领域、不同场景、不同厂家的各种智能化应用。在油田生产、管道储运、油气销售、通用办公等领域,各种智慧化应用正在如火如荼地为行业带来日新月异的变化。

例如,在油田方面,油田勘探、开发、生产等环节已开展智能化应用,如智能化勘探技术、智能化钻井技术、智能化生产技术等。在管道方面,可通过智能化传感器、数据分析等技术,实现对油气管道运行状态、泄漏等异常情况的实时监测和预警。在油气储运方面,可通过智能化技术和应用的部署,实现油气储存、运输、配送等环节的智能化管理和控制,如智能化储罐管理系统、智能化油气运输管理系统等。在油气销售方面,可通过智能化技术,实现对油气销售过程的智能化管理和控制,如智能化加油站管理系统、智能化油气销售预测系统等。在安全管理方面,可通过智能化技术,实现对油气生产、储运、销售等环节的安全管理和控制,如智能化安全监测系统、智能化安全预警系统等。这些智能化应用可以提高油气行业的生产效率,降低生产成本,提高安全性和环保性,对油气行业的可持续发展具有重要意义。在通用办公方面,利用云计算技术对办公业务所需的软硬件设备进行智能化管理,形成智能办公的新型模式。例如,人脸识别门禁、智能访客管理、视频会议、多屏联动、无线投屏、一键 Wi-Fi,以及云打印等技术的应用,使得企业的办公环境更加高效便捷。

人工智能被誉为"第四次工业革命"的引擎,通过在技术上实现分层解耦的技术架构,在商业上形成灵活多样的商业模式,它将对油气行业数字化转型和智能化发展产生巨大的推动作用,并产生重大的社会效益和经济效益。

8.2　油气智能化价值场景

随着云计算、大数据、物联网、人工智能等信息技术的应用和不断创新,为传统油气行业注入了新的生产力,成为油气工业生产新的增长引擎。在国家政策的引导下,人工智能领域加快布局,人工智能技术的应用成为油气行业智能化发展的关键推动力。油气行业智能化在勘探开发、油气生产、管网储运、炼油化工、成品油销售等领域积极探索,在提高油气勘探开发效率、降低运营生产成本、保障安全生产、降低环境风险等方面发挥巨大的推动作用,并在部分典型应用场景(见图 8-2)中取得初步效果。大模型的出现,使人工智能发展进一步加速。与油气行业融合,在生产研究、勘探开发、企业管控、市场营销等领域将大幅降低工作量,提升工作效率。

8.2.1　勘探开发

勘探开发阶段,通过大数据和人工智能技术的综合应用,结合数据处理分析、机器学习和模型训练调优等关键能力,可在断层识别、测井曲线重构、智能导向钻井、试井解释等价值场景展现出显著的价值效果,降低数据处理时间,降低对人工经验的依赖程度,提高生产

图 8-2　油气智能化典型应用场景

效率和产能。

1．断层识别

准确有效地描述断层是勘探过程中至关重要的一环。通过识别和判断断层在地底的分布,可以精确定位油气藏的位置和规模。

随着地震勘探规模的扩大和周期的缩短,精细解释的重要性日益凸显,提高生产效率和产能成为现代地震勘探的关键问题。传统的断层解释依赖专业解释人员根据多年经验,结合地震、地质和测井等资料手动标记断层位置。然而,这种方法不仅耗费大量时间、人力和物力,而且准确度有限,过度依赖人工经验,存在主观性。

利用卷积神经网络等深度学习技术,可以对地震记录中存在的地质断层进行自动辨识,从而更全面地了解地下结构,特别是地震引起的地层变化。多个现场实例表明,深度学习技术在检测断层、平滑地震图像的结构边缘,以及估计地下结构反射斜率等方面表现出更为精准和卓越的性能,显著提高了地震研究的精度和效率,超过了传统方法。

2．测井曲线重构

测井作为勘探领域的一项关键技术,通过精密仪器在井中进行测量,揭示井筒周围地层的特性,为油气资源评价提供重要依据。然而,在实际的测井过程中,由于井壁坍塌、仪器故障等多种不可控因素,测井数据可能会受到严重影响,如曲线畸变、数据失真,甚至完全缺失。为应对这些问题,曲线重构技术应运而生,成为校正和预测测井数据的主要手段。

当前,业界主要采用经验模型法、多元拟合法以及岩石物理建模法等方法进行曲线重构。但这些方法在应用上受限于地区和岩石类型的多样性,不仅重构目标曲线的精度有限,而且在处理多条曲线同时重构的复杂情况时表现欠佳。例如,在处理井壁垮塌处的DEN(Density,密度)曲线重构时,常用的 Gardner 公式便显得力不从心,因为它无法准确反映井壁垮塌对密度和声波时差测井曲线的综合影响。

借助深度学习和机器学习技术,综合利用测井和气测录井的丰富数据资源,深入挖掘不同测井曲线之间的内在联系。针对实际测井中因各种外部因素导致的数据缺失问题,利用神经网络算法、自动优选模型参数和智能搜寻曲线间的关联性,极大地提高了测井曲线解释人员的工作效率。与传统的曲线重构方法相比,可显著减少数据准备的时间成本,同时保证更高的鲁棒性和准确性。

3. 智能导向钻井

随着油气资源勘探的深入,钻井作业面临诸多挑战,如开发难度大、环境恶劣、缺乏先进工具等。以定向井、大位移井和分支井为例,需要实时操控导向工具沿预定轨迹钻井,而超深井则要求实时控制钻井轨迹。传统导向钻井工具结构较简单,主要由导向机构和控制模块构成,但其控制技术相对落后,在复杂钻井轨迹和油气资源开发中存在诸多问题。例如,驱动电路功率不足可能导致在坚硬岩石中卡钻,严重影响油气开采进度。此外,传统钻井技术仅适用于倾斜度较小的井,在复杂油气资源开发中难以满足现代社会对油气能源的迫切需求。

智能导向钻井技术融合大数据和人工智能技术,实时获取和处理随钻数据,智能控制钻杆与钻头的运动,并可在钻井过程中实时调节钻头方向,改变钻井轨迹,实现“指哪打哪”的精准目标。基于云端大数据的智能导向钻井平台,采用机器学习方法智能反演与识别地层岩性,依托大数据中心的海量数据,实现钻井轨迹智能修正和钻井参数智能优化,确保智能导向工程钻得准、钻得快。这一技术的应用将有力推动油气资源开发的高效、安全和智能化进程。

4. 试井解释

试井解释是一种用于估计储层参数和识别储层流动状态的重要方法,对于准确反演油藏参数和油气生产具有不可或缺的作用。通过对油、气、水井的测压数据和相应产量资料进行深入分析,调整理论模型参数,将理论压力曲线与实际测量得到的压力曲线进行匹配。在这个过程中,可以计算出渗透率、表皮系数等关键储层参数,从而为油气藏的开发方案制定和生产动态分析提供坚实的数据支撑。然而,由于多种原因,如未考虑井的状态、测试时间选择不当等,试井资料常常表现出多解性,这严重制约了试井成果的可靠性和准确性,降低了其在实际应用中的价值。

利用深度学习技术,对试井数据进行深入分析和预测,通过训练模型来识别和分析试井数据,从而实现解释和预测的自动化,有效降低人为因素引起的多解性,提高试井解释效率。基于卷积神经网络的径向复合油藏自动试井解释,利用油田现场的实测数据验证,显示出相较于传统解析法和最小二乘法的优越性。

8.2.2　油气生产

利用物联网、大数据和人工智能技术,全面感知生产态势,通过精细分层注水、抽油机寻优控制、生产运行一体化、井场安全监控等价值场景的智能化,提高产能,提升生产安全水平,优化配置。

1. 精细分层注水

水驱开发是一种通过注入水来提高油井压力的方法,通过形成注水压力高于油井压力的压差,推动石油流向采油井,达到提高采收率的目的。这种开发方式在国内的油田中占据主导地位。但由于油田的非均质性和开发对象的物性差异,平面和层间矛盾突出,油层动用不均衡。为了实现稳油控水,采用了分层注入的方式,通过调整层间和层内结构,进一步挖掘薄差层和厚油层的潜力。然而,随着油田进入高-特高含水开发阶段,综合含水接近90%,注采关系变得复杂,油层动用不均衡,层间矛盾加剧,导致无效水循环严重,含水上升快,储量动用程度低。这就需要不断深入开展精细分层注水和精细管理工作。

目前,精细分层注水工艺借助油藏、工程一体化技术,全过程实时监测并自动调整层段注入参数,实现边注边测边调。利用监测的实时连续数据为精细油藏分析提供有效数据支持,从而增强措施的针对性和合理性,实现精细注水。利用层段实时自动调整功能保障注水合格率,实现有效注水。该方式通过提高地质分析精度和注水合格率来保障注入水的波及体积,进一步提高水驱开发效果。在大庆油田、长庆油田等地规模应用后,水井分层配注完成率提高了 9.21 个百分点。

2. 抽油机寻优控制

抽油机采油是石油工业中广泛使用的一种人工举升采油方法,具有悠久的历史和广泛的应用。在中国,超过 90% 的采油井采用人工举升方式,而抽油井又占据了其中的 90% 以上。因此,抽油机举升采油在国内的石油开采中具有不可替代的作用。然而,随着油田开发进入中后期,地层能量逐渐减弱,油水井的连通性和压力体系也发生了变化。这导致油井的供液能力逐渐改变,而抽油机井的工作参数难以实时匹配这种变化。长期运行后,供排不协调和运行状态不合理的问题逐渐显现,导致抽油机井的产量和效率下降,平均能耗持续居高,开采成本也随之上升。提高抽油机井平均系统效率成为急需解决的问题。

利用物联网和人工智能技术,实时监测抽油机井平衡度,通过 AI 分析获得抽油机井变速运行控制方案,并根据分析结果在前端对抽油机井加以控制和调整。行业专家学者们研究的抽油机变速自寻优运行控制策略,可弥补抽油机变速运行智能控制技术井况适应区间狭窄、控制策略可变参数单一的局限性。其现场应用结果表明,可以降低抽油机井的运行能耗,延长检泵周期,提高抽油机井的智能化管理水平。

3. 生产运行一体化

油气生产是一个规模巨大、生产技术繁复、信息处理任务繁重且环境多变的大系统,具有复杂性、广泛联系性、风险性,以及模糊性等特点。为了确保这个大系统能够作为一个整体健康、协调地运转,必须对生产和经营的各个环节、各个要素进行统一的协调和指挥。生产运行管理,作为油田生产中的关键环节,其核心任务是在预定的生产任务计划时间内,根据既定目标进行连续的作业。此外,还需借助各种生产保障手段,确保油气田的正常运行,实时跟踪和了解每日的油气产量以及运行指标,与其他业务部门进行有效的沟通和资源调配。

传统生产运行业务管理模式,管理层次多、管理粗放、业务交叉,给油田企业生产运行带来很多问题,主要存在部门职责交叉、协调指挥不足,任务下达层级多、执行跟踪不够,信息传递手段不统一、信息泄露和失真问题,数据共享、综合决策支持不足,生产与经营分析融合不紧密,成本效益分析能力欠缺等问题。

生产运行一体化管理模式,致力于实现智能油田的长期目标,通过物联网技术、融合通信等技术,综合监控生产运行状态和实时指挥调度,为生产安全和效率提供坚实基础。以生产调度指挥中心为核心,优化层级结构,加强横向沟通,建立高效、精准的生产运行管理模式。建立统一的数字平台,通过优化资源配置,实施计划跟踪、现场监视、生产协调和决策支持,确保勘探开发及提质增效任务的顺利完成。

4. 井场安全监控

国内油田在强化从采油到输油全过程集中管理的同时,建立的监控平台或系统主要面向井场的生产工艺参数和周界安防,对井场的安全状态和隐患的监控预警相对薄弱。

国内油气田集输站地形复杂且布局分散,主要依赖人工巡视,存在生产作业现场不可视、人员安全不可视、缺少实时告警等问题,导致巡视效率低、系统联动性差,生产作业存在着较高的安全风险。

针对上述问题,引入视频 AI 分析技术,实现现场环境的实时监测、告警及智能化联动分析。通过部署摄像机、红外感知等物联网终端,实时获取视频数据、感知数据等信息,经过目标识别、智能分析、视频拼接、多系统联动等处理,对关键卡口、厂区周界、作业现场、目标区域或关键区域、集输管道进行全方位管控,实现全态感知和全域安防。利用融合通信技术,可远程与现场形成多维互动和信息交互,助力油气生产现场在第一时间、第一现场发现问题、解决问题,降低事故的发生概率,提高安全生产管理水平。

8.2.3 管网储运

管道的智能化是在管道建设、运营等各个阶段,将传感测量、工业控制、移动通信、物联网、人工智能、大数据、机器学习等先进技术与油气管道有机融合,形成智能感知、可自适应、优化平衡的管控一体化系统。全面提升管道的实时泛在感知能力,实现对管道大数据的深度分析与高效管理,为管道全生命周期建设运营管理提供科学及时的风险预控及优化决策支持,确保管道安全、平稳、高效运行。本节将以管道设计、施工、运行、维抢等管道储运全生命周期建设领域内的 4 个核心业务为例,介绍管网储运的智能化价值场景。

1. 管道设计

管道设计过程,通常可分为可行性研究、初步设计、施工图设计几个主要阶段。可行性研究阶段主要论证油气管道建设的必要性,以及论证管道在技术、经济、安全方面的可行性;初步设计是在项目确立后,根据实际条件,确定包括管道路由、工艺、自控通信方案、辅助设施的实施技术方案以及编制工程概算的设计阶段;施工图设计则是按照初步设计确定的技术方案和实际采购的设备材料,实施详细工程设计的过程,以满足现场实施要求和方便后续的运维。

综合管道设计的各个阶段,管道工程的设计内容主要包括油气资源、市场的分析,目标资源、市场的确定,管道路由方案、管道数量及管径、压力方案的确定,站场、阀室选址,流程设计及设备材料选型，辅助配套设施如生产、辅助生产用房的建筑、结构设计，水、暖、电、消防配套系统设计等。

为满足智能管道建设需求，"数字化设计"是以设计为主，创建数据模型框架，设计建立的数据模型是各阶段各业务产生数据的基础数据。数字化设计的关键在于数据，从勘察、测量、设计等环节不断获取数据、产生数据，并不断补充完善数据。其中，设计阶段的管网系统分析是智能管道建设最核心的工作之一，设计阶段管网系统分析成果的优劣，直接决定这个管网系统智能化成果的水平。同时，系统分析模型的建立是一个动态的过程，从管道前期研究到工程建成，随着工作的不断落实，资料的逐步细化，系统分析模型随之调整，尽可能地贴合工程实际，与工程同生共长。目前，管网工艺系统分析软件基本是采用国外的商用软件，国内还没有非常成熟的在线和离线系统分析软件。

"管道全生命周期数字化设计"架构是一个以数据库为支撑的，多专业协同设计的平台，包含设计管理、站场设计、线路设计、工程交付、估概算编制等五大协同设计系统。通过管道、站场模型设计，可实现管道实体数据从定义到设计成果提交的全过程数字化，满足智能管道智能化发展需求。

2. 管道施工

油气管道施工是一个较为复杂的系统工程，涉及面较广。从施工过程管理、施工现场管理到施工工艺、质量及安全等方方面面。智能管道施工，是以施工过程数字化采集实施方案为主，主要包括"全数字化移交"实施方案和"全信息化管理"实施方案。

管道施工智能化，主要体现在以"数据"资产为核心，在应用"互联网""物联网"等新技术支撑施工、管理的前提下，有效获取与施工、管理同步产生的技术数据与管理信息，有效保障现场施工与远程管理信息同源。通过全面应用管理信息系统对关键管控环节的事前控制与各类综合分析工具提供的数据协同应用，实现科学有效的施工组织与管理。通过数据资产的有效建设，形成与实体管道一致的可视化、可交互的"数字管道"交付成果。通过历史项目有效数据的积累、大数据分析直接推送可供新项目应用的预案与预警措施，完成"施工数字化"向"数字化施工"转变，持续提升管道建设能力。而要满足这些需求，向智能化发展，统一的数据平台的建设非常必要。

智能化管道在施工阶段主要的目标有两个：智能化辅助项目管理、施工阶段的全数字化移交。智能工地系统是信息化时代产生的一种新的现代工程生命周期管理理念，主要是指运用信息化的手段，通过三维设计平台对工程项目进行精确的设计和施工模拟。在智能工地大规模开展的社会环境下，随着数字化智能技术与油气储行业深度融合深化，管道行业的建设施工及管理水平将得到大幅度提升。

3. 管道运行

在智能管网的建设中，管道或管网的工艺运行控制智能化是最重要的部分之一。随着油气管道系统向数字化、智能化发展，以被动控制为特点，严重依赖调度员经验的 SCADA 系统很难满足管道控制稳定、安全和高效的要求。自控逻辑优化在综合油气管道系统运行过程中多种流动物理模型的基础上，通过引入现代控制理论、非线性优化方法，实现由以人为主体的简单逻辑控制模式向以自学习模型为主体的智能化控制转变。

按照智能管网设计要求,管网要实现状态实时感知、风险提前预警、应急有效支持,要实现管道安全可控,并且运行方案要自动实时优化,以提升运行效率,降低运行成本。油气管道系统关键站库,如泵站、压缩机站、LNG 接收站、储气库、储油库、城市燃气配送站等,作为管道系统的重要边界,其智能化安全管控与高效运行,是管道系统实现智能化运行的关键组成。

因此,需要建立油气管道系统数字孪生体,即在仿真系统建立的同时,还要完成管道与站场数字孪生体的加载,实现自动控制与站场控制预测孪生体,从而才能在管道运行控制过程中形成有效的智能决策支持系统。要实现智能运行控制,则需要有高质量的远程监控数据和执行器,要像"毛细血管"一样,将各种在网络上的"物"连接到调控系统,准确、高效地根据工艺需求采集各种数据,实现控制逻辑驱动油气输送过程,数据驱动运行控制决策。

4. 管道维抢

管道企业对管道的安全十分重视,在借鉴国外经验和总结国内特点的基础上建设成长输管道应急救援体系。智能化应急抢修管理系统的基本需求是:可以提供灵活、迅速地生成应急抢修技术方案,能够及时方便地修改、审批和网络传送,可以对数据体系维护与扩充,并具有多维组合的合作模式。符合现场实际情况的方案是正确指挥抢修作业的重要基础,多维信息组合是保证合理、准确、快速地制定方案的必要条件。多维信息组合工作的关键是信息的输入和使用,先从成熟的基本输入信息方式入手,待其他的输入信息方式具备条件后再利用。

长输管道智能化应急救援系统不是孤立的,它的建设还需要多方配合,许多配套设施、技术同步进行。例如,应急抢修物资智能化仓储,为了实现应急抢修快速启动,许多管道企业开展了应急物资装备集装化(撬装化)、车载化、自动化建设。应急物资仓储技术的进步也将带来应急救援响应体系的变化。此外,对长距离管道沿线管体结构与安全的智能感知与监测,特别是高后果区的日常演变数据与预测预警,是支持智能化应急救援系统不可或缺的重要数据。

8.2.4　炼油化工

在炼油化工场景,通过大数据分析和数据模型构建,结合物联网、机器视觉、机器学习和大模型等先进技术,可以对炼化生产过程中的关键设备,以及工艺流程、碳排放和安全管理等重点过程实现智能化分析和优化。在此基础上,经过数字孪生等技术的加持,可以将物理世界映射到数字世界,使炼化智能工厂的建设成为可能。

1. 催化裂化装置

原油进入炼油厂之后,一般经过常减压装置可以得到少量轻质油品,其余都是重质馏分油和残渣油。为了获得更多轻质油品,必须通过催化裂化环节对重质馏分油和残渣油进行二次加工。催化裂化装置作为炼油厂生产汽、柴油的主要装置,其加工工艺复杂、操作控制难度大，在各类主装置非计划停工中占比最高。

目前，大部分炼化企业装置运行周期只有三年，装置运行周期还有很大的提升空间。在大多数炼厂中，催化裂化装置主要存在以下三个问题：一是报警占比高、运行不平稳等；二是催化装置由于结焦导致非计划停工在停工总数中占比较高，且结焦量难以预测；三是运行工况的不同造成汽油收率高低差异较大。因此，解决催化裂化装置生产中存在的以上问题，对提高装置运行的安全稳定性、优化产品结构以及提升装置经济效益具有重要的意义。

针对上述问题，在炼油流程中应用数据分析进行优化是解决催化裂化装置生产问题的一种有效思路。在生产历史数据的非计划停车中统计运行不平稳状况的催化装置报警信息，结合专家经验分析结果，可以得到关键报警位点的根本原因。当预警发出时，技术人员可以收到反馈，及时采取工艺调整等措施，为装置非计划停产争取到宝贵时间。类似地，使用大数据分析回归的方法，可以估算出催化裂化的结焦量。首先，同样基于大数据分析回归方法，对数万组有效的催化结焦样本进行分析，建立生焦率的预测模型，从而实现以天为单位对结焦总量进行估算，以解决不可测变量的定量化问题，为操作提供参考，为催化装置的长周期运行提供支持。针对汽油收率预测问题，依据相关性分析筛选出来的影响因素，从大量生产数据中分析对汽油收率影响较大的工艺因素。结合装置现场条件，以汽油收率最大化为目标寻优可调操作变量。采用神经网络技术建立的汽油收率模型，建立大数据分析模型，从而实现实时提供汽油收率最大化的生产操作方案。

基于数据的智慧分析应用是发展实现"数据变现"的有力手段，对数据的分析方向在流程工业的应用，以信息化和智能化手段，通过大数据分析技术，从统计分析向预测分析转变，从被动分析向主动分析转变，真正解决炼油企业业务痛点，从而稳步提升生产效率，提高经济效益。

2. 生产装置优化

炼化工厂以石油为原料，使用多种物理或化学方法得到石油燃料、润滑油、石油沥青等多种石化原料和石化产品，一般由若干炼油生产装置、油品储运系统和水电等公用工程系统组成。

国内炼厂生产装置整体运行良好，但仍存在许多问题亟待解决：自控水平有待提高，而部分已经投用自动或者串级的控制回路控制效果较差，被控变量不能平稳变化；生产装置控制方案不够完善，导致部分重要参数没有实现自动控制；生产装置无效报警过多，不仅增加了操作人员工作压力，还存在重要报警漏报风险；仪表阀门容易出现故障，维修频繁。因此，需要结合炼化装置的数据采集与智能分析，通过人工智能开展全流程优化，提高装置自动控制水平，达到提高装置安全性和降低能耗的目的，保证装置长周期稳定运行。

智能炼化装置优化主要包括生产装置现场数据的监测与评估、AI模型对象辨识、智能参数整定与控制方案优化、AI报警优化、仪表阀门设备故障识别等。通过数据交互接口实现与DCS控制系统的生产装置数据传输。基于生产数据进行大数据分析，实现生产过程的监控分析与设备故障识别。对生产装置数据进行AI建模和在线仿真，实现对象的模型辨识、动态测试,并将控制参数实时输出归档,其总体框架如图 8-3 所示。

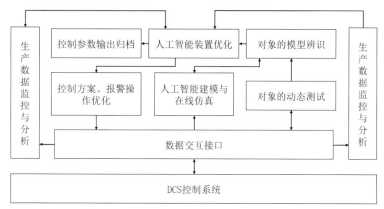

图 8-3 智能炼化装置优化系统总体框架

对生产装置数据进行的监控、评估、存储和优化分析为装置优化提供有效的数据支撑,并根据自控率、控制平稳率和无效报警次数等指标进行结果展示。在智能参数整定与控制方案优化中,使用先进控制算法整定参数,实施全流程的自动调节,从而保证产品质量和节能降耗。AI 报警优化通过挖掘过程变量之间的关联性提高生产过程的安全性和可操作性。仪表阀门设备故障识别通过开展仪表阀门设备故障识别研究,实现仪表阀门设备实时状态监测和趋势查询,可以起到设备高效维护的效果,进而降低非计划停工的风险。

通过以上方式将炼化装置系统与人工智能紧密结合,更好地提升炼厂的安全性和稳定性,创造更多的经济效益与社会价值。

3. 碳排放优化

目前,中国的炼油和乙烯产能都跃居世界第一,成为名副其实的世界第一石化大国。炼化行业是能源消耗和碳排放密集型行业,以一定能源为代价,通过复杂工艺将原油转化为化工产品。其中,化学反应过程、催化剂烧焦及再生过程,以及废弃物燃烧排放是最大的碳排放源。

国内炼化行业在飞速发展的同时,也面临着严峻挑战:炼化行业碳排放量高,约占全国碳排放总量的 5%。2020 年,中国宣布将在 2030 年和 2060 年分别实现碳达峰和碳中和,展现了中国应对气候变化的决心。随着国家节能减排目标措施不断深入,石化行业作为主要高耗能、高排放和高污染行业之一,在节能减排领域必将面临更严峻的挑战。

人工智能技术主要通过能源效率优化、碳排放检测与管理,以及碳捕捉技术等新途径降低碳排放。

首先,利用机器学习和深度学习等智能算法实时检测炼油过程中的温度、压力和流量,并结合其强大的预测功能自动调整控制参数,以确保最佳反应效率,从而降低碳排放和燃料消耗。通过智能分析生产过程数据,由算法提供能源管理建议,如改进设备维护计划、调整生产时间表和采取其他节能措施,以减少能源浪费。同时,利用人工智能技术监测和跟踪碳足迹,提升碳减排相关决策的准确性,识别减排机会以及自动调整工艺,帮助炼油化工企业实施可持续性战略。

其次，利用 AI 技术智能检测和控制二氧化碳捕获设备，提高设备的运行效率，推动碳捕获技术的可行性，并通过优化炼油过程中的燃料选择比例来减少高碳含量燃料的使用，并增加低碳或可再生能源的比例。

再次，人工智能技术在寻找高效吸附材料和碳储存选址过程中也发挥着重要作用，将人工智能技术应用于炼油化工高排放行业，有利于提升能源使用效率，促进低碳循环。人工智能技术在能量高效利用、资源高效利用、资源循环利用、可再生资源利用、低碳炼化工艺以及二氧化碳化学利用等方面，均可为炼油行业发展不同阶段提供低碳发展支撑，助力炼油行业"双碳"目标早日实现。

4. 化工工艺模拟与优化

化工反应作为石油化工最为重要的核心流程之一，其产物广泛应用于人类的生产生活中。然而，化工反应的复杂性和不可控性导致了其产物的品质和产量受到约束，从而需要更加注重反应过程的模拟和优化。化工工艺模拟是指利用计算机软件对化工生产过程进行模拟和预测。而化工优化则是指在化工生产过程中，通过对生产流程的数据分析和模拟，找到理想的工艺参数，以实现最佳的生产效益。化工工艺模拟与优化技术可以有效提高化工生产的效率和质量，降低成本和能耗碳耗，防止事故和污染，推动化工生产向智能化、绿色化、低碳化等方向发展。

目前，化工工艺模拟和优化系统大部分基于数学机理模型，其核心是反应动力学及传递过程的计算。这种模拟和优化当前仍存在诸多问题，其中，系统建模的准确性和可靠性仍然是最大难题之一。此外，化工工艺模拟和优化系统大部分需要手动构建模型，人工成本高、耗时长；同时，模型参数调整和精度评估等问题也亟待解决。

针对上述问题，化工工艺模拟与优化需要继续发展和完善，其中一个思路就是利用人工智能和大数据等先进信息技术进行优化建模，提高模型的准确度和可靠性。化工工艺模拟与优化应用"大数据＋AI 大模型＋分子机理混合模型"，结合流程模拟软件，与实时 DCS 数据、LIMS 数据、在线分析仪数据通信，通过科学计算实现模型自动校正、实时操作优化方案，最终达到企业从原油到化工装置全流程在线优化。

这种思路首先要基于严格稳态流程模拟实现物料平衡、热量平衡、化学平衡等计算。其次，通过大数据分析和 AI 大模型在化工工艺模拟和优化系统场景中减少建模工作量，降低模型的复杂度，缩短计算求解时间，大幅度提高工艺优化模拟精度和效率。再次，利用双模技术有效提高模型准确度和鲁棒性，实现装置工艺运行数字孪生，智能推荐最佳关键工艺操作参数，助力技术人员基于实时数据进行模型在线校正、在线操作优化。工艺模拟优化与大数据和 AI 的结合，最终可更优地实现包括原油加工方案优化、产品结构方案优化、装置生产方案优化、产品质量预测、排放预测等功能，以实现炼化企业降本增效和装置的"安稳长满优"运行，将有效推动炼油化工生产过程迈入新的发展阶段。

5. 安全环保管理

在炼油化工过程中，安全监测管理是非常重要的。安全一直是炼油化工行业的首要关注点,因为这个领域的操作涉及高温、高压、化学品和高风险的环境。有效的安全监测管理是确保生产设施和员工安全的关键因素,也有助于防止事故和减少环境污染。

炼油化工安全管理在人工智能技术的引领下,迎来了更为智能化、高效化的发展前景。通过应用人工智能,可以在预测和预防火灾爆炸风险、实时监测泄漏污染、监测设备状态与维护、辅助操作人员培训和工业机器人等方面实现更强大的安全管理能力。

通过分析大量历史数据和实时监测数据,利用人工智能技术,可以识别潜在的危险因素,预测火灾爆炸风险,并及时采取相应措施以防止事故的发生。利用机器学习算法,对历史火灾爆炸事故数据进行深入分析,识别出火灾爆炸发生的常见模式和因素。基于这些模式,可以构建预测模型,通过实时监测生产装置内的温度、气体浓度等参数,对潜在的危险情况进行预警。一旦预警系统检测到异常,可以立即发出警报并通知相关人员,使其能够及时采取适当的措施,如停止危险操作、封锁危险区域等,从而有效降低火灾爆炸等风险。利用图像识别技术,对生产区域的实时监控视频进行分析,检测出异常情况,如烟雾、火焰等,以及人员违规行为。这种实时监测和分析可以帮助预防火灾爆炸事故的发生,及早采取措施遏制危险。

利用传感器网络,对设备的各项参数进行实时监测,包括温度、压力、振动等。通过分析这些数据,识别出异常模式,预测潜在的故障,并发出预警。这样的实时监测能够帮助运维人员在设备出现问题之前就采取适当的维护措施,降低因设备故障而导致的安全风险。应用预测性维护技术,通过分析设备历史数据和运行状况,预测设备可能的故障时间,并为运维人员提供维护建议。这有助于优化维护计划,减少计划外的停机时间,提高设备的可用性和稳定性。

借助传感技术和数据分析,实时监测生产装置内的液位、气体浓度等参数,及早发现泄漏情况,从而防止污染扩散和健康风险的产生。通过布置各种类型的传感器,如液位传感器、气体传感器等,实时监测库区内各种参数的变化。这些传感器收集的数据利用人工智能技术进行分析,识别出异常情况,如泄漏事件的发生。一旦检测出异常,系统立刻自动发出警报并通知相关人员,以便迅速采取应急措施,遏制泄漏情况,减少污染扩散的风险。此外,还可以利用数据模型,预测泄漏扩散的路径和范围,帮助指导紧急响应和污染控制策略的制定。通过实时监测和预测,最大限度地减少泄漏事故对环境和人类健康的影响,保护生态环境的稳定。

6. 智能工厂

智能工厂是指利用信息技术、物联网技术、人工智能技术、大数据技术等,实现工厂的自动化、数字化、智能化和网络化,提高生产效率、质量和灵活性,降低成本和资源消耗的一种先进的制造模式。

当前,国内炼化企业面临着巨大的转型压力。一方面,劳动力成本迅速攀升、产能过剩、客户个性化需求日益增长等因素,迫使炼化企业从低成本竞争策略转向建立差异化竞争优势。在工厂层面,炼化企业面临着巡检、外操、监督对人力的依赖,消耗大量人力在日常重复性工作上,必须实现减员增效,迫切需要推进智慧工厂建设。另一方面,物联网、协作机器人、预测性维护、机器视觉、AI大模型等新兴技术迅速兴起，为炼化企业推进智能工厂建设提供了良好的技术支撑。再加上政策指引和地方政府的大力扶持，越来越多的大中型企业开启了智慧炼厂建设的征程。

而以德国的"工业4.0"为代表的针对离散工业的智能制造模式不完全适用于流程工业，要实现流程工业的高效化和绿色化，必须自主创新，探索适合炼化流程工业特点的智能制造模式。

5G、人工智能和数字孪生等先进技术对智能工厂发展起到了重要作用。在通信方面，发挥5G技术具有的高速率、低时延、大连接数等优势，可以为智能工厂提供更快速、更稳定、更广泛的网络连接，5G技术还可以应用于远程控制、实时监测、虚拟仿真等多种应用场景。人工智能的使用为智能工厂提供了智能决策、智能控制、智能优化等多种技术，用以实现智能工厂的自适应和学习，提高智能工厂的灵活性和可持续发展。数字孪生通过物理模型、传感器数据、仿真技术等，构建炼厂物理世界与数字世界之间的动态映射关系，实现对装置管廊等物理对象的实时监测、预测和控制。数字孪生可以为智能工厂提供数字化设计、数字化验证、数字化运营等多种服务，提高精准性和可视化。

在上述技术基础上可以建设工业互联网作为智能工厂的重要平台，实现工业设备、工业系统、工业数据的互联互通，实现工业资源的优化配置，提供数据采集、数据分析、数据应用等多种功能，提高智能制造的数据化和网络化。

8.2.5　成品油销售

成品油销售产业链主要由炼厂、销售公司、终端加油站三部分组成。其中，主营炼厂一般以中国石油、中国石化、中国海油为代表，民营炼厂则以山东区域的地炼以及恒力石化等大型民营炼化公司为主。对于成品油销售而言，主要有零售和批发两种方式：中国石化、中国石油以零售方式为主；民营炼厂由于下游加油站数量较少，销售方式以批发为主。成品油销售产业链如图8-4所示。成品油批发零售行业需要建立完善的销售网络和渠道，包括加油站、油库等，5G、物联网、人工智能等新技术的普及为成品油批发零售行业迎来更多创新机遇，企业借助新技术提高效率、优化经营成本。

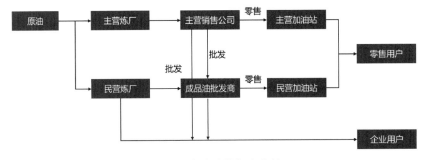

图8-4　成品油销售产业链

1. 成品油库

成品油库是接收、储存及销售整装、散装油品的独立企业或企业附属的仓库、设施,是石油储备和供应的基地,也是成品油供应和销售输送的纽带,对保障国防和促进国民经济高速发展具有相当重要的意义。

油库智能化系统主要由现场设备层、过程控制层、业务管理层和分析决策层构成。该架构是在自动化子系统统一集成的基础上,通过建立数据管理中心打通设备运行与业务管理之间的数据流通,通过数据分析、智能决策和数据驱动的智能化运行模式代替原先的人工判断和操作,从而降低工人的劳动强度,进而提升油库的运行效率。

当智能化油库运行时,信息管理平台与其他子系统流程融合并进行数据交互,使整个油库生产作业形成统一的整体,如图 8-5 所示。

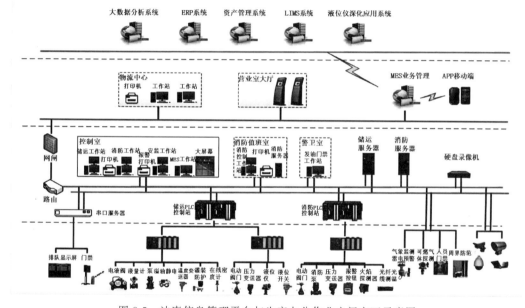

图 8-5 油库信息管理平台与生产办公作业之间交互示意图

在这个统一的整体中,一方面,通过数据线上交互和业务衔接提升了油库子系统之间的联动,实现业务流程的自动化运行;另一方面,通过打造数字化办公平台,代替传统型人工审核、报表、汇总,实现办公手段的数字化。此外,利用信息管理平台大数据分析查找油库运行过程中存在的问题,还可以辅助管理层进行相关决策。

针对当前油库生产运营的特点,还可以通过以下几方面继续推进油库的智能作业、智能管理和智能决策:全流程云平台管理、发油平台智能机器人、油品智能物流和安全管理智能化等。通过数字化、信息化的手段和技术,提高油库的安全性,增强业务运行效率和风险防控能力,从而提高企业的竞争力。

2. 加油站销售

传统的加油站承担着石油产品的销售和分发的重要角色。新型加油站销售中不仅包括传统的汽油和柴油,还逐渐涵盖了液化石油气(LPG)、天然气、氢气等多种能源产品,其作用也不限于为消费者提供燃料,而是连接和服务车主的综合服务场所。

随着油品零售行业需求增速趋缓,降价、油非互动等传统促销模式收效甚微,行业正由"以价格为中心"向"以用户体验为中心"转变,构建加油站智慧平台,聚焦"安全＋经营",实现营销与管理科学化、智能化已迫在眉睫。

智慧加油站利用先进的信息技术,通过自动化系统实现油品供应、交易、结算等环节的智能化管理以提高运营效率的同时,还提供更便捷、安全、环保的服务。

如何优化客户体验、提升运营效率、保证运营安全、提高精准营销是智慧加油站在发展过程中面临的主要业务挑战;与此同时,智慧加油站的全面发展还受到一些制约,包括标准和规范的不统一,导致不同厂家的系统存在互不兼容的情况;智慧加油站的建设和维护成本较高,对于一些小型加油站可能造成经济压力;油站互联及安全管理问题。

为了解决智慧加油站发展中的问题,可以采取多种手段。首先,相关行业和企业可以加强对智慧加油站技术标准的统一制定,推动行业各方在技术上实现互操作性,以促进行业的健康有序发展。其次,鼓励企业采用联网设备感知、AI、大数据处理技术以及云计算等先进的技术手段,提高智慧加油站的自动化水平,加强安全管理,确保智慧加油站系统的稳定运行,防范潜在的风险。最后,鼓励炼油企业和加油站加强合作,共同推动智慧加油站的发展,实现石油行业的可持续发展目标。这些技术和举措将有助于解决加油站面临的业务挑战,推动行业朝着更加健康、有序的方向发展。

3. 销售供应链

成品油销售供应链是指从炼油厂生产成品油开始,通过一系列流程和环节,最终将成品油输送给加油站、终端用户的整个供应体系。这一供应链包括原油采购、炼油、储运、批发、零售等多个环节,涵盖了从生产到销售的全过程。

在市场竞争日趋激烈的背景下,销售企业通过大数据、物联网、人工智能等技术打造智慧供应链已成为必然要求。打造成品油智慧物流供应链,以供应链关键要素为驱动,遵循"流程最短、费用最低、成本最优、管理最省"的思路,实现资金流、物流、信息流及价值流"四流合一"。

为提升销售供应链服务能力和核心竞争力,可通过以下几方面持续发力。

1) 提升物流业务功能的智能化程度,打造一体化供应链

融合一、二次物流调度,打通内部系统和流程,综合考虑油价、季节、天气、经济环境等多种客观因素和销售策略,建立从炼厂到油库、从油库到油站、从批发到零售、从月度到日间的资源调度一体化。通过大模型和运筹优化等技术,在一、二次物流统筹优化、库站最优动态匹配、库存成本经营沙盘模拟、内外部库站资源价值平衡、车货自动匹配等方面实现创新突破,提升全物流环节的预见性和自动化管理水平。

2) 利用数字化技术建设智慧化物流服务平台

直面传统物流存在的过程管控不到位、安全管理难度大、信息化程度低等问题,依托物联网、移动应用、大数据等技术,为用户提供快速响应、智能调派、可视跟踪、便捷交易的现代物流服务。构建主动安全防御体系,建立报警分类分级和风险量化标准,提高管理效率

和精准度。

　　3）借鉴国际经验

　　全球能源转型和市场开放将催生成品油供应链更加国际化和市场化的发展趋势,借鉴国际经验将有助于成品油供应链更好地适应未来市场需求,提高业务效率,实现可持续发展。以数字化智能技术为支撑,为石油石化行业提供安全、高效、绿色、开放的物流服务。

8.3　油气智能化实践

8.3.1　勘探开发

1. 中国石油人工智能平台

　　《"十三五"国家信息化规划》明确提出"强化战略性前沿技术超前布局",要求重点突破信息化领域基础技术,超前布局前沿技术。加强类脑计算、人工智能、大数据认知分析等新技术基础研发和前沿布局,构筑新赛场先发主导优势,鼓励企业开展基础性前沿性创新研究。

　　中国石油抓住人工智能在石油行业刚刚应用的时机,在"十三五"期间规划设立了一个人工智能试点项目:人工智能平台(统建编号 E8)。该项目于 2016 年开始可行性研究,全面开启了人工智能在勘探开发领域的应用实践。E8 是一个开放、可扩展的人工智能计算平台,按照数据、知识、算法、算力、场景 5 个关键因素进行设计,其目标是为油气勘探开发科研、生产、管理提供智能化分析手段,支撑油气勘探开发增储上产、降本增效。该项目由中国石油勘探开发研究院牵头建设,2021 年 7 月 1 日实现正式上线运行。人工智能平台基于不同的业务场景,通过 AI 的方式改进传统的工作模式。中国石油人工智能平台整体架构如图 8-6 所示。

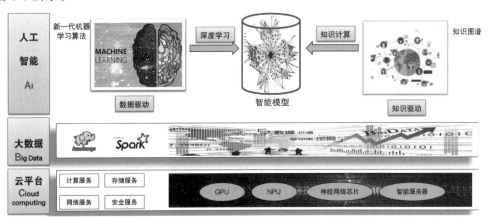

图 8-6　中国石油人工智能平台整体架构

　　该项目建设目标包括:

　　(1) 构建人工智能平台,实现数据管理、认知分析、业务应用、系统管理等功能。

　　(2) 围绕稀油砂岩油藏梳理数据,构建并不断完善知识图谱库。

（3）建设勘探开发认知计算分析系统，支撑初至波自动拾取、地震层位解释、测井油气层识别、抽油机井工况诊断、单井产量递减和含水预测等业务应用。

随着平台功能的逐步完善，以及支撑业务范围的不断扩充，人工智能平台包括 AI 计算、知识图谱、油气 AI 社区、系统管理、业务应用 5 个一级功能模块，33 个二级功能模块。在人工智能平台试点项目基础上，新增地震大模型、神经网络可视化建模、自动机器学习等 15 个二级功能模块，沿用数据管理、数据处理与标注、特征工程等 18 个二级功能模块。人工智能平台功能规划如图 8-7 所示。

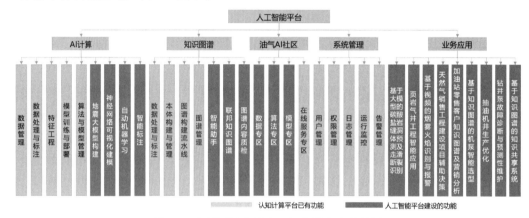

图 8-7　中国石油集团人工智能平台功能规划

1）业务场景与需求

油田当前主要业务还处在传统方式向智能模式转换阶段，根据不同业务场景主要分析与人工智能平台密切相关的业务场景。

（1）地震层位解释：目前主要应用专业解释软件，通过人机交互的方式完成，构造复杂地区，解释难度较大，具有多解性，耗费解释人员大量的时间和精力，影响工作效率。现有自动解释工具，在构造复杂地区时自动解释结果错误较多，应用效果不理想。

（2）初始波自动识别：处理解释中初至波、速度谱、层位、断层拾取在复杂地区还是以人工方法为主，工作量大，效率低；地表复杂地区，现有软件自动拾取精度差，不能满足需求，仍需人工修改。

（3）测井油气层识别：虽然测井仪器的种类和测量信息在不断丰富，但是传统的测井解释方法对多源测井信息相关性分析及储层评价和应用的研究不足，而且测井评价非常依赖专家经验，开发人员短时间内很难掌握，测井识别亟须进行智能化升级，并要立足解决油田勘探开发过程中面临的测井数据规模大、处理解释难度大、数据匹配性和平面覆盖性不足带来的问题。

2）智能化解决方案

中国石油人工智能平台 E8 总体架构分为业务应用、认知分析、数据、基础设施 4 个层面，通过数据预处理、知识图谱、AI 计算、AI 模型管理、系统管理等构成认知计算平台，支撑应用层的各业务应用场景，整体架构如图 8-8 所示。支持二级单位行业增量差异数据反馈、模型迭代、服务部署,实现 AI 模型的全生命周期管理,降低开发运维门槛。通用 AI 大模型方案助力中国石油打造属于自己的人工智能工厂,并以云边协同、边用边学的技术架构,满足各油田公司在各自生产经营领域的个性化需求。

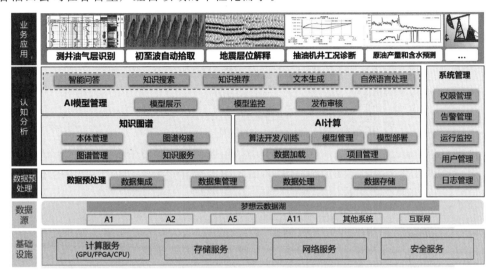

图 8-8　人工智能平台整体架构

勘探开发研究院作为中国石油集团的二级单位,同时也作为国内科研创新排头兵,遵循集团人工智能建设发展体系,全面推进油田数字化转型与智能化发展。

当前人工智能平台业务应用主要规划以下三个场景方案。

(1)地震层位解释。地震层位解释是指利用地震波在地球内部传播的速度和路径,对地球内部结构进行分层解释的过程。地震波在不同介质中传播的速度不同,当地震波经过不同介质时,会发生折射、反射、衍射等现象,这些现象可以提供有关地球内部结构的信息。地震层位解释一般是通过观测地震波在地球内部的传播速度和路径,利用地震学的理论和方法,推断出地球内部的物理性质和结构特征。通过分析地震波在地球内部的传播路径和速度,可以确定地球内部的不同介质层,如地壳、地幔、外核和内核等。同时,还可以推断出这些介质层的厚度、密度、温度、压力等物理性质。研究地震反射多维特征,通过不同尺度、不同类型的地震地质数据融合和智慧表达,建立地震反射标志层表征体系,设计适合地震自动解释的深度学习模型,研究基于深度学习的地震层位自动解释技术,实现研究工区地震层位自动解释。

原有地震层位解释流程如图 8-9 所示。

智能化地震层位解释流程如图 8-10 所示。

智能化地震解释随着项目数据的不断叠加,自动识别精度不断提高,识别效率不断提升。相对于人工解释,认知计算的地震层位自动解释,释放大量工作量,使工作效率极大提高。

(2)初至波自动拾取。通过人工智能平台建立适合地震数据的深度学习模型,研究基

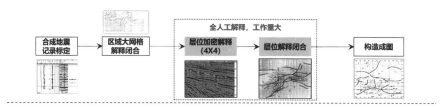

图 8-9　原有地震层位解释流程

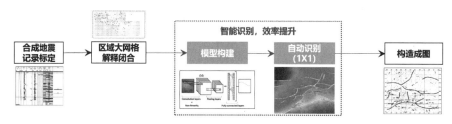

图 8-10　智能化地震层位解释流程

于深度学习的地震数据驱动的初至波自动拾取技术。建立可泛化的初至波样本库,形成具有迁移学习能力的地震数据特征提取技术,实现研究工区初至波自动拾取。

地震初至波自动拾取实现流程如图 8-11 所示。

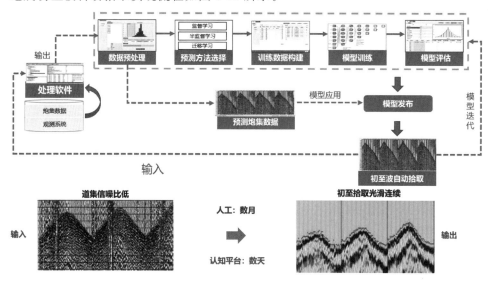

图 8-11　初至波自动拾取流程

随着项目不断开展增多或者利用已完成项目的初至拾取数据进行训练学习,形成针对于不同数据、不同地区的模型,新数据直接应用已有的模型通过迁移学习完成初至波的快速拾取。相对于人工拾取,自动拾取大幅提高了工作效率。在复杂地区相对于专业软件的自动拾取,提高了拾取精度。

（3）测井油气层识别。测井油气层解释是利用岩层的电化学特性、导电特性、声学特性、放射性等地球物理特性测量地球物理参数,从而求得地层的厚度、孔隙度、含油饱和度、渗透率,并划分出油、气、水层,给出地下油气藏分布范围和空间形态的重要手段,是油气上游业务中数据挖掘极为重要的信息来源。但测井油气层识别工作涉及的资料繁多、工作量大、解释周期长、所需的专业性与经验性强,使得油气层测井解释的效果不太理想。

人工智能技术可以为测井油气层识别场景构建知识图谱,提高测井评价工作的效率与符合率,并且可以应用多维相关数据,提高解释精度,降低工作人员在测井油气层识别工作中的业务难度。

中国石油人工智能平台对油气层识别场景进行了应用和实践,完成了区块优选、数据准备、分析处理和标定,确立了智能化油气层识别的相应流程,建立了油气层识别场景的知识图谱、实体数据库,以及油气层人工智能认知的识别模型,完成了在油气层识别场景中的测试和智能应用,帮助测井解释专家和地质专家自动化地分析相关数据,识别潜力油层,并提供支撑解释结论的相关数据与证据。测井油气层智能识别流程如图 8-12 所示。

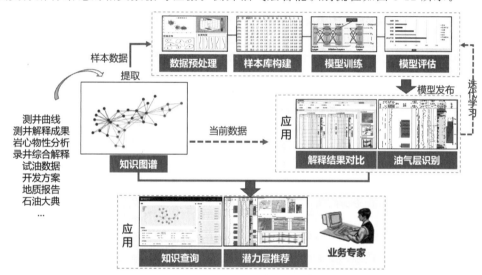

图 8-12 测井油气层智能识别流程图

通过建立智能参数预测模型和油气层识别模型,有效解决了岩性复杂多样、非均质性强的储集层的参数计算和流体识别问题,预测准确率高,具有统一的知识图谱库,实现专家知识沉淀、专业知识融合以及知识挖掘和应用,大幅降低了测井的评价周期。

3) 落地效果

某油田借助人工智能平台快速构建石油测井领域的专业化模型,让沉睡的测井数据、零散的地层资料得以激活和整合,实现了油气水层位的智能识别,平均识别时间缩短 70%,识别准确率也达到测井解释专家级水平。

利用机器学习方法对老井、新井和措施井分别开展了原油产量和含水预测研究,预测模型准确度达到 90.74%,预测效率比传统方法提升了 10 倍,目前已成为某研究院和采油厂进行开发部署和动态分析的常备工具。

测井油气层识别通过人工智能在智能参数预测模型、油气层识别模型、知识图谱等方面的应用,在某油田某二区块的油气层识别中,准确率达到 90%,评价时间缩短了 70%,业务人员可快速对相似区块进行人工智能识别,节约项目资金,助力对油井数据的深度挖掘,对油气藏分布范围和空间形态分析更加准确。

人工智能技术应用发展前景广阔,加速勘探开发生产业务与人工智能技术的深度融合发展,推动 AI 大模型的创新应用,利用机器学习、机器视觉、数据挖掘等算法提高专业软件的智能化分析水平,大幅度提升研究效率、提升解释精度、提升预测能力,降低综合研究与管理成本。推动人工智能技术在传统油气行业的融合应用,是全面驱动油田勘探开发生产业务转型发展的最佳选择,对实现石油工业提质增效和创新发展具有非常重要的战略意义。

2. 大庆长垣水淹层智能测井解释

大庆油田是世界上为数不多的特大型陆相砂岩油田。大庆长垣位于吉林省扶余县,是松辽盆地中隆升幅度最高、规模最大的背斜,含有十分丰富的油气资源,是大庆油田稳产的"压舱石",实现产量目标的主要贡献者之一。

1) 业务场景与需求

伴随着 60 年的勘探开发历程,大庆油田目前已进入开发中后期的特高含水阶段,油田平均含水 94% 以上。但单井高含水不代表层层高含水,单层高含水不代表层内全高含水,受地质、构造、开发、物性等多种因素影响,储层平面和纵向上仍然存在局部剩余油,这也是油田精细挖潜的主要方向和思想。水淹层测井解释作为堵水找油的重要手段之一,是实施挖潜措施的重要依据,随着油田开发的深入,对水淹层测井解释精度也提出了更高的要求。但目前测井解释对象所面临的地质条件复杂性增强,表现在几方面:多种驱替条件下的地层水混合液复杂,对电性响应规律分析影响大;纵向上水淹程度交错分布、规律性差;随着水淹程度增加,高和特高水淹层、低效无效循环层的电性响应敏感性降低,仅依靠常规的测井信息解释方法和数据分析技术难以进一步提高解释符合率,需要研究新的解释方法来进一步提高解释符合率,支持精细挖掘。

大数据和人工智能为水淹储层精细解释提供了新技术方向。如何借助大数据分析技术从油田多年来积累的各项数据中挖掘隐藏价值,实现智能化找油,将成为油田生产智能化和降本增效的重要途径。

2) 智能化解决方案

大数据分析的水淹层识别方法充分挖掘目前丰富且完备的静态、动态等信息数据,建立知识图谱,实现数据加载管理、大数据融合治理、机器深度学习、智能建模、智能应用,形成特高含水期水淹层评价决策系统。大庆长垣水淹层大数据模顶层设计如图 8-13 所示。

2021 年 3 月,大庆油田有限责任公司勘探开发研究院联合华为针对大庆长垣水淹层智能解释算法进行探索,目的是建立大庆长垣厚度智能识别、储层参数精细解释、水淹层智能识别模型,实现大庆长垣萨葡高油层厚度划分、参数计算和水淹层识别的智能解释方法。探索的主要内容有以下三方面。

(1) 大庆长垣水淹储层厚度智能识别。利用大数据分析技术构建大庆长垣表外、砂岩、有效厚度划分模型,以智能模式实现快速对大庆长垣萨尔图、葡萄花、高台子三个油层组的

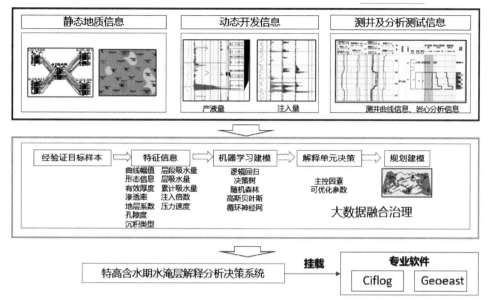

图 8-13　大庆长垣水淹层大数据模顶层设计

表外、砂岩、有效厚度划分。

（2）大庆长垣储层参数精细解释模型研究。利用大数据分析技术构建适应性更强、精度更高的孔隙度、渗透率、泥质含量、原始含水饱和度、目前含水饱和度智能参数模型，以智能模式实现快速对大庆长垣萨尔图、葡萄花、高台子三个油层组储层参数的精细解释。

（3）大庆长垣水淹层智能识别技术研究。

① 水淹层细分层技术研究。利用大数据分析技术和图像识别技术，构建大庆长垣水淹层细分层识别模型，以智能模式实现快速对大庆长垣萨尔图、葡萄花、高台子三个油层组储层水淹层细分层段识别。

② 水淹级别识别。利用大数据分析技术构建大庆长垣水淹层不同水淹级别识别模型，以智能模式实现快速对大庆长垣萨尔图、葡萄花、高台子三个油层组细分层后特高水淹、高水淹、中水淹、弱水淹、未水淹 5 个水淹级别的识别。

人工智能在油气领域的应用想要满足生产需求、提高生产效率、超越传统算法，需要融合领域知识。知识＋AI 是 AI 落地的关键一环。领域知识在 AI 的各个环节，例如，数据预处理、数据增强、模型设计、算法选择、损失函数、结果后处理等中都有可能产生重要的影响。因此，将专业性极高、复杂多样的测井领域知识和 AI 算法融合是 AI 在测井解释任务（厚度划分、储层参数预测、水淹级别划分等）落地的关键部分。大庆长垣水淹层大数据模型方法研究的整体框架见图 8-14。

在项目中首先把多源、异构数据源打通，包含测井曲线数据、岩芯分析数据、油层组数据等，实现多种数据源融合打通。其次，通过实现 10 余种机器学习、深度学习算法，方便用户选用不同算法，对比不同算法的结果，甚至融合各种算法的结果，实现更好的效果。第

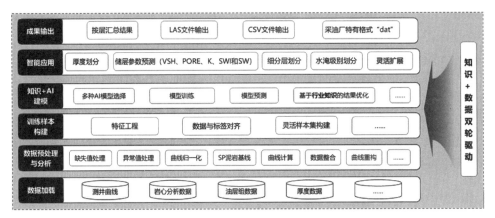

图 8-14　大庆长垣水淹层大数据模型方法研究的整体框架

三，为了更好地融合 AI 算法和行业知识，基于专家经验，提取了一系列后处理的规则，使模型预测结果符合业务约束，也可以进一步提高算法指标。

最后，智能应用功能模块支持与 CIFlog 专业软件的应用集成，如图 8-15 所示。功能可集成到任务栏中，供用户调用，实现工业化应用。

图 8-15　大庆长垣水淹层大数据模型与 CIFlog 专业软件集成

3）落地效果

算法研究中，集成了 10 余种智能算法，以满足不同场景下的需求，形成了知识＋数据双轮驱动的智能储层评价技术（包括智能厚度划分、储层参数预测和水淹级别划分），提高了解释精度和工作效率，达到工业级应用要求。开发大庆长垣表外、砂岩、有效厚度智能划分、孔渗饱等 5 个储层参数及水淹级别智能预测技术体系，支持模型的再建立、训练和应用功能，用户可根据需要新建样本库，重新训练模型，曲线灵活可选，可批处理预测多井，支持多种成果输出方式。基于智能应用，可大大提高解释效率，解释精度较传统方法有所提高，符合生产需求，如表 8-1 所示。

表 8-1　大庆长垣水淹层智能测井解释落地效果

工 作 目 标	实 际 效 果
表外厚度层数划准率≥85%，平衡误差小于±8.0%；有效厚度层数划准率≥90%，平衡误差小于±5.0%	经 208 口测试井验证。表外厚度预测层数划准率 90.8%，平衡误差 3.0%；砂岩厚度预测层数划准率 92.4%，平衡误差 0.7%；有效厚度预测层数划准率 94.9%，平衡误差 1.2%
孔隙度相对误差≤8%，原始含水饱和度绝对误差≤5%，目前含水饱和度绝对误差≤8%	PORE 平均相对误差 5.76%，原始含水饱和度平均绝对误差 4.25%，目前含水饱和度平均绝对误差 7.03%，PORE 平均相对误差 5.76%，渗透率平均相对误差 94.94%
厚度小于 0.6m 的薄差层水淹解释符合率按高、中、弱、未 4 级水淹判别符合率≥75%	对于薄层，共 3198 层，按高、中、弱、未 4 级水淹判别，完全符合层数 2464 层，基本符合层数 594 层，不符合层数 140 层，完全符合率 77.1%，基本符合率 95.6%
厚度大于 0.6m 的厚层水淹解释符合率按特高、高、中、弱、未 5 级判别符合率≥80%	对于厚层，共 6429 层，按特高、高、中、弱、未 5 级水淹判别，完全符合层数 5230 层，基本符合层数 932 层，不符合层数 227 层，完全符合率 81.4%，基本符合率 95.9%

基于水淹层智能解释成果形成了具有大庆特色的水淹层处理解释系统 CIFLog-Geospace 和生产测井解释评价系统 CIFLog-Smart 集成，取得了良好的应用效果，一方面给测井大庆分公司解释评价人员使用，另一方面为采油厂、钻探以及勘探开发研究院、采研院等安装，替代原有的老旧软件，有效提高了生产效率，受到了各方用户的欢迎和好评。目前，这套系统在大庆油田 27 家单位安装投产，实现了规模应用，取得了显著的经济效益。

3. 中油测井公司测井大模型

中国石油集团测井有限公司(国内简称"中油测井"，海外简称 CNLC)成立于 2002 年 12 月 6 日，是中国石油天然气集团公司独资的测井专业化技术公司。公司主营业务以测井射孔技术研发、装备制造、技术服务和资料应用为主体，并为油气田钻井、压裂、采油等业务提供全过程技术支持，是我国规模最大、业务链最全的专业化测井公司和国家高新技术企业。国内服务市场覆盖中国石油的 16 个油气田和中海油、延长石油等国内其他市场，海外市场覆盖中东、中亚、非洲、美洲、亚太五大区 19 个国家。

中油测井成立二十年多来，坚持专业化、一体化、国际化发展，打造了具有自主知识产权的 CPLog、CIFLog 国际先进装备与软件技术，支撑保障了国家能源安全，引领了中国测井行业发展。同时，不断深化与国内外 100 多家高校院所、高新企业全方位、跨领域务实合作，汇聚各方力量壮大中国石油测井事业，推动我国测井行业科技进步和发展。

1) 业务场景与需求

测井工程是石油勘探开发中的一项重要技术，通过对井筒内的地层岩石、地下水、油气等物质进行测量和分析，获取有关地下地质构造、矿藏储量、油气性质等信息。测井工程可以帮助石油勘探开发人员了解井内地层的物理、化学、力学特性，从而指导钻井、完井、生产等工作的实施，提高勘探开发效率和经济效益。常用的测井工具包括电测井、声波测井、密度测井、自然伽马测井等。

随着勘探开发程度的不断深入，"两深一非一老"成为我国未来油气发展的主要趋势。

传统测井一直面临着一些挑战，主要表现在以下几方面：一是大量的重复性数据准备工作，浪费人力和时间；二是人工计算能力有限，难以大批量处理数据；三是专家审核工作量大，工作效率需要大幅提升，降本增效。

中油测井当前主要技术方向是利用人工智能技术实现测井智能化评价提升资料处理解释效率，近年在多项研究中取得一定效果，但尚未达到大规模应用程度。当前存在以下困难：深度学习面临天花板，要求样本分布要均匀、准确，并达到一定的规模，且需要地质知识加以约束；测井 AI 评价中 AI 模型的泛化能力不足，模型跨层、跨区块准确率下降；测井解释结论具有多样性，油气领域小样本问题严重，个别样本数据缺失严重；老井复查所需地质知识在众多文档与专家头脑中，难以参与计算。为了解决这些问题，需要推动人工智能在测井领域的落地，提升测井智能解释模型在泛化性、建模效率、可解释性方面的能力，打造工业级智能应用能力。

2）智能化解决方案

随着大模型技术的出现，为测井智能模型在测井行业的工业应用提供了参考，相对于传统机器学习，大模型的模型初始建设规模大，但是专业或局部应用模型建设周期可控，具备良好的泛化能力。

测井大模型总体规划思路如图 8-16 所示，利用强大的算力及 AI 训练推理平台，在测井公司总部进行算法管理、作业管理、在线推理、算法推送等工作，承载制造业务及测井智能质检、智能安全、智能解释和测井大模型的模型研究和训练等工作，对于测井现场和制造工厂应用，通过算法远程推送，实现中心与边端侧协同。结合大模型技术和测井专业业务特点，基于海量测井数据进行训练和学习，实现测井处理与解释全业务链的智能化，大幅提高测井评价的工作效率和准确率。

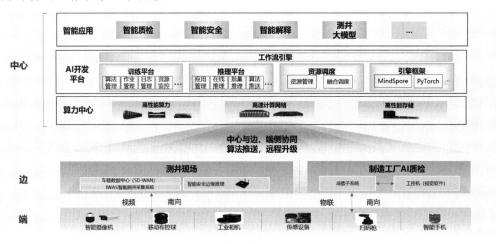

图 8-16　测井大模型总体规划思路

为验证测井大模型技术在测井应用技术路线的可行，中油测井联合华为公司开展了POC 验证，在业务效率提升方面，验证大模型的迁移和泛化能力，在模型开发效率方面，验证其快速生产能力。

测井大模型 POC 验证整体方案架构如图 8-17 所示,由基础设施云底座、AI 开发平台、华为盘古大模型和测井大模型应用 4 部分组成,导入公开数据和中油测井公司提供的数据,使用数据标注、模型选择、模型训练、模型评估工作流,开发 L1 级测井大模型。基于储层参数预测、流体识别等解释微调任务建立 L2 级模型,并进行迭代优化。

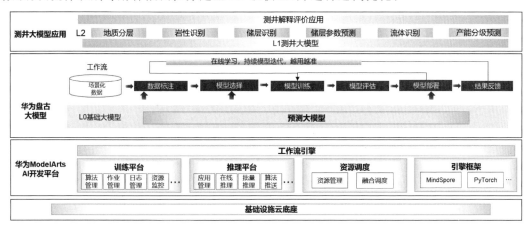

图 8-17 测井大模型总体架构

储层参数是地质工作者评估储层性质、确定地质储量的主要依据。储层参数预测 L2 级模型利用地质资料、测井资料、岩心分析资料等多种信息进行综合分析和计算。在经过清洗数据、优化模型结构、修改模型融合网络参数后,对储层参数中的孔隙度、渗透率、饱和度进行预测。

流体识别是储层含油性评价的基础,一般电阻率曲线对含油性反应灵敏。流体识别 L2 级模型选用伽马曲线、井径曲线、声波曲线、密度曲线、中子曲线与电阻率曲线等进行综合分析,通过优化模型结构,修改模型融合网络参数,对储层的流体性质进行识别。

测井大模型 POC 测试项目中,选取国内某油田 4 个邻近区块的数据作为训练集,选取另外 1 个邻近区块作为验证数据集。验证结果证明,大模型使用训练集数据预训练后,在邻近区块测试可以达到与机器学习的同等或更好的准确率。后续设计模拟测试在新区域从头开始工作的情况下,对比有预训练的大模型及新训练的机器学习模型的表现情况,证明面对新区块、新数据时,大模型可以全程支持测井解释工作,并大幅缩短了智能解释投入工作的时间。通过此次泛化性能测试,初步证明了测井大模型生产和应用流程的可行性。

3) 落地效果

测井大模型 POC 验证通过对大量区块曲线数据特征的学习,在完成 L1 级测井预测大模型基础上,在新区块数据中进行模型微调,形成 L2 级流体识别等业务场景模型,该模型在完成新区块下的特定测井解释任务时,大模型精确率优于传统机器学习,大模型召回率显著高于机器学习。

如图 8-18 所示,从图 8-18(a)所示的准确率和召回率散点图可以看出,针对新区块进行大模型微调时,相对于传统机器学习算法,经过预训练的大模型能够在小样本甚至零样本的情况下就已经可以提取测井曲线特征,并较准确地针对新区块数据进行预测,而在新样本不断增大的情况下,大模型在测井业务场景下进行预测的召回率也整体高于传统机器学习。我们对传统机器学习和测井大模型的准确率召回率的调和平均分数进行了统计,如图 8-18(b)所示。结果表明,测井大模型在整个测井解释过程中都表现出了出色的性能,而其他机器学习方法只能在后半程提供支持,这进一步证明了测井大模型在测井解释中的重要性和优势。

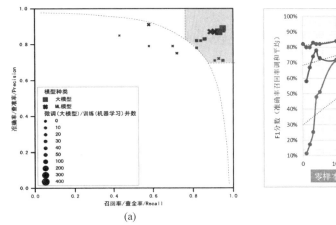

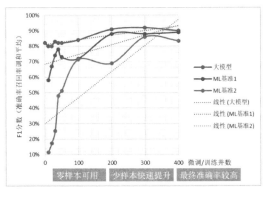

(a)   (b)

图 8-18　测井大模型 POC 验证召回率与泛化性结果

测井大模型 POC 测试验证了测井大模型的泛化能力显著,在测井评价方面具有以下优势。

(1)零样本准确率高,甚至可直接使用。

(2)少样本微调准确率稳定,快速提升。

(3)最终准确率高于传统机器学习。

中油测井联合华为公司、胜软科技通过大模型技术进行了储层参数预测、流体性质识别等测井业务场景的技术可行性验证。在储层参数预测验证方面,孔隙度预测误差可在 8% 以下,饱和度预测误差可在 12% 以下,对渗透率的预测可以达到 87% 的分类准确。流体性质识别准确率达到 90% 以上。测井大模型 POC 验证局部测试可行,有效验证大模型技术在测井评价领域的相关技术,实现了大模型技术的优选、大模型技术泛化程度参数、大模型算力相关参数调优,为下一步利用大规模测井数据构建高质量测井大模型的技术预研、参数准备等工作提供保障和支持,推进测井大模型工业化应用进程。

8.3.2　油气生产

1. 长庆油田智慧井场

1）业务场景与需求

长庆油田成立于 1970 年,是隶属于中国石油天然气股份有限公司的地区性油田公司。长庆油田从成立之初的 5 万吨产量,历经几代长庆人半个世纪的艰苦奋斗,在 2020 年成为国内首个突破年产 6000 万吨级别的特大型油气田,开创了中国石油工业发展史上的新纪元。2022 年,长庆油田年产油气当量超过 6500 万吨,继续奋力谱写着高质量发展的新篇章。

作为长庆油田陇东油区主力生产单位,长庆油田采油十一厂成立于 2009 年,地处鄂尔多斯盆地西南部,横跨甘肃、宁夏两省(自治区)四县。历经 14 年的开发建设,采油十一厂原油产量增长 4 倍以上,油水井数增加 5 倍多,但随着产量和井数的持续增长,百万吨用工人数却下降了 25%。在这个过程中,数字化、智能化的建设发挥了至关重要的作用。接下来,以油气生产场景中最常见的采油井场为例,介绍采油十一厂在智能化方面的一些探索和实践。

经过十多年的数字化建设,长庆油田采油十一厂的井场生产作业主要面临如下新的挑战。

一是"万国牌"的设备无法统一管理。油气井生产现场部署着大量的数字化设备,随之而来的是各厂家系统独立建设、数据采集方式各异,设备之间无法对接交互。例如,动液面设备的厂家在井场安装动液面仪的时候,会在井口动液面检测仪设备处安装一个信号发射器,再在井场主 RTU(Remote Terminal Unit,远程终端单元)柜子里安装一个信号接收器,且有些是通过 Wi-Fi 传输,有些是通过 ZigBee 传输,传输方式各有不同。接收器上连至井场交换机后再将数据回传到该厂家位于作业区的管理平台。如果该井场再安装含水分析仪,新的设备厂家会再安装一对发射器和接收器,同样经井场交换机后将数据上传到该厂家自己的管理平台。在油井生产现场,同样的情况还有投球设备、加药设备等,因此有些井场的主 RTU 柜上甚至装有十几根信号接收器,进而导致信号同频干扰严重,数据频繁丢失。

二是现场数据质量仍有待提升。由于数据丢失、数据多源、人工录入错误等原因,当前数据质量无法满足更进一步的精细化作业管理要求。采油十一厂的井场大部分是丛式井,使用井场主 RTU 将各井口的从 RTU 数据进行汇集后通过光纤传输到作业区。目前主要使用 ZigBee 技术进行主、从 RTU 之间的数据传输,而 ZigBee 本身是一种低功耗无线传输技术,主要面向无法供电自带电池的仪器仪表类设备,发射功率比较低,使用点对点轮询的机制进行低速数据传输。当井场数字化设备数量越来越多、数据量越来越大的时候,就会频繁出现带宽不足、数据丢包、采集不全的问题,这也间接导致了功图的上线率比较低。

三是很多现场作业仍然依赖人工。采油厂面临的主要问题是如何高效管理成千上万口采油井,这些井遍布在方圆几百千米的黄土高坡上,驱车到现场经常要一两个小时,巡检员一天跑不了几个井场。很多设备发生故障之后要在后台积累一段时间数据才能分析发现异常,再派单让维护人员去现场维护设备,从而导致管理效率十分低下。采油十一厂全年井场各类巡检工作量约 67.6 万人次,日常巡检用工占总人数的 2/3,"远程监控＋人工巡检"维护作业量大,平均巡井路程每人每年超过 2 万千米。

四是抽油机机采耗能高。全厂每年机采系统耗电占总用电量的 44%,客户希望能够通过智能化升级改造来尽量降低生产能耗。

伴随油田的快速发展和信息化技术的进步,长庆油田希望在现有数字化基础上利用大数据、边缘计算、算法模型、AI 分析等智能化技术建设新一代智慧井场，以数智化技术推动生产组织模式及劳动架构变革，获得采油效率的进一步提升。

2）智能化解决方案

智慧井场解决方案（如图 8-19 所示）以数据为中心，通过在井场部署具备边缘计算能力的智能融合终端，加载智能间开、工况诊断、功图计产等边缘 APP，实现井场设备统一物联接入、井场数据全面实时感知、部分业务井场边缘自治、安全监控与生产联动，助力客户实现井场降成本、降能耗、增产量的"两降一增"业务目标，逐步建成高效、自治的智慧化井场。

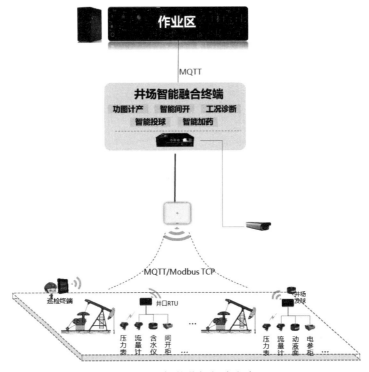

图 8-19　智慧井场解决方案

如上所述，数据不互通是阻碍智能化进一步发展的关键因素，所以智慧井场解决方案的第一步就是要实现井场设备的统一物联，将数据打通和盘活，发挥更大的数据价值。通过引入井场智能融合终端，将工业交换机、光纤收发器和 RTU 的功能三合一，并通过在智能融合终端上部署物联管理和标准数据总线功能，实现现场所有设备的统一接入。具体实现方式是先将井场所有仪器仪表等设备通过 RS485、RS232、AI（Analog Input，模拟信号输入）、DI（Digital Input，数字信号输入）、DO（Digital Output，数字信号输出）、RJ-45、ZigBee、Wi-Fi 等各种有线、无线方式连接到智能融合终端，然后在智能融合终端上将各设备的数据进行解析和协议转换，统一转换为 MQTT（Message Queuing Telemetry Transport，消息队列遥测传输）协议的数据并向上层应用开放标准数据接口。通过这一机制实现了井场内各设备的统一接入管理、井场内全量数据的标准化，从而使得不同业务在井场内的联动有了实现的基础。

井场数据传输的质量改进方面,通过将无线回传方式由 ZigBee 升级为 Wi-Fi 6 方式,完成带宽指数级提升,现场实际速率从每秒几十千比特提升至最高 650Mb,链路零丢包,数据采集更实时、密度更高,确保井场生产数据全面实时感知。同时,利用 Wi-Fi 6 的高带宽特性,新增支持巡检终端无线接入和融合终端的近场无线运维的功能,维护人员不再需要爬杆连线进行运维操作,有效降低了运维成本和安全风险。

减少人员上井次数的主要途径是利用边缘计算和远程统一运维技术,在井场智能融合终端中部署边缘应用,使得井场具备一定的边缘自治能力,如自动调整生产策略、智能间开、自动启停井等。通过远程统一运维技术的应用,实现了对现场所有数字化设备的远程管理和维护,从而大幅减少了维护人员上站的次数。

在能耗管理方面,智慧井场解决方案应用了智能照明和智能间开功能。智能照明功能通过红外摄像头对井场进行实时监测智能分析,精准控制灯的明暗,做到人在灯亮,无人灯暗,降低夜间照明能耗,实现节能减排。智能间开功能以边缘计算为核心,通过井场智能群控协调和单井智能控制,在稳产的基础上,最大限度地提升单井生产效率,实现高产多抽、低产少抽,降低能耗。

由于数据和接口的标准化实现,各设备厂家也在井场智能融合终端上适配开发了多款边缘应用,以支撑现场业务的智能化操控管理。

(1)智能投球:将投球设备与井场回压数据关联,当井场回压上升到某一阈值时进行投球,提高管堵识别概率,降低管堵风险。

(2)智能加药:将加药设备与采油井载荷数据关联,当载荷上升到某一阈值时进行加药操作,减少人工操作。

(3)智能启井:将视频算法与启停井业务联动,在远程启停井的时候,先自动调用视频检测是否有人畜在井下,如果有就不进行操作而发送告警给业务人员,在业务人员确认之后再进行启停井,确保安全,防止发生安全事件。

(4)远程一键巡检:将现场所有数字化仪表接入之后,开发一键巡检功能,只需要一个指令即可启动所有数字化设备的电子巡检,根据设定好的规则阈值对仪表进行不定期巡查,及时发现故障或异常,提高运维效率。

边缘计算和 Wi-Fi 技术的组合应用,也为传统业务带来了新的价值。以功图计产为例,传统的做法是每 10min 将功图数据传回后台,后台根据功图数据进行分析,模拟计算出单井的产量。由于数据并非实时采样分析,加上部分数据的丢失,功图计产的准确性一直备受质疑,对于产量波动大的井,这种问题尤为严重。在新的方案下,由于数据采集密度更高、数据获取更加实时,可获取更接近真实产液量的计算数据。以采油十一厂镇×××井场的某口井日产液量统计分析为例(如图 8-20 所示),在采集密度提升一倍的情况下,边缘计产的准确性便提升了 10%。

另外,智慧井场通过引入 AI 视频算法,实现了井场安全风险的实时监测,如对动物闯入、未穿劳保服、未戴安全帽、井口漏油等异常的快速识别和实时告警,降低井场安全风险

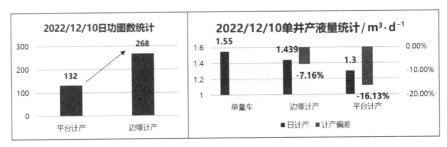

图 8-20 ×××井场单井日产液量统计分析结果

和减少环境污染,提升综治能力。图 8-21 给出了井场安全风险 AI 自动识别示例。

(a) 人员闯入   (b) 未穿戴劳保

图 8-21 井场安全风险 AI 自动识别示例

随着数据越来越准,各厂家在井场边缘应用的逐步丰富,井场业务自治的效果将会越来越好。随着方案的智能化升级演进,未来可进一步与井筒及油藏业务进行协同,助力工艺改进,提升采收率。

3）落地效果

随着智慧井场方案的部署和演进,井场生产管控向着智能化、智慧化方向发展,持续提升油气生产作业管理水平,降低生产成本,提高经济效益。

例如,智能投球功能可将投球设备的巡查时间从天级降低到 20min,智能加药功能可将加药工作的操作时间从天级降低到 15min,远程一键巡检可将设备故障巡检周期从天级缩短到 10min,减少现场维护工作量,上站次数由 3～4 次/月降低到 1 次/月。

智能照明每天可节省约 40%照明用电量,采油厂全年可节省近百万元；智能间开通过井场能耗监测,优化节能策略,从供电至用电进行能流监测,可按生产状态自动生成间开策略,做到“一井一策”,使吨液耗电下降 25%以上,实现油井井场低碳智能运行。

安全识别基于云边协同实现井场安全识别算法远程更新,安全识别准确率将持续提升,越来越准,如漏油识别等故障的发现时间从天级缩短到分钟级,保障生产安全,减少环境污染。

随着数据打通及各类业务应用的部署和优化,井场内业务将逐步实现全面自治,提升管理效率,降低人员工作强度和运维成本。

2．西南油气田川西北气矿智能场站

川西北气矿隶属于中国石油西南油气田公司,位于四川盆地西北部,主要负责四川境内 3.12 万平方千米矿权面积的油气勘探开发、管道运输、油气产品和天然气化工产品的加工、销售,为多个市(县)提供工业、民用和商业天然气,是西南油气田公司主要生产单位之一。

川西北气矿天然气资源勘探开发面积大、纵向含油层系多,可谓"天赋异禀",但同时也面临构造和岩性复杂、油层处于深层甚至超深层、储集层气水关系复杂等巨大挑战。这要求川西北气矿的开发必须坚持走创新驱动、转型发展的道路,建设"数字"气矿,通过数字化转型智能化发展,在产能建设、技术创新等方面取得新突破。

川西北气矿数字化转型起步早、基础好、一把手重视,取得了一定的效果,通过大力实施数字化转型战略,基础支撑更加有力,两化融合持续走深,转型氛围日益浓厚,数字化引领、赋能作用更加彰显。川西北气矿是西南油气田第一家与华为建立实训基地的单位,气矿以"自动化生产、数字化办公、智能化管理"为指引,积极推进数字化转型、智能化发展,并力争打造为气矿的核心竞争力。

1) 业务场景与需求

目前,川西北气矿正值数字化转型关键时期,现有生产信息化系统不能完全满足井站无人值守、集中调控、安全生产风险管控、智能辅助决策等数字化转型需求,需要从信息化硬件设施、应用系统、数据采集与应用等方面进行改进提升。

川西北气矿视频监控系统建设时间较早,且摄像机点位众多,视频信息量居大,针对安防、生产、巡检等不同场景下的智能 AI 分析能力有限,部分场景仍依靠人工定时盯防与判断分析,工作人员疲于预览各个点位图像,导致监管效果不佳,应急响应效率低。日常不同种类、不同时间间隔的巡检工作重复枯燥,除巡检外还有加水、机器维保、罐区卸水等日常事务,人员工作压力大,部分设备巡检经验难传递。

在移动作业时,缺乏融合通信接入方式,受限于距离和防爆要求,缺少中心站与井场的移动通信。在移动作业数据采集时,仍有大量人工录入的工作量,且抄表过程不可回溯,数据无记录。

对于当前获取的生产数据未能充分利用,SCADA 数据只监控,没有进一步的智能分析。视频监控平台与业务系统相对割裂,SCADA 的预警信息与视频监控未联动,发现问题仍需人工研判。

结合川西北气矿信息化现状,针对目前的业务痛点,客户亟须引入新技术对气矿场站进行信息智能化整改和优化。通过适配天然气生产过程管控一体化场景,实现新气田智能探索、传统老气田数字化完善的目标。具体诉求如下。

(1) 提升视频监控智能化能力,实现无人化少人化安全生产。

(2) 提升作业沟通效率,解决沟通时效问题。

(3) 充分利用生产数据,提供智能分析实现降本增效。

2) 智能化解决方案

(1) 智能场站。川西北气矿智能场站解决方案基于川西北气矿的管理层级及各层级的业务职责,以"云边端"协同架构进行分层部署,实现数据、业务、运维的上下协同,其解决方案架构图如图 8-22 所示。

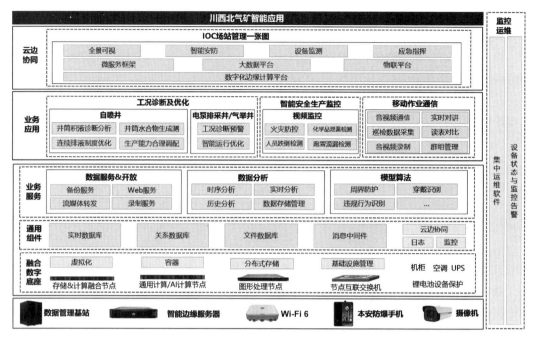

图 8-22　智能场站解决方案架构图

在端侧进行数据采集，在边侧完成数据分析，通过工况诊断及优化、智能安全生产监控、移动作业通信等应用实现数字化转型诉求。云端训练，边端自动更新部署，实现视频分析算法、工况诊断算法模型的实时升级。

① 智能安全生产监控：安全风险智能识别。智能安全生产监控方案基于客户现有摄像头，以及安眼工程目前部署的算法，在边缘部署 AI 设备及算法，通过本地进行智能视频分析和系统联动，降低回传成本，实现系统联动、智能化判断和识别，从而减少人工盯屏，提升监控管理效率，实现智能安全生产监控功能。

部署的算法包括口罩检测、通道占用检测、人员徘徊、入侵检测、定时巡检检测共 5 个场景，如表 8-2 所示。

表 8-2　智能安全生产监控部署算法

序号	算法场景	场景说明
1	口罩检测	在图像范围内，检测人以及人是否佩戴口罩的状态
2	通道占用检测	在图像画面中划定任意多边形的通道区域，当在区域中出现行人之外的任意目标，超过设定的时间时，立刻产生报警
3	人员徘徊	单摄像头下，如果检测到同一行人逗留一定时长，则产生相应报警
4	入侵检测	在摄像头图像画面中划定任意多边形的禁区，当指定的人或其他目标进入禁区时，立刻产生报警
5	定时巡检检测	在指定摄像头图像画面中，当人员超过固定时间内未出现在画面中，产生巡检提醒

视频数据在边缘及时处理，通过 AI 使能智能分析、自动预警、联动响应等能力，做到安

防可视、可管、可控。基于持续更新的现场图片,云端深度学习系统不断优化算法,并可远程进行批量下发与部署。通过智能化判断和识别,减少人工盯屏,提高巡视效率,提高视频数据利用率,从而提升管理效率。智能安全生产监控系统部署架构如图 8-23 所示。

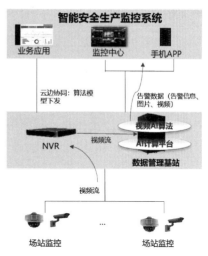

图 8-23 智能安全生产监控系统部署架构

② 工况诊断及优化:生产运行智能分析。一般天然气藏多为水气藏,气井一旦产水,就会使采气速度和一次开采的采收率大大降低,甚至会把气井压死。井筒水合物的危害性主要是水合物在油管中生成时会降低井口压力,影响产气量,妨碍测井仪器的下入。当水合物产生在井口节流阀时,会使得下游压力降低,严重时会堵死管线,甚至会有管线爆炸的风险。

工况诊断及优化方案对接现网的生产系统——SCADA 系统,基于气井的生产数据、工艺参数等数据进行分析和挖掘,对自喷井、电泵井和气举井进行积液预警和井筒水合物的生成预测,使得气井在优化的工作状态下生产运行。

气相不能提供足够的能量使井筒中的液体连续流出井口时,气井中将出现积液。液体的聚集将增加对气层的回压,并限制井的生产能力。基于对井底积液问题的研究与认识,建立气井井底积液预警模型,实现井底积液的隐患预警和故障报警。

采用热力学方法对有井下气嘴和无井下气嘴的情况计算其井筒内温度场和压力场分布,实现不同生产制度下井筒内天然气水合物预测和气嘴的最小下入深度和气嘴直径优化设计。

③ 移动作业通信:高效协同办公/远程作业。当前在场站存在多厂家会议终端无法接入同一视频会议、视频会议与视频监控无法融合、协同效率低、缺乏统一直观的信息发布平台等问题。

移动作业通信方案基于客户网络,实现音视频实时通话/对讲、多厂家多类型终端视频会议互通、会控管理、多媒体发布管理、视频画面采集和分发共享同步、终端视频采集、指挥中心远程巡查和控制各工作站或控制台的 PC 屏幕等功能,快捷实现现场人员与管理人员即时通信、对讲、可视通话等,形成一套私有化部署的内部即时通信工具,支撑远程作业指导,应急处置可视化联动。同时可作为参会者加入信发融媒体平台组织的会议,将现场生产实时视频情况作为视频会议参会方之一加入视频会议进行现场研判,使得各层级之间协同工作、应急指挥更高效,提升视频会议体验,实现统一、直观的数字化宣教工作。

(2) 信发融媒体平台。信发融媒体平台的部署如图 8-24 所示,主要实现川西北内部各级单位信息发布和融合视频通信功能,将视频宣传、安全教育、党建组团、数字化宣传和现有信息发布系统等多个业务模组整合于一体,并打通融合现有保利通视频 MCU(Polycom MCU)视频会议、生产现场监控画面、生产人员本安防爆手机巡检画面等接入信发融媒体平台视频通信,同时为无人机、VR 系统预留接入接口。

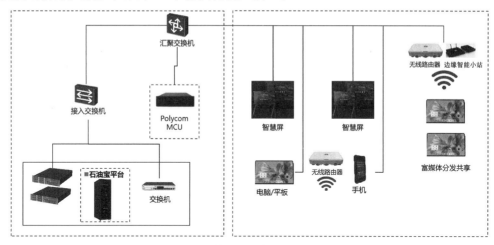

图 8-24　信发融媒体平台部署图

　　同时可无须预约,主动直接拉起不同客户端(如石油宝、计算机、平板、手机、本安防爆手机、监控、无人机、VR 等)进入融合视频通信。实现川西北气矿、作业区和中心站之间不同单位和不同岗位之间,多场景多终端之间音视频融合通信。

　　3)落地效果

　　在川西北气矿江油作业区和中 20 井井场部署智能场站解决方案,部署智能安全生产监控,配置 AI 视频算法、工况诊断算法,搭建信发融媒体平台,实现移动作业通信,现网运行稳定,效果良好。

　　准确预测出现网运行的中坝 37 井和中坝 35 井积液风险高,中坝 37 井和中坝 35 井可能形成水合物(如图 8-25 所示),为生产动态分析、生产管理及解决方案提供可靠判断的依据。本模型准确确定了气井的临界携液流速及流量,提前预测气井积液和积液风险高,对于延长无水采气期、提高气藏采收率有重要指导意义。基于临界温度、压力等条件下的温压方程准确预警出了生产油管是否形成水合物,通过生成水合物预警对生成水合物进行了及时预防,并尽早干预,避免进行复杂的解堵措施,带来不可控的经济成本。

　　在中 20 井集气区大门、配气工艺区、双鱼石末站通过对监控视频的自动分析,对戴口罩、通道占用、人员徘徊、入侵、定时巡检场景均能准确进行自动识别、发出警报,并记录警报时间及相关人员信息,实现智能巡防,减轻安防工作量,提升对紧急事件的快速响应能力,提升生产区的安全管理能力。

　　在江油作业区和中 20 井中心站进行了调度中心、智慧屏与场站防爆手机的音视频通话,实现了远程作业指导,以及应急处置可视化联动,如图 8-26 所示。现场移动内部办公、即时音视频通信,实现高效率的工作。现场点对点、点对群音频视频通话方便快捷,实现现场作业人员与管理人员视频通话。通过移动终端简便的输入手段、二维码和多媒体采集,为现场安全巡检数据采集提供及时多样化的选择。信发融媒体平台实现了移动办公与业务管理平台信息互通等功能,实现了移动终端业务信息订阅、即时音视频通信、实时对讲等

预警信息

序号	井号	日期	临界温度	临界压力	备注
1	中坝35井	2022-12-01	293.4	1.4019500000000003	可能形成水合物
2	中坝35井	2022-12-02	290.55	1.247765000000002	
3	中坝35井	2022-12-03	291.05	1.274815000000002	
4	中坝35井	2022-12-04	294.5	1.461460000000001	可能形成水合物
5	中坝35井	2022-12-05	291.8	1.315390000000002	可能形成水合物
6	中坝35井	2022-12-06	295.15	1.4966249999999999	可能形成水合物
7	中坝35井	2022-12-07	294.57	1.465247000000001	可能形成水合物
8	中坝35井	2022-12-08	294.68	1.4711980000000016	可能形成水合物
9	中坝35井	2022-12-09	295.28	1.5036579999999997	可能形成水合物
10	中坝35井	2022-12-10	293.73	1.4198030000000021	可能形成水合物

< 1 2 3 4 > 前往 1 页

图 8-25　中坝 35 井筒积液预测

功能。通过将宝利通会议终端、智慧屏、VR 眼镜、PC、手机的视频会议融合,在需要进行多方沟通、决策时,快速达成应急处理措施,提高协同工作效率,保障作业安全。

图 8-26　信发融媒体平台会议现场

8.3.3　管网储运

1. 深圳 LNG 安全作业管理平台实践

基于国家管网追求跨越式发展的需求和落实国家部委三年行动计划关于"工业互联网＋危化安全生产"的要求，2021 年，国家管网深圳天然气有限公司（下称深圳 LNG）在安全作业管理平台速赢项目中与华为深度合作，聚焦安全生产领域，遵循集团安全标准、规范流程架构，践行数字化转型的"流程""数据"、IT 一体化推进。安全作业风险管控解决方案通过 IT 系统规范作业人员的标准动作，充分识别作业风险、实时监督作业现场、及时告警风险事件，提升了安全水平和工作效率。

1）业务场景与需求

在 LNG（Liquefied Natural Gas，液化天然气）接收站每天会有 10～30 项不等的检维修作业，目前相关管理制度已基本完善，但单纯依靠制度和经验管理，已无法满足安全生产的要求。

在作业前进行维检修作业的 JSA（Job Safety Analysis，作业安全分析）时，由于一个维检修作业可能涉及多种类型风险作业、多个专业或不同的作业环境，每个作业人员的经验和专业不同，可能出现风险识别不完全、安全措施制定不到位，存在作业安全风险。需要将个人经验沉淀为知识库、规则库，标准化后智能推送，辅助 JSA 分析，确保作业风险分析和安全措施制定的全面性，避免潜在的作业安全风险。

作业过程中依赖现场监护人监督、巡检人员巡查，后方人员无法实时远程了解现场情况，同时现场监督人员不足，无法保证一对一全程监管，当前主要采用委托施工方主管监督或者一对多监管的方式，作业违规及风险无法及时发现、提醒。另外，场站早期规划的摄像头对作业地点覆盖不足，拍摄角度和高度无法灵活适配现场采集视频图像、作业合规性的监督要求，且视频点位普遍不具备 AI 能力。需要集成各种固定、移动摄像机，基于作业票关联 AI 算法对现场作业进行全方位、智能监督，实时识别异常事件，及时感知和预防作业安全风险。

2）智能化解决方案

安全作业风险管控解决方案通过 JSA 智能推荐模型智能推送、视频 AI 实时智能监督手段，确保充分识别和预防维检修作业全流程的行为违规、环境异常等风险，实现对作业风险的跟踪、处理和闭环。

整体方案基于国家管网的管理层级及各层级的业务职责，以"云边端"协同体系（如图 8-27 所示）进行分层部署，实现数据、业务、运维的上下协同。算法云端在线训练，按需下发边缘计算。云端汇聚作业数据，聚合分析全域共享。视频统一接入，分级调阅，支撑集团、区域、场站基于风险精细化管控、实时预警闭环的多级监督管控要求。

（1）风险分析智能推送：作业风险特征融入 JSA 智能推荐模型提升 JSA 分析精准度。

作业人员在填报 JSA 分析时，JSA 智能推荐算法可以针对已输入的工作任务、设备部件、作业类型、作业区域、专业等关键内容，结合 JSA 经验库进行综合分析，智能推送出此次

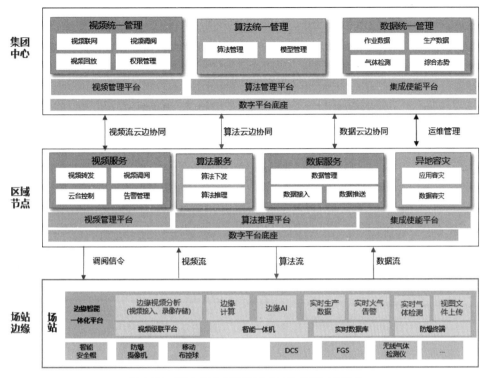

图 8-27 安全作业管理平台"云边端"协同体系

作业可能存在的风险项条目以及相似 JSA 记录参考列表(如图 8-28 所示),在保证风险识别、应对措施分析全面性的同时,也提升了分析效率。

在 JSA 智能推荐算法训练中,将 LNG 接收站各专业、类型、级别风险作业的 JSA 分析文件、200 万余个安全生产案例沉淀为知识库,注入语义分析、文本相似度分析、用户行为分析等 AI 通用算法形成 JSA 智能推荐模型集,具备准确理解、多维度分析安全作业风险的能力。模型集中的内容推荐模型可以对填报的工作内容进行语义分析和文本相似度比对;作业类型标签模型可以基于作业类型(如高处作业、临时用电作业)推理相似的风险项;JSA 填报行为模型则可以对用户的历史填报行为进行筛选、分组、聚合,挖掘作业中可能需要填报的作业风险。风险特征分析模型识别出影响 JSA 分析的 TOP 5 风险特征(工作任务、设备部件、作业类型、作业区域、专业),根据各风险特征对推荐结果进行排序整理。项目上线运行后,算法也在基于现网数据进行在线训练迭代升级,随着知识库和填报次数的累积,算法对深圳 LNG 作业风险的理解和分析将越来越准确。

(2)智能实时督导:作业全程实时可视,安全风险智能识别。

为达到全面监测 LNG 接收站作业过程,通过在边缘侧场站部署视频 AI 分析算法,实现对现场生产安全风险、作业过程的智能监测监督,并通过云边协同技术实现集团和区域公司对现场画面的实时调阅监测、云端训练算法向现场的自动推送更新(如图 8-29 所示)。

方案集成场站内固定摄像机、移动布控球、智能安全帽等视频感知设备,可以基于作业

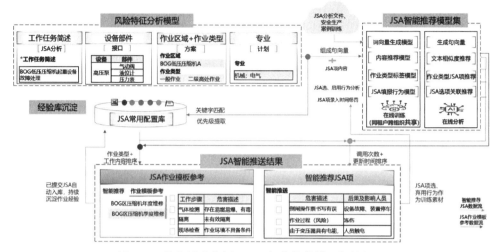

图 8-28　作业风险特征＋JSA 智能推荐模型智能推送

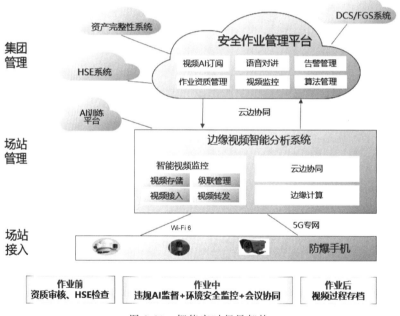

图 8-29　智能实时督导架构

维度对现场进行实时监测。后端监督中心/专家可与作业现场连线，实时了解现场状态，进行违规提醒，并可以对问题求助答复。

在场站边缘增加智能计算平台，引入作业前、作业过程的 AI 监督算法，有效弥补因人力不足带来的违规监督死角。在作业前对于需要特种作业资质的作业，作业申请人或监护人在作业现场通过算法关联作业资质，对特种作业人员进行人员、资质审核，审核通过后进行许可证审批。在作业过程中，使用 AI 算法对各类风险事件、违规行为进行自动检测，并及时上报告警,用于辅助监测并发现作业异常情况,现场作业监护人员根据告警提醒,在作业现场及时纠正,对告警问题进行回应,加快现场风险感知和响应速度,做到作业过程风险的可管可控,作业中 AI 辅助监督的算法包括安全帽佩戴检测、灭火器识别、人员聚集检测、监护人离岗检测、火焰检测等。

3）落地效果

安全作业风险管控方案基于风险精细化管控、实时预警闭环的作业流程及管理需求,将 AI 算法、视频语音等 ICT 技术与流程融合,对人的不安全行为、物的不安全状态、环境的不安全因素进行全方位管控,实现对风险作业过程的可视可管,监督覆盖率达到 100%,同时提升风险事件的感知和处理效率,减少了 70% 的作业安全风险事件,提升场站安全。

在油气管道、场站的作业中存在复杂繁多的风险事件,目前已有算法很难完全满足并且多数算法是具有行业特色的长尾算法,存在训练素材少、训练周期长、推广范围窄等现实问题。未来利用 AI 大模型,可以基于已有模型高效适配油气场景的算法需求,实现更多风险类型的 AI 算法识别和分析,进一步提升监管精细度,减少风险事件发生。

2. 北京管道光纤预警系统

油气管道的本体安全是油气安全运行的重要保障。统计表明,我国 50% 以上的油气管道事故来自第三方入侵,包括机械施工、人工挖掘意外等。油气管道覆盖沙漠、河流、丘陵、山川等复杂多变场景,人工巡线难以全程覆盖部分偏远地区,且巡线非全日制,无法保证 7×24h 实时发现管道安全隐患,为了更好地提升管道安全生产经营的水平,亟须引入智慧巡线新技术。

近几年,光纤传感在油气管网安全守护场景备受青睐。油气管道利用同沟敷设的光纤,建立光纤预警系统,监测第三方活动信息,有助于加强长输管道的完整性管理,降低管道安全运行风险,是防患于未然的有力举措。

1）业务场景与需求

随着国家城镇化和油气管道建设进程的进一步加快,管道建设和运营的外部环境日趋复杂,油气管道隐患给社会公共安全带来了巨大的考验。部分油气管线穿越人口密集区、安全防护距离不足、城市市政管网与地下油气管道交叉,尤其是第三方占压施工等情况时有发生,给油气管道安全和稳定供应造成诸多不安全因素。

目前管道运行监测方法之一是利用同沟敷设的光纤建立光纤预警系统,监测到第三方活动信息,如挖掘机、钻探机、人工挖掘等有破坏威胁的施工时进行报警处理。但是业界光纤预警系统普遍存在误报率高的问题,影响巡线人员使用,导致已采购的光纤预警系统并未真正发挥其价值。因此,亟待构建多源异构数据联动分析的第三方威胁事件预警识别系统,结合管道周边环境、事件逻辑关系,提高威胁事件预警的准确率。联动管道沿线的视频监控平台对预警事件进行远程确认,通过云端系统进行派单处理,提升告警响应效率,消除油气管道的预警风险。

2）智能化解决方案

油气管道线路复杂多变,铺设环境复杂,第三方施工频繁,油气管道失效后将造成严重影响。因此，华为在北京管道进行了光纤预警系统建设试点应用。

　　管道监测预警方案以本质安全提升、降本增效为根本出发点，建设基于工业互联网的油气管道快速感知、实时监测、超前预警、联动处置等新型能力，探索管道巡护新模式，保障管道安全可靠运行。

　　本方案（如图 8-30 所示）实现设备、系统、数据、算法的分层解耦，多源异构数据的关联分析，第三方威胁事件的综合判析。

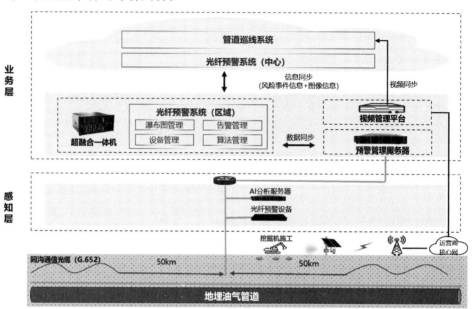

图 8-30　管道监测预警方案部署架构

　　（1）感知层：复用管道同沟敷设的通信光缆中的冗余光纤，构成分布式光纤传感器，光纤预警设备高精度感知、高保真还原振动信号，AI 分析服务器精准识别入侵事件类型、位置，实现振动信号采得全、入侵事件识得准、场景样本学得快。

　　① 采得全：相干光系统＋ODSP（Optical Digital Signal Processor，光数字信号处理器）实现振动信号高灵敏度采集、高保真还原，复杂多变环境下地埋光纤有效信号采集率提升至 99.9％。

　　② 识得准：仿真技术精确反演耦合振动和传导，32 维振动波纹分析算法精准识别振动类型、定性威胁事件，准确率提升至 95％以上。

　　对于振动信号的识别，业界多数基于强度、频率等维度设置简单规则或传统机器学习进行识别，在有干扰的复杂环境下漏报误报较多。32 维振动波纹分析算法通过自监督＋对抗学习方法，基于公路、铁路、停车场、农地等各种复杂、干扰环境下的挖机、夯机、农耕机、货车、汽车等各类车辆的大数据样本进行训练，构建时空多维特征 AI 模型，准确区分机械强振和环境噪声差异，精准识别威胁事件（如机械挖掘、穿伴行、人工挖掘）类型，漏报误报兼顾。例如，公路/铁路穿伴行环境下可以抑制各类大型车辆强干扰信号，并识别出挖掘机施工事件。

③ 学得快：依托于感知算法内核的在线自学习能力，每天可快速迭代 1000 个新场景样本，学习效率提升百倍，持续保持高识别准确率。

（2）业务层：预警管理系统对上报的告警初步定级、处理后，将瀑布图、告警数据同步至光纤预警系统。光纤预警系统通过瀑布图核心算法过滤动态非威胁事件（如伴行轨迹去除），通过图像处理算法对瀑布图降噪优化，并通过对同一点位间隔作业上报的频繁告警归并，提升告警有效率。管道巡线系统接收光纤预警系统上报的告警，联动视频监控和周边系统，远程核实现场情况，高效处理威胁事件，提升告警综合处置能力和效率。

3）落地效果

北京管道光纤预警项目上线后，有效降低了误报率，针对常见管道威胁事件，包括车辆经过、人走动、农机耕作、河流、高速公路、地面施工挖掘作业，告警准确率提高 95％ 以上，同时在管道巡线系统进行告警压缩，屏蔽无效告警，解决复核工作量大的问题。系统上线后多次通过预警信息及时传递到作业区预警软件上，作业区人员通过现场核实及时制止管道周边清淤、种植深根植物等有可能破坏管道的施工行为。

下一步光纤预警系统将不断优化算法，融合多维特征的 AI 模型向 AI 大模型演进，支持多任务分析和反馈闭环，场景更泛化。通过综合分析施工类型、持续时间、力度强弱、施工间距等因素，结合振动、应力、温度和视频、图片等多源异构数据的联动分析，实现告警分类更精细、分级更精确，及时、精准地发现管道沿线的风险入侵事件，规避人防人员的不稳定因素，实现全天候、自动化、智能化的预警手段，提升预测、预警和预防能力，为优化巡护方案，调整巡护时间、巡护重点等工作，提供可靠依据，完善和落实"从根本上消除事故隐患"的管理体系、重点工程、工作机制和技术支撑，提升安全生产水平。

3. 中国燃气智慧燃气场站建设

随着北半球气温逐渐降低，冬季用气高峰来临。"能源保供"成为多方关注的焦点问题，而其中燃气需求尤其值得关注。

从宏观层面看，随着中国城市化进程不断加快，2012—2022 年，城市天然气用气人口飞速增长，2022 年达到了 5.54 亿人，全国城镇燃气的使用普及率已经达到 98.06％。2022 年全年，全国天然气表观消费量 3663 亿立方米。燃气公司场站建设和运营已成为重中之重。

从微观层面看，随着居民生活不断丰富和基础建设水平的提升，"衣食住行"都逐渐离不开燃气的使用。但在剧增的用气需求之下，安全方面的挑战也越来越高。根据 2022 年第二季度统计，全国各地相继发生严重燃气安全事故共计 179 起，城市燃气安全管理问题突出，亟须管理手段升级。

2022 年 3 月，住房和城乡建设部、国家发展和改革委员会联合发布《2022 年城市燃气管道等老化更新改造工作的通知》，2022 年 5 月，国务院办公厅印发《城市燃气管道等老化更新改造实施方案（2022—2025）》，明确要求"同步推进数字化、网络化、智能化建设，完善燃气监管系统，实现城市燃气管道和设施动态监管、互联互通、数据共享，促进对管网漏损、运行安全及周边重要密闭空间等的在线监测、及时预警和应急处置"。2022 年 9 月 30 日，住房和城乡建设部办公厅、国家发展和改革委员会办公厅联合发布《关于进一步明确城市燃气管道等老化更新改造工作要求的通知》，要求"结合更新改造，同步对燃气管道重要节点安装智能化感知设施，完善监管系统，鼓励与城市市政基础设施综合管理信息平台、CIM（City Information Modeling，城市信息模型）等基础平台深度融合，从源头提升燃气等管道和设施本质安全以及信息化、智能化建设运行水平"。

1）业务场景与需求

近年来，各地区相关部门正大力推进城市燃气管道建设，但当前城市燃气、供水、排水、供热等管道老化问题仍未彻底改善，影响日常保供和安全运行，特别是管道燃气事故不时发生，严重威胁到人民群众生命财产安全，这使得城燃企业面临的内外部压力不断增强。一方面，随着管网设备等投运时间拉长，设备本身可靠性降低，城市规划的发展使得外力破坏管网的风险不断上升，原有依靠增加人力以保安全的方式难以为继；另一方面，用户对于用能服务质量的期望越来越高，使得燃气企业双向承压，亟须破题之策。

在此背景下，企业也加快了数字化转型之路。国内最大的跨区域综合能源供应及服务企业之一——中国燃气控股有限公司（以下简称"中燃"）大力推进数字化建设，相继于2021年11月发布《关于加快推进生产运营信息化建设相关工作的通知》，2022年5月发布《关于加快推进生产运营数字化建设的通知》，目标直指升级生产运营基础系统，进一步推进数字化整体水平，早日实现生产运营的数智化管理。

2）智慧化解决方案

前沿数字化技术并非凭空产生，中燃选择与ICT（信息与通信）基础设施以及智能终端提供商合作，在安徽芜湖开展智慧燃气场站建设，实现强强合作。经过芜湖市住建局与中燃多次研讨智慧燃气试点方案后，决定将智慧燃气项目纳入芜湖市智慧城市三年行动计划（2020—2022年）。

芜湖智慧燃气场站基于智能边缘一体化平台打造，实现了与17个业务系统数据融会贯通（含政府侧），利用数智技术及智能没备，形成"1个中心、4个场景、1张图网、N个智能感知"的智慧化燃气，架构如图8-31所示。基于燃气场站管理的痛点，利用微服务架构，产品快速迭代扩展，满足了燃气场站业务诉求快速实现的需求。

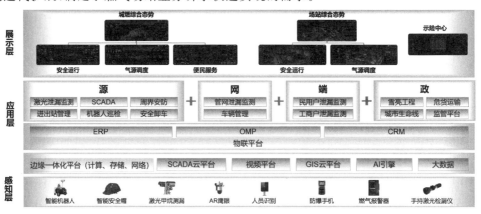

图8-31　智慧燃气场站方案架构图

在芜湖智慧燃气场站里,部署在燃气场站的边缘算力节点集成了融合计算、AI 智能、网络连接、业务接入、站点环境等模块,解决了燃气场站 IT 与 OT 业务融合发展的问题,具有"云网融合可靠、高效数据处理、极简运维管理、复杂环境无忧"的 4 大特性,为智慧燃气场站提供了一体化的平台保障,使能智慧燃气场站数据处理加速。

同时,在政企合作方面,中燃通过打造"雪亮工程＋燃气"的新模式,以信息资源交换共享总平台为核心,以专网为载体,分级有效整合各类视频图像资源,实现公共区域视频图像资源联网整合和共享应用,破除政府部门与行业之间的信息壁垒,实现资源互利共享,解决传统燃气管网安全管理中盲区问题。通过引入雪亮工程系统,实现对芜湖全市燃气管道的视频覆盖,并引入中燃 OMP(Operation Management Platform,运营管理平台)系统中施工点位的 GIS 数据,实现管网巡检和第三方施工远程实时监控与管理。

在安全方面,中燃与合作伙伴探索以双重预防体系为切入点,一手抓风险及重大危险源管控;一手基于隐患管理,通过智能化的巡检手段,对场站安全进行全方位数字化监管。例如,通过搭建场站周界安防系统和视频平台,实现场站监控全覆盖,通过结合 ERP(Enterprise Resource Planning,企业资源计划)及场站数据录入,对场站设备安全进行全生命周期和安全运行管理。此外,智慧燃气解决方案还为场站员工配备了智能安全帽和防爆手机,能够实现远程视频、远程指挥、电子围栏及广播等功能,同时,通过增设激光甲烷云台、巡检机器人等智能设备,实现燃气场站 7×24 小时监管;基于机器人热成像仪、激光测漏仪,对人工巡检工作进行补充;将诸多数据进行体系化汇聚,全景呈现在场站安全运行IOC 中(如图 8-32 所示),做到一图知动态、一图知风险、一图知安全。

图 8-32　智慧场站 IOC

3) 落地效果

纵观全局,智慧燃气不仅能够为城市安全保驾护航,降低社会管理成本,提高社会稳定性,还能通过远程抄表,完美解决用户缴费难问题,提高用户满意度和幸福感,为民谋福祉,打造绿色、环保、智慧化生活。对于燃气企业来说,智慧燃气让企业对所有设备运行了如指掌,助力燃气企业降本增效,加快数智化进程,并提升与用户的交互性。基于智慧燃气互联互通的特点,以及大数据的精准分析能力,政府和企业可以了解不同区域的能源用量情况,通过智能调度优化,改善能源分布结构,提高集中供能能力,提升清洁低碳能源使用占比,高效用能，协同互补，推动社会可持续发展。

8.3.4 炼油化工

1. 九江石化智能工厂

1）业务场景与需求

九江石化的前身为九江炼油厂，于 1975 年国家批准筹建，1980 年 10 月建成投产。"十一五"末期，九江石化发展相对落后，经济效益处于长江沿江垫底，干部员工士气不高。为此，"十二五"初期，九江石化便确立了"建设千万吨级绿色智能一流炼化企业"的目标，更明确了"绿色低碳"和"智能工厂"两大核心战略。

石化流程型行业智能工厂建设是一项复杂的系统工程，当时国内外均无可供参考的标准或经验。九江石化自主追求，抢抓机遇，2011 年结合油品质量升级改造工厂建设，正式启动"十二五"信息化规划编制，并在中国石化原信息化管理部指导下，会同相关单位，历时近一年编制完成《九江石化信息化规划暨中国石化智能工厂试点方案》。

智能工厂方案中高标准地提出了"自动化、数字化、模型化、可视化、集成化"的要求，但截至 2010 年，九江石化对讲机系统采用的还是模拟无线制式和单一中继站技术，各装置对讲机分散独立使用，未实现集中有效的统一管理。原有通信基础设施也不支持灵活地部署视频监控设施、无线电子仪表、无线智能终端等各类设备。

首先，当炼化工厂的装置设备、管线、阀门出现"跑冒漏滴"等问题时外操人员需要厂内专业人员指导并及时解决，特别是面临一些复杂问题时。厂区采用的无线通信系统（MOTO 模拟对讲系统）仅支持单纯的语音对讲，这使得专家、内操人员、外操人员之间在日常协作过程中经常说不清、道不明；在专家无法及时赶到现场的情况下，以往通过拍照发给专家定位解决，及时性无法满足，协作效率低下。

其次，由于厂区扩建，新增业务，炼化工厂有许多监测点，如储罐溢流或储备情况、泄漏和火灾、流量和能耗计量等都需要实时监测，但是测点往往分散，被铁路、围墙分隔，难以挖沟敷设电缆或桥架接线；另外，如果在危险区域敷设电缆和接线，则有可能产生火花，引发安全事故；有些改造工程对时间、安装和调试成本都有较高的要求，有线方式难以满足。

再次，九江石化原有对讲机系统采用的是模拟无线制式，由两台模拟中继台、模拟手持对讲机等组成，采用的是单一中继站技术。由于模拟对讲机系统频谱利用率低、频点之间易干扰等缺点，将逐渐被市场淘汰。同时，新生产管控中心投产后，现有对讲系统支持的群组数量不能满足业务需求。现有的无线对讲系统共使用 16 个频点。其中，频点 0～13 分别分配给了 14 个车间/部门使用，频点 14 和 15 用于全厂通信。可以看出，现有系统的群组资源已经达到系统极限，当在进行系统检修或者新装置启动等复杂操作时，往往需要新建一些跨车间的通信群组，这时就要对无线通信系统做调整，操作过程复杂。未来 800 万吨/年油品升级项目投产之后，将会增加 6 个车间，需要新建至少 6 个群组，必然超出现有系统的最大容量。

最后，在巡检过程中，部分外操人员有时漏检、脱岗、不按规定路线巡检，给生产带来一定的安全风险,现有的巡检棒无法拍照和取证,难以保障巡检质量。另外,当巡检遇到问题时,为了确认问题经常需要外操人员到几十米高的蒸馏塔上来回跑几趟,工作强度大。

　　2) 智能化解决方案

　　针对上述业务需求和挑战,九江石化在国内外方案调研阶段,对比了多家厂商的解决方案,从技术的先进性、适用性、兼容性和产品的成熟度等多方面考虑,最终选用华为的 4G 无线智能工厂解决方案。九江石化厂区总面积大约 4km^2,现在已经部署了 2 个基站覆盖了分公司大楼、锅炉发电区、常减压车间、催化车间、二联合车间、连续重整车间、焦化车间等,接下来计划再部署 1 个 LTE 基站,覆盖 800 万吨/年油品升级项目的新区,实现全厂区的无缝信号覆盖。LTE 基站单扇区带宽可以达到上行 50Mb/s、下行 100Mb/s,凭借其高带宽,在网络上可以同时承载储罐储备情况、火灾、流量和能耗计量等数据的回传,临时工程点、卸油码头、生产区周界、河流排放区的视频监控,巡检过程中的集群调度,突发事件的应急指挥等生产和管理业务(如图 8-33 所示)。

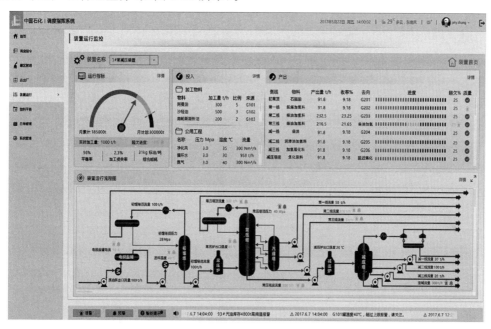

图 8-33　九江石化生产储运监控预报警

　　在调度和应急指挥方面,首先在集群上引入了视频对讲功能,这样在生产管控中心就可以随时查看外操人员手持终端拍摄到的视频画面;同时,实现了视频会议与调度系统的互联互通,在应急指挥中心也可以实现对生产现场的可视化指挥,提升协作效率,如图 8-34 所示。

　　对于数据采集和视频监控业务,工业仪表和摄像头可以直接通过 CPE(Customer Premises Equipment,用户终端设备)将数据或视频回传到生产管控中心相应的业务平台,现场设备只需接通电源,无须挖沟部署有线网络,实现快速部署。基于现有的 4G 宽带网络,后续对临时点监控的部署也会大为便利;同时,无线网络相比有线方式,网络结构更加

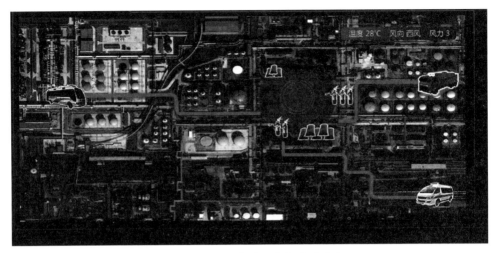

图 8-34　九江石化应急指挥联动响应

扁平,运维及扩容效率大幅提升。

　　针对模拟对讲机和集群群组不足的问题,华为提供的数字无线集群系统,提高了频谱利用率,最大支持 1024 个调度组,单小区支持 160 个组并发,满足现在业务容量和生产通信需求,同时也兼顾未来的扩容。该集群系统基于终端号码灵活编组,不同部门不同群组,有效支持灵活分组调度。

　　在安全和巡检方面,考虑到炼化工厂存在易燃易爆气体,防爆终端可支持防爆等级 Exib IIC T4,同时终端支持定位功能,可以随时定位携带人员的位置信息,结合 GIS 地图不但可以规范巡检流程,也可以保障人员在非常情况下能够快速找到。此外,终端还支持测温、测震、照明、RFID 等功能,可支持巡检、刷卡签到、资产管理等各类应用。对于防爆的特殊要求,九江石化利用 5G＋AR/VR 技术在生产巡检、设备管理等方面开展深化应用,提供可视化的标准设备信息,并对特定关键点设备运行状态进行 AR 辅助智能识别,帮助进行故障预判,提高预测预警和科学决策能力；利用 NB-IoT(Narrowband-Internet of Things,窄带物联网)技术,在九江石化厂区环保管理方面开展挥发性有机合成物(VOCs)浓度在线实时检测,有效预防有毒有害物质泄漏；利用 NB-IoT 技术,开展机泵测温测振深化应用,在线实时检测设备运行状态,对重要设备运行状态实时监测,做到预防性维护。

　　综上所述,九江石化智能工厂的解决方案为工厂带来了巨大的价值,它提高了生产效率,降低了成本,使工厂更具竞争力。2014 年 7 月,智能工厂神经中枢——生产管控中心投入使用,实现了生产状态可视化、装置操作系统化、管理控制一体化、应急指挥实时化、基础设施集成化,集经营优化、生产指挥、装置操作、运行管理、专业支持、应急保障于一体的生产管控模式,推动了生产运行管理的变革性提升。在数字化的基础上,利用物联网技术实现的信息化让工厂更有可能从"制造"转变为"智造",通过几十万个数据的处理结果可以清楚掌握生产流程,提高生产过程的可控性,减少生产线上人工的干预,即时正确地采集生产线数据,以及合理地编排生产计划与生产进度。

在智能工厂各类信息系统支撑下,九江石化本质安全水平持续提升;环保管理取得较好成效,主要污染物排放指标处于行业领先水平;加工吨原油边际效益在沿江 5 家炼化企业排名逐年上升,2014 年位列沿江企业首位。与此同时,管理效率大幅提升,在生产装置不断增加的情况下,公司员工总数减少 12%,班组数量减少 13%,外操室数量减少 35%。

九江石化先后被工业和信息化部评为首批"智能制造试点示范企业"(2015 年)、"两化融合管理体系贯标示范企业"(2017 年)、"智能制造标杆企业"(2019 年)和"数字领航企业"(2023 年),两化融合管理体系通过 AAA 级评定(2022 年)。

多年来,九江石化的园区有线网络建设、模块化机房建设均采用华为方案,也一直走在智能工厂建设前列。近两三年,九江石化已全部建成并投用 14 个 5G 基站和 9 个 NB 基站,实现全厂 5G 全覆盖。另外,九江石化还与江西移动公司签订 5G+炼化行业应用示范战略合作协议,在网络建设、边缘云(MEC)建设、应用示范等领域开展合作,实现企业本质安全、环保、优化运行等方面的信息全面感知。九江石化同时与江西电信公司签署 5G+工业互联网研究合作,在园区高精度融合定位等多方面探索 5G 深化应用。

3)落地效果

九江石化智能工厂建设大致分为三部分。一是顶层设计、整体规划。围绕九江石化核心业务顶层设计智能工厂,结合油品质量升级改造等重大工程同步推进智能工厂建设。二是业务驱动、分工合作。按照"主管领导分管、业务部门牵头、相关部门配合、信息部门综合管理"的分工原则,发挥各业务部门主体职能,努力把智能工厂建设打造成为实效工程、示范工程。三是有限目标、持续进步。在方案形成、可研论证、实施建设中,一方面不断总结、提炼、固化已取得的成果,另一方面不断丰富视野、拓展思路、把握前沿,实现有限目标、持续进步。四是后发先至、勇创一流。按照智能工厂建设"三步走"路线图,扎实推进项目建设,力求在较短时间内缩小与先进企业的差距,在一些应用领域达到领先水平。九江石化以"原创、高端、引领"为方向,以"提高发展质量、提升经济效益、支撑安全环保、固化卓越基因"为目标,将新一代信息技术与石化生产最本质的环节紧密结合,从理念到实践、从实践到示范、从示范到标杆,探索出了一条适合石化流程型行业面向数字化、网络化、智能化制造的路径,形成经营管理科学化、生产运行协同化、安全环保可视化、设备管理数字化、基础设施敏捷化的格局,智能工厂全域赋能核心业务绩效变革式提升,助推企业高质量发展取得可喜成效。

在未来,九江石化将以"原创、高端、引领"厚植卓越基因,以"数智驱动,融合赋能"洞见价值创造,按照"数据+平台+应用"新模式,围绕"基于工业互联网的全面感知及预测预警分析""基于以机理模型、大数据为核心的炼油全流程智能协同优化""以卓越运营为目标的数字化管控"三条主线,统筹推进数智化改造"1511"工程(打造 1 个智能运营中心,持续推进 5 大业务域数字化改造,构建 1 个"云边协同"的石化智云企业边缘云平台,建立 1 个统一的企业级数据湖),打造行业领先的工厂级数字孪生系统,深度挖掘核心业务价值,实现具有"自动化、模型化、集成化、平台化和孪生化"特征的智能工厂 3.0 版,保持并扩大石化行业智能制造领先优势,助力打造世界领先的绿色智能炼化企业。其中,包含扩大 5G 无线建设,实现全厂区的无缝网络覆盖,承载更多移动业务;基础设施方面,建设一个国产化云数据中心,在全栈国产化的前提下,实现虚拟化、云计算等 IT 智能化管理,实现网络精细化管理和智能运维,进一步节省能源消耗率,提升资源利用率,实现更智能化的工厂运营。

2. 天津石化构建基于数字孪生和 5G 的智能工厂

1) 业务场景与需求

天津石化成立于 1983 年,是隶属于中国石化的国家特大型炼油、乙烯、化工、化纤联合企业(如图 8-35 所示)。天津石化是华北地区最大的炼油基地,国内最大的乙烯生产基地之一,原油加工能力 1600 万吨/年,乙烯 150 万吨/年。现拥有炼油装置 32 套、化工装置 26 套,主要产品涵盖石油炼制、化工、化纤三大类。

图 8-35   天津石化园区

天津石化近年来着力发展数字化建设,信息化工作取得较大成就。自 2020 年以来,天津石化共获得省部级科技进步奖 19 项,专利 116 项,国家科技进步奖特等奖 1 项。

天津石化以打造高度智能化的现代工厂为目标,落实国家和天津市制造业高质量发展"十四五"规划,加快信息化智能化建设:①完善优化经营管理平台,有力支撑管理创新、科学决策;②提升优化生产营运平台,有力支撑提质增效、高效运营;③推进设备全生命周期管理,提升设备运行质量、运行能力;④强化智能安全环保管理,有力支撑本质安全、绿色发展;⑤积极探索人工智能应用,推动机器换人进程,加快企业动能转换。

以南港智能工厂项目为例,介绍天津石化在智能化方面的一些探索和成果。天津石化积极推动"大港南港双核布局"——在大港以炼油和基础化工为核心,在南港以高端新材料为核心,建设一套 120 万吨/年乙烯项目,向精细化工延伸。天津石化积极探索推进人工智能场景落地,通过 5G、物联网、大数据、人工智能等技术与业务的全面融合,为生产营运优化、生产过程智能控制、本质安全环保提供了强大动能。

面向南港乙烯项目,天津石化投资约 300 亿元,在天津南港工业区建设 120 万吨/年乙烯及下游高端新材料产业集群,打造国家级"石化基地",同时秉承绿色可持续发展理念,充分吸收大港园区建设管理经验,瞄准智能工厂 3.0 目标全面推进智能化建设,推动传统石化产业向高端化、智能化、绿色化、一体化转型升级。

2)智能化解决方案

为实现"推动制造业高端化、智能化、绿色化"高质量发展要求,天津石化着力打造"物理工厂数字化、现场管理可视化、生产运营智能化"。基于数字孪生的智能工厂 3.0,全面提升经营决策管理效率,优化生产运行效率,强化协同发展能力,赋能企业高质量发展。

(1)依托数字平台打造基于数字孪生的智能工厂。一张网络、两个体系、三个平台和四个能力打造坚实的数字平台底座(如图 8-36 所示):基于"5G+北斗",构建空天地一张网,满足南港乙烯建设期现场的 5G+智慧工地应用及基于 5G 专网的内网办公环境等需求。建设信息安全标准体系,保障新业态、新模式环境下信息系统安全可靠运行。建设数据标准化体系,建立健全企业标准体系及配套的执行、监督机制。在此基础上建设数字化孪生平台、经营管理平台和生产营运平台,全面提升生产经营智能化发展。构建全面感知、智能控制、协同优化和智能决策四大能力。

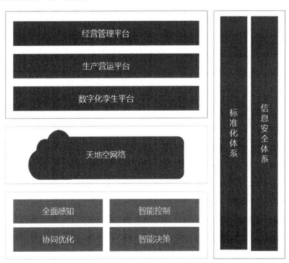

图 8-36 一张网络、两个体系、三个平台和四个能力

按照智能工厂"源于设计、源于工程建设"的理念,智能化场景与工程项目一体化"同步设计、同步建设、同步投用"的原则,构建一个与物理工厂完全一致的数字孪生体,将建设期数字化交付/接收、建设期工程管控、运营期深化应用相统筹,促进工程建设与智能工厂运营一体化,筑牢数字化工厂的底座,打造数字孪生智能工厂。总体应用覆盖生产决策层、经

营管理层、生产营运层、过程控制层及基础设施 5 方面。

数字孪生首先在工程期建设进行了应用，天津石化以"智保安全"为导向，以工程管理、承包商管控平台、直接作业环节、智能物资、视频监控平台、门禁等系统为支撑，构建智慧工地平台（如图 8-37 所示），实现现场人、机、法、料、环施工全要素管理，为现场施工构建了"智慧大脑"。

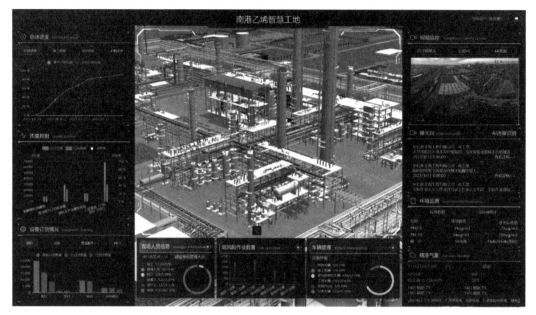

图 8-37　天津石化智慧工地

天津石化还将数字化交付成果在生产运营期进一步推进，把生产运行实时数据采集、设备状态信息及机理模型计算数据等进行整合，实现对生产运行、设备管理、安全环保及经营管理实时动态数据孪生，对关键 KPI 指标、异常状况进行动态分析、评估、优化、诊断，助力智能化管理和科学决策。

基于数字孪生，天津石化构建形成了现代化的数据资源中心，采用"数据＋平台＋应用"的建设模式，深入融合数字化交付的资产模型、工业数据湖的工厂模型、企业运营数据仓库的业务主题模型，支撑天津石化生产运营数智化。同时，借鉴总部数据治理指南及镇海、茂名数据治理试点的阶段建设成果，基于系统数据进行盘点和整合，严格执行主数据管理体系，为将来全面的数据治理打下坚实的基础。最终采用国产化主流技术打造基于数字孪生的数据资源中心，形成云原生应用的数据支撑、跨系统的数据共享及数据的自助分析能力，深度挖掘数据价值，助力企业数字化转型。

（2）5G 全连接工厂探索实践。天津石化按照打造"5G＋北斗智慧园区"的思路，采用 5G 网络、UPF、北斗、NB-IoT 窄带物联网等基础设施，基于 BIM、VR、GIS 等多种技术，实现集监控、管理、展示、交互功能于一体的"5G＋北斗"智慧园区。园区内建设了 49 个 5G 基站，并使用 5G 防爆微站进行网络信号补盲，实现石化园区 5G 网络全覆盖。为实现高精度定位,采用北斗+5G+伪卫星新技术,结合两个 RTK 基站和 5G 定位为辅助。同时,部署 16 个 NB-IoT 设备,利用 NB-IoT 网络广连接、低功率、低成本的特点,实现园区计量仪表无线数据传输。

天津石化智慧园区应用"5G+人工智能"技术,全面推进机器代人无人化操作,提高劳动生产率,降低人工成本,实现了仓储运行无人化、部分化验分析无人化、变电站无人值守、装置运行全流程智能控制(IPC)、机器人+无人机智能巡检、员工培训 5G+AR 远程培训等应用场景。下面对部分典型业务场景进行介绍。

① 违章行为智能识别。通过 5G 回传云台视频监控数据,依托移动视频监控平台,采用 AI 识别、大数据分析等技术,建立工服穿戴、安全帽穿戴、动火作业气瓶距离识别等违章视频分析模型,对异常行为和场景进行违章行为分析(如图 8-38 所示),做到事前预警、事中报警、事后溯源,为现场施工管理提供有效技防手段。

图 8-38　安全帽识别与防护面罩识别图像

② 初期火灾智能识别。依托视频监控平台,采用"5G+有线"相结合的方式,深入研发初期火灾智能识别系统,对现场 220℃ 及以上、易腐蚀、易泄漏、罐区、汽车栈台、热油泵、高温管线等关键装置的视频监控画面中的火焰特征迅速分析、自主判定,第一时间发出报警信号,提高联动报警效率,减少人工巡查工作,为初期火灾争得宝贵的"处置黄金期",保障平稳安全生产。

③ 机泵状态监测。应用 ZigBee 无线物联网技术和 5G 网络,对全公司 1140 多台高危泵和重要泵远程实时状态监测及诊断。成功诊断出多起机泵突发故障,为装置和安全平稳运行提供了保障。

④ 5G+无人机巡检。针对厂际管线、高压线,采用全自主巡检无人机+全自动机库的方式,建立管线、高压线巡检分析模型,采用 5G+RTK 高精准定位,实时回传视频数据(如图 8-39 所示),智能识别厂际管廊周围的可见泄漏、工程车辆、异常人员,高压线的绝缘子破损、销钉开销和脱落等场景,实现自动识别、辅助监督和异常报警功能。有效提高巡检频次,消除高处、复杂路况等巡检盲区,全方位提升巡检质量,逐步替代人工巡检。

⑤ 5G+机器人巡检。在装置区、变电站等部署 5G+多维感知机器人,利用 SLAM+三维激光雷达导航、视觉识别、红外检测等技术,配备特定气体检测传感器,实现数据智能

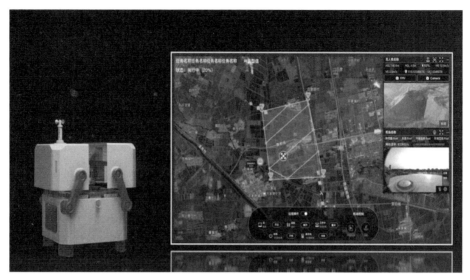

图 8-39　无人机巡检俯瞰图

化采集、智能化报警,快速发现设备早期缺陷及隐患(如图 8-40 所示)。

图 8-40　机器人巡检

机器人可自主定位导航避障,支持设定巡检时间、路线和频次,自主归位及充电。机器人准时在工作间启动,沿着规定路线对装置"望闻问切",利用红外成像和声音进行监测,通过 5G 将现场数据实时上传,自动与室内分散控制系统(DCS)仪表数据比对,通过偏差大小及时发现异常。有效提高巡检质量和效率,降低巡检强度、减少巡检人员数量。

3)落地效果

标准化数字平台的建设为企业的数字化转型和智慧化发展提供了坚实的底座,通过数字孪生平台对工厂数字化交付和生产经营进行实时监管,便于企业管理人员更快速有效地掌握工程进度,提升施工安全,并与生产运营结合提升设备管理和辅助智能决策。

基于 5G 的智慧化应用有效提升了企业生产智能化水平,降低了事故发生风险。智能化装备和算法的引入有效减少了对人工的依赖,提升了生产效率,解决了人工效率低、劳动强度大、感知手段少等问题。

天津石化基于数字化交付成果积极探索工业互联网平台建设思路,初步形成了云、边、端协同的数字孪生工业互联网平台,有效提升公司全产业链资源优化能力、生产集成管控能力、安全预警能力和应急响应能力,有力支撑各专业子系统融合一体化管理体系,推进运营模式的全面变革,提升企业的数字化治理能力,给国内炼化企业智能化发展探索出一条可行的路线。

8.3.5　成品油销售

1. 中国石油北京销售公司智慧加油站

1) 业务场景与需求

加油站是油品零售行业最主要的生活化服务场所。随着行业需求增速趋缓,传统的降价、油非互动等促销模式已收效甚微,油气企业的发展思路也发生了转变,行业也正由“以价格为中心”向“以用户体验为中心”转变。不断完善服务细节、提高服务质量、拓展服务范围、升级服务内容,让消费者出行更高效、生活更便捷、消费更实惠,构建“人-车-生活”生态圈成为加油站转型发展的新方向。

同时,伴随着物联网及人工智能技术的发展,业务数字化浪潮逐渐涌入加油站,更大的业务量、更宽的业务边界以及指数级增长的海量数据,也对加油站内 IT 基础设施的性能、可靠性和易用性等提出更高的要求。加油站亟待向高效率、智能化的方向逐步演进,通过数字技术推动加油站场景多元化和业务新增长。

中国石油北京销售公司为响应集团“在油品销售板块实现智慧化销售、数字化运营、一体化管控”的要求,对下属 100 多座加油站开展业务创新与数字化转型升级工作。

原有加油站场景存在如下问题和痛点。

(1) 客户服务体验差。高峰期加油车辆多,加油排队拥堵,依靠加油员的调度难以高效精准引导车辆排队入位,入口分流服务待提升。车主需到柜台排队付款,影响客户体验和加油效率,加油位无法及时释放,客户从入场到支付完成需要 6min 或以上。准确营销能力差,现有的 APP 用户无法有效转化为价值客户,现场营销体验差。

(2) 油站整体收益低。油品和非油品销售,无法有效结合,加油卡、顾客、消费习惯、车无法形成有效的营销关联,无精准客户画像,难以形成油非互促和精准营销。自助服务程度低,较多依靠人工服务。

(3) 基础设施运维难。单个加油站内 IT 设备大多在 12 个以上,占用近 3 个机柜空间,部署复杂,设备间互连线路杂乱。设备故障节点多,每省每天 1～2 个故障站点,依赖人工报障,站内无专业 IT 人员,设备缺乏远程运维手段,导致故障修复时间长,运维成本接近设备的 2.5 倍。

（4）安全监管力度弱。卸油作业规范依赖人员意识，工作人员未戴安全帽，卸油操作不规范，客户抽烟接打电话等行为无法实时管控，缺乏智能化的实施监管手段。油站生产设备状态采集监管依赖人工检查，多套系统管理不同厂家的不同设备，无法实时获取油枪、加油机到油罐之间的设备和传感器状态，实现对运行系统的整体把控。

2）智能化解决方案

基于中国石油北京销售公司需求，华为携手伙伴共同打造智慧加油站解决方案，从服务、营销和管理 3 方面入手为中国石油北京销售分公司打造南湖加油站样板点，提供了端到端的一体化服务，助力加油站实现人车物的可视和安全管理，提升顾客体验、经营和管理效率。

通过在集团中心侧搭建数字平台，建立视频采集规范、物联接入标准和统一的站级数据模型，对站内原本孤立的加油机、液位仪、支付平台等业务子系统进行整合，并形成综合分析展示平台，实现集团对各站级数据的远程智能统管。

结合加油站现有基础资产设施和业务系统应用，依托一体化、简运维的站级智能融合平台，集成计算、存储、网络、人工智能算法等，创新实现一体化的 IT 集成服务，使得设备简洁化、智慧化，并构筑全物联、全感知的应用开发能力，满足多种智能化业务需求，如图 8-41 所示。

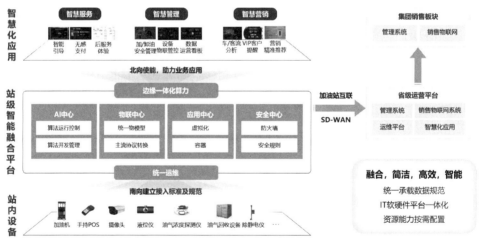

图 8-41　智慧加油站解决方案

在图像识别、大数据、人工智能等技术加持下实现智慧服务，智能引导、一键加油、无感支付、非油业务精准推送等智慧化服务有效提升了加油站的加油效率和经营效率。

用 AI 替代了人工监督，实现 7×24 小时全方位实时监测和分析，智能监管人员作业和车主安全行为并实时告警，做到操作过程全可视、危险动作全识别、作业记录全可溯，用可靠的数据支撑加油站的业务运营。同时，加油站的基础资产和 IT 设备完成物联统一接入和管理，实现了设备状态实时监测和远程统一运维。

对比传统加油站宣传形式比较单一，较难提供舒适、优质非油业务服务的问题，智慧加油站基于视频 AI 与系统消费情况,成功建立精细化客户画像,合理利用客流资源,实现精准营销,实现了有针对性地推送油价信息和便利店商品促销活动,加强 VIP 客户关怀及营销推荐。

3）落地效果

智能服务有效提升了员工和客户的体验,加油效率提升 60％,单辆车加油时间从 6min 左右压缩到 3min,不仅提升了加油站的通行效率,还减轻了工作人员的负荷,进而提升整个加油站的经营效率。

智慧管理通过智能视频分析和统一物联管控,有效提升了加油站的安全监管,实现了设备运行和维护效率的大幅提升,加油站资产实现数据化管理,并为运营和决策提供有力的数据支撑。

智慧营销帮助加油站建立了完整的客户和客户群画像,通过精准营销有效增强用户黏性,提升便利店和汽服等非油业务的销量。

中国石油北京销售公司的智慧加油站建设有效帮助加油站业务打破传统印象,助力"人-车-服务"生态圈建设,帮助成品油销售企业实现营收增长,帮助普通民众在加油站获得更多生活便利服务。

2. 中国石化广东石油分公司库站"SD-WAN＋5G"网络提升

1）业务场景与需求

中国石化销售股份有限公司广东石油分公司(广东石油)下辖 21 家地市级分公司,2200 多座加能站,2184 座易捷便利店,29 座油库,是全国最大的省级油品销售企业,营销网络遍布全省,服务体系十分完善,是一家销售收入达千亿元的国有大型企业。

随着能源行业数字化转型发展的深入,广东石油先后打造了 RFID 无感支付、车牌支付、石化钱包支付、扫码洗车、扫码购、易捷到家、AI 数字现场、加油机物联网等新应用场景,加能站经营管理业务系统全面上云,网络带宽需求持续加大。传统的以集团数据中心、省公司数据中心、市公司机房及加能站构成的四级"树形"组网模式难以高效、灵活适应新零售业务场景的发展需要。

(1) WAN(Wide Area Network,广域网)出口流量激增。加能站从传统的油品业务,发展到便利店易捷服务,当前兴起的汽服、车险、广告、线上商城、充换电、加氢等新业务,信息系统不断迭代,数据量激增,加能站出口网络流量占比由最初的 20％激增至 80％,带宽扩容导致企业运营成本攀升。

(2) 网络可靠性待提升。随着新零售业务的持续发展,支付手段由最初的现金、加油卡等传统支付方式,逐步演进至微信、支付宝、车牌支付、RFID 支付、闪付、石化钱包等智能支付,具有实时性特征的线上支付业务中断将给加能站造成较大经济损失,单一网络接入方式难以保障业务稳定性,严重影响客户体验。

(3) 应用优先级保障能力不足。加能站除油品、易捷服务等核心业务外,伴随着 AI 技术的广泛应用,如加能站现场安全管理、财务风险管理、接卸油管理等,视频监控流量占用带宽较高,在一定程度上造成业务高峰期网络流量激增 2～3 倍,容易发生网络堵塞。现有网络设备难以有效识别关键应用,无法按优先级智能自动分配业务带宽保障业务连续性。

（4）网络运维效率不高。加能站分布上具有"点多面广,相对分散"的特点,传统网络运维以现场上站为主,需要投入较多的人力,难以保障对突发故障处理的及时性,运维效率不高。对于新网点投营,需要专业的网络运维人员现场开局,网络配置复杂,部署周期较长。

2）智能化解决方案

为了满足加能站业务系统全面上云和实时性高可靠高带宽的网络需求,加速推动"油气氢电服"综合能源服务商数字化转型升级,广东石油积极探索应用 SD-WAN（Software-Defined WAN,软件定义的广域网）技术解决网络瓶颈问题,采用企业自建的组网模式,基于互联网专线和 5G 网络混合组网方式构建虚拟专线,代替了传统 MSTP（Multi-Service Transport Platform,多业务传送平台）点对点专线,完成了扁平化网络架构的改造,快速适配面向客户业务应用的云化部署,进一步提升了网络可靠性和业务体验,并大幅降低网络运营成本。

（1）部署场景。

基于 Hub-Spoke 网络架构建设 POP 组网,在集团数据中心、省公司数据中心分别设置 POP 点,站库及地市分公司分支节点通过 Internet、5G 两种介质接入本地 POP 组网和集团 POP 组网,实现一跳入云,减少多级互联,有效支撑智能支付类、边缘计算类、智能物联类等多样化业务的高质量可靠访问。

采用精准识别关键应用和动态多路径优化机制,基于应用 SLA（Service Level Agreement,服务等级协议）、应用优先级、带宽利用率等核心指标,为不同等级的业务提供高可靠、差异化的接入网,实现基于业务种类和链路质量需求的智能选路,保障关键业务零中断、体验最优的客户价值。

（2）网络架构。

广东石油 SD-WAN 网络整体架构如图 8-42 所示。

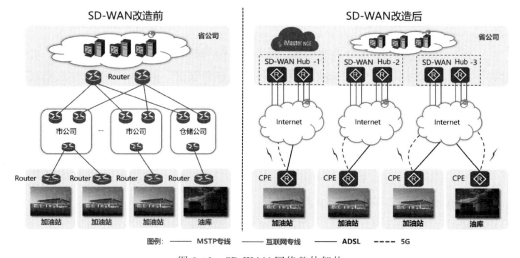

图 8-42　SD-WAN 网络整体架构

iMaster NCE-WAN 控制器部署在省公司数据中心内网服务器区,通过区域中心应用发布区发布至互联网,为所有库站的 CPE 设备提供注册、配置、管理等服务。

① 省公司数据中心部署了三组 SD-WAN CPE 作为 Hub 站点,通过 Underlay 的互联网专线接入 Internet。

② 库站部署 SD-WAN CPE 设备作为 Spoke 站点,通过 Underlay 的互联网专线/5G 等方式接入 Internet。

③ 库站 Spoke CPE 通过 Underlay 的多种线路建立到省公司数据中心 Hub CPE 的 Overlay 隧道,实现 Spoke CPE 的 LAN 侧到石化内网的数据互访。

④ 省公司数据中心 Hub CPE 通过云联网专线接入运营商的 SD-WAN POP 节点,实现与集团数据中心 POP 节点的数据互访。

(3)技术优势。

SD-WAN 作为一种创新的网络架构,具备适应性强、灵活性高和可扩展性好的特点,成为未来网络发展的重要方向。SD-WAN 的技术优势对中国石化销售企业加能站网络提升赋能具有显著应用价值。

① 满足网络多元化需求。SD-WAN＋5G 设备通过智能选路功能,可以根据应用需求自动选择最佳网络路径,并控制和优化流量。不仅提高了网络性能和可用性,还避免了网络拥塞和延迟。为实现顾客支付、数据上传、视频监控等各种加能站运营服务提供了优质的网络保障。

② 简化网络管理和降低成本。采用 SD-WAN 设备集中控制和集成管理平台,实现对整个 SD-WAN 网络的集中管理和监控。不仅降低了加能站网络管理的复杂性,还提高了网络业务的工作效率。此外,中国石化销售企业加能站采用 SD-WAN 设备实现了低成本的公共互联网连接替代传统的昂贵专线连接,进一步降低加能站的网络运营成本。

③ 支持云应用和良好的客户体验。采用 SD-WAN 设备优化网络连接,可以提供更快、更稳定的云应用体验,解决新零售业务场景下高并发、大带宽、高可用的面向客户的云化服务需求,提高员工的工作效率和满意度,进一步提升客户体验。

④ 全面的安全防护措施。通过集成防火墙、入侵检测和预防系统(IDS/IPS)等安全服务,SD-WAN 设备能够保护加能站数据免受网络威胁和攻击。同时,SD-WAN 设备还可以提供端到端的加密和安全隧道,确保加能站 SD-WAN 传输数据的机密性和完整性。

3)落地效果

广东石油先后攻关了运营商网络兼容、新老设备兼容、网络架构兼容等难题,在国内油品销售企业率先探索并完成了省内 2200 座库站的"SD-WAN＋5G"组网改造,实现"隧道式"部署,高效助力智慧库站建设,支撑方便快捷的一站式服务,满足客户的多元化需求。

① 网络运营成本降低。有线/5G 混合网络动态调整,多链路智能选路混合使用,加能站带宽提升 100%,对比传统 MSTP 专线,实现网络通信费降低 800 万元/年。分公司机房的核心网络节点作用逐步削弱,有助于轻量级机房推广,机房运维费和设备投资减少约 120 万元/年。

② 关键业务保障更为精细。通过精准识别关键应用和动态多路径优化机制，实现了对支付、开票、发卡等关键业务的网络优先级保障，面向客户的核心业务更为稳定。

③ 部署实施效率提升。网络部署效率由原本运营商将近 1 个月的专线布设周期，大幅缩短至 1 天，降低大规模分支组网专线线路成本及人工部署成本，高效响应网点业务开展。各类紧急安全策略通过控制器一键分发，快速生效，提升了防御反应的时效性。

④ 网络中断造成的经济损失减少。据统计，每年全省 21 个地市公司因运营商导致的加能站网络故障日均 10 站次，单笔故障恢复时间 2h，按月销量 500t 的油站因离线收银造成客户流失产生的降量估算，采用 SD-WAN＋5G 双链路互备后，减少经济效益损失约80 万元/年。

⑤ 主动运维提升运维效率。省公司数据中心 SD-WAN 管理平台实现了全网多维度实时监控，包含网络拓扑、在线情况、丢包、时延、抖动、流量、性能等关键指标。网络监控预警可视化管理，故障定位更加精准，故障处理响应更快，处理效率更高，打造了网络管理的主动运维模式。

8.4　油气智能化展望

随着大数据成为 AI 发展的基石，油气工业正经历一场深刻的数字化变革。AI，作为第四次工业革命的引擎，已经对石油工业的各个领域产生了深远的影响。展望未来，5G、云计算、AI 技术的融合将进一步推动世界油气工业智能化的发展，从智慧勘探到智慧炼化，油气企业将全面进入智慧时代。

1. 智慧勘探：革命性的智能化升级

未来的油气勘探将实现一场革命性的智能化升级。通过构建勘探开发一体化云平台，整合多领域知识和技术，实现从勘探大数据向智慧勘探的升级。地震大模型、测井大模型构建与融合，并不断迭代，将会更高效圈定最具潜力的区域、储层和井位，提高勘探成功率，实现智慧化、绿色化勘查。

2. 智慧油气田：依托先进技术实现资产智慧化运营

数字孪生技术的应用将油气藏-井筒-管线一体化耦合，地质工程一体化管理，实现对全油田资产的实时调配、剩余油精准开采、生产优化运行、智能故障判断和风险预警。全油田将进入智慧化分析海量数据时代，实现全部资产的智慧化运营，标志着油气田迈入远程无人化智能控制的智慧油田时代。

3. 智慧管网：统筹全局，安全运输，高效运营

物联网、移动通信、数字孪生和虚拟仿真等先进技术以及机器人、无人驾驶、智能穿戴等智能设备的深度应用，将提升管道的可视、可测、可管，提升管道运营的效率和安全性。基于云计算、大数据分析、人工智能等技术进行模拟仿真，预测管道未来的模式和趋势，提高设备管理维护的能力。

4. 智慧炼化：整合技术推动行业变革

未来智慧炼厂的发展应主要在生产管控一体化优化、自主学习与智能预测等方面加强研发与应用。以全面的生产管控一体化为主线,构建计划-调度-操作一体化优化体系,实现原料采购到产品入库、物流配送的整个生产过程的无人化、智能化操作。聚焦于实现自主学习和智能预测,研发适应复杂炼化生产过程的智能学习与预测系统。以具有较高知识结构的专业人员为基础,培养适应生产过程优化智能化等方面的专业技术人才,确保炼厂智能化后的高效绿色运行。

油气行业的未来发展趋势是智慧化。从智慧勘探到智慧炼厂,油气工业的各个领域都将实现智慧化升级。通过整合海量数据,利用数字孪生、知识图谱、自然语言处理、机器学习、大模型等人工智能技术,油气行业将实现更高水平的智能化和自动化发展,为行业的增储上产和提质增效注入新的动力。

第 9 章

电力

9.1 电力智能化背景与趋势

9.1.1 电力智能化发展现状

电力系统主要由发电、输电、变电、配电、用电及调度组成,将各种一次能源转换成电能并输送和分配到用户,是国民经济的基础产业。电力系统发展主要经历了三个阶段:半自动化、自动化、智能化。生产系统从"二遥"到"五遥"再发展到现在的智能化交互,管理业务从人工到全面数字化。以数据为基础构建起数据底座、物联网和云平台,用软件定义电力系统,将传感技术、信息技术、计算技术、控制理论、人工智能与电力系统深度融合,助力实现电力系统的智能化。电力生产运营从半自动化向智能化发展的演进过程,如图 9-1 所示。

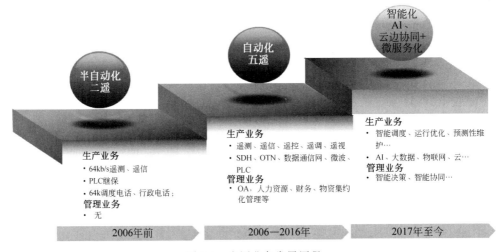

图 9-1　电网业务发展历程

当今世界,绿色、低碳发展已经成为一个重要趋势,许多国家把发展绿色、低碳产业作为推动经济结构调整的重要举措,全球正在加快绿色、低碳基础设施布局。中国于 2020 年9 月提出力争于 2030 年前二氧化碳排放达到峰值,并努力争取 2060 年前实现碳中和的"3060"双碳目标,开启了"双碳"目标引领下的高质量绿色、低碳发展新征程。北美大力推动 5550 亿美元的清洁能源计划,在基础设施、清洁能源等重点领域加大投资,并重点补贴电动车的购买者和安装屋顶太阳能的家庭。欧盟计划在 2021—2030 年间,每年新增 3500 亿欧元投资,推进电动汽车、公共交通运输等实现减排目标。德国将放弃化石燃料的目标提前至 2035 年,拟加速风能、太阳能等可再生能源基础设施建设,实现 100% 可再生能源供给。日本在海上风电、电动汽车、氢能等 14 个重点领域提出了发展目标和具体的减排任务。

落实国家“3060”双碳目标,能源是主战场,电力是主力军。通过不断提高终端电气化率,能有效降低全社会对传统化石能源的依赖,提升高品位电能的渗透。其中,以光伏和风电为代表的新能源将起到举足轻重的作用。

随着新能源发电装机的持续提升,高比例的可再生能源与电力系统中高比例的电力电子设备的叠加,将对电力系统运行方式带来巨大改变,催生出电力系统诸多“新”特性。

在去中心化、终端电气化的行业背景和发展趋势推动下,新型电力系统中“源、网、荷、储”的互动会逐步加速、加深,打破传统价值链的边界,打破传统电力系统“源随荷动”的强计划属性,电力供需将变得越来越灵活、随机。

在此背景下,数字化、智能化已成为推动电力系统升级的关键因素之一。未来在数字化边端、泛在通信网络、算力和存储、算法和应用等新一代数字化使能技术的大力发展和广泛应用下,将全面连通物理世界与数字空间,通过将新型电力系统中的设备信息、生产过程等转换为数字表达,打造新型电力系统在虚拟空间中的“数字镜像”,从而实现源网荷灵活互动,消纳更多的可再生能源,加快低碳转型。

9.1.2　电力智能化的参考架构和技术实现

为更好地支撑电力行业各个场景领域的人工智能落地,需要有统一的实现架构作为支撑。依托行业智能体参考架构,结合电力系统的重点领域及核心业务,本节重点讨论在电力行业的智能化适配架构及实践,如图 9-2 所示。

1. 智能感知

电力行业本身具有高安全、高可靠的特点,为实现实时监控、分析、调度,部署了大量的传感设备,感知层丰富多样。以下分别介绍各场景领域的感知接入特点。

发电领域:以新能源场站为例,新能源电站位置分散,终端设备管理困难;场站待接入系统是不同时期由不同厂商建设,造成接口方式、通信协议、数据交换规范不统一;当前参与电站接入厂商数据接入以“攒机”为主,将多厂商服务器和数据通信产品根据经验组合部署,并未形成统一标准。需通过智能网关支持对逆变器、电表、环境监测并网柜传感设备等的统一接入。同时支持通过运维管理工具,在区域侧将分布在各电站采集接入设备集中纳管,相比业内“攒机”方案,更易实现统一运维,更适合新能源场站点多面广场景。

变电领域:变电站是电网的核心,站内设备具有高复杂度、高安全性特征,部署了大量传感设备,如图 9-3～图 9-5 所示,列举了三个变电站典型场景的感知接入设备。

当前变电站感知层缺少统一接入标准,各传感器厂家的接口规范及通信协议不统一,无法互联互通。目前,至少涉及 7 类协议:模拟量、RS232、RS485、以太网、LoRa、ZigBee、WLAN;传感设备部署运维不便,部分传感器通信以有线方式为主,安装时需综合布线,维护不便。应加快实现站域物联体系标准化,通过智能网关实现数据能采集,各类端侧设备

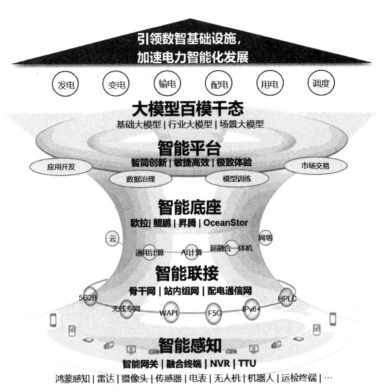

图 9-2　电力智能化的参考架构

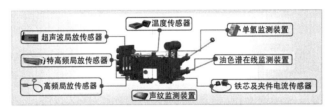

图 9-3　大型充油类设备多维状态感知

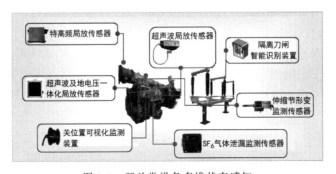

图 9-4　开关类设备多维状态感知

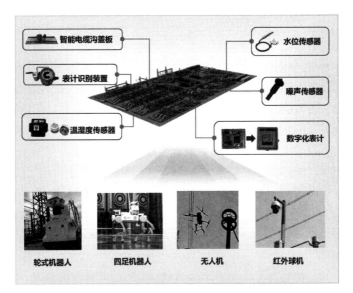

图 9-5　全站域设备与环境多维状态感知

能接入。数据统一上传,数据采集手段包括 Wi-Fi、POL、物联网关等。

输电领域:输电主要是通过在铁塔上部署感知设备,对输电线路周边及通道的环境进行监控,并将数据采集和回传。主要感知设备有摄像机、位移传感设备、电源系统等。摄像机对输电线路周边及通道环境进行图片抓拍、视频录像等可视化监控;位置传感设备主要对导线舞动情况,塔基是否有位移进行监控;电源系统包含功能模块、储能模块、光伏面板组件,为整套系统供电。

配电领域:配电网作为供电服务的"最后一公里",场景复杂,面对海量接入终端,如电表、充电桩、分支开关等。通过智能融合终端,实现智能电网的自动化控制和管理。智能融合终端可以控制电网的电压、电流、电力、电能、电力质量等,以及电网的调度控制、负荷控制、电网安全监测、综合信息管理等功能。它可以实现电网的实时监控、实时调度控制、实时负荷控制、实时电能质量监测、实时综合信息管理等功能,可以提高电网的可靠性和稳定性,保证电网的安全运行。400V 以下的低压台区侧,通过 HPLC 双模构筑低压配电物联网感知网络。HPLC(High-speed Power Line Communications,高速电力线载波通信)双模,是指除了 HPLC 电力线载波之外,同时也集成了无线 RF 射频技术的二合一通信技术。针对低压配用电网络提供的免布线通信方案,构建高可靠、低延时、高性价比的低压台区接入和低压配网电气拓扑的感知体系。HPLC 双模方案,在通信性能、速率、深化应用业务等相较于单模有质的提升。

电力鸿蒙:电鸿物联继承了开源鸿蒙及开源欧拉的强大能力,并结合能源电力行业场景,对协议、代码、内核等进行了重构,开发了一系列工控组件,成为行业统一物联的最佳解决方案。系统有五大特性:弹性伸缩内核、统一物联模型、高并发软总线、工控加密算法、电力载波敏捷组网。这些特性既满足了电力物联网在实时、可靠、安全、易联等方面的需求,也充分发挥了电力设施的特有优势。

2．智能联接

电力智能联接网络包括骨干通信网、站内通信网、配电通信网三部分。

电力骨干通信网重点包括传输网、调度数据网、综合数据网络。目前，继电保护、安稳控制、调度自动化、调度电话、广域相量测量、电量计量遥测系统、故障录波与双端测距等生产业务以 E1/MSTP 专线通道的形式承载在传输网上。这些业务对传输网的要求为：物理隔离、高可用、低时延、低误码率。此外，部分业务网络如各级调度数据网、调度交换网、视频会议系统等的互联通道也通过传输网承载；主干及省级综合数据网由主干及省级 OTN 承载，地区综合数据网一般承载在裸光纤上，部分链路承载在传输网上。调度数据网分为逻辑实时子网和非实时子网，划分为 RT-VPN（Real Time-VPN，实时 VPN）和 NRT-VPN（Non-Real Time-VPN，准实时 VPN），分别连接调度中心主站与厂站子站的安全区 I 和安全区 II 系统数据网络信息数据。RT-VPN 承载调度自动化、继电保护管理信息等带有控制命令，而且对实时性能要求高的业务。NRT-VPN 承载电能量计量等准实时业务，与生产密切相关的但并不带控制信号的数据流。调数网业务对网络的要求为：灵活组网拓扑、支持 IP 层组网、高可用、低时延、低误码率。综合数据网主要承载数据为：生产（MIS、电能检测、视频）、动力、综合、营销、Call Center、财务等，目前智能电房业务及视频业务是逐步通过综合数据网承载，对带宽的需求量急剧增大。综合数网业务对网络的要求为：大带宽、灵活组网拓扑、支持 IP 层组网、高可用、低时延、低误码率。

电力通信骨干网架构建议是两张光传输底座＋两张数据业务网。光传输底座保障控制业务可靠承载、非控制业务的确定性大管道。支持一体化延伸覆盖配网及新能源/储能、多平面到双平面简化网络、提高效率、SDH（Synchronous Digital Hierarchy，同步数字传输体制）到 OSU（Optical Service Unit，光通道业务单元）平滑演进。数据业务网支持业务分区承载（调数网、综数网）、物理隔离、万兆到县、千兆到站所、IP/MPLS 到 SRV6（Segment Routing over IPv6，基于 IPv6 的段路由）演进、分散运维到 SDN（Software-Defined Networking，软件定义网络）集中智能运维等关键特性。

配电通信网要具备双向性、灵活性、经济性。配电自动化不仅向终端下发控制命令，也需接收终端上传的数据，各项功能均要求通信系统必须具有双向通信的能力。配网涉及面广、规模大，要求通信设备具有强的灵活性，能够即插即用、易维护，提高系统的兼容性和灵活性。配电自动化、计量、充电桩、分布式光伏等业务点多面广、移动性强、变化快强，通信技术选择必须考虑经济性要求。

配电通信网建议结合业务诉求及落地场景，选择合适的通信技术。总的原则是高等级配网变电站、城市 & 重要区域、重要用户，优先用光纤方案；自建无线专网是无线网中最好的方案，需要有合适的频谱资源，公网专用是当前国内无线最贴合实际落地且可演进的方案；此外，电力载波通信针对 400V 以下也是一种推荐的技术选择；偏远地区卫星通信则是最后的选项，运行费用较高。

变电站内当前智能巡检、现场作业、人和物的精细化管理等场景对移动无线接入提出巨大的需求。表现出三大变化：一是无线终端接入需求激增，变电站内急需安全、统一的无线承载网;二是传统视频监控走向 AI 智能分析、数字孪生,对带宽和时延提出更高要求;三是新型集控站建设,带来通信网架变化,数据流量倍增。

变电站内组网建议有线回传网络,可以根据实际需求选择技术方案。宽带以 WAPI (WLAN Authentication and Privacy Infrastructure,无线局域网鉴别和保密基础结构)技术为主,窄带以输变电物联网协议 LoRA 为主,同时,探索星闪宽窄一体技术;采用新建 F5G 全光站-站方案满足汇聚大带宽视频场景需求,统一管理站内网络。

3. 智能底座

智能底座是智能算法模型最重要的训练和推理设备,主要包含 AI 芯片,如昇腾 Atlas 系列 NPU 处理芯片和集群,以及为支持进行 AI 训练和推理所必要的存储设备和网络设备。当前主流应用设备有昇腾 Atlas 系列 NPU 芯片、FusionStorage 系列高性能的存储服务器,以及 CE 等系列交换机。

AI 算力底座提供多种算力供给模式,来满足行业客户的差异化需求,使能"百模千态",加速千行万业走向智能化。

4. 智能平台

智能平台提供数据处理、模型开发训练、模型迭代、模型验证、模型发布、模型分发和模型部署等功能。电力部署多厂家智能平台场景下,提供不同硬件适配及算力调度能力。

5. 大模型平台

传统的模型开发方式面临场景碎片化、作坊式开发难以规模复制、行业知识与 AI 技术结合困难等问题。预训练大模型是解决上述问题的有效手段,预训练大模型分为上游(模型预训练)和下游(模型微调)两个阶段。上游阶段主要是收集大量数据,训练超大规模的神经网络,以高效地存储和理解这些数据;而下游阶段则是在不同场景中,利用相对较少的数据量和计算量,对模型进行微调,以达成特定的目的。大规模预训练模型的模型泛化能力变强,能够沉淀行业经验,具有更高效准确地从文本/图片中获取信息的能力。

依托电力行业智能体构建的基础大模型拥有百万级到千亿级别参数,结合场景可灵活调用基础大模型。在电力行业主要有 CV 大模型、NLP 大模型、预测类大模型的应用,这些模型具备强大的泛化能力,通过与行业知识结合,能快速实现不同场景的适配,少量样本也能达到高精度,基于预训练+下游微调的工业化 AI 开发模式,加速 AI 行业应用。伙伴基于行业大模型之上,开发适配行业场景模型应用,提升电力发、输、变、配、用各环节 AI 应用实效。

6. 智能应用

依托电力智能平台及大模型平台,各应用厂家可以基于电力行业的各场景应用。当前人工智能已深入电力行业各个场景领域,发电领域的新能源功率预测、运行策略最优求解等;输电领域设备故障智能诊断和状态评估、输电线路巡视图像(视频)智能识别等;变电领域包括变电站监控视频图像智能识别、现场作业智能安全管控等;配电领域包括配网故障智能研判分析、配网健康指数评估、用户用电行为分析、客服智能问答等。

9.2　电力智能化价值场景

9.2.1　电力人工智能应用

人工智能发展到第三个高潮后,开始进入各个垂直行业,在电力行业人工智能应用也就成为必然。

电力行业由于自动化程度比较高、信息化和数字化基础也比较好,使人工智能在电力行业的应用获得了较快发展。2010年后,我国开始陆续颁布了很多有关电力行业智能化的国家标准、行业标准、团体标准和企业标准,涵盖了电力行业智能化建设的各主要方面;并且两大电网、五大发电企业纷纷开始建设智能化示范企业,并从企业管理的各方面和各个角度开始进行智能化建设。

人工智能是研究、开发用于模拟、延伸和扩展人的智能的理论、方法、技术及应用系统的一门综合性的技术科学。当人工智能的载体是机器,即从机器角度就是人工智能机器,因此人工智能机器就是人类用模拟、延伸和扩展人的智能的理论、方法、技术及应用系统而制造的模拟、延伸和扩展人的智能的机器。以此类推,从人工智能的基本概念出发,可以将电力人工智能企业理解为"人类用模拟、延伸和扩展人的智能的理论、方法、技术及应用系统而制造的模拟、延伸和扩展人的电力企业"。因此,电力智能化企业的建设基本路径就是观察在电力企业内人在做什么工作,我们用人工智能技术将其替代了,其结果不仅是模拟人,还要延伸和扩展人的智能,也就是比人的能力还强,就成为人工智能电力企业。依据这个思路,建设智能电力企业或者电力企业智能化的路径就是我们先研究一下电厂工作人员从事什么样的工作,然后用人工智能技术替代它,也就实现了人工智能在电力企业的应用。

目前,关于电力行业智能建设的内涵人们已经趋于共识,主要包括以下几方面。

第一,智能化建设的根本目的是在提高企业核心竞争力的同时,增加企业的效益。通过智能化的建设使企业生产过程更加安全、高效、清洁、低碳、灵活,管理更加高效,决策更为科学,实现无人化或者少人化。

第二,智能化建设的基础是数字化、自动化、信息化和标准化。

第三,智能化建设的核心是数据。通过各类传感器、图像采集装置、声音采集装置、各种信息系统的建设使整个企业实现全要素数字化,即使整个企业从环境、生产过程、管理过程、工作人员的行为全部转换为二进制数字并形成数据。

第四,智能化建设的特征是建设的内容实现自学习、自适应、自趋优、自恢复和自组织。

第五,智能化建设的业务内容涵盖电力企业所有的工作内容。根据电力企业的特点主要包括智能工程建设、智能运行控制与优化、智能运行管理、智能设备管理、智能安全管理和智能营销管理等几个大的方面。

第六,智能化建设的技术主要包括大数据(采集、存储和计算)、云计算、互联网和无线通信技术、物联网、智能传感技术、智能控制与优化技术、智能管理与决策技术等。

总之,通过智能化建设,电力企业实现整个企业全要素状态感知,实现以设备缺陷和故障精准预测为基础的状态检修,安全事项的实时监测和态势感知,电力营销实现精准市场预测、电价预测,系统的运行在网源协调的情况下,通过自学习、自适应,实现效益、安全、环保、低碳等多目标协调优化。最终实现无人化、少人化,使企业市场竞争力大幅提高、企业效益最大化。

电力行业智能化的建设目前是以小模型低参数为主,系统的建设多是单一事项建设单一模态的数据的模型,如设备故障预测,大多基于控制或者监测系统采集的实时数据,对其进行分析计算获得的预测结果。这样的缺点是显而易见的,设备的故障还与运行过程中产生声音、外观变化有关,这种多模态的场景,用单一模态的数据分析很难完成。而以 GTP-4 为代表的多模态大模型人工智能生成技术,为人工智能的发展带来了革命性的变化,以多模态统一建模、深度学习技术、大规模数据处理能力、高效计算和优化技术以及跨模态语义理解等关键技术使多模态大模型在解决上述问题时发挥重要的作用,这些技术将弥补小模型单一模态技术在电力智能化建设中的短板,发生由量到质的变化,大幅度提高电力智能化水平。随着高参数、多模态大模型的加持,未来电力智能化也许会以与人们想象完全不同的方式呈现出来,给人们带来更大惊喜。

9.2.2 发电智能化应用场景

1. 发电系统运行优化

生产运行管理是通过监视系统运行的过程,使系统运行满足电网调度要求的同时,通过调整相关设备的状态,使系统运行在高效、低能耗、低排放和设备安全可靠的运行状态;同时配套的早班会、运行日志、巡检、两票等管理措施实现对与运行有关的工作事项的管理。生产运行的智能化建设包括智能监测、智能监盘、智能寻优、智能控制等运行智能控制智能化,还包括智能早班会、智能运行日志、智能巡检和智能两票等智能运行管理。

通过针对生产运行管理监视和监盘的智能化建设,可以实现生产系统运行和控制过程、各种管理事项的数字化,实现运行和控制过程的全要素监测,实现自动分类、监视阈值,并根据运行情况自动进行优化调整,针对异常事项进行报警,极大程度减少工作人员监盘工作量,最终实现监盘的无人化;通过对系统控制优化的智能化建设,使电厂各类控制系统在无须人员干预的情况下,最大限度满足电网负荷调度、有功、无功和频率等适应性;在提供高质量电能的同时,通过自学习不断优化各种控制策略,使整个系统自动运行在高效、低能耗、低排放和设备安全可靠的状态。

智能控制技术是智能优化的基础,主要包括遗传算法、神经网络控制理论、模糊控制理论、粒子群优化算法等。人工智能核心技术——机器学习中的聚类算法、支持向量机算法、贝叶斯学习算法和极限学习机等也常用于发电系统的智能优化。

1) 风力发电场的运行控制优化

目前风力发电场采用变桨距、变速恒频等控制技术的 5MW 及以上的大容量风力发电机组已经成为主流。大容量的风力发电机组可以有效减少风电设备的运行维护成本,降低风力发电成本,提高风力发电的市场竞争力;变桨距、变速恒频技术的应用在提高风力发电机组的可靠性的同时,还可对并网时的风轮转速进行控制,机组并网后可对输出功率进行调节(保障机组额定功率点以上的输出功率稳定)和载荷进行优化,使风力发电机组的起动性能以及输出功率的品质和机组的可靠性都有明显的改善。

但是,自然界的风速方向及大小受到气候(大气的气压、气温和湿度)变化、地理(地形、地貌、地势)状况、风机自身(尾流、湍流)等众多随机性因素影响的,使风力发电机组所获得的风能也随机变化,这就对风力发电机组的控制系统提出非常高的要求,传统的控制方法很难做到精准控制。结合风资源智能预测尤其是单机风能精准智能预测,采用模糊控制、神经网络等技术进行智能控制可以进一步优化风电机组的控制,尽管智能控制技术才刚刚起步,各种优化控制方法在具体使用环境下还都存在各自的局限性,但是智能优化控制技术在风力发电应用中成为一种趋势,智能优化控制技术大规模应用,必将使风力发电机组安全高效运行达到更高水平。

风力运行优化主要有风电机组发电功率(发电功率最大化)优化、载荷(稳定)优化、电网适应性优化(功率波动平滑优化)控制和风力发电场整场发电效率优化等几方面。由于各种因素是互相耦合的,因此多目标优化更具实用性,但是由于多目标智能优化需要采集的样本数据复杂、多变,采集难度较大,因此大多还处于实验研究阶段。

(1) 风电机组发电功率优化控制。

发电功率最大化优化基本技术路线采用最大功率点跟踪(Maximum Power Point Tracking,MPPT)控制策略,通过采集的数据和优化控制算法,优化最大功率点跟踪控制,使发电功率最大化。发电功率最大化优化,主要有最优转矩法、最佳叶尖速比法、爬山搜索法等方法。由于风速的快速波动会对爬山搜索法最大功率点的搜索造成影响,使爬山搜索法效果变差,因此在 MPPT 控制中较少使用,尤其是大型低风速风力机。由于气动功率不仅受风速的影响,还与地形、尾流、湍流、设备等多种因素相关,在多因素条件下,采用传统的最优转矩法、最佳叶尖速比法很难使发电功率进一步提升,但是在智能化技术加持后,可以使发电功率得到进一步的优化。

最优转矩法的智能优化改进。优化转矩控制由于控制简单、性能稳定可靠,通过上述方法可以优化发电功率,在实际风电机组中得到广泛应用。但是实际风电机组的准确最优转矩系数无法获得,而且随着机组服役时间的增长,风机叶片由于磨损、变形、附着灰尘等影响,会导致风机气动特性改变,使得获得最优转矩系数更加困难。因此,在最优转矩法改进方面,针对预先设定的功率曲线与实际功率曲线存在偏差,提出了 ATC(Adaptive Torque Control,自适应转矩控制)和 SMC(Sliding Mode Control,滑模控制)方法,同时在 ATC、CBC 和 RTR 等方法的基础上,在控制器设计中充分考虑湍流风速的各统计特性,根据包括平均风速、湍流强度和湍流频率在内的风速特征,对已有控制方法中的参数进行优化。考虑风机运行过程中的各种损耗,设计基于转矩偏差补偿的改进方法,提高了最优转矩法的控制精度,进一步提升风能捕获效率,使发电效率进一步提高。

收缩跟踪区间方法是基于风速平均值能够反映风速及风能集中分布区间原理,通过平均风速优化设定跟踪区间。相比较而言,在风速波动时收缩跟踪区间方法具有较强的控制鲁棒性,而且更加简单、有效。这种方法取决于设定区间是否合适,跟踪区间设定得不合适,不仅不能优化发电功率最大化控制,甚至会降低风机的风能捕获效率、降低发电功率。经研究发现,影响跟踪区间设定的因素较多,而且它们与最优区间之间存在复杂且难以解析描述的非线性关系,除平均风速外,跟踪区间的优化设定还与其他风速特征(如湍流强度),以及风机的某些气动、结构参数(如最佳叶尖速比、转动惯量等)密切相关。因此,仅考虑平均风速的跟踪区间设定方法尚有待完善。

针对影响设定跟踪区间的多因素,利用径向基函数(Radial Basis Function,RBF)神经网络优化方法设定跟踪区间,可以相对精确地设定跟踪区间,可以优化收缩跟踪区间方法,实现 MPPT 优化控制,称为智能跟踪区间方法。具体方法是将平均风速和湍流强度作为神经网络的输入变量,以具体风机的仿真数据作为训练样本数据,以补偿系数作为神经网络的输出变量,从而使跟踪区间的优化设定能够同时考虑随时间不断变化的风速条件与随机型改变的风机相关气动、结构参数。智能跟踪区间法同传统功率曲线法、DTG 方法、自适应转矩控制、收缩跟踪区间方法比较,该方法不仅有良好的风速环境适应性,可进一步提高风能捕获效率,还增强了设定跟踪区间方法针对不同风况、不同机型的更广泛的适用性。面对影响 MPPT 性能乃至跟踪区间设定的复杂因素及相互关系,人工智能技术(神经网络)不失为一种方便、有效的解决途径。

(2)风电机组载荷优化。

载荷优化的前提是功率输出得到控制和优化,其目的是确保机组的安全稳定运行。在风电机组进行设计时,必须同时考虑风力发电机组的极限载荷和疲劳载荷,但风电机组受到疲劳载荷的影响往往比较严重。

载荷的主要来源有空气动力学载荷、重力载荷、惯性载荷(包括离心和回转效应)、运行载荷(用控制系统动作引起的刹车、偏航、变桨距控制、发电机脱网等)。这些载荷作用在叶片、轮毂与低速轴(齿轮箱)和塔架上,作用在这些部件上的载荷与部件所处的状态有直接关系,这些状态主要有启动状态、停车状态(正常停车、紧急停车)和运转状态(带负荷运转、无负荷空转),如图 9-6 所示描述了与载荷有关的各个因素的关系。

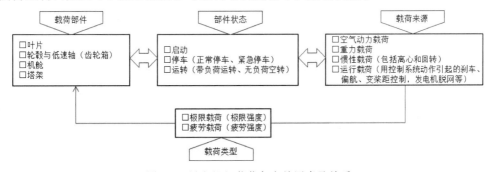

图 9-6 风电机组载荷各有关因素及关系

GB/T 25386.1—2021 针对载荷优化控制提出机组可以通过控制手段实现载荷优化控

制，主要有传动链阻尼控制、塔架加速度反馈控制、独立变桨控制、柔性塔架控制、净空控制和扇区控制。

　　风电机组发电的基本原理是通过桨叶将风的动能转换为转子的机械能，然后通过传动系统和变速系统进行能量传递和转速提高，带动发电机转动，将机械能转换为电能。风电机组桨叶载荷是风电机组最主要的载荷。因此，桨叶是风电机组风能转换的基础和重要部件，也是最主要的承载部件。桨叶所承受的载荷主要有空气动力学载荷、重力载荷、惯性载荷（包括离心和回转效应）和运行载荷（用控制系统动作引起的刹车、偏航、变桨距控制、发电机脱网等），其中，空气动力学载荷（气动载荷）是桨叶所承受的主要载荷，主要有摆振载荷、挥舞载荷和扭转载荷等形式，也是风电机组其他部件气动载荷的主要来源。因此，桨叶气动载荷优化是风电机组载荷优化的重点。

　　变桨控制有统一变桨控制和单一变桨控制两种模式。统一变桨控制是机组的变桨控制系统通过相同的桨距角信号同时控制三个桨叶，使三个桨叶保持同样的位置以适应风力的变化，降低桨叶承受的气动载荷，统一变桨控制在额定风速以上的情况对稳定风力发电机组的输出功率具有很好的优化效果，但是对桨叶不平衡载荷抑制效果较差。由于风机在实际运行过程中，在风轮平面内的迎面风速差异，导致风轮不同桨叶在旋转运行过程中所受的载荷不同，由于大型风电机组的柔性较大，运行过程受到风剪切、塔影效应、尾流干扰等因素的影响，导致桨叶受到较大的不均衡载荷，随着风力发电机组单机的容量增加，大型风机风轮半径已达百米以上，这种风机叶轮上不同叶片的载荷差异也相应增大，对机组产生的有害载荷也越大，因此需要通过不同的桨距角信号分别控制三个桨叶的变化，通过桨叶之间不同的气动力来抵消风轮平面的不平衡载荷，即所谓的独立变桨控制。针对风电机组尤其是大型风电机组，独立变桨控制已经成为主流。

　　独立变桨控制利用模糊计算和神经网络计算等智能技术，构成先进的变桨控制器，对桨叶进行智能控制，有效降低摆振载荷、挥舞载荷和扭转载荷，抵消风剪切、塔影效应、尾流干扰等不良影响，有效降低风机的不良载荷。以下为两个实例。

　　① 基于叶根载荷反馈的模糊独立变桨控制。在分析风力发电机组空气动力学线性化模型、Coleman 坐标变换以及风轮桨叶不平衡载荷的基础上，建立模糊控制规则来避免由于风速扰动和不确定因素等带来的影响，通过设置具有自适应能力的轮毂固定坐标系不平衡载荷来判断风力发电机组的运行状态，从而实时地改变模糊独立变桨控制器的输出比例因子，利用模糊规则在线调整独立变桨控制器中每个桨叶的桨距角信号。在随机风速条件下，不仅能满足发电机输出功率稳定和减小不平衡载荷的要求，还可以较好地控制反应速度，满足控制器更高的精度要求。

　　② 基于径向基函数（RBF）神经网络模型预测载荷变化的智能控制。基于机组的运行、历史风况和风功率预测数据，利用 RBF 神经网络辨识模型建立自适应模型，通过 RBF 神经网络来逼近变桨控制系统的非线性函数，预测外界速度大扰动时风力发电机组的输入输出状况，然后通过自适应调整神经网络模型的结构和参数来跟踪变桨控制系统由于参数时变或其他干扰引起的漂移，最后将模型预测控制性能指标函数重构为易于处理的二次型最优

化问题,通过对该二次型最优化问题的求解得到系统控制序列,并通过在线误差反馈来校正滚动优化获取变桨控制系统的最优控制序列。但这种方法运用也有较大难度,因为考虑湍流、风剪切和塔影效应后,巨大的风轮平面上风速各不相同,要测量众多位置风速的样本数据是非常复杂的。

(3)基于风电机群设备状态的智能功率优化控制。

接入电网的风力发电场,其应对电网有良好的适配性,具有良好的电压(有功功率)和频率的相应能力,因此,在电网对风力发电场进行调度时,通过 AGC 将负荷指令通过能量管理系统下发给各个风电机组,这里主要考虑了风电机组对电网的适配能力以及是否停机和备用等控制策略进行功率分配,而对"健康"机组和"带病"机组没有区别对待,可能会出现状态良好的机组关机,而状态较差的机组带病运行等情况。基于风电机群设备状态的智能功率优化控制就是在考虑风电机组对电网适配能力和调度功率要求的同时,充分考虑风电场每台机组的状态进行智能调度。

基于风电机群设备状态的智能功率优化控制是在充分掌握风电场各机组状态的基础上,借助风电机组的设备缺陷、故障监测和预测系统提供的设备状态(运行、消缺、检修、备用、轮停、停机、何时产生缺陷和故障等)数据,按照以下控制优化策略快速准确响应 AGC 指令进行自动优化控制。

① 基于尾流控制技术和机组级功率优化控制技术的"发电量最大化"的控制策略。

② 基于最大限度地降低机组磨损和自耗电、满足不同季节负荷调整需求,在满足发电功率的情况下,实行"停机优先"控制策略;在不满足发电功率的情况下,实行"降出力优化"控制策略。

③ 实行"停机优先"控制策略时,优先实行"在调度周期内有检修任务的机组停机"控制策略,降低检修损失电量;其次,实行"健康状况差、距离较远、交通状况差、居民干扰多"等因素多的优先停机控制策略。

④ 基于设备缺陷和故障预测系统和设备实时监测所获得的设备状态信息,满足消缺需求,在调度周期内能够正常运行的条件下,实行"较差优先"控制策略;在调度周期内不能正常运行的条件下,实行"较好优先"控制策略。

⑤ 对"停运备用机组"进行实时监视,在部件温度、电池电压等参数降至启动限值前进行启动、轮停自动控制。

根据感知信息实现上述控制策略的自学习、自适应和自趋优,进行优先级自动排序,并实现自动控制。

2)燃气电站的运行优化

燃气电站的工作过程是多参数、强非线性的复杂热力过程,在其工作范围内参数变化十分剧烈(从启机到满负荷运行)。而且,不同的外部条件(如大气温度、压力),不同的使用方式(简单发电、热电联产)以及不同的化石燃料(IGCC、混合能源)也会使机组工况发生很大变化,都会影响机组结构和材料的安全性。传统的控制方法应用于联合循环机组可以实现基本的控制目标,但随着人们对工业生产过程性能要求的不断提高,高能效、环保性、经济性成为控制系统最新的目标。为实现燃气电站控制系统性能的提升,人们尝试借助人工智能的方法进行优化控制,可分为两类:基于模糊自适应控制的优化方法、基于 LSTM 神经网络智能优化方法。

（1）基于模糊自适应控制的优化方法。

① 基于模糊自适应 PID 的控制系统设计。

由于联合循环系统是一个时变、非线性和含最小相位环节的复杂系统,随着工况的改变,被控对象的特征参数甚至结构都会发生变化。自适应控制效果的好坏取决于辨识模型的精确度,这对于复杂系统是非常困难的。随着计算机技术的发展,人们利用人工智能的方法将操作人员的调整经验作为知识存入计算机中,出现了智能 PID 控制器。但在智能PID 控制器设计中存在着操作人员的经验不易精确描述、控制过程中各种信号量以及评价指标不易定量表示等问题。模糊理论是解决这一问题的有效途径,用模糊数学的基本理论和方法,把规则的条件、操作用模糊集表示,并把这些模糊控制规则作为知识存入计算机知识库中,然后计算机根据控制系统的实际响应情况,运用模糊推理,即可自动实现对 PID 参数的最佳调整,这就是模糊自适应 PID 控制。

如图 9-7 所示,模糊自适应 PID 控制器由模糊控制器和 PID 控制器两部分构成。

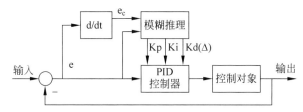

图 9-7　模糊自适应 PID 原理结构

模糊自适应 PID 控制器的设计主要分为确定预整定 PID 参数和设计模糊控制器两个步骤。确定预整定 PID 参数是确定模糊自适应 PID 控制参数变化的范围,通过对预整定PID 参数的优化,使被控对象具有最优的控制性能;设计模糊控制器包括确定输入输出变量、设计模糊控制规则、设置模糊规则和确定量化因子。

② 基于模糊内模控制的控制系统设计。

目前,国内燃气-蒸汽联合循环发电机组控制策略,基本都是单输入单输出（SISO）的常规 PID 控制系统,从机组的特性实验以及拟合的传递函数模型来看,机组的负荷控制系统是具有较强非线性和耦合特性的多变量控制系统。燃料阀门和汽轮机调门的变化均会对燃气轮机和汽轮机的实发功率产生影响。而正是由于这种内在的关联,即使控制器参数得到了相应的优化,传统的 SISO 控制系统也难以取得良好的控制效果,采用基于先进控制器的 MIMO（Multiple Input Multiple Output,多输入多输出）控制系统可以从根本上来弥补传统控制回路的不足。

IMC（Internal Model Control,内模控制）具有简便的设计和整定方法、良好的跟随性能、较强的鲁棒性以及预测能力,可以解决多变量系统存在的控制问题。但是内模控制存在一个非常重要的问题,就是内模控制器的动态特性很大程度上取决于内部模型与被控过程的匹配情况,如果内部模型与被控过程失配较多,被控系统的动态特性和控制品质也会相应变差。为了使控制系统能够对燃气-蒸汽联合循环机组重要参数的变化具有较强的自适应能力,同时又可以保证较高的响应速度、控制精度以及稳定性,将内模控制和模糊控制相结合形成模糊内模控制系统,即在内模控制算法中引入模糊规则,这样就可以将内模控制器等效为带滤波环节的 PID 反馈控制器,从而可以根据被控对象在不同工况下等效 PID 各参数之间的关系,编写相应的模糊规则,在此基础上动态调整内模控制器的模型参数,从而在某种程度上实现变参数的模糊内模控制。这种设计既可以解决内模失配时系统控制品质变差的问题,又可以解决模糊控制的稳态偏差问题。

(2) 基于 LSTM 神经网络智能优化方法。

针对燃气电站丰富的历史运行数据,可基于大数据建立采用神经网络技术的燃气电站机组智能优化系统。系统主要包括数据预处理模块、机组健康状态评估指标挖掘模块、机组运行关键特征参数筛选模块、机组健康状态聚类分析模块、机组稳定工况库建立模块、机组状态评估指标特征获取模块、机组实时特征参数预测模块和机组运行智能调控模块等 8 个功能模块。

① 数据预处理模块。数据是智能化的基础,对采集的机组数据进行异常值处理、缺失值处理、离散化处理和归一化处理,为后续的数据挖掘与分析做好准备。数据异常值处理、空值处理通过基于 Python 数据库的数据筛选清洗功能实现。离散化处理和归一化处理由特征简约和数据变换实现。

② 机组健康状态评估指标挖掘模块。利用改进的关联规则挖掘算法对运行参数数据进行挖掘分析,得到影响机组运行的关键参数作为机组健康状态评估的指标。

③ 机组运行关键特征参数筛选模块。采用可视化工具以及经典的相关性分析方法对联合循环功率与参数间的关联关系进行分析,筛选出与联合循环功率呈明显正相关的运行参数,并计算对应的皮尔森相关系数,通过稳定性判断、极值标准化处理、设置隶属度、划分量化区间、调整最小支持度和最小置信度的值,挖掘出符合要求的关键特征参数。

④ 机组健康状态聚类分析模块。基于确定的机组健康状态评估指标,结合实际生产经验和工况库中的数据分布,确定会导致运行异常的临界值的稳定判断指标,在多个临界值的限定范围内对预处理后的数据进行进一步筛选,找到满足所有限制条件的数据,得到的筛选结果作为聚类的输入数据。

⑤ 机组稳定工况库建立模块。按照对聚类分析中数据状态的定义,完成对已有机组运行工况记录的类别标注,将稳态与非稳态类别标签分别设置为 0 和 1,从中提取稳定工况,建立稳定模式工况库。

⑥ 机组状态评估指标特征获取模块。通过分析机组运行状态下采集的实时数据的特点,确定进行实时状态判断的特征参数及其获取方法。以上述与联合循环功率呈明显正相关的运行状态评估参数的实时数据为基础,计算每个参数的均值、方差和异常值出现次数,把得到的结果作为稳态判断的特征变量。

⑦ 机组实时特征参数预测模块。利用 LSTM 神经网络模型对机组健康状态特征获取

模块中确定的特征值进行训练，预测参数随时间的变化趋势，以辅助判断机组健康状态。

⑧ 机组运行智能调控模块。在机组运行指标中的参数出现异常时，启动调控程序，从稳定模式库中搜索调控目标，返回距离当前状态最近的点作为待选工况。之后，比较当前状态与待选工况的差异，统计当前状态调至待选目标时需要调控的参数、需要调控的幅度以及调控参数个数，从这三个维度的待选工况中确定一个调控目标。调控目标的选取原则是调控个数尽可能少，调节幅度尽可能小。最后，确定调整目标后，按照设定的调节幅度进行参数的调整，对可控变量进行调整，直到参数达到目标值。在调控过程中会监测稳定指标的变化走势，如果指标没有回归正常，可以随时切断调控进程，进入人工调控环节。

联合循环智能调控系统采用改进关联规则数据挖掘算法确定机组可控运行参数优化的目标值，可指导机组运行优化，提高机组的运行可靠性及经济性。

3）燃煤电厂的运行智能优化控制

燃煤机组目前针对各个分系统的智能优化都有广泛的研究并有在实际工程上的应用，主要有针对汽轮机的进气端、冷端优化，针对锅炉的燃烧、主（再）热汽温优化，针对辅助系统的吹灰、脱硫、脱硝、除尘、水务优化，针对电气控制系统、辅控系统优化等，相比传统的优化控制技术有着更多优势，考虑因素更多，通过自学习和自适应不断地进行迭代，适应机组负荷、设备、燃料等多因素的变化。由于燃煤电厂发电机组的锅炉、汽轮机、发电机及其附属设备之间是一个整体，各设备之间存在耦合关系，因此单设备的最优化运行方式，有时并不能达到机组整体的最优。将锅炉效率、汽轮机效率、污染物排放、热耗率、厂用电率等目标综合考虑，多约束条件下对设备运行状态进行寻优，才能实现机组经济性和能效最优。将各种智能优化方式集成到 DCS 系统，使 DCS 升级为 ICS（智能控制系统）已经成为一种趋势。

下面重点介绍与锅炉、汽轮机有关的智能优化方法。

（1）锅炉燃烧优化。

燃煤电厂锅炉是电厂发电的重要组成部分，煤粉锅炉燃烧是影响电厂发电效率和污染物排放的重要因素，其燃烧过程复杂，是一个多变量输入、多目标输出、非线性时变、慢反馈的强耦合系统，依靠常规的数学工具建立数学模型、专家系统等传统的优化控制技术很难达到优化目标。

锅炉燃烧智能优化以实现锅炉效率与减少 NO_x 生成量同时优化为目标，通过以下三个步骤构建优化模型。首先，收集锅炉运行的历史数据，利用专家系统和大数据挖掘技术，挖掘出锅炉运行可控参数、锅炉热效率和 NO_x 排放浓度的最优值。其次，利用改进的 DC-K-means（Density Clustering-K-means，密度聚类-K-均值算法）依据外部约束条件进行工况划分和离散化，并使用频繁项集算法（Apriori）挖掘出锅炉历史燃烧过程中所蕴含的潜在关联规则，并建立样本库。最后，利用支持向量机、神经网络、贝叶斯网络、ELM（Extreme Learning Machine，极限学习机）等算法对锅炉进行运行模式识别，并对锅炉热效率以及 NO_x 排放浓度进行建模预测，在此基础上构建以锅炉热效率和 NO_x 排放浓度为目标函数的多目标优化模型。

基于构建的锅炉热效率和 NO_x 排放浓度为目标函数的多目标优化模型将锅炉的传统 PID 控制转变为预测控制,从配风的角度优化炉内燃烧并实现在线闭环控制:通过智能控制可以精确控制二次风量、各二次风门开度、直流燃烧器摆角、旋流燃烧器内外二次风叶片角度等影响燃烧的主要参数,使得在 NO_x 生成量不变甚至降低的前提下提高锅炉效率。煤粉锅炉燃烧优化控制能适应在协调投入条件下所有实际工况下的锅炉燃烧控制优化,在稳定负荷工况和变负荷工况下采取不同的控制策略:变负荷工况下可优先加大减少 NO_x 生成量的权重,稳定负荷工况下可优先增加锅炉效率的权重。同时,根据炉膛实时状态预警情况,对上述优化控制指令进行修正,以便在确保安全、稳定运行的前提下最大限度地优化锅炉燃烧与控制。

锅炉燃烧的智能优化控制要配套炉膛温度场精确在线测量系统及炉膛报警系统:炉膛温度场精确在线测量对得到的同层高温探头实时测量结果,应通过梯度定位算法将离散的温度阵列数据重建为当前层截面连续的温度分布,若模拟实现炉膛三维温度场分布,则应继续通过梯度定位算法对重建得到的两层截面连续的温度分布重建为当前三维空间连续的三维温度分布;根据炉膛温度场精确在线测量得到的实时二维或三维连续温度场分布,实现对炉膛内火焰左右中心位置、火焰上下中心位置等的在线监测,并通过量化的专家知识制定炉内燃烧相关安全边界,对锅炉左右燃烧偏差、高温受热面结渣与超温等进行实时预警。

锅炉燃烧的智能优化控制由于计算量较大,需在控制大区(网络安全 I 区)安装高性能服务器搭建扩展控制平台,与 DCS 系统进行高速稳定的数据交互。

(2)汽轮机冷端运行优化控制。

传统的汽轮机冷端运行优化方法主要基于热力实验和凝汽器变工况计算模型,首先通过热力实验获得机组微增功率与背压、冷端设备不同运行方式下循环水流量与循环水泵耗功间的关系,然后根据凝汽器变工况计算模型,计算机组当前边界条件(汽轮机进汽参数、循环水进口温度等)下不同冷端设备运行方式所产生的净功收益。目前该优化方法已十分成熟,并被许多学者使用,但其优化结果往往存在较大误差,其主要原因是机组在运行一段时间后,因凝汽器换热面污染、设备老化等原因,机组的实际运行性能会发生改变,偏离实验结果及计算模型,不能实时反映机组的实际运行情况,并且热力实验费时费力,难以再通过热力实验来进行修正。

汽轮机冷端智能优化运行主要通过采集汽轮机冷端系统数据和对这些数据的分析,建立数据驱动模型,实时监测和预测汽轮机、凝汽器、循环水泵、真空泵、凝结水泵等设备和辅助系统运行指标,以及有关设备缺陷和故障,给出兼顾一次调频能力和经济性的运行优化策略,并根据实际运行中汽轮机排汽压力、减温水及主汽温度等边界参数的变化,实现运行经济性与调节品质的联合优化,通过对历史运行工况数据的自寻优反馈给控制系统,保证机组各类指标始终处于运行最佳运行状态,实现降低机组煤耗,同时减少厂用电等多个优化目标。

在为循环供水系统的汽轮机冷端优化建设数学模型时,输入变量是机组负荷、循环水入口温度、汽轮机的排汽量、环境温度等，输出变量用凝气器压力、凝气器真空度，或者功率净增值，相比较而言，功率净增值能综合反映降低机组煤耗、减少厂用电等多目标优化的结果。凝汽器真空是指当凝汽器的压力低于大气压的那部分压力，凝汽器压力是指凝汽器的压力的绝对值，即在凝汽器内部压力低于大气压力时，凝汽器压力减去凝汽器内部压力即为凝汽器真空度。功率净增值为汽轮机功率增加值与循环水泵耗功的差值。

在输入变量一定时，控制变量为循环水流量，即凝汽器的压力由汽轮机的排汽量、循环冷却水量和循环水的入口温度共同决定，在汽轮机的排汽量、机组负荷和循环水入口温度一定的条件下，凝汽器真空度（凝汽器压力）只与循环冷却水量有关，当循环冷却水量增大时，凝汽器真空度增加（凝汽器压力降低），有效降低汽轮机背压，增加汽轮机做功，但同时增加循环水泵的耗功量；当循环冷却水量减小时，凝汽器真空度降低（凝汽器压力升高），增加汽轮机背压，减少汽轮机做功，同时增加循环水泵的耗功量。因此，存在一个最佳的循环水流量使得汽轮机功率增加值与循环水泵耗功的差值最大，即最佳功率净增值，这时凝汽器内的真空称为最佳凝气器真空（凝汽器压力），对应的循环冷却水量为最佳循环水量，机组运行经济性最佳。汽轮机冷端智能优化过程就是借助生产过程产生的大量数据建立模型，依据模型根据输入变量值寻找最佳功率净增值（凝气器真空、凝汽器压力、循环水量），并将寻找到的最优值转换为控制信号控制循环水泵的组合运行方式，来实现汽轮机冷端的智能优化控制。

燃煤电厂的 SIS 系统是将 DCS 系统的实时数据通过映射服务器映射到管理大区建立的信息管理系统，该系统保存了大量的系统运行的与汽轮机冷端优化有关的实时数据，同时还实时采集生产运行过程中与汽轮机冷端优化有关的运行数据。避免数据噪声对模型训练产生干扰，从 SIS 系统中经过数据抽取、清洗、转换和加载，形成训练库和验证库，训练库数据充分考虑季节、负荷变化，采用遗传算法（GA）和 BP 神经网络（见图 9-8）算法，基于训练库数据进行模型训练，其中，隐藏层的节点数由试凑法确定，在初始设定的节点个数上，逐步增加（减少）节点数，试探多少节点数拟合效果最佳。分别建立机组的循环水压力模型、净功率预测模型及背压预测模型，然后，基于验证库数据进行验证和微调，进一步提高模型的精度，如图 9-8 所示，为汽轮机净功及背压预测神经网络模型图。

基于预测模型在调整负荷时（ACG 发出控制信号），模型给出系统该条件下系统的最佳功率净增值对应的循环水流量，并将对应的信息传送给循环泵控制系统进行调整，使系统处于最佳功率净增值，以最少煤耗和最高效率使汽轮机冷端满足负荷要求；CCS（协调控制系统）和 DEH（汽轮机数字电液控制系统）控制汽轮机调节阀门关小，进而主蒸汽流量减小，使得燃料量下降，机组供电煤耗下降，实现节能，如图 9-9 所示，为汽轮机冷端系统运行优化流程。

（3）锅炉主（再）热蒸汽、SCR 脱硝系统、脱硫系统也是智能优化研究得比较深入并得到实际应用的智能优化运行的范例。

锅炉的主（再）热蒸汽温度是火力发电厂机组安全、经济运行的重要参数之一，燃煤机组的常规过热汽温和再热汽温串级控制，采用调节参数固定不变的 PID 控制器将负荷信

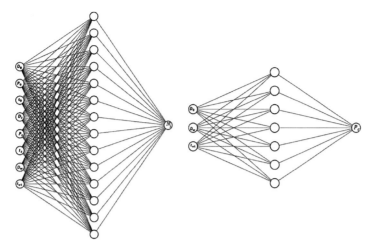

图 9-8　汽轮机净功及背压预测神经网络模型图

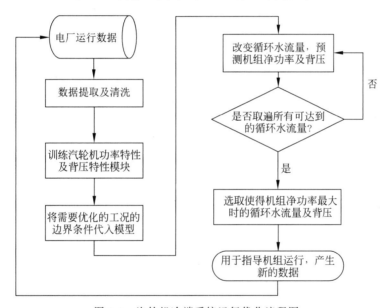

图 9-9　汽轮机冷端系统运行优化流程图

号、燃料量信号、主蒸汽压力信号、给水流量信号以前馈形式引入串级的副调节器中实现调节。但是,由于主(再)蒸汽温度被控对象具有多变量输入、非线性时变和大滞后特征,特别是遇到大扰动工况时,控制效果不佳,因此主(再)蒸汽温度智能优化将自适应 SMITH 控制技术、状态变量控制技术及相位补偿技术融于一体,对主(再)热汽温非线性时变和大滞后特性进行动态补偿,有效减小补偿主(再)热汽温广义被控对象的滞后和惯性,然后通过预测控制、模糊控制等控制策略的有效组合,形成闭环控制,从而提高主(再)热汽温优化控制的性能。通过主(再)热汽温智能控制,机组运行在稳态工况下,可以使主汽温波动小于5℃;在变负荷工况下,使主汽温波动小于 8℃,并且无壁温超温现象的发生。

　　燃煤火电机组按照烟气超低排放要求，一般采用低氮燃烧技术控制炉内 NO_x 的生成量，采用 SCR（Selective Catalytic Reduction，选择性催化还原）方式作为炉后脱除技术。SCR 脱硝控制系统一般采用固定氨氮摩尔比或固定 SCR 反应器出口烟气中 NO_x 质量浓度的控制方式。传统控制系统具有滞后性和延时性，使得机组低负荷及变负荷运行时难以精确控制喷氨量，不能完全满足脱硝喷氨调节要求，通过采集的数据，利用神经网络、遗传算法、模糊控制的机器学习算法建立大数据预测模型，可以提前预测被调量，并通过控制系统进行提前调节，提高脱硝系统闭环控制稳定性和抗扰动能力。采用模型预测技术优化脱硝控制系统，改善脱硝控制系统的闭环稳定性和抗扰动能力，结合喷氨调平，能够实现喷氨量最优控制，保证 NO_x 满足超低排放标准的同时显著减少氨逃逸率。

　　脱硫智能控制技术以确保满足排放标准同时使脱硫能耗物耗消耗量最低为目标。基于烟气排放 SO_2 浓度的有关煤炭特性、燃烧温度、负荷等有关参数的历史数据，建立 SO_2 排放浓度预测模型，提前预测排放浓度；基于贝叶斯学习的吸收塔出口浓度模型，以及浆液循环泵、阀门开度等可控变量的粒子群多目标优化，在确保排放达标的前提下可节约脱硫系统运行费用。

2．巡（点）检智能化

1）基本原理

　　巡检和点检工作是电厂在设备管理过程中的一项重要工作，也是发现设备缺陷和故障的一个重要途径和手段。

　　设备巡检是设备巡检员利用人体五官或简单工具，针对某个生产工艺的设备进行日常巡视和检查，在巡视和检查过程中对照标准、生产实际情况发现设备的异常现象和隐患，掌握设备故障的初期信息，为下一步的点检提供要检查设备的故障点、部位和内容，使点检员有目的有方向地进行设备点检；设备巡检员通常由运行岗位值班员负责；设备点检是由点检员按区域设备分工负责设备专业点检，借助人的感官和简单工具仪表或精密检测设备和仪器，按预先制定的技术标准对正在运行或处于备用状态的设备进行定人、定点、定期的检查和测试的一种管理方法，点检员通常由专业岗位的专业技术人员担任。

　　巡检和点检的主要区别：点检周期相对长，通常一周一次，巡检周期短，1～2h 一次；点检的标准多，检查的内容更细、更多；点检员的工作不只是现场采集数据，还有日常消缺、验收、提出检修计划等工作，点检员必须是经过特殊训练的专门人员，对技术要求比巡检员要高；巡检侧重于面的管理，对企业生产设备进行全面、整体的安全管理，点检侧重点的管理，通过巡检提供相应的信息，针对某些设备进行专项检测，重点检查。

　　尽管二者有上述区别，但是它们的检查目标是一致的，检查方式也相同，巡检和点检的目标都是使设备在可靠性、维护性、经济性上达到协调优化管理。合理延长设备检修周期，缩短检修工期，降低检修成本，并使日常检修和定期检修工作负荷达到均衡状态；巡检和点检都是通过预定的计划和任务，根据"五定"原则（定点、定方法、定标准、定周期、定人），以设备安全运行状态为目的的检查。这也是巡检和点检系统可以作为一个系统来建设的重要原因。

　　巡点检人员工作量很大，同时由于生理或者心理因素，会导致巡点检内容缺失或者错误,引发人员安全事故。通过建设智能巡点检系统,不仅可以克服这些缺点,还可使巡点检的周期大大缩短,由阶段性的检查变成实时监测,因此智能巡点检在电厂智能化建设中具有重要意义。

电厂设备巡检系统主要包括任务管理、设备巡检、工作卡管理和数据统计等功能。电厂设备终端监测装置有两种形式,一种是单纯的 APP 形式,在移动端设定系统软件部分的功能,进行巡点检的记录;另一种是目前应用比较广泛的综合巡点检终端监测装置,其不仅有巡点检路径、工作流程、设备信息、巡点检内容记录、交接班、巡检信息填入、巡检结果展示等内容,还集成有温度检测、振动检测、普通拍照、红外成像等功能,数据传输方式有通过硬件传输给数据中心和无线传输两种方式。

这类系统通常也被冠以"智能"或者"智慧",但是由于不含有人工智能技术的成分,实际上并不是智能巡点检系统。

关于巡点检还有一个热点是"巡点检机器人"。机器人是典型的智能化技术应用,具备感知、计算和传输数据的功能,并在变电站内获得了较为广泛的应用。巡检机器人系统主要由智能监测设备、运载装置、电源构成(有的电厂还使用带服务器的),其中,用户可以自行定制监测设备,可以在其内安装红外、视觉、振动、声音等诸多功能性传感器设备,与中控室进行可靠连接,运行过程中能精准而全面地采集工作人员所需的外部信息,随后将这些信息传送至后台软件上进行智能化分析处理,自动生成相配套的指标曲线图,结合现场生产需求把巡检报告定时或实时传送到中控室,若探查到某个发电设备出现故障隐患时,便会即刻传输相应的预警信号,如图 9-10 和图 9-11 所示分别为巡检机器人的车间 3D 图和实拍图。

图 9-10 巡检机器人的车间 3D 图

图 9-11 履带式巡检机器人

但是对于电厂内设备巡点检来讲,机器人自身的移动范围尚无法适应电厂复杂环境,具有很多制约因素,因此未在电厂进行大规模应用。但这都是表面现象,其根本原因在于人们对人工智能的理解和对巡点检工作认识还有误区。首先,人工智能不一定就是具有人类外观和感知、分析计算及动作能力的机器人,例如,现在电厂使用的机器人其功能是识别设备漏油的功能,那么只要安装一个摄像头对现场情况进行采集,将数据传输到数据中心进行分析和判断,并将判断结果传送给有关人员,这也是一个机器人,现场一个摄像头就把问题解决了,比一个带摄像头、服务器及传动或转动装置和计时系统的反复移动的机器人要好用得多,价格也要低得多。其次,巡检的实质不是人的行动,而是到巡检点去采集数据,然后分析数据,因此智能化的巡检不需要像人工巡检一样走来走去,只要把巡检点所需要的数据采集上来就行。因此,建设智能巡点检系统并不一定要用移动的"机器人",而是通过安装视频或者图像采集装置,以及各类需要巡点检测的物理量、化学量的传感器对数据进行采集,然后通过网络传输到数据中心进行处理,这样不仅成本低,可靠性更高。

人工智能的重要突破在人类感知智能方面已经获得了巨大进步,在模式识别方面,如语音的识别以及图像的识别,目前机器在感知智能上的水平基本达到甚至超过了人类的水平。巡点检绝大部分工作是感知方面的内容,因此巡点检系统比较适合采用人工智能技术实现智能化,并最终实现少人或无人巡检。

具体目标是采用先进的传感技术和测量技术,全面代替人的现场巡检和点检工作,即通过智能巡点检系统的建设使设备管理五防体系中第一层和第二层防护线实现智能化,代替人的巡检和点检工作。

通过智能巡点检系统的建设,将巡检和点检两项工作合并为一项工作,针对巡点检标准确定的设备检查点、检查点的检查内容及参数(如温度、压力、振动、流量、间隙、电流、电压等),用传感器、图像(视频)采集装置等,代替巡检和点检员的"五感"(视、听、触、味、嗅)和检查用的仪器和工具转换为数字,通过网络传到数据中心。采用智能化的分析技术代替数据中心,针对采集的巡点检数据采用图像分析、声音分析、自然语言处理等智能化技术和传统的数学分析技术进行分析,识别振动、异音、发热、松动、损伤、腐蚀、异味、泄漏等设备异常或者可能要发生故障的现象,发出报警,提供给检修人员和相关管理人员,如表9-1所示,为可以代替人工的数据巡点检内容。

表9-1 代替人工的数据巡点检内容

类 别	监 测 内 容	采 集 装 置
视觉监测	可见光视觉识别和视觉判别	视觉传感器
红外监测	红外热图成像,设备表面温度异常,设备或管道的保温层超温	红外传感器
温度监测	轴承金属温度、工质温度在线监测	温度传感器
振动监测	设备振动,机械振动	振动传感器
液位监测	水箱、油箱液位监测	液位传感器
压力监测	蒸汽、水、油等工质压力监测	压力传感器
环境监测	电子间小室温湿度监测	温湿度传感器
噪声监测	设备噪声或声纹监测	声波传感器
差压报警	过滤器滤网差压信号	差压开关
可燃气体泄漏报警	可燃气体超标报警信号	报警信号开关
液位报警	油箱、水箱、水池等液位报警	液位开关
硫化氢泄漏报警	区域内硫化氢含量监测报警	报警信号开关

2）主要功能

如图9-12所示为智能巡检点系统架构。智能巡检点系统采用5层架构,分为基础设施层、感知层、数据层、计算和应用层、交互层。基础设施层建设服务器、数据库、中间件、网络及网络设备,为整个系统提供基础设施;感知层通过分布式音视频采集装置(分布式视频摄像装置、红外摄像装置、噪声监测仪)和传感器(振动、温度、水位、压力等)检测设备,采集现场设备运行及设备状态的数据;数据层对采集的数据进行清洗处理和存储;计算和应用层搭载各类算法和分析工具对数据进行分析,并将计算结果提供给交互层进行使用;交互层将数据分析结果通过固定终端或者移动终端进行报警和可视化展示,完成对设备的运行状态和工作参数的实时监测和预测。巡点检系统原则上部署在智能管理统一平台上。

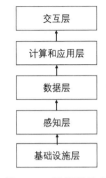

图 9-12　智能巡检点系统架构

智能巡点检系统代替人工巡点检主要完成以下几方面的工作。

(1) 从仪表或系统上读取数据。

巡点检需要针对现场的一些仪表的数据进行读取和记录,智能巡点检主要采集的数据:一是通过监测系统或者 SIS 系统能够采集的数据;二是数字仪表加装通信模块采集到的数据;三是对老式的模拟仪表进行改造,换成数字仪表或加装读数表头采集的数据。通过这几种方式替代巡点检需要到现场才能采集的数据。

(2) 外观及环境检查。

外观检查主要包括内部渗漏和表面缺陷两方面。

对管道的法兰或者管道漏油、漏水等现象进行检测是日常人工巡检的主要工作之一。燃煤电厂中有大量以汽、水、油为介质的设备、阀门及管道系统,在设备运行时,管道因为磨损或者锈蚀,其法兰、接口、焊缝处由于振动、密封件磨损、锈蚀、松动等原因可能产生"跑、冒、滴、漏"现象,危害设备运行安全,智能巡点检通过加装视频采集装置对已发生渗漏的位置进行实时监测和数据采集。

由于环境和人为因素,可能使设备外形发生变化,如保温层破损、管道设备裂纹、部件变形,设备表面腐蚀、锈蚀、污损、变色等进行监测也是日常人工巡检的主要工作之一。智能巡点检通过加装视频采集装置代替人工这部分工作。

智能巡点检在后台针对视频采集装置采集的数据进行智能分析,识别内部渗漏和表面缺陷,渗漏采用设备渗漏区域和渗漏地面变化两种方式进行识别。

后台系统数据库用于存储模型数据、巡检数据和实时数据。模型数据主要用于保存系统配置、监控配置和巡检模型配置的参数信息。巡检数据主要包括系统巡检过程中产生视频和照片,后台通过核心算法对视频和照片进行分析处理,判断设备状态信息,提供告警和预警信号,所有数据存入数据库;实时数据主要包括实时视频浏览、调取。

(3) 测温。

测温是巡点检的一项重要工作,主要通过便携式测温仪完成。智能巡点检通过在需要测温的设备附近安装测温点或红外线温度测量装置代替人工到现场测温工作。

针对旋转类设备的轴承及某些工艺温度测点等可靠性和准确性比较高的情况下,采用在线式温度传感器进行测温,通过无线传感器或有线传感器采集的数据传输到智能巡点检后台进行存储和分析。

　　对指定区域设备或设备保温层测温，通过部署红外线成像装置代替人工测温工作，红外线成像装置对需要监测的区域实时读取设备的温度分布数据，监测所有设备工作温度，全面掌握所有设备的工作状态。通过红外探测器将物体辐射的功率信号转换成电信号后，成像装置的输出信号就可以完全一一对应地模拟扫描物体表面温度的空间分布，经电子系统处理，传至显示屏上，得到与物体表面热分布相应的热像图。运用这种方法，便能实现对目标进行远距离热状态图像成像和测温并进行分析判断。

　　通过将红外温度、环境温度及负荷进行拟合，在后台通过软件进行热图形展现，图形由标准曲面、阈值低点曲面、阈值高点曲面组成，形成动态阈值区间，再根据测量的红外温度、环境温度及负荷，可直观判断出当前温度是否存在异常，如图 9-13 所示为红外热成像图。

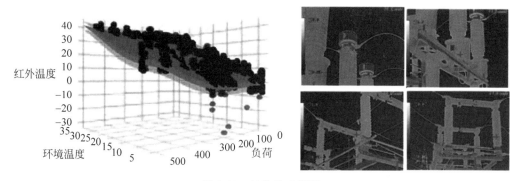

图 9-13　红外热成像图

（4）测振。

　　通过已有的或者根据需要部署的振动传感器采集振动信号，代替人工巡检现场监测振动情况。通过部署测振传感器实现对轴振、盖（瓦）振等参数进行监测，采用位移/加速度等振动测量装置在电机泵轴承处测量固定点振动和声频，检测数据以图谱形式上传至后台系统，根据不同频率的振幅变化判断设备异常，如图 9-14 所示为无线测振传感器的安装示意图。

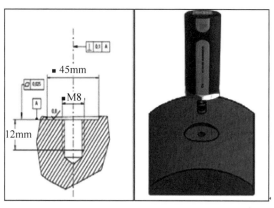

图 9-14　无线测振传感器的安装示意图

（5）液位监测。

设备正常运行过程中,巡点检需要对油箱、水箱的油位进行监测,保证设备正常可靠运行。智能巡点检通过导波雷达或超声波液位传感器的部署,采集油箱或水箱中的液体位置,数据实时上传至后台监控系统,实现液位差的安全告警。对于只需要液位高、低报警的系统,可以通过设置液位开关将液位异常信息传入巡检点平台实现报警功能。

（6）差压监测。

发电厂各循环系统中设置有大量的过滤器,部分过滤器没有设置差压报警,需要巡点检人员现场查看滤网差压大小以判断滤网堵塞情况,通过设置差压变送器,当滤网阻力达到一定值后,自动进行报警提醒,运行人员据此进行滤网切换或清洗工作,不再需要人工现场检查。

（7）噪声监测。

电厂生产过程中,众多的机械设备运行时发出大量噪声,当故障隐患或者故障发生时,均伴有特定的设备异常噪声的产生。为了及时检测到设备异常噪声或者环境噪声,可在指定区域部署噪声传感器对噪声进行提取和分析。

（8）螺栓松动监测。

风电机组在巡检工作中的一项工作是检测塔筒分段连接和地基连接螺栓的松紧情况,这项工作可以通过部署激光或者图像监测装置代替人工,将螺栓发生变化情况实时传输到系统后台。

（9）自动生成巡点检报告。

智能巡点检系统可以按照需求随时生成巡点检报告。

（10）输出报表。

按照专业、系统、设备、区域、监测类型等维度及时间维度进行巡点检报表自动输出和存储。

系统还具有其他功能:实时报警、与视频系统联动、与设备故障预测与预警系统进行联动、与设备缺陷管理联动等。

3. 设备故障预测

设备管理是通过日常的维护和修理使设备可靠、稳定地运行,以最佳状态满足系统运行的要求。设备管理主要包括5方面:①以设备预防性维护、反措、备品配件管理为主要内容的设备预先维护管理;②以SIS系统、点检、技术监督为主要内容的缺陷和故障发现管理,以缺陷判断、上报、处理措施为主要内容的缺陷管理以及后续的设备评级管理和设备健康度管理;③以工单、工作票、工器具管理、项目管理、项目实施管理、检修计划等为主要内容的设备消缺、检修、抢修和技改管理,及以设备异动管理为主要内容的设备消缺、检修、抢修和技改后设备变化管理;④以设备停、废、复役等为主要内容的设备停废管理;⑤以设备基础资料、设备运行过程参数记录、设备发生结构变化(消缺、检修、抢修和技改)记录、设备报废等为主要内容的设备全寿命管理。这些工作以设备的缺陷和故障早期发现即预测为整个设备管理的核心内容,缺陷和故障的预测是设备进行状态检修的基础,能够实现真正意义上设备的缺陷和故障的精准预测,将降低设备维护工作量、避免定期维修和预知维修,在很大程度上提高设备运行的可靠性、降低设备维护成本、提高发电量、降低维修工作量和劳动力成本,对发电系统稳定、可靠、安全运行有重大意义。

智能设备管理主要是实现设备的缺陷和故障的智能预测为核心的状态检修,通过变电站(升压站)控制系统(ACS)、自动发电控制(AGC)、自动电压控制(AVC)、电能计量系统(TMR)、能量管理系统(EMC)、数据采集和监视控制系统(SCADA)、无人巡点检系统、SIS系统、DAS系统、技术监督管理系统、设备档案管理系统等收集到的数据,通过智能化分析,自动对设备可靠性、健康度进行评级,当预知到设备即将产生缺陷或故障时,发出预警的同时,将信号传输给设备缺陷管理系统,对缺陷或者故障进行诊断,判断缺陷或故障产生原因和位置并提出消缺和修理方案,并安排消缺和检修计划;按照计划设备缺陷管理系统定时自动启动工单系统和智能两票系统、智能工器具管理系统,当消缺或者检修启动后,智能两票系统对消缺或者检修工作人员进行线下监督,消缺或者检修完成后,使用手持移动终端进行结票;最后将消缺和检修发生的变更发送到设备全寿命管理。总之,智能设备管理的理想状态是除线下消缺检修需要人工进行外,其他过程都可自动完成。

设备故障的预测对于降低设备故障率、提高设备可靠性、实现状态检修、提高企业效益有着重大意义,是设备管理的一项核心工作,设备故障预测是设备管理智能化建设的一个重要任务。

传统的设备故障判断和预测通过两个渠道,一个是巡检和点检,另一个是SIS系统相关测点的数值的变化。巡检和点检在“八定(定点、定标准、定人、定周期、定方法、定量、定作业流程、定点检要求)”基础上,通过巡检、点检、精密点检后进行技术诊断和设备劣化倾向管理(五防管理);利用SIS系统相关测点的数值变化来监测和预测设备故障,通过DIS系统的测点数据映射到SIS系统中获取设备实时数据和历史数据,根据设备的设计和调整的参数设定阈值,当实时数据与设定阈值发生偏差时进行报警,专业人员根据报警信息进行分析来预测设备故障情况。

设备状态监测尤其是设备实时状态的监测是故障预警的重要基础工作,对设备状态监测所获取的数据(信息)越多,对设备故障预警的准确度越高。在没有建设智能巡检系统的电厂,对设备状态监测主要来源于SIS系统,在经过智能化建设成智能巡点检系统后,对SIS数据是一个非常大的补充,使我们对设备了解得更为全面,在SIS系统的基础上大大扩展了获得的设备信息。

在近年尤其是以机器学习为代表的人工智能技术的发展,使设备故障预测技术得到了迅速发展,并且逐渐推广使用到生产实际中。设备故障诊断和预测方法主要有基于数学模型的方法、基于经验的方法以及基于数据驱动的方法,如图9-15所示为设备故障诊断和预测方法的参考框架图。

4. 安全管理智能化

安全生产是电厂正常运营的根本保障。安全管理是电厂管理受到《中华人民共和国安全生产法》《中华人民共和国网络安全法》《电力安全生产监督管理办法》等国家法律法规的

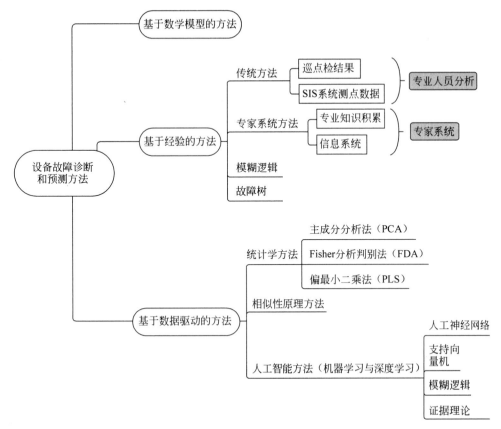

图 9-15　设备故障诊断和预测方法

约束。安全生产管理的主要内容有：①以组织机构建设、负责人和管理人员及其职责为主要内容的安全管理体系建设；②以安全生产教育和培训计划、安全生产投入的有效实施、生产安全事故应急救援预案、生产安全事故与事件报告与处理、安全风险分级管控和隐患排查治理双重预防机制、安全检查等为主要内容的基础管理工作；③以现场人员、出入厂(区)人员、职业健康和安全培训为主要内容的人员安全管理；④以周界、消防、车辆与施工机械、重大气象灾害、重大威胁源和危险品等管理为主要内容的环境安全管理；⑤以作业环境、作业条件、作业标准为主要内容的作业安全管理；⑥反违章、外包安全管理等其他安全管理。针对这些安全管理事项，通过采用智能化技术，可以大部分实现智能化，例如，智能生产安全事故应急管理，智能风险点、危险源和隐患监督管理，智能安全检查系统，智能人员安全管理系统，智能两票和作业安全管理，智能环境安全管理等智能化系统，在取代人工进行管理的同时，还能提供效率更高、更为准确的安全管理。基于建设的各类智能化安全管理系统，通过采集这些系统的数据可以实现对整个电厂的安全状态实时感知，同时还可以对安全状态进行评估和预测，将整个电厂的生产安全管理提高到更高的水平。

　　其中，两票制度是电厂安全生产管理的一项基础制度，两票制度的实施，为电厂安全生产提供了一个强有力的手段，使现场操作和维修(护)工作的人员，在安全上得到了一个基本保障。两票管理制度围绕"工作票"和"操作票"的填写、审查、使用而展开，通过建立标准票库，实现两票的填票、签发、签字、审核、检查、抽查的标准作业，规范两票管理流程，可以为企业安全、稳定地生产提供有力保障。通过建立两票知识库，建立健全两票标准票样、标准作业流程、明确两票各级部门管理职责、规范人员现场作业行为是两票制度的主要内容。

"两票"是工作票和操作票的简称，两票制度就是针对工作票和操作票的管理制度。

信息系统将两票本身数字化，建立标准的两票知识库，同时将两票管理的制度流程化并落实到信息系统中，即通过信息技术将两票的填写、签发、签字、审核、检查、抽查标准化作业，规范两票管理流程，实现整个过程管理的标准化。

智能两票系统就是在标准两票流程基础上，利用智能电厂建设过程中的智能视频监控系统、智能门禁系统、NCF 系统、RFID 系统、人员定位系统、网络通信系统等基础设施和巡点检系统等系统，并同这些系统进行耦合，对现场工作人员在两票执行过程中进行实时监督管理，包括操作行为、工作区间、工作区域等规范和限制，以及电子围栏等技术手段，实现"操作票执行声像监控""设备操作智能防误""危险区域自动预警""巡视、人员到位情况自动统计"等功能，在保障安全的前提下提高工作效率。实现两票管理的线下、线下全流程的监督，从根本上解决了无票操作和没有按照操作票的安全措施进行操作而导致安全事故发生，有效地将安全生产由"人防"变为"技防"，可以有效降低人为因素造成的事故发生率，提高电厂的安全生产管理水平，实现智能化管理，最终实现电厂的本质安全。

智能两票建设同传统两票建设密切相关，智能两票建设的线上部分是通过将传统两票增加相关流程来完成的。由于两票的数据繁多，在进行智能两票的建设过程中要对两票标准库中的两票进行分类整理，将隔离措施一致的分为一类，便于智能两票系统对基础设施数据的传输。

两票实际上是完成指导完成检修工作的操作和工作过程的指南，操作和检修工作过程主要按照两票的要求进行赋予领取操作票和工作票的工作人员进入相应的周界或者空间、到相应的位置、进行相应的操作的权限，而没有领取操作票和工作票的工作人员不能进入相应的空间、不能到相应的位置、不能进行相应的操作。

（1）对空间（如车间、电子间等）、区域（如机柜间隔、设备）进行监督，进行空间和区间拒止，避免发生未领两票的工作人员进入不允许进入的空间和区域。

（2）对即将要操作和检修的机柜、设备进行监督，进行机柜和设备拒止，保障所要操作的电气开关（刀闸）所处的机柜和开关、控制机械（如阀门），或者需要检修的设备不会出错。

（3）对所要操作的开关、控制机械的操作准确无误地进行监督和确认，保障按照操作票的流程正确进行操作；对检修的过程和检修结果进行监督和确认，保障结果的正确性。

另外，智能两票还有对操作结果进行统计、查询的功能，并提供各种图标展示；对于违反行为除在现场进行实时报警外，还需将报警信息（图像）传送到相关人员的固定终端和手持终端上。

智能两票系统整体结构如图 9-16 所示。

智能两票系统由智能两票平台和手持终端两部分组成。

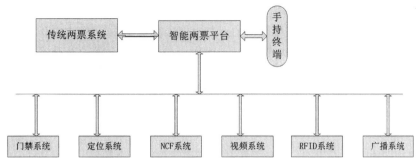

图 9-16 智能两票结构示意图

（1）智能两票平台。

智能两票平台将两票中的需要监控空间、区域和设备的数据进行交互，进行编排后，传输给门禁、定位、NCF、视频、RFID、标签和广播等系统，赋予两票需要监督的功能给这些系统，完成对操作和检修的监督、拒止、指示和验证等功能，同时及时将门禁、定位、NCF、视频、RFID、标签和广播等系统对于两票的执行情况进行反馈，最后，将执行情况的数据与传统两票系统进行交互，提供结票所需数据。赋予领取操作票和工作票的工作人员进入相应的周界或者空间、到相应的位置、进行相应的操作的权限，对进入工作区域的工作人员进行实时识别、记录，并针对相关维度进行统计，而没有领取操作票和工作票的工作人员不能进入相应的空间、不能到相应的位置、不能进行相应的操作。

拒止是通过隔离手段来保障，为满足电力操作安全规范要求，智能两票平台与传统两票系统、各种隔离系统通过数据交互实现智能隔离，这种智能隔离不能与操作票和工作票中的安全措施有冲突，因此，在智能工作票的建设过程中一个非常重要的工作，就是要校验工作票与其他操作票安全措施是否冲突、不同工作票同一设备安全措施是否矛盾，这项工作不仅要在进行智能两票建设时尽可能避免，而且在智能两票系统中要设置自动校验功能。智能两票系统建设后，要对智能隔离系统的地线状态、隔离锁状态、隔离钥匙等进行审核，这种审核是通过在传统两票系统中增加流程来实现的，这样可以对相关的操作予以安全管理保护，确保在安全的状态中进行两票流程的下发。

智能两票平台通过各个基础设施系统来实现各种监督、隔离功能，因此，其非常重要的是二者通信，理想方式是这些技术设施是通过数据总线方式进行建设，这样可以避免大量的接口，因此，对于已经建成的电厂，如果这些基础设施不是采用数据总线的方式进行建设，那么，主要通过改造方式建设数据总线，或者仍然采用数据接口的方式来实现整个智能两票平台的建设。

（2）手持终端。

手持终端采用能够使用 5G 或 Wi-Fi 等工业专属网络的终端，这样可以保障网络通信的安全性。

手持终端具有下载工作票、操作票功能，通过手持终端可以完成两票的流程，智能两票系统能够通过平台结合移动 APP 软件，实现移动出票、审批、执行、电子权限设置等功能。

移动出票：结合设备的点巡检、工单、缺陷管理系统，使工作票、操作票的生成与设备隔离操作、实际状态、设备关联状态有效结合，通过智能移动终端，在确认设备状态、标准措施一致的情况下，由点巡检智能移动终端出票，确保两票与实际设备及状态完全一致，在发现设备缺陷时即可同步出票。出票的两票以电子票面形式体现。

移动审批：当相关动火、热工、继保等工作票、操作票需要按照流程审批时，可以通过移动终端让相关审批权限人员实时进行审批，并且在移动设备上查看审批流程及记录，对两票的各种信息实时掌握，并将移动审批数据整合到移动平台，通过短信、终端提醒等手段，提醒管理层需要办理审批业务，实现两票系统流程管理的顺序闭锁检测。

移动执行：通过大数据应用平台，实现两票执行期间的数据关联，当隔离措施、执行条件、关联状态发生变化时，同步将数据和指令推送到智能前端，及时终止（或暂停）两票的继续执行，并同时提醒工作人员必须进行重新核对确认并在条件（措施）重新满足后才能继续执行，否则重新启动变更审批流程。

完成智能两票信息传送，操作和检修的监督、拒止、指示和验证等功能需要借助手持终端。两票所涉及的重要辅机及各电气开关、刀闸等的操作，须借助手持终端完成。两票操作相关的含 NFC 芯片的隔离锁、就地常驻锁、就地接地线桩、需操作的热力设备锁等锁具，通过手持终端识别操作设备与系统一致后，方可进入开始操作状态，有效防止误入间隔、误动设备，有效避免传统两票系统通过连续打勾的方式引起的误入间隔、误动设备等问题，避免因误操作造成设备损坏和人身伤害；手持终端还有一个重要功能是在解锁后，会自动弹出操作流程，如果不能解锁，下一步操作处于拒止状态；另外，手持终端会自动记录执行结果并在执行过程中与智能两票平台进行数据交换，实现设备状态对位、操作逻辑验证。

智能两票的建设是一个涉及多个系统的系统工程，其核心是围绕两票在执行过程中的安全管控，执行的对象是设备，涉及周围的环境。因此，智能两票的设计第一个层面是设备，第二个层面是周围的环境，即涉及的空间和区间，确定设备和环境是智能电厂系统设计过程的第一步。智能两票原则上应该涉及两票系统所包含的所有设备，但是在实际设计中，应该抓住重点，确定重点空间、区间和设备。

9.2.3　电网智能化应用场景

能源绿色低碳转型背景下，通过数字化赋能电力实现信息化、数字化和智能化是未来新型电力系统发展的必然趋势。基于数智融合的分析方法在当前推进数字技术和物理电气系统的深度融合的过程中发挥着日益重要的角色，并贯穿于电力生产、传输、消费各环节，以数据流引领和优化能量流、业务流，最终实现三流合一，推动电力系统向高度数字化、清洁化、智慧化的方向演进，为建设新型电力系统的智能化提供新的途径。

本节结合数据挖掘以及人工智能技术从智能电网调控、电力设备智能运维检修、智能安全作业以及智能营销应用领域分别介绍电网智能化典型应用场景。

1. 智能电网调控

1）电力系统负荷预测应用

电力系统负荷预测对整个电力系统的规划设计以及安全、稳定和经济运行至关重要。负荷预测主要是充分考虑经济状况、气象条件和社会事件等因素的影响，通过对历史电力负荷变化规律进行分析、挖掘，实现对未来电力负荷的推算和预测。根据预测对象，负荷预测可分为系统负荷预测和母线负荷预测两类。系统负荷是指某一地区电网的总负荷值，母线负荷可以定义为由变电站的主变压器供给一个相对较小的供电区域总负荷。相较于系统负荷，母线负荷基数较小，加之受天气、供电区域用户行为等因素的影响，其波动性较大，变化的趋势不明显，这导致了母线负荷预测的难度加大。根据预测时间尺度，负荷预测可分为超短期、短期、中期和长期预测，不同时间尺度的负荷预测在电力系统中的用途也不一样，如表 9-2 所示为电力系统负荷预测周期及用途。

表 9-2 电力系统负荷预测周期及用途

负荷预测类型	预 测 周 期	用 途
超短期负荷预测	分钟～小时	在线控制 AGC，安全监视
短期负荷预测	日～周	电力机组组合等
中长期负荷预测	月～年	电力发展规划等

电力负荷变化受诸多内外部因素影响，导致其特性具有随机性和非线性等特点，难以采用准确统一的数学模型来描述并建立负荷与其影响因素之间的关系模型，因此无法获得较好的负荷预测结果。人工智能技术以数据驱动为基础，能够较好地解决非线性复杂预测问题，在解决负荷预测方面具有一定的技术优势，从而为电力系统负荷预测提供了新的手段和技术支撑。而当前随着智能量测装置技术的发展和部署以及电网数字化程度的提高，电网拥有海量的具有高质量、多类型的结构化和非结构化的电力数据，包括电力负荷数据、气象数据等，为人工智能技术解决负荷预测问题提供了坚实的数据基础。

负荷预测作为数学中的回归问题一直是人工智能应用电力系统领域研究的热点问题，其预测方法主要围绕着数学统计方法和机器学习方法来开展研究。随着人工智能技术的不断发展，数据驱动的人工智能方法逐渐成为电力系统负荷预测的主要研究方法。系统负荷预测和母线负荷预测在基于数据驱动的预测方法方面是可以相互借鉴的，其本质上都是通过学习历史的负荷数据以及相关因素之间的规律，来拟合预测模型的参数，最终实现负荷变化趋势的预测。负荷预测技术研究初期，主要采用数学统计方法，典型的统计方法包括基于相似日的线性外推、时间序列方法、卡尔曼滤波等，然而这些方法在处理负荷以及与其相关的天气因素之间的非线性关系方面具有一定的局限性。随着人工智能技术的发展，ES(Expert Systems，专家系统)、模糊推理系统、SVM(Support Vector Machine，支持向量机)以及人工神经网络技术应用到具有较强非线性特征的负荷预测领域也取得了一定的进展。后续上述算法经过一定的演变和改进进一步提高了负荷预测的精确度。

近年来，以深度学习为代表的人工智能技术的快速发展和广泛应用使得电力领域专家学采用先进的深度神经网络模型解决负荷预测问题，如以 LSTM（Long Short Term

Memory Network，长短期记忆网络）为代表的 RNN（Recurrent Neural Network，循环神经网络）、CNN（Convolutional Neural Network，卷积神经网络）和 DBN（Deep Belief Network，深度置信网络）等。这些深度学习模型相较于之前的传统的机器学习模型，具备强大的数据拟合能力和特征提取能力，在负荷预测性能方面表现出优越的能力，负荷预测准确率一般提升至 98% 左右。

准确的负荷预测结果对电力系统规划、运行和控制具有重要的作用，是人工智能技术在电力系统应用中的重要场景。随着大数据技术和人工智能技术的发展，输入数据维度不断提升以及机器学习模型更迭使得负荷预测的准确性不断地提升。利用人工智能技术解决负荷预测问题成为解决该类问题的重要方法。

后续的应用研究中，应该重点关注先进的神经网络模型，针对影响负荷预测的相关数据及其规模，选择合适的神经网络模型以及网络深度进行不同模型的融合，用来提高负荷预测的精度。在实际的工程应用中，面对突发原因导致预测精度降低的情况，需要通过预测模型评估指标的分析结果作为模型参数是否更新的条件，在下一次模型训练过程中，对数据特征以及样本维度应进一步考虑突发因素的影响，确保模型在电网不同的运行场景下的负荷预测精度。

2）电网故障诊断

电网故障诊断主要是对各级各类保护装置产生的报警信息、断路器的状态变化信息以及电压电流等电气量测量的特征进行分析，判断可能的故障位置和故障类型，为系统故障恢复提供处理依据。准确可靠的故障分析及定位对保障电力系统安全稳定运行至关重要。随着我国新能源持续、快速发展以及大规模远距离输电线路快速建设，电网的规模以及量测数据日益庞大，新形势下的电力系统故障诊断面临着故障机理复杂的主要问题。电力系统通过综合智能告警系统对调度实时监控中各个业务的告警信息进行综合处理，电网在出现故障时自动推图提示故障设备、故障信号与故障类型，并提示相关的调度人员及时准确处理事故，以提高调度对电网运行状态的整体感知能力，以及应对电网故障的紧急处置能力。

目前，电网故障诊断方法主要根据电网采集的量测数据进行逻辑推理分析，容易受基础数据质量影响，故障分析准确率不高。为避免系统向更加恶化的方向发展，调度员往往只能有选择地关注少数断面潮流和电网中较为关键的机组和负荷以快速将电网调控回安全运行区间。随着电网规模扩大和大量量测装置接入，当电力系统发生故障时，SCADA（Supervisory Control and Data Acquisition，数据采集与监视控制系统）会把大量的警报信息在短时间内传送至调度中心，海量故障数据往往使得调度人员对电网整体运行态势的感知能力弱化，导致故障处理能力不足。因此，需要基于多源信息融合的在线综合故障诊断，以提升在线故障诊断的准确率和实用化水平。

随着大数据挖掘技术和人工智能技术的发展，加之量测数据准确性的提高，为新型电力系统故障诊断提供了新的思路。电力系统故障诊断问题本质上是数学的分类问题。如图 9-17 所示为电力系统故障诊断技术发展历程。从 20 世纪 80 年代开始，国内外学者就深入研究了人工智能技术在电网故障诊断方面的应用,主要包括专家系统方法、Petri 网络、BN(Bayesian Network,贝叶斯网络)、OM(Optimization Methods,优化方法)、CE-Nets(Cause Effect Networks,因果网络)、传统 ANN 方法以及 SVM(Support Vector Machine,支持向量机)等方法。上述方法各有优缺点,在当时大大提高了故障分析的性能,但由于传统机器学习算法属于浅层算法,在实际工程应用中专家系统的推理能力以及模型的泛化能力的效果并不理想。后续的电网故障诊断将采用多种人工智能方法结合的方式,如改进动态自适应模糊 Petri 网与 BP 算法联合进行电网故障诊断,相较于单一模型,该方法具有推理简单以及较好的容错性能。

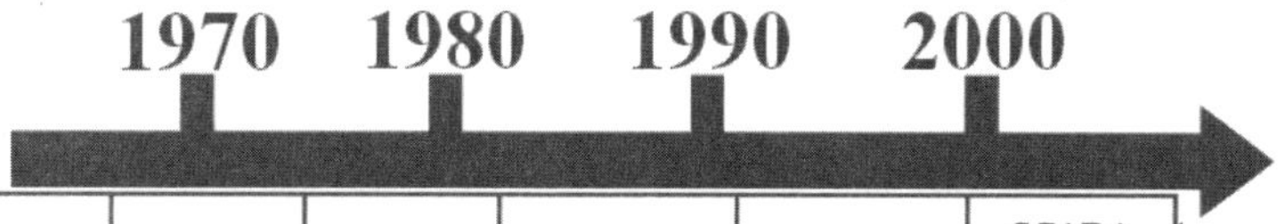

1970		1980	1990	2000
数据源	人工	SCADA	SCADA	SCADA EMS	SCADA EMS WAMS
方法	人工分析	人工分析	专家系统 神经网络 优化算法	专家系统 神经网络 优化算法 Petri网络 贝叶斯网络	模式识别 模糊集 Petri网络 规则挖掘 深度学习
应用情况			离线测试		部分地区 试点

图 9-17　电力系统故障诊断技术发展历程

随着以深度学习为代表的新一代人工智能技术的发展,深度神经网络模型具有强非线性拟合能力和特征表达能力,能从海量的复杂多变且多影响因素耦合作用下的故障数据中提炼出有利于准确诊断的判别信息。目前主流的深度模型包括 SAE(Stacked Auto-Encoder,堆栈自编码器)、DBN、CNN、GCN(Graph Convolutional Network,图卷积神经网络)等。上述模型的输入特征主要选择能够代表故障特性的变量特征,包括故障前、故障期间以及保护动作切除故障后的电气变量以及断路器等设备动作信息等。输入模型训练方式一种是通过人的先验知识选择与故障相关的典型特征,通过信息处理的方法来提取特征,然后将特征输入深度学习模型进行训练;另外一种是将原始的采集数据直接输入端对端的深度学习模型,利用自身特征提取环节来实现故障类型的识别。

在新型电力系统中,故障分析面临着海量数据以及故障机理复杂的新特点,新一代人工智能凭借着本身特征提取以及快速推理的优势,取得了较好的效果,并推动新一代电力系统故障分析及定位研究和应用的进程。考虑到基于数据驱动的电网故障诊断结果的置信度问题,应考虑与现在的综合智能分析与告警系统结合的方式,提高调度人员对电网感知的能力,避免部分量测数据因错误或缺失而导致调度人员对于电网故障的误判。实际应用过程中,需要考虑小样本问题和模型的泛化能力。电网所采集的大部分数据都是正常运行数据,故障数据较少,可用于训练模型的样本也不多,需要考虑通过仿真方式来扩充样本集,提升模型的泛化性能。

3）电网智能控制和决策

随着负荷侧电动汽车、储能装置以及可控负荷接入比例的不断提升,电网规模的不断扩大,电力系统的结构和运行特性变得更加复杂,电网调度运行控制难度也与日俱增,电力系统运行优化控制系统以及调控人员在线决策面临着巨大的挑战。快速和准确的电网控制和决策对于电力系统经济、安全、稳定地运行起着重要作用。

电力系统运行优化控制是保证电网频率、电压、潮流运行在一个经济和安全的水平范围内,传统方法分为两大类,分别为灵敏度分析法和数学优化算法,通过上述两种方法进行电压控制以及电力系统安全校正控制等决策。传统的电力系统运行优化控制方法通常依赖于系统精确的物理模型,模型参数不精确可能会导致系统控制的偏差,难以满足未来智能电网发展的要求,亟须更高效、更灵活的电力系统控制和优化方法。

传统电力系统调控环境下,调控人员根据电网实际运行参数、监控信息以及各信息采集设备的反馈数据,对电网安全、设备运行状态进行判断,依从各类文本形式的稳定、保护及操作规定以及其他文本形式预案中的规程进行决策,并通过调度系统自动下发指令或者通过电话的方式指挥现场值班人员进行操作。传统模式下的电网调控决策环节往往高度依赖于部分运行人员的专业知识和经验,面对日益庞大和复杂的电网,调度人员对于电网的感知能力弱化,尤其当大型电力系统出现紧急故障时,如不能及时有效地控制和处理,将可能造成系统稳定破坏、电网瓦解。即使是经验丰富的调度人员,也很难在短时间内处理海量的信息并做出及时正确的决策;另一方面,随着调度人员的工作调离或退休,其积累的经验也很难形成知识并实现传承。

历史上多次大停电事故均是由于电网调度和运行缺乏统一有效的协调配合管理机制,未能建立完善的故障处置应对预案。例如,2003 年 8 月 14 日美加大停电事件,从事故征兆到最终电网解列,期间各调度人员以及现场运行人员交流沟通效率低下,无法及时获取全网信息,对整个事态的严重性和发展趋势没有做出正确判断和及时反应,最终导致大停电事故的发生。

在上述背景下,若能借助当前成熟的人工智能技术感知电网态势,并能在较短的时间内给出辅助性决策信息,协助调度人员进行电网调度优化以及故障处置工作,则可有效降低大电网调控决策和系统失控风险。

电网智能控制和决策本质是一个多变量、多约束、非线性复杂控制问题,已有部分研究将遗传算法、粒子群算法以及神经网络模型算法应用于电网的运行优化控制中,上述算法在实际应用过程中面临大规模优化难题。随着人工智能技术的进一步发展,作为人工智能的一大分支强化学习以及基于自然语言处理的知识图谱技术,已经广泛应用于处理电力系统优化和电网调控决策问题中。

（1）基于强化学习的电力系统优化。

强化学习基于马尔可夫决策过程，又称增强学习或再励学习。强化学习方法不依赖于物理模型，基于环境提供的强化信号，对动作的好坏进行评价，通过智能体主动与环境在线交互，不断迭代学习增加经验，持续获取知识，修正智能体对自身策略的评价，同时更新优化策略，目标是让智能系统通过一系列行动响应动态环境，从而获得更多奖赏值。目前，主流的强化学习算法包括 Q-学习（Q-learning）、SARSA（State-Action-Reward-State-Action）、AC（Actor-Critic）、DQN（Deep Q Network）和 DDPG（Deep Deterministic Policy Gradient），它们适用于解决电网中离散和连续的优化问题。电网中无功电压调控可以通过基于多智能体的 Q-learning 算法来给出相应的无功离散装置的投切策略，来保障电网区域电压的稳定。机组组合问题可以通过指针网络和 Actor-Critic 模型相结合的深度强化学习方法，形成从预测数据到机组开停方式的快速映射，从而达到快速求解。电网预防控制通过基于 DDPG 算法的深度强化学习模型训练，能够快速给出在线趋优预防控制方法，旨在解决电力系统断面安全运行目标下实时性决策的难题。

强化学习是通过“试错”学习经验的方式来寻找最优决策。由于强化学习缺乏先验知识，在训练之初，智能体采用探索机制，训练速度会较慢；同时，电力系统多变量交织导致了强化学习的状态空间和动作空间较大，加之电力系统具有时变特性和开放特性，基于随机探索的智能体在学习和应用方面面临着学习效率低下和泛化能力差的问题。

（2）基于知识图谱的电力系统辅助决策。

随着自然语言处理、知识图谱等技术的快速发展，将该技术用于解决电网智能辅助决策问题已成为重要方式。知识图谱本质上仍是一种结构化的语义知识库，主要用于描述知识间的关系，通过查询可以进行知识的检索、推理和分析。知识图谱是一种用图模型来描述知识和建模世界万物之间关联关系的技术方法，在这种图结构中，节点表示实体或概念，边则由属性或关系构成。作为一种崭新的知识组织方式，知识图谱能够从语义层面表示复杂的关联关系，有效组织和管理海量的信息资源。知识图谱按照类型可以分为通用知识图谱和领域知识图谱。通用知识图谱更注重知识的广度，通常应用于面向互联网的搜索、推荐、问答等业务场景。电力系统辅助决策知识图谱是一个典型的领域知识图谱，其主要是基于电力系统具体的业务逻辑和实际需求，辅助各种复杂业务调度或决策支持。

基于知识图谱的电力系统辅助决策框架由电力系统知识图谱构建以及基于图数据库的电力系统辅助检索决策两部分内容组成。其中，电力系统知识图谱构建框架将运行人员、专家多年经验累积而成的电力系统规程文件作为基础预料来源，在预定义实体、关系类别的基础上，自动挖掘并整理三元组信息，并利用图数据库进行存储管理，最终完成面向电力系统决策的知识图谱构建。电力系统辅助检索决策方法采用基于模板匹配的问题解析方式，将电力调度人员查询的自然语言问句与问题模板相对应，进而根据模板信息补全 Cypher 查询语句，执行查询，最终以图数据库中的一个子图作为检索结果返回。依据构建的电力知识图谱，能够查询电力调度行为知识，为调度自动化系统提供底层知识模型，进一步提高调度智能化程度。

　　客观而言,电网调控知识图谱作为行业知识图谱有其独特的专业特点,需要较强的电力专业背景才能保证所建立知识图谱的准确性和专业性。目前关于知识图谱应用于电网调控辅助决策方面的研究角度较多,实际应用效果需要进一步验证。未来电网智能辅助决策更倾向于依靠构建专业的调度知识图谱,更快速给出处置策略供调度人员参考,进一步提高调度人员驾驭电网的能力。伴随电网形态和特性不断变化,电网调度机构需要通过机器学习和人工参与的方式不断迭代提升知识图谱,从而进一步提升调度控制系统辅助决策的智能化水平。

　　综上所述,强化学习以及知识图谱技术是解决电网智能决策的重要方法。随着大模型技术的快速发展,与大模型结合也是强化学习未来的趋势之一。大模型能够提供更多的数据和计算资源,而强化学习则能够利用这些数据和资源来学习复杂的调控策略,进而提高决策的安全性和鲁棒性。另外,大模型可以与知识图谱在多个阶段相融合,提高知识图谱对电力系统辅助决策能力。在知识图谱构建阶段可以利用大模型的自然语言处理和通用语言理解能力,针对电力系统知识数据冗余、来源多元、结构复杂等特点,结合 Prompt 工程,应用于知识图谱的实体、关系、属性抽取等阶段提升抽取速率,进一步实现该领域知识图谱的自动化构建。在知识推理阶段,针对运行人员输入的自然语言问题,可以融合大模型更加精准地理解用户意图,并辅助构建训练集和问题样本。在实际应用过程中,强化学习输出的决策经验证之后可以作为知识图谱中的知识补充,不断丰富电网决策知识图谱的知识。

　　4）电网调控人机交互

　　电网调控中的人机交互是指调度相关人员与电网调度控制系统,以及辅助调度决策系统之间的双向互动。相较于智能手机与互联网领域,目前电网调控中的人机交互方式比较单一,主要通过鼠标键盘操作以及图形用户界面的方式进行交互,用户友好性不强,难以分担调度人员日常的烦琐工作。电网调控中的智能交互是通过智能搜索系统、综合展示平台,以及智能语音系统、智能信息推送系统等将电网调控业务中的相关数据及时、高效、直观地展现给调控人员,并通过智能决策辅助调控人员快速判断电网状态,制定合理的调控方案。

　　目前,随着 ChatGPT 大模型技术的发展,其作为一种先进的自然语言处理技术,可以帮助语音助手更好地识别和理解用户的意图并给出智能回答,可以为智能化语音助手提供更加出色的语音交互体验。除了智能语音交互之外,人机交互还包括常用的触摸控制和人脸识别等功能。目前上述人机交互关键技术在智能手机和互联网领域中应用比较充分,技术条件成熟。

　　电网调控系统人机交互技术也通过借鉴互联网思维,引入互联网人工智能技术,辅助调控人员处理电网实时调控业务,为调度人员提供便捷、高效的交互方式。

　　（1）辅助调度方面。电网调控系统引入语音交互功能,交互过程包括语音识别、语义分析及语音合成。语音交互作为调度平台提供的公共服务,渗透于各类调度应用。通过上述调度语音助手,可实现调控系统计算服务、图形调阅、操作服务、规程查询等功能,提高查询速度,简化调控系统操作。在电网事故处置中,调控人员可通过语音进行信息搜索查询、画面调阅等,进一步提高电网调度人员对问题的处理效率。另外,通过人工智能技术进一步挖掘分析调控人员的操作行为特征,可为调控人员智能定制信息并自动推送画面,引导和帮助调控人员快速、全面、准确地掌控电网当前状态和发展趋势,并提供相应的辅助决策。当调度指令下发时,尤其是倒闸操作,可通过语音实现操作命令自动执行。在实际应用过程中,语音识别技术具有方便快捷、提高效率和人机交互更加自然等优点,但也存在环境噪声、口音差异会导致语音识别率低的缺点,加之系统对语义的理解力并不能完全保证,答非所问的情况也可能发生。因此需要针对电网调控常用的专业词汇进行标记构建语料库,提升语音识别的准确率。

(2)安全操作方面。调度人员在登入平台和处置事故的过程中涉及用户登录及权限验证过程。将人脸识别功能引入调控系统中,可实现调控人员快速身份识别,解决调控场景下系统的权限和身份认证安全的问题,实现面向调控业务的快速、安全、准确的权限认证。

未来调控系统人机交互应是语音交互、触摸控制和人脸识别等多种模态交互手段并存的交互方式,具有集成化、智能化、友好化的特点,同时还须满足调控人员处置电网实时故障的快速性操作要求,有效提升其操作效率并保证电网的安全稳定运行。

2. 电力设备智能运维检修

1)电力变压器设备状态检测

电力设备是电力安全管理和电网运行运作的基础,其运行状态与电力系统的安全稳定运行密切相关。电力变压器,作为电力系统中不可或缺的核心设备之一,起着至关重要的作用。它不仅能够转换电压,实现输电和配电的平稳进行,还能够有效降低电力输送的电能损耗。电力变压器通过将发电厂产生的电压电能转换为适合输送的电压电能,实现了电能的有效传输和分配,其稳定运行对确保供电系统的可靠性至关重要。变压器如同人体中的心脏,一旦出现故障,不仅可能导致大范围的停电,影响社会运作和人们日常生活,还可能对电网系统造成连锁反应,引发更严重的后果。因此,对变压器的状态进行准确的检测和维护,就显得至关重要。

为了保障电力变压器的长期安全和可靠运行,需要科学合理开展电力变压器的运维检修工作,及时发现电力变压器运行存在的安全隐患。变压器的状态检测过程涉及多种不同技术和方法。

(1)视觉检查是最直接的方式,专业人员可以通过观察外观来判断变压器是否存在物理损害或油位异常。通过油质分析,技术人员能够检测变压器油中的微量气体,以此推断内部绝缘的状况及潜在问题。

(2)各类电气测试如绝缘电阻测试、匝间短路测试等,有助于评估绕组和绝缘材料的完好性。

(3)红外热成像可以揭示变压器内部及外部的热分布情况,从而预警潜在的故障点。声音诊断技术则是通过分析变压器运行时产生的声波来诊断其内部是否存在电弧或局部放电等异常情况。

（4）溶解气体分析（Dissolved Gas Analysis，DGA）是一种通过检测变压器油中的气体成分及浓度变化来分析故障类型的高精度技术。

上述这些方法通过综合运用，一方面能够提高检测的准确性，还可以确保变压器的可靠运行和电力系统的稳定供应。但传统方法仍然存在如下一些问题。

（1）人工巡检效率低：传统的人工巡检方式需要大量人力，效率低下且容易遗漏问题。

（2）无法实时监测：传统检修方法无法实现对变压器状态的实时监测，对于突发性故障的预防性维护能力较差。

（3）数据分析困难：大量的变压器运行数据需要进行分析和处理，传统手段难以胜任复杂的数据挖掘和分析工作。

随着人工智能技术的不断发展，变压器状态检修技术迎来更广泛的应用和更大的发展空间。依据检修实施流程，变压器状态检修技术主要涉及以下三个关键环节内容。

（1）数据采集及处理阶段。

利用各类传感器（温度传感器、湿度传感器、振动传感器等）获取变压器运行状态的实时数据。利用大数据技术对传感器产生的庞大数据进行处理和清洗，包括去除异常值、噪声滤波等预处理步骤，确保数据的质量和可用性，从而为后续评估及预测模型提供可靠的数据支持。

（2）状态评估及预测阶段。

状态评估主要是通过对不同来源、不同类型的状态信息进行融合分析，以确定电力变压器的运行状态等级，并依据评估结果进一步实现设备的故障识别、故障定位及严重程度判定等细化诊断功能。传统的变压器故障诊断方法主要依据局部放电、油中溶解气体及其他相关电气与化学实验等指标参量，采用横向比较、纵向比较、比值编码及阈值判断等数值分析方法进行诊断，但由于变压器内部结构与故障机理复杂，其诊断准确率与效率并不理想。因此，通过结合专家系统、知识图谱、机器学习等人工智能技术实现电力变压器智能化故障诊断是近年来的研究热点。例如，利用人工智能技术对电力变压器文本信息进行挖掘故障关联特征来实现故障诊断。电力变压器的文本信息主要包括其在长期运行过程中积累的大量实验/巡检记录、缺陷/故障报告以及检修/消缺文档等，其中所蕴含的设备健康信息对于状态检修工作具有重要的指导意义。通过引入长短期记忆神经网络、卷积神经网络等深度学习模型作为文本分类器进行训练及测试，实现故障文本中故障因果关系的自动提取以及缺陷记录中缺陷严重等级的自动判定。

状态预测是以当前电力变压器设备的运行状态为起点，结合已知的监测信息、结构特性、历史记录、运行工况及环境等关键要素，对其状态的未来发展趋势进行分析预测，从而为后续检修策略的制定提供科学依据。目前，主流的预测方法一般是针对单一或少数监测参量，如油中溶解气体含量，通过构建统计分析模型或人工智能模型来外推时间序列未来的发展趋势。随着人工智能技术的发展与传感监测设备的大量部署，利用机器学习模型强大的非线性拟合能力来对大量的历史数据进行分析训练，能够较为准确地预测时序发展趋势,其典型代表为支持向量机、人工神经网络、长短期记忆神经网络等。

(3) 检修决策优化阶段。

检修决策是以电力变压器的运行状态评估及预测结果为依据,结合检修技术、检修资源与系统运行等约束条件,建立综合考虑运行可靠性与经济性的优化目标函数,从而对包括检修时间与检修方式等项目在内的综合检修策略进行智能优化与推荐。由于电力变压器检修决策优化问题具有维数高、非线性强和不确定因素多的特点,传统的数学优化算法在解决此类问题时存在较大的局限性,而强化学习等人工智能优化算法因其强大的通用性与稳定性,被广泛运用于设备检修决策环节。

随着科学技术的快速发展,特别是在预测性维护和故障诊断领域,未来变压器状态检测技术有望实现飞跃性进步。

(1) 物联网和 5G 技术:利用物联网技术,建设更为智能、连接性更强的电力设备监测系统,实现对设备状态的更全面实时监测。结合 5G 技术,提高数据传输速度和带宽,支持更大规模、更高精度的数据采集和分析。

(2) 人工智能深度学习技术:进一步发展先进的深度学习算法,提高对大规模数据的处理能力,实现更精准的设备状态评估和预测。结合图神经网络等新兴技术,处理多模态异构数据,提升对电力变压器复杂关联特征之间关系的理解。

(3) 自主维护和自修复技术:研究开发具有自主维护和自修复功能的电力设备,使设备能够在检测到故障时自动采取措施进行修复,降低停电时间和维修成本。

(4) 区块链技术应用:利用区块链技术提高数据的安全性和可信度,确保监测数据的准确性和完整性。构建去中心化的数据共享平台,促进不同电力系统设备之间的信息交流和协作。

(5) 智能决策支持系统发展:进一步完善智能决策支持系统功能以及人机交互方式。结合虚拟现实(VR)和增强现实(AR)技术,提供更直观、全面的设备状态信息。引入自然语言处理技术,使系统更易于操作和理解。

2) 输电线路智能巡检

输电线路智能巡检旨在通过定期巡视检查输电网络重要设备,及时发现威胁电力安全的隐患,从而保障电力系统的安全稳定运行。输电线路巡检涉及的场景丰富、设备多样,巡检环境干扰因素众多,巡检内容、巡检结果均具备较大的随机性,导致其对传统基于人工的巡检方式造成了巨大的挑战,例如,人工巡检速度相对较慢,且容易受到人员主观意识、疲劳度和专注度等因素的影响,可能导致对潜在问题的遗漏或延误;不同巡检员之间可能存在主观差异,对同一设备的巡检结果可能不一致,可能导致对问题的判断和处理存在差异;传统巡检方式通常需要手动记录数据,可能导致数据不准确、难以整理和分析。为了保证巡检工作的准确高效,减少不必要的损失,亟须先进的检测识别技术、信息技术手段,对传统的巡检工作进行改进。

输电线路巡检涉及的设备和巡检内容十分广泛,如绝缘子、输电导线、杆塔、塔牌、螺栓等,都需要仔细检查异物悬挂、破损、污损、变形等情况。这些巡检任务的复杂性要求采用更先进的技术来应对，如表 9-3 所示，为电力巡检的部分设备及巡检内容。

表 9-3　输电线路巡检的部分设备及巡检内容

设　　备	巡　检　内　容
绝缘子	异物悬挂、异常放电、破损、污损
输电导线	异物悬挂、断股、变形
杆塔	变形、器件松脱
塔牌、塔顶	腐蚀、缺损
螺栓	松脱
防振锤	松脱、丢失
耐张管	破损

　　基于图像数据驱动的输电线路巡检技术是电网智能化典型应用场景之一，可极大改善传统人力巡检方式存在的诸多缺陷，以更高的效率维持电力系统的安全稳定运行。该技术通过收集大量电网数据，应用机器学习图像识别算法，训练模型来自动识别电网中的设备和故障，以提高电网巡检的效率和准确性，减少人为差错。这种技术利用先进的大数据和人工智能技术，通过采集、处理和分析电网数据，以数据驱动的方式实现对电力设施的准确监测和故障检测。在搭载了各种传感器和监测设备的智能化电网场景，利用无人机、摄像头、红外热像仪等，可以收集海量化、多类型、高质量的电网设备图像数据，提供设备外观、形状、纹理等信息，为输电线路巡检技术提供坚实的数据基础。通过对这些数据进行处理和分析，提取出关键的特征和模式，可用于识别电网中的设备状态和故障。

　　现有基于图像识别的智能电网巡检技术主要分为采用传统图像处理的技术和采用深度学习的技术。

　　传统的基于图像的输电线路巡检，使用的大多是一些基于人工设计的图像处理算子，如 Canny 边缘检测、霍夫变换、HOG 特征、SIFT 特征、形态学计算、滤波等。且一些方法已在特定电网巡视场景中发挥了作用，例如，GrabCut 分割算法可用于计算绝缘子覆冰情况；线段区域生长和凸包算法可用于分析导线异物缺陷等。这些方法通常较为简单，计算效率高，工作原理通常比较透明，容易理解和解释，有助于理解图像处理的过程，在数据量较小的情况下，此类算法可能表现得更稳定，不容易过拟合。然而，其仍存在以下缺陷，例如：①需要基于领域专业知识手动设计特征；②对于复杂、大规模电力巡检场景，泛化能力相对较差；③需要多阶段的处理，不太适用于端到端学习的场景。

　　随着计算机视觉和深度学习技术的不断进步，基于深度学习的电网巡检技术爆发出超越传统图像处理算法的潜力，成为研究的热点。通过对电网图像进行自动分析和识别，可以实现对电网设备的智能化巡检和故障检测。这种技术能够提高巡检的准确性和效率，提前发现潜在的故障和异常情况。依据深度学习任务的不同，常见的有语义分割模型、目标检测模型、生成模型和集成方案等。

　　(1) 语义分割模型：在基于图像的电网巡检中，语义分割模型发挥着重要作用。语义分割模型是一种深度学习模型，能够对图像进行像素级别的分类，将图像中的每个像素分配到不同的类别或区域中，因此能够帮助识别图像的不同的电网元素，如绝缘子、输电导线、杆塔等。

（2）目标检测模型：基于深度学习的一些目标检测模型已经应用于电力巡检领域，这些模型能够自动识别和定位图像中的各种目标，如电力设备、缺陷、故障等。目标检测模型的引入可以极大地提高电网巡检的自动化程度和效率，减轻人工巡检的负担，同时及早发现潜在问题，维护电网运行的稳定性。

（3）生成模型：在实际的电网巡检应用中，数据样本的量可能是有限的，电力组件检查的深度学习模型需要大量的数据，并且现在公开可用的数据集较少，人工手动标记创建数据集耗时、昂贵，此时可用一些生成模型生成新的数据样本，从而扩充数据集，为智能电网巡检技术提供更强的数据支撑。

（4）集成方案：由于实际巡检过程较为复杂，因此不少研究者们采用了多个上述模型集成的方式来应对复杂多变的巡检需求。

目前，基于图像数据驱动的输电线路巡检技术面临着一系列挑战和难点。例如，在输电线路巡检场景中，电网设备通常处于复杂多变的环境中，包括不同的光照条件和天气条件，如雨雪和大风。这些环境因素可能影响图像的质量和可用性，使得模型的泛化能力面临挑战。因此，研究者们需要致力于开发更鲁棒的模型，使其能够适应各种环境条件下的输电线路巡检任务。可能的解决方案包括引入对抗性训练，通过在训练过程中引入对抗样本，提高模型对环境变化的适应能力。

在实际输电线路巡检场景中，获取大规模且准确标注的电网图像数据是一项具有挑战性的任务。数据标注的准确性直接影响深度学习模型的性能。因此，需要开发高效的数据标注工具和方法，同时提高标注的准确性。此外，电网图像中正常状态的图像可能远远多于包含缺陷或异常的图像，这导致数据集的类别不均衡。在这种情况下，模型可能倾向于学习正常状态，而对于缺陷或异常的识别能力较弱。解决类别不均衡问题是电网巡检技术研究中的一个重要方向，可以通过数据增强、重采样等方法来平衡数据集中不同类别的样本分布。

输电线路巡检场景中，电网设备的一些关键部件可能很小，如绝缘子、电缆接头等。这使得需要高分辨率图像和有效的小目标检测算法来确保检测的准确性。在深度学习技术中，小目标检测一直是一个具有挑战性的问题，因为小目标通常具有较低的信噪比，容易被忽略或误检。研究者们需要致力于开发适用于小目标检测的高效算法，并通过合适的网络架构和训练策略来提高模型的性能。可能的解决方案包括引入注意力机制，专门关注小目标的特征提取和检测。

综上所述，电网智能化典型应用场景中的输电线路巡检是一项复杂而重要的任务，基于图像数据驱动的电网巡检技术在其中发挥着关键作用。传统图像处理技术和深度学习技术都为输电线路巡检提供了有效的解决方案，但仍然面临着一系列挑战和难题。通过不断深入的研究和技术创新，我们有望克服这些挑战，推动输电线路巡检技术不断发展，为电力系统的安全稳定运行提供更强大的支持。

3. 智能安全作业

在电力改革和发展的新形势下，电力安全生产工作显得更为重要，其是电力企业管理工作的核心和基础。电力企业应该明确电力安全作业生产的目标，防止影响国民生产和生活的重大事故发生，尤其是要杜绝电力生产作业中的人身伤亡事故。目前电网中许多安全生产事故是人为因素造成的，不按要求穿戴劳动保护用具以及各种危险违规作业与造成的伤亡事故的发生有着直接或间接的关联。因此，采取一定的措施和手段对工作人员，尤其是对像在一线从事电力生产这类高危行业的人员，进行实时检测和预警具有重要的现实意义。

传统的电网安全生产管理主要从电网作业的技术管理、规程制度建设、职工思想行为的规范和职业道德的建设等多个维度着手，采取一系列安全管理工作措施来提高电力安全生产的水平。实际的作业现场在多个环节存在着不规范化安全着装以及违规的行为等，给电网的安全作业带来了极大的隐患。上述问题主要通过人工巡查现场监管为主，采用常规监控为辅来实现远程监控。传统的基于人工的规范化安全着装和行为的检测手段带有强烈的主观性，劳动强度大，其检测结果容易受到监管人的状态等因素的影响，并且难以对生产作业全过程进行实时监管。常规监控的方式和手段背后也需要人工来进行识别，受监控范围的影响，对于违规行为不能在第一时间发现，发现及时性差，无法实现全方位、全过程的安全巡检和管控。

近年来，随着深度学习技术的快速发展，深度学习在图像纹理特征提取领域也取得了显著的成果。基于人工智能技术的智能安全作业监测技术逐渐成为这一领域的研究热点。电网智能安全作业过程主要是对作业各个环节中不符合规定规范化的穿戴行为及其他不安全行为进行实时检测和预警。上述过程中对于目标的检测本质上属于图像识别的范畴，其通过图像识别的算法对作业现场的安全现状自动识别，具体的识别类型包括人、安全头盔、工作服装、行为明火、烟雾等，目前常用主流的图像识别算法为卷积神经网络及其变种网络。卷积神经网络作为一种深度学习模型，具有自动学习图像特征的能力，在图像识别领域中得到了广泛应用，其深度网络结构主要由卷积层、池化层、全联接层等组成，采用了"局部连接"和"权值共享"的方式，通过层层堆叠的方式从图像中提取更多层次、更多尺度、更多方向的细节特征，常用的网络结构包括 AlexNet、ResNet、VGGNet、Inception 等。除此之外，基于注意力机制的 Transformer 模型也可用于电网安全作业智能识别检测。

图 9-18 为电网作业现场违章智能识别系统示意图。电网作业现场违章智能识别系统由智能前端集装置、网络传输装置以及计算服务装置组成。前端采集装置是通过在需要监测区域的范围内安装云台等设备，对人员、设备、作业环境等进行数据信息的采集。系统将现场实际采集的视频图像作为对象，通过有线或者无线的方式传送给云端的人工智能模型进行智能处理、识别和分析，或者利用边缘计算设备实现电网作业现场违章信息的识别和计算，后者能够实时采集电网中电网作业现场违章的各种信息并进行就地计算。

电网作业现场违章智能识别系统可以对监控视频进行实时分析和检测，通过上述用于人员以及行为识别的算法来实时监控电网作业人员的工作状态，一旦系统识别出如不戴安

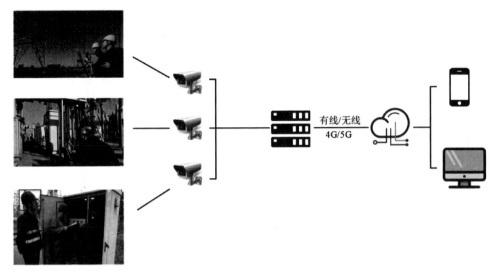

图 9-18　电网作业现场违章智能识别系统示意图

全带/安全帽、人员聚集、摔倒、攀爬倚靠等不安全行为隐患,立即进行语音报警提醒,辅助现场作业管理者直观掌握作业人员的工作状态,大大提升了作业区域内的管控效率,减少因违规作业造成的伤亡事故,保障了现场人员安全。

　　电网智能安全作业可以通过基于人工技术的机器学习模型规范化现场人员安全着装和行为,然而目标识别模型在实际应用中可能会受到不同的环境、光照、天气等因素的干扰,从而导致模型的识别性能下降。因此一方面需要通过样本训练、数据增强、模型优化技术提高模型在复杂作业场景下识别的鲁棒性,另一方面通过构建数据-模型-数据的闭环反馈回路来保证模型不断地更新,进一步提升模型在开放场景下的泛化能力。

4. 智能营销

　　电力是现代社会运转的重要动力源,电力行业的发展与国家经济息息相关。在这一背景下,电力营销的有效性显得尤为重要。随着社会的不断进步和技术的日新月异,电力行业也在不断探索更智能、更高效的营销方式。电力营销是电力企业为了提高市场份额、满足客户需求、增加收益而采取的一系列市场推广活动。其意义主要体现在以下几方面。

　　(1)提升市场竞争力:通过差异化的营销策略,电力企业能够在激烈的市场竞争中脱颖而出,吸引更多客户选择其服务。

　　(2)满足客户需求:了解客户的用电需求,根据不同群体制定个性化的服务方案,提高客户满意度,增强客户忠诚度。

　　(3)提高收益水平:通过有效的营销活动,电力企业可以提高销售量,进而实现收入的增长,为企业的可持续发展创造条件。

　　传统电力营销方式主要包括广告宣传、销售代表拜访、合作伙伴关系建设等手段。然而,随着社会的不断发展和消费者需求的多样化,传统电力营销方式逐渐显露出一些不足之处。

　　(1)缺乏个性化服务:传统营销方式往往难以深入了解每个客户的实际需求,因而无法提供个性化的服务,影响客户体验。

(2)效果难以评估:传统营销方式的效果评估相对较为模糊,难以量化分析广告宣传、销售代表拜访等活动对市场的实际影响。

(3)响应速度慢:在传统营销中,信息流动相对较慢,企业对市场变化的响应速度相对较慢,难以及时调整营销策略。

为了解决传统电力营销方式的问题,智能电力营销方式逐渐崭露头角。智能电力营销依托先进的科技手段,充分利用大数据、人工智能、云计算等技术,实现更精准、高效的市场推广。

(1)用户用电行为分析。通过大数据分析,挖掘用户历史用电数据,发现潜在的用户行为模式、消费偏好和时间规律,揭示潜在的用电模式和关联性;利用机器学习,构建用户用电的预测模型,实现对用户未来用电行为的准确预测,为电力企业提供个性化服务和定制化推荐;使用深度学习技术,如长短时记忆网络(LSTM),识别和捕捉用户用电行为的时间序列中的长期和短期模式,提高用电需求预测的精度。

(2)个性化营销和推荐系统。根据用户历史用电数据、偏好和行为特征,为用户提供个性化的用电方案、产品和服务,提升用户体验和满意度。使得电力企业能够实时监测用户用电状态,并通过智能反馈系统即时提供用电建议,帮助用户优化用电习惯。

(3)异常用电行为检测。使用监督学习或无监督学习,构建异常用电行为检测模型,实时监测用户用电数据。利用深度学习的自编码器等方法,实现对用户用电数据的无监督学习,发现异常用电模式。建立实时监控系统,设定阈值,实现实时监测和报警,及时处理潜在的异常用电情况。

(4)市场营销决策支持。利用时间序列分析,使用 ARIMA 等模型,为电力企业提供市场趋势的预测,支持决策制定。基于强化学习模型,通过历史市场反馈数据学习,实现自动化决策,优化广告宣传和定价策略。

(5)客户服务优化。利用自然语言处理和强化学习,建立智能客服机器人,提高用户与系统的交互效率。应用情感分析算法,分析用户反馈中的情感,为电力企业提供改进客户服务策略的建议。

尽管智能电力营销带来了诸多优势,但也面临一些挑战。

(1)数据隐私与安全:大量客户数据的收集与处理可能涉及隐私问题,因此在智能电力营销中需要加强数据安全和隐私保护。

(2)技术成本与人才需求:智能电力营销需要大量的技术投入和专业人才支持,这对一些小型企业可能构成一定的门槛。

(3)用户接受度:部分消费者对于智能技术的接受度有限,因此智能电力营销在推广过程中需要解决用户接受度的问题。

随着技术的不断进步和应用场景的不断拓展,智能电力营销有望在未来取得更大的发展。电力企业可以加强与科技公司的合作,不断提升数据分析和人工智能技术的应用水平,更好地满足用户需求,推动电力行业朝着智能化、高效化方向发展。

9.3　电力智能化实践

9.3.1　大模型建设和应用实践（南方电网）

1. 项目概述

电力行业作为资金密集型、技术密集型行业，发、输、变、配、用各领域，源、网、荷、储各环节，技术体制各层面紧密耦合，如何发挥数据价值，将数据转换为强大的"电力＋算力"，以数据流引领和优化能量流、业务流，实现对发电侧的"全面可观、精确可测、高度可控"，对电网侧形成云边融合的动态、实时、精准调控，对用电侧需求进行精准把握，是构建新型电力系统的核心命题。南方电网公司顺应技术发展趋势，研发了电力行业首个具备创新性可持续发展的电力大模型"大瓦特"，目前正在加快大模型迭代，未来将在新型电力系统多元协调、安全稳定方面发挥重要作用。

大瓦特模型是基于具备创新能力的算力集群和训练框架的电力垂直领域大模型。模型以通用训练语料和电力行业专业知识数据为基础，覆盖了南网内部知识库，覆盖输电、变电、配电、调度、客服、安监等十余个领域，采用 Llama-13B 结构作为大模型底座，从零开始进行 L0 底座训练和微调，采用向量对齐技术，进行图片到文本切片数据的对齐，实现了跨 CV/NLP 模态的交互；研发文档级多粒度信息穿透和大规模电力行业文档稠密检索等两大创新核心技术，精准定位用户所需的知识；提供便捷的实时知识增强接口，针对电力行业输、变、配的任何新知识，可随时进行模型"知识边界"的延展；接入了南网公司内部多个子业务系统，为传统业务流提供了新的基于自然语言的知识交互范式，具备业务应用与服务能力。下面展开描述相关能力。

（1）具备意图识别（多轮对话）能力。模型的每一次推理都是在意图识别判断后执行，涵盖通用对话及其他文本生成推理、跨模态推理、专业知识检索等场景下的意图判断。效果如图 9-19 所示。

图 9-19　对话演示

（2）具备专业知识检索能力。大模型在系统中对专业领域的文本进行向量化处理，在意图判定后，可以快速执行专业领域知识的穿透检索和问答检索。电力行业知识增强能力连接了电力行业知识库、电力业务系统等,支持用户以对话形式查询所需要的行业信息,并提供多维度、多视角、多层次的展现方式、支持多轮对话、启发式关联查询等。

（3）具备业务数据查询能力。大模型在处理用户的数据查询请求时,除了对用户请求进行意图识别判断并提取基本要素外,还会对用户请求中的特定业务查询关键信息进行分析,并根据分析结果对电网管理信息系统的 API 进行调用查询,返回相应的数据结果,绘制成图表数据,向前端发送图表生成的相应信息。效果如图 9-20 所示。

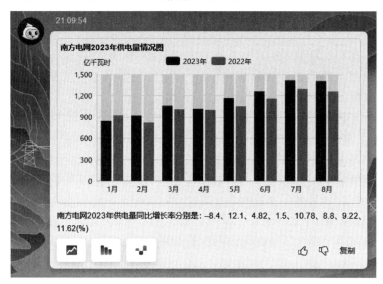

图 9-20 数据查询演示

图 9-21 图像检索演示

（4）具备电力图像检索能力。大模型融汇基于专家知识和经验,构建了丰富的电力图像样本标准库,用户可用自然语言方式检索各类电力图像,实现快速学习和理解。已覆盖电力行业输电、变电、配电、安监、调度、市场等 95 个领域的上千张标准样本。效果如图 9-21 所示。

（5）具备文本 CV 跨模态能力。大瓦特具备跨模态处理能力,体现在电力图像样本库查询、文生图等业务场景。可针对用户上传图片进行图像目标检测和部件（缺陷）识别。效果如图 9-22 所示。

（6）具备高质量写作辅助能力。大瓦特在通用文本生成能力的基础上,结合电力业务特点,重点训练电力行业专业知识库、行业规章制度等专有行业文本,使大模型具备高质量文本生成能力,可提供高质量文本写作辅助。效果如图 9-23 所示。

图 9-22　CV 跨模态演示

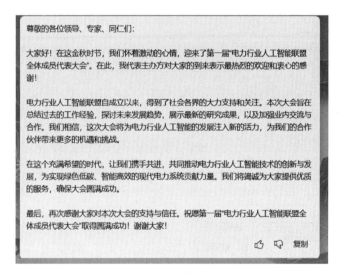

图 9-23　写作演示

2．业务场景实践及应用成效

1）电网 95598 智能客服应用场景

大瓦特针对电力行业客服细分领域的痛点,如大量重复问题、人工无法 24h 服务、高昂的客服成本,通过多语种(粤语)识别、情绪感知、电力客服语义理解、意图识别、问题推理、上下文理解、摘要生成、实体关联等技术,为电力行业客服场景提供了解决方案,如图 9-24 所示。

该场景以电力智能客服多模态大模型为基础,构建了智能机器人、智能客服助手、智能质检、智能外呼、智能知识库的"五位一体"的智能客服体系,实现自助服务能力和人机协同能力双提升。智能客服大模型在模型结构、预训练过程、微调方式、泛化能力、复杂推理等

图 9-24　智能客服

方面相对传统智能客服有明显提升。平台支持国粤双语的识别功能,实现多语种全语音的交互服务,并可逐步学习融入广西、云南、贵州、海南等各地方言,进一步拓宽应用服务范围和场景。强化 6 大高频场景的机器代人能力,覆盖电费查询、停电查询、电价查询、工单进度查询、用户编号查询、应急停电故障报修等 6 项核心服务场景,基本涵盖 90% 的对外服务。构建了覆盖全业务的智能外呼平台,建立电力客服行业智能外呼技术标准,提供回访、播报通知、增值服务等场景服务,填补南网智能外呼技术领域空白。电力行业人工智能创新平台功能如图 9-25 所示。

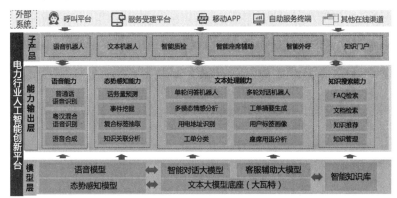

图 9-25　电力行业人工智能创新平台

2) 基于 CV 大模型的电力巡检应用场景

如图 9-26 所示,成功研发行业首个可持续发展的跨模态 CV 大模型,并在广西电网落地应用,可识别鸟巢、瓷质绝缘子自爆、防振锤破损等 13 类缺陷,具备图像检测与缺陷对照、故障成因、处理措施的耦合能力。大瓦特采用文本数据和图像数据的向量化对齐和人工标注对齐技术,在理解用户意图的基础上,实现 NLP/CV 的跨模态能力。通过在对话场景中应用图像模型,极大地扩展了 CV 模型的应用场景,简化了 CV 模型的应用门槛,降低了 CV 模型的部署难度,使公司业务部门和生产部门都能够通过自然语言的方式使用 NLP/CV 跨模态模型。经验证,输电常规 5 类缺陷大模型的准确率相比小模型提升 4.2%;输电通道隐患大模型的准确率相比小模型提升 9.6%,且具有较强的特征提取和泛化能力,对相似目标具有极强的辨别力,对光照、遮挡、小目标鲁棒性好。

3) 电网安全稳定分析与控制场景

南方电网公司在稳控策略 DSP 建模及安稳校核场景在定制化批量生成的基础上,利用

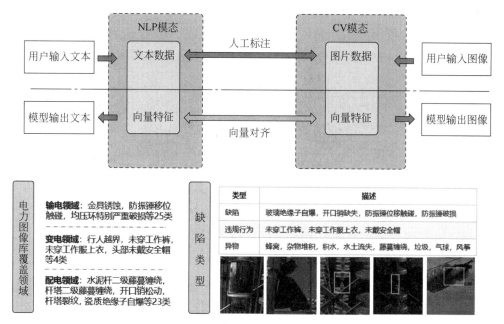

图 9-26 生产领域落地

人工智能实现自动提前判稳,提高计算分析效率;探索开发了用于辅助分析的电力系统安全评估事故自动筛选软件,初步在广西电网稳定计算分析中进行了应用。目前正在深化生成式人工智能技术在电网安全稳定分析中的应用。

4)电力系统调度场景

在电力系统调度领域,南方电网公司构建了调度云"两地三中心"模式,形成了覆盖预测、决策、认知的调度域 AI 服务底座。一是通过深度学习技术解决了电力系统源荷预测问题,包括系统负荷预测、母线负荷预测、新能源出力预测等应用,为电力供需平衡提供了更为精准的边界数据条件。在网内正式投运 AI 系统负荷预测平台,系统负荷预测准确率从97.6％提升至 98.3％。二是通过知识图谱技术解决调度业务安全校核与智能防误问题。将电力系统生成物理图谱,调度操作规程生成语义图谱,融合物理图谱与语义图谱,实现新型数字孪生。已实现通过调度台跳转至图谱防误应用,校核了 869 张操作票,对交流防误推理效果较为稳定。广西中调基于认知服务的操作防误功能已于 2023 年 5 月投入试运行,可提供多类设备操作的防误校核。目前正在基于知识图谱开展操作票自动生成、自动化智能值班等研究。三是通过强化学习技术解决调度业务面临的大规模实时决策问题。基于南网调度云平台初步研发了云化改造的计算分析软件 DSP＋强化学习算法＋集群化封装的训练平台,为 AI 调度员提供仿真服务。目前调度辅助决策已上了总调度台,为优化调控策略提供辅助。四是正在研发电力系统"类脑"模型(PS-GPT),提供 AI 智能问答和文本生成等能力。正在研究基于人类反馈的强化学习(RLHF)、代码预训练、指令微调(SFT)等技术,构建电力系统行业大模型(L1),提供包括自动化值班助手、调度员值班助手、报告生成等服务。

9.3.2 人工智能创新平台建设和应用实践(南方电网)

1. 项目概述

2023年9月,南方电网公司正式对外发布电力行业人工智能平台,该平台是电力行业首个模型即服务人工智能平台(MaaS),兼容飞桨、MindSpore和SenseParrots等领先的国产化深度学习框架,集成了样本库、模型库,提供便捷的模型训练、微调、云上部署等一站式服务,全面对外开放,为产业链上下游、高等院校、中小企业提供低成本、低技术门槛的模型服务,助力各行业智能化转型。公司还将加大外网算力部署,建设高速外网,鼓励基于南方电网L0大模型进行用户定制和二次开发,并有限开放电网专用数据集,发放算力券,提供平价算力服务等。公司下一步将上线低代码模型研发功能,支持用户便捷或零代码开发模型。公网访问链接：https://ai.csg.cn。

2. 平台功能

1) 样本管理

建设有样本管理和标注管理两大能力。样本管理方面,集成图片、语音、文本、视频、点云等5类样本标注能力,打造项目管理、标签管理、插件管理等9项数据管理能力,支撑标注工作全流程闭环;构建多源异构样本库(数据卡),形成统一的人工智能样本库。截至2023年12月,南网平台汇集了4180万余张图像标注样本、5390余小时语音标注样本。纳管了188.68P训练算力及599张推理卡。

2) 一站式AI研发平台

建设一站式AI开发平台,一键快速生成模型开发环境,支持大模型的低代码的训练和微调,支持模型卡在线体验、快速应用,具备多机多卡训练能力,实现从数据、环境、训练到模型推送的全流程覆盖,为用户提供全面的模型管理能力,衔接训练与推理服务。

3) 推理平台

研发人工智能推理平台,构建模型服务的云边协同整体解决方案,对边端服务和资源进行远程管理、监控全网AI服务运行情况、对算法结果进行审核;形成"测试、部署、监控、重标注、再训练"人工智能的正向闭环,实现样本自动归集、模型自动更新和在线迭代。

4) 运营平台

研发人工智能运营平台,为内部用户提供模型训练、测试、封装、发布、赛事运营、在线论坛等服务;面向建筑行业产业链上下游企业提供算力、算法和数据运营等服务,降低外部用户的AI应用的技术和资金门槛。建议将运营能力延伸扩展至公网部署,可联合相关高校共建线上教学、举办AI赛事等活动,增强产业链控制力和影响力。

3. 实践效果

高水平举办AI大赛。2023年11月,南方电网公司在行业举办首个线上AI创新大赛,反响热烈,共有137支队伍报名参赛,浩鲸云等公司获得晋级决赛资格。本次大赛吸取产业界网安失分项,以高度责任感做好赛事网络安全保障工作,确保赛事安全无虞。举办第五届电力调度 AI 大赛,以"基于人工智能的电力现货市场快速出清"主题开幕,吸引了来自全国电力行业的科研机构、高校和互联网生态企业的 30 支队伍,清华大学代表队以满分成绩夺冠,依托"云＋AI"技术,将出清整体流程控制在 600s 内,效率提高了近 50%,如图 9-27 和图 9-28 所示为大赛相关信息。

图 9-27　AI 大赛公告

图 9-28　AI 大赛赛题概述

联合高校共建线上实验室。将电力产业实践与高校学科资源相结合,重塑高校人工智能学科教学体系,建设集教学、实训于一体的教学实训平台,提供通用人工智能软件能力、底层框架和算力、数据、算法服务,支持算法模型快速微调和云端部署,助力提升高校人工智能基础教育水平,如图 9-29 所示为精品教学课程页面。

图 9-29　精品教学课程页面

9.3.3　输电线路智能巡检（国家电网江苏省电力）

1．项目概述

国家电网江苏省电力有限公司（以下简称"国网江苏电力"）是国家电网有限公司系统规模最大的省级电网公司之一。江苏是用能大省，却是资源小省，一次能源较为缺乏，主要从省外引入电力能源破解华东地区资源约束瓶颈。国网江苏电力拥有 35kV 及以上变电站三千多座、输电线路近 11 万千米，初步形成以"一交四直"特高压混联电网为骨干网架、各级电网协调发展的坚强智能电网。为了保障外送电力能源的接受能力，国网江苏电力牢固树立"一切事故皆可预防"理念，始终将大电网安全放在首位。

为切实保障能源"大动脉"安全稳定运行，国网江苏电力积极应用无人机自主巡检、可视化远程监控等智能运检手段，开展重要线路巡检与隐患排查，重点关注输电线路基础、金具、导地线弧垂和山火隐患等，确保线路安全运行。国网江苏省电力有限公司已配置 135 座固定机场，配置输电线路巡检无人机近 2800 架，平均每百千米配置 2.5 架，产生输电机巡图片约 100 万张/月，已实现重点输电线路无人机自主巡检全覆盖。

国网江苏电力输电线路巡检业务，当前主要通过"杆塔可视化远程监控＋无人机自主巡检"两种手段，其中，杆塔可视化远程监控主要应用于三跨点（铁路、公路、河流）、禁飞区（机场等）等，采用本地采集、远程后台监控的方式。无人机自主巡检则是通过巡检班组现场进行无人机拍照，后台通过人工智能识别算法对无人机拍摄图像进行分析方式。

近年来，国网江苏电力与华为公司，积极探讨 AI 智能在电网的实践，双方共同推进在江苏省进行试点应用。2022 年开始，相继在泰州等地开展了输电无人机巡检大模型试点。如图 9-30 所示为项目合作进展。

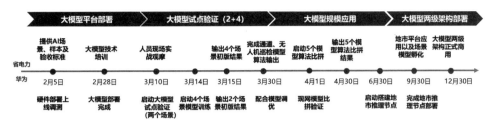

图 9-30 国网江苏省电力项目人工智能合作进展

2. 解决方案和价值

1）方案架构

针对输电线路巡检业务和智能化技术发展所面临的问题和困境，国网江苏电力与华为公司携手推出 AI 平台＋大模型联合解决方案。基于云边协同架构，华为人工智能平台 ModelArts 和盘古电力行业大规模预训练模型，开展输电巡检图像智能识别工作，充分发挥盘古电力大模型在无人机巡检中的价值作用，提升输电线华为路巡检业务智能化水平，探索人工智能在电力行业的创新应用。

（1）云边协同架构。

基于国网江苏电力构建的多云部署能力，创新采用省电力公司中心云和地市边缘（变电站、配电房等），云边协同两级架构。省公司中心云建设基于盘古电力大模型的 AI 开发中心、训练中心和运维中心，地市公司建设边缘基础设施。通过省公司统投统管，提供统一集约建设和服务，避免各地市公司烟囱式重复建设，如图 9-31 所示为云边协同架构图。

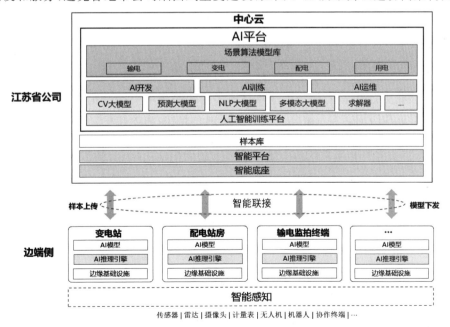

图 9-31 国家电网江苏电力人工智能平台云边协同架构

部署于省公司中心云的盘古电力大模型,使用各地市边缘所采集的巡检图片构建的样本库,进行算法开发和训练,训练好的 AI 业务模型统一下发边缘站点,进行远程部署,并基于标准化 AI 框架平台,与应用系统进行集成。模型的推理信息与应用系统、生产系统实现联动完成业务闭环。

（2）电力大模型实现 AI 开发由"作坊式"向"工厂式"转变。

大模型即大规模预训练模型的简称。预训练模型,即首先在一个原始任务上预先训练一个初始模型,然后在下游任务上继续对该模型进行精调,从而达到提高下游任务准确率的问题。而大规模预训练模型即是模型参数发展到千亿、万亿级别的预训练模型,这种大规模预训练模型的模型泛化能力变强,能够沉淀行业经验,具有更高效准确地从文本/图片中获取信息的能力。

华为盘古大模型团队设计了具有超过 30 亿参数的图像预训练模型——盘古电力 CV 大模型,相对于小模型参数量更多,网络更深、更宽,吸收海量的知识,提高模型的泛化能力,减少对领域数据标注的依赖。盘古大 CV 模型结合 ModelArts 工作流工程化能力,可解决传统 AI 作坊式开发模式下不能解决的 AI 规模化、产业化难题。

低门槛 AI 开发,开发效率高：传统的无人机智能巡检 AI 模型开发面临缺陷种类多达上百种,需要数十个 AI 识别模型,开发成本高的问题。盘古电力大模型提供自动化工作流,自动数据处理,自动化调参,自动生成模型,减少对 AI 开发工程师专业依赖。同时可以根据更新数据快速进行模型迭代,做到"边学边用",开发效率高。包括培训周期短,较传统 AI 人员培养,大模型开发培训从数月缩短至两周,工程师快速上岗；模型开发快,学员两周共计完成 6 个真实场景,平均一个场景 2～3 天完成,较传统开周期（平均 30 天）缩短 90%。

样本标注更高效,小样本识别更精准：盘古能够从海量数据中高效筛选缺陷样本,节省80%以上人力标注代价。同时,输电巡检存在部分缺陷类别数据量不足或已标注数据不足的问题,盘古大模型天生具有更高的小样本学习能力,其独有的自动化数据增强、数据挖掘等算法在小样本上能取得明显优势,能更好地应对缺陷样本中的长尾分布,在一些场景下,甚至能实现部分零训练样本下缺陷样本自动识别。此外,同等样本,大模型精准度更高,同样小样本情况下,大模型较传统小模型优化效率优势明显。持续增加样本后,精准度持续提升。

泛化性能高,实现模型由"作坊式"开发向"工厂式"生产升级：大模型可以更深层挖掘数据背后的逻辑,同时经过海量数据预训练,使大模型拥有强大的拟合能力,其泛化性远远优于小模型。原来需要多个模型覆盖的视觉场景,现在大模型可以用一个模型覆盖多个场景,解决了模型碎片化问题。例如,针对输电线路巡检中的 9 大类缺陷（杆塔、绝缘子、大金具、小金具、导地线、基础、通道环境、附属设施、接地装置）,传统基本采用多个小模型适配不同的缺陷。华为云盘古大模型针对输电场景下的前四大类仅使用一个模型,即适配上百种小类别缺陷,解决了模型碎片化问题,同时也大大提升了算法开发和应用效率,降低了开发和交付成本,从而实现模型开发产线化,推动人工智能应用从"作坊式"到"工厂式"升级,可规模化复制。

2）应用场景

（1）输电通道入侵识别。

输电通道入侵识别类型主要包括建（构）筑物、施工作业、山火、线路悬浮物等。这些缺陷与杆塔本体上的缺陷差异比较大，图像的背景也通常存在较大差异，如图 9-32 所示为通道入侵识别场景示意图。

大型机械检测　　　　漂浮物检测　　　　烟雾检测　　　　火焰检测

图 9-32　通道入侵识别场景示意图

实践证明，大模型借助其强大的持续学习能力、特征识别能力，在验证防外破及通道可视化场景性能方面更精准。基于大模型训练得到的模型，分别在召回率、误报率方面优于在运模型。

在输电防外破场景，江苏盘古电力大模型仅用 1.8 万张图片训练，识别率超过传统小模型 50 万张样本训练。其中，大模型 1.8 万张图片样本库，召回率和误报率分别为 89.7% 和18.4%。而在运小模型，训练样本库为 50 万张图片样本库，召回率和误报率分别为 86.8% 和 16.7%。

在通道可视化场景，仅用两千余张缺陷样本库图片，大模型召回率和误报率分别为89.2% 和 41%，超过原定预期 85%。在增加样本规模持续训练后，效果持续提升。当训练样本缺陷图片规模达到 1.8 万时，通道可视化场景，召回率和误报率分别提升至 90.2% 和18.7%。而在运小模型，在训练样本库为 50 万张图片时，召回率和误报率分别为 89.2% 和 21%。

（2）杆塔本体缺陷识别。

在杆塔本体缺陷识别场景中，根据人工巡检经验，可能出现的缺陷类型主要包括塔身缺陷、部件缺陷、异物等。不同缺陷类型具有不同的特性，如"异物"和"塔身缺陷"只要发生，就说明图片中存在缺陷；而部件可能存在"正常""锈蚀""破损""丢失"等各种不同的状态，并且"正常"的部件和"有缺陷"的部件在外观上通常存在一定的相似性。因此，在识别"异物"和"塔身缺陷"时只需要判断"有"或者"没有"即可；而在识别部件缺陷时，不仅要判断部件"有"或者"没有"，还需要判断部件的状态是否正常。

实际采集到的数据中，不同故障类型的数据数量不同、难度不同，在设计识别算法时，需要考虑这些因素，针对不同的情况选择最合适的识别算法，保证最终的识别效果。如图 9-33 所示为杆塔本体缺陷识别场景示意图。

实践证明，同等小样本训练，大模型优化效率明显高于小模型。在训练样本库为 1000

(a) 防振锤滑移　　　(b) 悬垂线夹偏移　　　(c) 导线断股识别

(d) 导线损伤　　　(e) 导线锈蚀　　　(f) 防鸟设施损坏

(g) 缺螺栓　　　(h) 塔身破损　　　(i) 通道环境缺陷识别

图 9-33　杆塔本体缺陷识别场景示意图

张图片时，针对杆塔异物大模型召回率为 81.04％，误报率为 18.22％，而业界小模型召回率及误报率分别为 78.42％ 和 59.2％。悬垂线夹船体偏移、防振锤锈蚀和瓷质绝缘子破损等场景大模型的召回率及误报率均优于业界小模型。持续增加样本，精准度持续提升，大样本情况下，召回率、误报率皆得到优化。

3）方案价值

国网江苏电力与华为公司在人工智能在电力行业的创新实践，坚定了国家电网"人工智能第一省"的战略投入。华为公司持续投入顶级算法专家，江苏电力人工智能开发平台提供强大算力支撑，算法专家和开发人员提供算法设计和优化方案，并结合输电巡检行业知识和数据，大大提升了盘古电力大模型训练算法针对输电巡检图像缺陷的 AI 识别准确率。针对输电防外破场景，在运模型召回率为 86.8％，大模型召回率达到 89.7％，比在运模型高 3 个百分点，基本做到了杆塔线路防外破场景故障的全识别。

华为盘古电力大模型在输电线路巡检中的创新应用，通过助力通道监拍设备和无人机巡检逐步替代人工巡检作业，提升了输电巡检工作效率和准确度，降低了人工巡检工作量，减少了输电巡检安全隐患，有力支撑了输电线路安全稳定运行。

3. 总结与展望

国网江苏电力创新将大模型应用于无人机输电线路缺陷智能识别，是人工智能技术与电力业务场景深度融合的一次成功探索实践。无人机巡检和大模型等新技术在输电线路巡检中的广泛应用与成功实践,有力推动了输电线路巡检提效率、减成本和降风险,助力电网安全稳定运行。同时,盘古电力大模型在输电线路巡检的实践落地和成功经验,也可推广至电力其他业务场景,加强人工智能技术与变电、配电、营销、安监、基建等多个业务场景的深度融合,训练开发更多的应用场景,提升电力安全生产保障水平和企业效益。

持续扩展到多模态大模型和 NLP 大模型,赋能电力行业高质量发展。当前聚焦电力 CV 大模型在输电领域的深化应用,未来通过对齐电力运维检修业务,扩展多模态大模型的应用落地,基于多种模态数据学习推理,助力设备故障健康性分析。基于客户营销客户业务需求,探索电力 NLP 大模型在电力知识问答、内容生成方面的应用,助力营销客服、设备知识积累等。通过各类大模型及人工智能技术与电力智能化建设的深度融合,推动电力行业实现安全、高效、绿色、可持续发展。

9.3.4 低压配电网智能化建设实践(省级电力公司)

1. 项目概述

配电网作为城乡重要基础设施,直接面向终端用户,是电力能源服务广大客户的最后一千米,承担着广泛的政治责任、经济责任和社会责任,具备新型电力系统的全部要素,是发展新业务、新业态、新模式的物质基础,也是推动能源互联网发展的"主战场""主阵地""主力军"。在"双碳"目标下,大量低压分布式光伏、电动汽车等新能源兴起,配网末端从无源变有源,电网安全、稳定运行也受到极大挑战。

随着国网智慧物联体系建设进程持续推进,电网中压线路智能化改造和低压配网智能融合终端建设已初具规模,不断丰富电网实时、准实时数据以及客户服务数据信息资源,为配电网整体运行态势分析提供了必要的基础数据支撑。某省电力公司的智慧物联体系建设,起步较早业务参与度高,在框架体系搭建、管理变革支撑方面有较为显著的优势,初步实现业务和数字技术"双轮驱动",尤其是"物联终端 APP 柔性开发""数字员工 RPA"方面的积极探索,激发了基层的使用热情,营造了开放的应用生态,丰富了物联应用的使用场景。

2. 技术方案

智慧物联体系建设基于云管边端的架构,在端侧采用 HPLC/RF 双模,实现电气量、状态量和环境量的采集,借助创新方案实现了低压电气连接关系自动成图功能。在边侧推出台区智能融合终端,采用硬件平台化、软件功能 APP 化的理念,以及边缘计算框架,将 80% 的数据在边侧形成计算结果,上报给主站,大大节省网络流量,提升台区本地自治能力和水平,作为能源互联网的关键枢纽设备,将不断给新型电力系统注入新的内涵。管侧创新引入 MQTT 物联网协议和适配,并结合 IEC61850 规约,统一数据模型,解决配电网发展的语言统一问题。云侧引入物联管理平台,解决大量设备接入和数据汇聚问题,开创配电物联网的伟大时代。结合时序、图引擎等先进数据库共同构成配电网应用的坚实数字化底座。基于此底座合作伙伴打造了台区监测、态势感知与分析、工单管理中心等一系列应用。

图 9-34 所示为技术方案架构图。

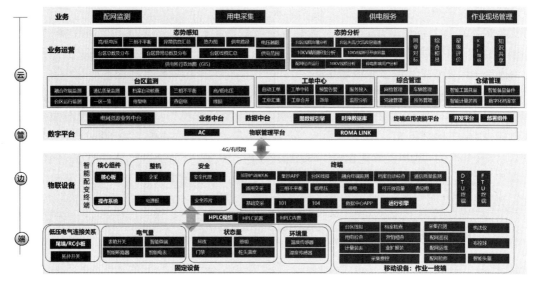

图 9-34　技术方案架构图

3. 建设内容

电力规划如下三个阶段，分层分级逐步实现项目目标。

阶段一：边端侧智能化，获得数据

全省约有低压配电台区 23 万个，智能开关、温度传感器、湿度传感器等配电终端 2300 万台，用户电表更是数以亿计，并且还在持续接入户用分布式光伏、充电桩、储能等新能源业务终端，终端数量多、难管理，大量数据未有效使用。而使用传统工控机管理台区海量终端需不断增加硬件盒子，面向未来业务难以灵活扩展。

台区智能配变终端秉承硬件平台化、软件 APP 的理念，依托边缘计算能力，可以通过软件 APP 实现业务功能。它北向接入台区电源到用户末端全线路多设备，南向接入总部物管平台，是低压配电网的关键枢纽设备，可以作为台区就地数据处理中心，通过在其内部安装 APP，从而具有多对象采集、设备运行状态监测、电能计量、潮流分析、负荷预测、谐波分析等多方面的功能，就地实现台区运行状态的透明感知、台区业务的智能分析与决策、业务自闭环。

因此，该电力公司逐步部署了超过 5 万台智能配变终端，并且在总部打通包括智能配变终端、物联管理平台、安全接入网关、统一网管等物联网管理体系，实现物联数据全接入全汇聚，支持数据质量逐步提升。

在这一阶段，初步实现如下几个典型业务。

（1）实现台区 15min 数据实时监测。

（2）故障点位自动上报免人工诊断，精准主动抢修，精准到开关、分支箱、表箱。

（3）分钟级窃电感知，45s 即可定位窃电位置、数据。

（4）户用分布式光伏逆变器接入。

阶段二：智能平台，电网数据汇聚和使能

按照国家电网公司配电物联网建设工作总体部署，全面推进台区智能融合终端建设工作，随着融合终端及各类端设备的建设应用，依托边缘计算 APP 实现台区侧区域自治的需求越来越多。应用过程中，融合终端内 APP 需专业研发人员开发、调试，迭代升级需原厂支持，不同核心板终端内 APP 无法直接复用，需移植和适配。

为解决融合终端规模化推广出现的技术难题，2020 年 4 月，省电力公司联合业界伙伴，遵循国网配电物联网顶层设计，探索性构建面向物联终端的云编排 APP 柔性开发平台。如图 9-35 所示，为云编排架构图。

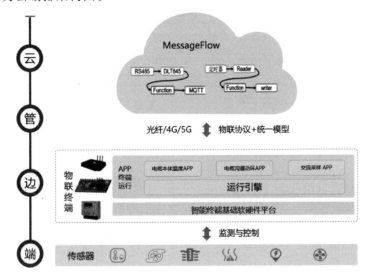

图 9-35　云编排架构图

该平台将构成 APP 的 RS485、MQTT、DLT645 等协议组件模块化形成通用组件，提供可视化、低代码的快速 APP 应用开发技术，通过对组件"拖、拉、拽"乐高积木式开发，完成 APP 编排（以下称"云编排 APP"），降低 APP 开发门槛，实现业务人员可编程，效率比传统模式提升 10 倍，并且组件可沉淀复用。

同年 5 月，某省电力公司与业界伙伴研发"云编排"运行引擎。"云编排"运行引擎部署在台区智能配变终端，屏蔽终端底层复杂性，上层专注业务逻辑，实现 APP 一次开发，支持多规格智能配变终端。

同时，基于云边协同技术实现 APP 云上一次开发，一键远程规模部署到终端，远程高效运维，经实测，40min 即可完成 3 万台现网终端 APP 的在线升级；基于统一标准的开发框架，实现开发资源、开发过程、APP 部署的集中管控；基于统一的开发平台，可规避 APP 的安全风险，一次开发反复使用，提升 APP 的鲁棒性。

阶段三：智能应用，作业数字化应用

基于台区智能配变终端和云编排，在业务应用方面，某省电力公司融合终端 APP 开发柔性团队，根据基层班组发起的业务应用需求，统筹推进。目前，已完成分户漏电监测、台区监测、三相不平衡监测等 15 个云编排 APP 开发和规模部署，实现台区状态监测、停电事件实时研判、通信质量监测、非计量及高级应用、一区一策等。

几类典型的业务应用简介如下。

1）数字化台区经理

低压配网作为电网的最后一千米，电力服务水平直接影响用户体验。一个台区经理管辖几十甚至上百个低压台区，缺少可移动作业的系统工具支撑，无法及时掌握所管辖的设备和业务状态。某省电力公司与业界伙伴共同开发了数字化台区经理移动服务，通过一台智能终端实现对台区设备运行状态的全面感知，将设备离散数据，结合时序数据库以图表、曲线等方式将台区运行状态直观展现，让台区经理"看得清"，并且可以采用移动化方式，随时随地全面及时有效掌控台区设备运行全貌和细节，真正为基层业务班组减负、增效。

数字台区经理的首页是一个试点台区的配电单线图，通过该页面可以看到整个台区所有物联设备的组网拓扑图运行状态和关键数据，单击对应的图标可以进入变压器、智能开关等数据展示页面，变压器、胶彩页面能显示电压、电流、功率、频率、功率因素、动态负载率等实时和历史曲线数据。通过这些数据，台区经理能自行综合判断台区特征及健康状态，为日常巡视和检修提供数字支撑。通过动态负债率的长期监控曲线，很容易为台区可开放容量提供数据支撑。开关漏电流查询界面能显示台区所有智能微段的实时电流和漏电流总览。如果发现智能微段的漏电流有异常，可进一步单击查看该智能微段的开合状态线心、温度、电压、电流、漏电流等信息。如果确认存在漏电隐患，可及时给用户提供安全用电建议，消除隐患，保障居民用电安全。三项不平衡监控界面，可以实时监控三项电压、电流不平衡度等信息，及时给台区经理提供准确的决策依据，在有效时间窗内提前采取手段进行预防处理，保证 KPI 指标。网络通信质量监测界面，可同时监测配电和用材 4G 上行通信质量，为设备巡视和故障处理提供支撑。

2）一区一策

一区一策即每个台区按照不同的台区工况设置不同的预警阈值（三相不平衡、重/过载、低/高电压、温度等），通过云端 APP 的 HTTP-IN 组件获取阈值设置接口信息，通过 HTTP-OUT 组件将信息发布到物管平台，物管平台推送消息，融合终端 APP 采用 MQTT-IN 组件，对物管平台的 topic 进行订阅，并在融合终端侧完成边缘计算，实现采集数据判断，并将结果数据返回至物管平台，数据融合平台获取结果以可视化方式展示，为用户预警、告警提供数据支撑。支持供电所长、值班员和台区经理根据每一个台区具体情况设置预警阈值，提早发现故障和处理，减少故障工单和停电。

3）配网一张图

配网一张图是以供电所为单位，基于一组台区智能配变终端实现数字化供电所。将离散的台区标识在地图上，并通过 10kV 中压线路串起来，形成一张活的配网图，实现数字化供电所的配电态势感知。

全景业务地图：基于 10kV 线路上电网各类设备，构建涵盖生产、营销、运检等多业务视角的全景业务地图；通过各类设备及业务视角统一全维管控相应业务应用。

统一网架拓扑图：构建涵盖站线变户的全网统一网架拓扑图。

各类业务应用统一管理：构建涵盖实时线损、供电范围、台区预警监测等各类业务应用统一管理平台。

4）物联全景状态监测

物联全景状态监测即针对智慧物联体系云管边端各个层级的资源、网络、服务及数据链路状态信息进行全景监测和诊断分析，及时发现和辅助诊断分析，对物联全场景运行状态一目了然。

4. 建设成效

截至 2023 年 12 月底，该省电力公司共安装台区智能融合终端 10 万余台，在线率 99.5% 以上，并基于云编排技术建设了数字化示范台区、数字化供电所，充分地体现了终端全覆盖前后的差异，共推广应用主动抢修、主动巡视、标准化作业等 10 多类工单，实现"周期＋计划"传统运检模式向"问题＋任务"工单驱动模式转变，累计执行工单 6 万余条，共发现缺陷 4000 余件，基础数据问题 1 万余条，配电设备异常问题 5000 余个，通过工单的闭环执行，2023 年以来，试点建设的数字化县公司配变低电压环比减少 55%，配变三相不平衡环比减少 54%，用户平均停电时间同比减少 56%，配网供电质量、人民群众对电力的获得感和满意度持续提升。

下一步，某省电力公司将继续全面落实国家电网公司决策部署，以电网资源业务中台建设和数据治理为基础，以配电业务"五个一"管控和工单驱动业务为抓手，持续深化配网各类信息系统应用，拓展融合终端应对电动汽车充电需求扩大、分布式能源接入陡增等新态势的应用场景，在全省推广数字化供电所、数字化县公司建设，深化与业界伙伴在多业务领域技术研究，以数字化转型推进配电网管理质效全面提升，以实际行动支撑"双碳"战略目标，加快构建新型配电系统。

9.3.5　电力作业智慧化安全监管建设与实践（广东电网）

1. 项目概述

南方电网广东电网有限责任公司（以下简称"广东电网"）是电网有限公司系统规模最大的省级电网公司。广东是用能大省，却是资源小省，一次能源较为缺乏，主要从省外引入电力能源破解华南地区资源约束瓶颈。广东电网拥有变电站 2831 座（其中 500kV 变电站 69 座），变电容量 5.9 亿千伏安，输电线路总长度 9.879 万千米，资产总额 5127.99 亿元，是全国规模最大的省级电网公司之一。为了保障大电网全生产及可靠运行，广东电网牢固树立"一切事故皆可预防"理念，始终将大电网安全放在首位。

为切实保障工业命脉安全稳定运行，广东电网积极应用智能体技术自主督查、巡视及可视化远程控制等智能督查手段，开展重要电网及人身安全作业现场风险预警与安全隐患防范，重点关注 A、B、C 三类违章，如带电环境下的三保佩戴及实用规范、攀爬登高作业行为、吊装作业安全等情况。广东电网已配置各类智能终端设备 10 余万台，覆盖 20 个地市、

150 个县区,年作业管控 120 万项,查处违章 2 万余起。

广东电网智慧安监督查业务,当前主要通过"移动可视化远程监控+语音分析"两种手段,其中,移动可视化远程监控主要应用于安全作业风险高、作业地点远、作业环境复杂等场景,采用违规边端预分析、复杂片段切片回传、后台监控结果分析的方式。语音分析违章监测则是通过现场作业的语音采集终端实施采集现场对话,回传特征片段综合分析的方式辅助远程监控进行安全作业督查。

近年来,广东电网公司与华为公司积极探讨 AI 智能在电网中的实践,双方共同推进在广东电网进行试点应用。2023 年开始,相继在湛江、韶关、中山、珠海、汕头等地开展了基于昇腾算力的安监大模型项目试点,如图 9-36 所示为项目整体进展。

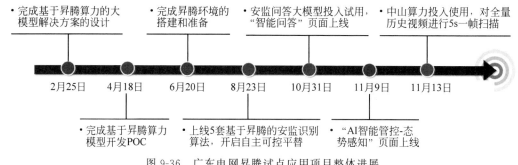

图 9-36　广东电网昇腾试点应用项目整体进展

2. 解决方案和价值

1) 方案架构

针对作业环境复杂多样,安全监管难度大,依靠传统"到场到点人盯人"的安全监管模式,无法做到作业现场"全覆盖",现场监督存在较大的盲区,安全监督效率低、质量差、成本高的问题和困难,广东电网联合华为昇腾推出可持续发展的安监大模型解决方案。基于云边协同架构,开展作业现场全过程远程可视、现场违章全场景智能可识、触电风险全链条立体可感、业务全流程智慧化管控,充分发挥"大算力、大数据、大算法"的价值作用,有效落实安全监管责任,有效提升风险管控质量,有效提升安全监管效率,有效减轻基层负担,有力推动安全监管数字化转型,打造"平安现场",探索人工智能在电力行业的创新应用。

(1) 云边应用的三层架构。

基于南方电网公司构建的"3+1+X"电力云原生部署能力,首先采用了与"云、边、端"相适配的"平台层、应用层、终端层"平行融合的协同技术,"云边端"三层架构。主节点作为云测部署大集群昇腾训练集群,分节点作为边侧部署昇腾分布式推理集群,叶子节点作为端侧装配多类型基于昇腾算力的采集终端,实现各层级单位明确分工,协同推进,实现"集约不减速,集中不降效"的统管新模式。"云边端"三层架构如图 9-37 所示。

大模型部署于分节点的平台层昇腾资源上,使用终端层所采集的安全监督视频片段构建的样本库,进行创新性的算法开发和训练,训练好的 AI 业务模型统一下发到终端层,进

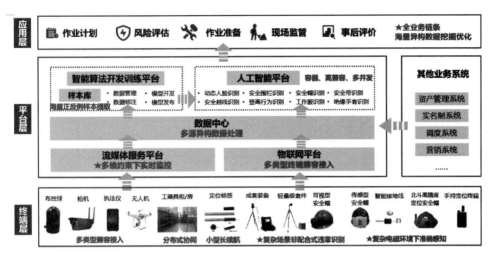

图 9-37 广东电网昇腾应用的三层架构

行远程部署,实现端到端的数据闭环。模型的推理信息与应用系统、生产系统实现联动,在应用层实现业务闭环。

(2)"大算力、大算法、大数据"助力安全监督实现由"石器时代"转向"机械时代"。

大算力可以提供必要的计算资源来实时分析从监控设备(如摄像头、传感器等)得到的大量数据。大算法会被应用于这些数据,以识别潜在的安全隐患,如异常行为监测、故障预测和风险评估。大数据的参与确保了有足够的信息来源供算法进行学习和分析,使监督变得更加智能和全面。

利用基于昇腾的"大算力"针对电力作业现场非配合式复杂人员行为,开展电力作业行为识别算法的闭环优化训练,利用基于昇腾资源巡林的"大算法"实现人员资质、穿戴、越线、登高等危险行为识别分析。利用"大数据"针对边缘端有限算力资源约束下实时识别难的问题,提升关键违章行为识别效果。基于"三大"技术的风险管控模型和数据可视化技术,针对线上监督,开发了智慧安监驾驶舱,实现作业计划、作业人员、作业对象、监控设备、工器具、车辆等多维信息联动,打造标准化的线上监管人机交互窗口,风险管控做到了任务源头化、监管立体化、风险透明化,助力安全监督实现由"石器时代"转向"机械时代",如图 9-38 所示,为安监驾驶舱功能。

2)应用场景

通过端云协同实现电力作业智慧化安全监管,自动识别违章行为,对设备信息、作业信息、人-机-物关键位置信息及现场其他传感监测信息进行智能融合分析,实现各种作业场景下的防触电风险智能辨识,实现基于安全可靠算力的大模型的成功应用,特别是在登高违章、机械作业等复杂、高发环境下的智能安全督查。

(1)登高违章检测。

登高违章作业指的是在进行高处作业时不遵守相关的安全规定和操作规程,未采取必要的安全措施或使用不符合安全标准的设备和工具,从而增加了发生事故的风险。这样的

图 9-38　广东电网基于昇腾算力的安监驾驶舱

违章行为可能包括但不限于，未使用或错误使用个人防护装备、梯子和脚手架的不当使用、使用不符合安全标准的工具或设备等，其中，攀爬无人扶梯检测、安全带违规佩戴检测，会受到作业环境的复杂度、光照、角度等影响造成出现智能识别效果不好的情况，类似场景主要集中在配网作业、变电站施工等场景。尤其是配网作业施工环境复杂，导致图片模糊、角度重叠、人员遮挡等难题影响智能识别。场景示意图如图 9-39 所示。

图 9-39　登高违章检测示意图

实践证明，借助大模型的落地推理和空间感知能力，能够实现对复杂的作业场景的深度分析及语义理解，可以有效地解决在角度不正、拍摄不全、光线不好情况下的违章识别，实际生产环境中的召回率、误报率优于传统模型。

登高作业人员安全带规范佩戴场景，广东电网利用基于昇腾算力训练的大模型，大模型仅用 1 万张图片训练，2147 张图片精调，生产环境下的识别准确率达到 97.12%，其中识别率超过传统小模型 10 万张样本训练。

登高作业无人扶梯监测场景，仅用一千余张缺陷样本库图片情况下，大模型发现违规扶梯的准确率达到 89.4%，有违章的精确率达到 75%，远超过预期目标的 60%。

（2）机械作业违章识别。

机械作业违章识别是指通过对机械操作行为的监督和检查，以发现和纠正那些不符合安全规范或操作规程的行为。其中，吊车臂下作业范围内站人为较常发生而又难以通过智能识别解决,特别是拍摄的角度、人员和吊车的空间位置给传统的模型识别带了巨大的挑战。

实际采集到的数据中,不同故障类型的数据数量不同、难度不同,在设计识别算法时,需要考虑这些因素,针对不同的情况选择最合适的识别算法,保证最终的识别效果。场景示意图如图 9-40 所示。

图 9-40　吊臂下违章作业识别示意图

通过对各类复杂情景进行精细化调优,大模型优化效率明显高于小模型。在训练样本库为 1327 张图片时,针对吊臂下违章作业的有违章的召回率达到 88.10%,无违章的召回率达到 81.6%,准确率达到 89.63%,远远高于传统基于英伟达训练的小模型的效果。

3) 方案价值

广东电网基于华为昇腾生态在电力领域人工智能方面成功创新。广东电网将持续发展智能化应用,加大投入算法研究,加速昇腾算力在智慧安监训练、推理的高效适配,推进创新异构算力资源的融合建设,打造一个上层无感的创新性算力底座,加速电力领域的领域级通用大模型落地。该方案落实关于安全生产的各项决策部署,应对严峻的安全生产形势,以技术驱动业务变革,革新"技防"监管模式,以科技手段保障电力安全生产,提升数字化、智慧化安全监管水平。显著提升监管效能,有效管控人身风险,违章查处效率提升1.73倍,作业计划准确率提升至95%,生产环境下多类基于大模型的安全识别准确率较传统的小模型应用场景提升10%~40%,基本证明基于创新性算力的大模型完全满足电力领域的生产应用。

3. 总结与展望

广东电网创新将可持续发展的大模型应用于复杂环境下的安全生产作业人员的行为识别,是"大算力、大算法、大数据"与电力安全生产作业违章识别场景深度融合的一次成功实践。云端监督和"大算力、大算法、大数据"等新技术在安全生产作业违章识别中的广泛应用与成功实践,有力推动了安全督查巡视的效率,减成本,降风险,助力电网安全稳定运行,基本证明"三大"技术具备解决电力作业点多面广、场景复杂、危险性高、现场安全管控难度极大等多维难题,具备平行代替传统"人防"的监管模式,可以做到现场情况及时掌控、安全风险严格把控。同时,基于昇腾算力生态建设的大模型在安全生产作业违章识别的实践落地和成功经验,也可推广至其他行业的类似业务场景,后续将训练开发更多的应用场景,提升电力安全生产保障水平和企业效益。

后续将致力多模态大型计算模型和自然语言处理(NLP)技术拓展至新领域,以推动电力行业的高质量成长。目前重点在电力领域的计算机视觉(CV)大模型上,以此加强安全生产的应用。未来,计划以安全生产作业违章检查业务为核心,拓宽多模态大模型的业务应用。这涉及利用多种数据模态进行学习和推理,以辅助对设备的故障和健康状况做出准确判断,提供解决方案,自动规划检修机器人进行作业,减少人员作业。针对客户营销及服务需求,探讨在电力领域运用NLP大模型执行知识问答和内容生成任务,旨在提升市场营销和客服效率,同时积累相关问答知识,通过大模型和人工智能技术与电力智能化建设的紧密结合,致力于推进电力行业朝着"少人、无人"的方向发展,提升电网安全、高效、环保、可持续性的建设。

9.3.6　电厂智慧工地应用实践(燃气智慧电厂项目)

1. 项目概述

近年来,国家及地方政府不断出台政策引导电力企业开展智慧电厂建设。面对智慧电厂全生命周期管控的特点,某新建燃气电厂在基建期工地建设过程中,项目创新融合人工智能、三维、大数据、物联网等技术,以提高工地智慧化管控水平,搭建轻量化私有云平台,落实基建生产一体化的先进建设模式。

2. 技术方案

1) 基建生产一体化的智慧管控云平台,打通数据壁垒,实现业务联动

项目秉承基建生产一体化的建设思路,统筹规划智慧工地和智慧电厂全生命周期建设,建设统一的智慧管控私有云平台,既保证了基建期和生产期的数据统一性、功能完整

性、系统可扩展性，也减少了后续重复建设投资。

　　智慧管控云平台以超融合基础设施为资源底座，利用分布式处理技术、虚拟化技术和集群技术，统一管理软硬件资源，单节点性能超 10 万 IOPS，分钟级发放虚机资源，可根据业务需求快速调整、弹性配置存储/计算等资源，为工地信息化系统建设提供高速、可靠、安全的存储和计算服务。

　　以工地人员通行管理为例，传统施工现场存在业务数据种类繁多、系统孤岛等问题，智慧管控云平台统一接入基建 MIS、门禁道闸、电子围栏、环境监测、视频监控、雷达测速等系统，打通数据壁垒，实现业务互联互通。通过施工人员实名制/人员授权与 AI 人脸识别闸机/红外测温/人员聚集 AI 监测等终端 IOT 系统联动，劳务人员三审（培训、准入审批、进出授权）后自动获取门禁闸机权限，经 AI 人脸识别及红外测温，实现无感通行，出入管理准确率达到 99%。通过工地人员管理一体化建设，有效提升现场管控效率和精准度，让人员通行管理更智慧。智慧工地人员管理流程如图 9-41 所示。

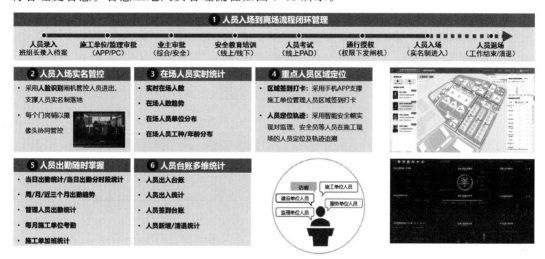

图 9-41　电厂智慧工地人员管理

　　2）创新小目标物体 AI 跟踪识别方法，助力工地违章识别

　　AI 技术日趋成熟，广泛应用于各类图像识别中。为了满足各种监控场景下的识别需求，图像中小目标识别需要较高的准确度。目前基本采用图像切割方法提升识别准确度，对于较大像素的图片有提升效果，但在 1080P 的相机上提升效果不大，因此小目标识别仍然是实际应用的一大难题。

　　项目优化小目标检测原理，基于 YOLOv5 模型和相机变焦功能，对小目标物体进行跟踪识别，极大地提升了小目标的识别准确度，其部署安装流程如图 9-42 所示。

　　（1）对于算法模型能够直接识别出的小目标物体，为确保检测目标的准确性，设置一个目标识别的怀疑范围值，若识别出的结果在怀疑范围值内，则舍弃本次目标检测结果，不上报，并对物体进行变焦放大以确认是否准确识别出小目标物体。

　　（2）对于无法识别的小目标，通过对与其关联性较高的目标进行变焦放大以识别该小

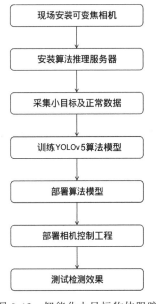

图 9-42　智能化小目标物体跟踪
识别的安装流程图

目标物体,例如,可以通过对人员头部的变焦放大实现对香烟的检测。

（3）在进行变焦放大识别完成后,相机会自动回归预置位,以便对其他目标物体的变焦放大进行确认。

此小目标检测方法涉及的设备及系统包含图像获取模块、小目标检测算法模型、算法推理设备、告警平台。基于算法检测结果对相机进行变焦控制的流程如图 9-43 所示。

（1）图像获取模块：采用可变焦双目相机,通过相机焦距的变化和角度的转动,抓拍图片,以获取小目标训练数据及推理图片。

（2）小目标检测算法模型：设置并优化模型参数,对所标注的类别进行训练,直至损失函数不再下降,选取出最佳算法模型。

（3）算法推理设备：对相机抓拍的图片进行推理,并与相机通信,能够根据推理结果控制相机的焦距和角度,放大目标并进行重新推理。

（4）告警平台：根据算法推理结果发送变焦指令给相机,以及展示告警结果。

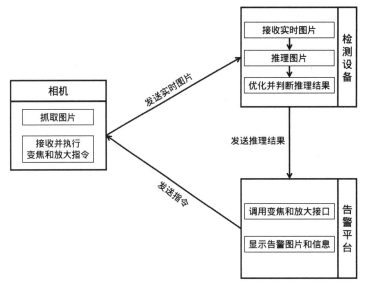

图 9-43　基于算法检测结果对相机进行变焦控制的流程图

该项目将此方法应用于电厂智慧工地的人员安全检测中,取得了显著效果。

（1）提高小目标识别精度,对于模糊的小目标,会进行变焦放大确认,减少小目标不清晰、特征少等原因造成的误检。

（2）通过与小目标相关的其他物体进行对小目标的放大识别。相关物体与所检测的小目标有必然的联系,如吸烟与人员头部,通过对人员头部进一步放大以达到对吸烟小目标的放大。

（3）相机的变焦放大功能对逆光、模糊等复杂场景的检测有明显的提升效果,能够进一步提升算法检测精度。

（4）实现对目标的自动跟踪,对违规行为进行多次确认,减少错误报警的情况。

以人员行为合规监测场景为例。在施工作业区域部署华为 X 系列双目变焦相机,在线多角度旋转视频巡检,分别采集吸烟、安全帽、安全带、人员倒地等在大场景和正常场景下不同图像尺寸的小目标数据,进行数据标注,基于 YOLOv5-m 进行模型训练,选出最佳模型。推理服务器对施工现场抓拍图片进行图片预处理与模型推理,当算法返回的目标检测框尺寸大于怀疑值,不属于小目标时,将违规行为直接告警到平台;当算法返回的目标检测框在怀疑值内,舍弃当前的检测结果,并将检测结果的坐标记录下来,换算成相机的焦距以及转动的角度,相机将以该目标为中心点进行变焦放大,再次推理检测,由此提升小目标物体识别的准确度。

当系统识别施工人员存在违章行为,如未戴安全帽、未系安全带、抽烟等,立即联动施工现场广播系统,自动播报警告信息,并第一时间将隐患信息推送到 IOC 大屏及终端 APP;管理人员可调阅现场前后视频进行回溯确认。视频监控与 AI 技术结合,安全隐患尽收眼底,真正做到"安防可视""灵活联动",如图 9-44 所示。

图 9-44　电厂人员未戴安全帽识别及管理

9.4　电力智能化展望

电力智能化的最终目的,是服务于新型电力系统的建设,让电能更清洁、更经济,实现多能互补和协同,确保电力系统高效稳定运转,提升能源效率,推动碳达峰、碳中和的实现。

电力智能化建设五大核心目标如下。

1. 支持资产安全与运营效率提升

随着新型电力系统的发展,新的新能源电厂、分布式电源及电子设备会逐步融入并替代老旧设备。但在转型过程中,作为传统重资产行业,存量电力资产仍然发挥着重要作用。以安全为核心,电力智能化首要目标就是降低电力资产的运行风险、延长使用寿命、提高安全性和运营效率,确保电力去碳化转型的平稳过渡与供电安全可靠。预测性维护、故障智能诊断及状态评估等广泛应用,将会极大提高电力资产安全及效率提升。

2. 支持新能源并网消纳

随着"双碳"政策的不断加压,新能源投资建设需求必将持续快速增长,未来将投建许多大型风光基地以及大规模分布式新能源设备,以逐步取代传统能源发电厂。与传统能源相比,新能源发电具有随机性、波动性、间歇性等特点,同时对极端天气的耐受能力较弱,导致电能生产、输送等面临不确定因素,造成电压、频率等出现波动,对电网的供电可靠性产生较大影响。近年来,伴随着大规模新能源基地建设的推进,弃风、弃光以及新能源脱网等现象仍然频发,新能源发电并网成为推进落实电力行业绿色低碳的关键掣肘。

因此,通过感知、预测、控制、调度等一系列电力智能化技术手段的应用,高比例消纳来自源端和荷端新能源发电量,抵消新能源并网对电网运行带来的波动,积极落实"碳中和"。

3. 支持源网荷储协调互动

随着大型新能源设施、分布式能源系统以及不同规模储能装置的大量应用,在以难以预测的自然资源可用性为基础的电力生产和以用户实时需求为导向的电力消费间,不再是两条完全匹配的曲线,容易形成电能的供需错配。

通过智能化技术的应用,聚合电源、储能等各类资源,并基于需求动态变化情况,协调出力、优化控制,实现削峰填谷,提高电力系统灵活性和稳定性,是实现源网荷储协调互动、提高整体能源使用效率的核心手段。

4. 支持绿色电能市场化交易

过去,绿色电能的发展主要依托政府补贴来推动,但要想促进长期可持续的良性发展,赋予绿色电能商品属性,推动绿电交易市场化转型才是长久之计。目前,绿电市场化交易处于试点阶段,交易主体多元、认证流程复杂,存在成本高、难追溯、易篡改等潜在风险。

通过电力智能化技术的应用,激发各类市场主体主动参与绿电交易的热情,是让绿电交易成为"双碳"重要抓手的关键措施。

5. 支持能源低成本、高效能使用

以建设资源节约型、环境友好型社会为目标,做到"用更少的资源、产生更多的能源",是实现可持续发展的必由之路。

面对各类用户不断变化的用电方式和日益多元的用电需求,基于电力智能化技术,为用户提供准确的用能分析、进行合理的能效对标、匹配最优的用能方案,从而最大化能源利用效率,是减少能源浪费、建设高效型社会的重要途径。

第 4 篇

金　　融

第 10 章

金融

10.1 加速金融智能化的背景

10.1.1 金融智能化背景

1. 数字金融上升为国家战略高度

全球主要国家和经济体从战略层面加快推进数字化转型,例如,美国发布的《数字战略(2020—2024)》试图在全球范围构建以自身为主导的数字生态系统,欧盟于 2020 年推出"数字欧洲计划"加快欧盟数字化转型。2021 年,中国发布的《国民经济和社会发展第十四个五年规划和 2035 年远景目标纲要》,明确了现阶段数字化发展和数字中国建设任务,2023 年发布的《数字中国建设整体布局规划》也提出要做强做优做大数字经济,明确数字中国建设按照"2522"整体框架进行布局,同年组建了国家数据局,统筹数据资源整合共享和开发利用,推动数字化转型,加快数字经济发展。

为了深入推进金融机构数字化转型与智能化发展,中国金融管理部门陆续发布了一系列政策文件。《金融科技发展规划(2022—2025 年)》明确提出持续推动金融创新,助力金融业数字化转型的目标,强调要抓住全球人工智能发展新机遇,以人为本全面推进智能技术在金融领域深化应用,强化科技伦理治理,着力打造场景感知、人机协同、跨界融合的智慧金融新业态。《银行业保险业数字化转型的指导意见》提出,要加强对银行业和保险业数字化转型指导,加大创新技术的前台应用,丰富智能金融场景,推动营销、交易、服务、风控线上化智能化。《证券期货业科技发展"十四五"规划》积极引导证券业推动数字化转型。

2023 年 10 月,中央金融工作会议提出了做好科技金融、绿色金融、普惠金融、养老金融、数字金融 5 篇文章,首次从中央层面提出加快数字金融发展,为金融强国建设做好支撑。

金融业是数字化、智能化发展的先行者,人工智能技术从 20 世纪 60 年代起步,历经多次发展浪潮,都对金融的智能化发展发挥重要作用。近年来,生成式人工智能技术的进步,加速了金融智能化的进程,为金融行业提供更加人性化与智能化的服务和解决方案,提高金融服务的效率和质量,促进数字金融的提升。

为稳步推动生成式人工智能在各行各业的有序应用,中国陆续出台一系列政策法规和管理办法,国家互联网信息办公室等七部门联合发布的《生成式人工智能服务管理暂行办法》提出了促进生成式人工智能技术发展的具体措施,全国信息安全标准化技术委员会发布的《网络安全标准实践指南——生成式人工智能服务内容标识方法》指导生成式人工智能服务提供者等有关单位做好内容标识工作,金融业生成式人工智能相关的标准规范也在加速推进中。

2. 传统 AI 在金融智能化中的价值

传统人工智能技术通过与金融服务、产品相结合,赋能金融业务创新发展,显著提升金融服务的个性化、快捷化与智能化水平。

1) 金融服务更加个性化

自大数据体系建立以来,金融机构各业务条线沉淀了大量的数据资产,包括客户基本信息和交易信息。这些数据资产可为发现高端客户提供基础数据支持,为清晰描绘客户画像提供指标基础,结合深度学习和知识图谱等人工智能技术,能够为客户提供"千人千面"的个性化服务。例如,传统的营销模式下,用户在多渠道触点营销产品,容易引起客户困扰,造成客户体验不佳,满意度下降。基于大数据和人工智能技术的精准营销活动能够在节省大量人工成本的同时避免扰客,提供差异化产品,满足客户日益多元化的需求,有助于提升获客、活客、黏客的能力,助力营销活动。

2) 金融服务更加快捷化

使用语音转换、语义识别等人工智能技术对自然语言进行意图分析,智能匹配对应的知识、话术、产品等信息并向客户反馈,能有效提升客户服务水平和效率。当前金融机构智能客服的应用主要集中在智能客服机器人、智能语音外呼、智能语音助手和数字人 4 个热点领域,能够满足客户业务咨询、业务办理等多项需求。金融机构多将智能客服机器人应用于网上银行、手机银行等非柜面渠道,以替代传统人工客服。例如,某商业银行智能问答机器人的作答率达 95%,准确率达 87%,其打造的 AI 客户经理,人均理财销售产能同比提升22.3%。在智能语音外呼方面,应用主要集中在营销和催收两个场景。在智能语音助手应用方面,通过语音交互完成指令操作,用于业务流程引导、业务查询搜索等。

3) 金融服务更加智能化

金融机构存在大量数据调出、客户资料验证、订单状态检查、客户信息录入等耗时长却难度不大的工作,严重消耗着金融机构的人力、物力。针对上述难点,RPA(Robotic Process Automation,机器人流程自动化)的出现为金融机构提供了一种切实可行的解决方案。被誉为"数字员工"的 RPA 不仅能 24 小时不间断地处理业务,帮助银行员工自动地完成大量重复、规则性的工作,还能强有力地保障信息的时效性,第一时间回应客户请求,有效提升银行的运营效率。当前,基于 RPA 技术的财务机器人日趋成熟,RPA 通过与 OCR(Optical Character Recognition,光学字符识别)、图像识别、视频智能、情绪分析等 AI 认知智能技术的结合,不仅能极大扩展其应用边界,同时也能增强 RPA 认知决策能力以处理复杂的长链条业务,降低运维成本,提升应用价值。

3. 生成式 AI 在金融智能化中的价值

2022 年年底,ChatGPT 的发布标志着人工智能技术取得里程碑式的突破,生成式 AI 走进各行各业,对金融业产生深远的影响。

1）加速业务与技术融合

生成式 AI 的"对话""理解"和"创造"能力，让 AI 成为助手，有效放大关键节点人员的产能，特别是客户经理、投顾顾问、开发人员等角色，赋能专业内容形成和基础管理等环节。在过往的几十年中，人类与计算机的交互方式经历从命令行到图形界面的转变，大幅降低了使用计算机的门槛。但这类交互方式本质上是让人去适配计算机，仍有不小的学习成本，而生成式 AI 可以适配人类习惯的命令表达方式，大幅提升易用性和用户体验，惠及更多群体。智能研发场景就是一个典型的例子，大模型既能在系统设计、代码生成与补全、代码翻译与注释、辅助测试等方面为科技人员提供支持，提升开发效率和交付质量，又能实现指令文字到 SQL 代码的直接相互转换，并通过与 BI（Business Intelligence，商业智能）等应用系统结合，实现报表自动生成、数据查询分析结果可视化展示，使得业务人员无须了解数据库技术与编程知识也可轻松完成数据查询等工作，降低非技术人员用数门槛，加快金融智能化的进程。

2）推动金融数据更好应用

一是提升金融数据的利用率。多年来，金融行业沉淀了大量格式多样的优质业务数据，其中不少数据没有寻找到合适的利用途径，无法发挥其价值。而生成式 AI 需要海量的数据做支撑，这些数据可以用于垂类生成式 AI 的微调或训练，提升模型应用效果。同时，运用多模态技术可以实现知识的迁移、表示、对齐和推理，从多个视角出发对事物进行描述，使事物更加立体、全面地呈现。二是加速金融数据赋能业务。金融机构基于生成式 AI 的语义搜索能力，能够快速、准确地对接各类结构化、非结构化数据，打通多业务系统，化解数据孤岛难题。同时，可以利用生成式 AI 从海量信息中针对股票、债券等各类标的，识别多样的情绪数据，提升投研投顾效率，为金融机构提供更多智能化、个性化的服务和决策支持。三是推动金融数据治理进程。高质量数据集的构建和处理对于生成 AI 的性能表现至关重要。通过梳理生成式 AI 训练数据集，金融机构可以充分了解各个场景的数据需求，根据场景特点和风险等级进行数据分级分类，逐步完善数据使用机制，探索建立一套面向 AI 训练的数据"采集、清洗、管理、应用"体系及针对数据偏见、数据滥用等问题的风险管控机制，助力金融业数字化转型。

4. 传统 AI 与生成式 AI 在金融业并存共进

如图 10-1 所示，20 世纪 60 年代到 20 世纪 80 年代，AI 发展处于初始阶段，这一时期的 AI 主要基于事先定义规则和逻辑的专家系统。进入 20 世纪 90 年代，机器学习在欺诈交易预测、理财产品推荐、智能决策等领域得以广泛应用；深度学习在金融进件的 OCR 识别、风控场景中的人脸识别，以及客服中的语音识别等方面被充分使用。2018 年，雅各布·德夫林和同事创建并发布了 BERT——上亿参数的自然语言预训练模型，意味着人类正式进入大模型时代。而 2022 年年底 ChatGPT 令人深刻的表现标志着生成式 AI 应用的爆发。

如果说传统 AI 具备"有眼可看，有耳可听"的能力，那么，生成式 AI 具备了"有脑可记"的能力，且能记住比人类平均水平更广泛的知识。

传统 AI 可以实现"做选择题"的任务。例如，机器学习模型，因其可解释性强，广泛用

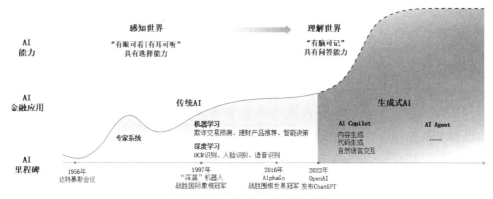

图 10-1　金融智能化演进路线图

于欺诈交易预测、理财产品推荐、智能决策与分析等方面。深度学习模型，主要用于 OCR 识别、人脸识别、语音识别等感知类任务，有效提升风控和客服的效率。

生成式 AI 可以实现"做问答题"的任务，具备"有脑可记"上下文知识的能力。生成式 AI 采用了与传统 AI 不同的模型算法，且参数规模已经发展到百亿、千亿甚至万亿，远远超过传统 AI。更重要的是，生成式 AI 可以实现多模态的功能，例如，文字生成图片，而传统 AI 不具备此类能力。

生成式 AI 当前已经表现出明显的 AI Copilot 的能力，例如，用于预测市场趋势、风险评估和交易执行。未来会沿着 AI Agent 的方向演进，与 AI Copilot 相比，更具备主动性和自主性，即在没有人类的直接干预情况下运行，能够自主地进行金融分析、探索新的投资机会并做出一定程度的自助决策。例如，独立分析大量的金融数据和市场信息，识别并预测出潜在的投资机会，通过学习和实时反馈不断改进决策能力，并自主地执行交易。

针对传统 AI，2021 年中国人民银行发布了《人工智能算法在金融应用的规范》，该规范在安全性方面要求建模过程可溯、算法部署可溯、算法风控等；在可解释性方面要求特征可解释、算法可解释、参数可选择、样本可解释等；在精准性方面要求建模过程和应用的 AI 算法精准性；在性能要求方面要求建模过程和应用的 AI 性能评估，对这 4 类要求都做了量化的指标。而生成式 AI 在模型的安全性、可解释性、精准性、性能等方面还需要全面提升，相信在科技界、金融机构、政府的共同努力下，生成式 AI 的以上问题会逐步解决。

10.1.2　金融智能化面临的问题与挑战

1. 金融应用场景仍需探索

生成式 AI 选型、架构设计、技术验证等环节过程复杂，金融机构尚且缺乏相关技术融合实际场景落地的方法论。当前，金融机构对生成式 AI 的能力边界认知不足，尚未明确哪些业务场景适用生成式 AI、是否有必要替换传统 AI、何时适合启动适配工作，业内少有典型的落地案例可以向行业规模化推广。

同时，生成式 AI 金融应用需要与现有系统及业务流程进行集成，十分考验金融机构跨组织、跨部门、跨团队的组织协作能力。目前具备将生成式 AI 高效植入现有业务场景能力的团队和人才很少,懂得生成式 AI 技术的人员大多缺乏具体的金融业务经验,而行业经验充分的人员对生成式 AI 技术的理解又不够深入,需要时间去磨合与培养。此外,金融任务本身具有高度复杂性和数据敏感性,而生成式 AI 带来了新的技术安全风险挑战,金融业尚未健全生成式 AI 应用创新的风控管理机制,难以及时有效地化解相关风险。

2. 基础大模型的选型及评估存在困难

自 ChatGPT 引起业界高度关注后,国内外科技巨头纷纷加大了对大模型的研发和投入,大模型相关产品和服务迎来了爆发式增长,金融机构难以全面了解各类庞杂的产品来选取适合自身的基础大模型。在此背景下,大模型评测已成为行业热点问题,据初步统计,目前行业内关于大模型基准测试或特定任务的测试数据集已多达 200 余项。

然而,现有的大模型评价基准覆盖面不够广泛,公允度不足,难以满足不同场景和任务特征的测试,随着大模型技术迭代,推动其金融应用的商业模式和产业链分工持续更新,行业应用共识难以形成,可广泛接受的面向金融领域的评价基准研制进度也随之减缓。同时,大模型支撑多个场景或服务的特定任务,其测评指标非常复杂,测试数据集设计构建与更新维护难度大、成本高,检测工具、检测环境等配套设施尚不健全,且部分任务需要人为评估,阻碍了大模型金融场景的应用进程。

3. 缺乏高质量金融训练数据

数据是生成式 AI 训练的基础,为了切实解决金融业务问题,需要大量高质量、多领域的金融数据基于业务属性对生成式 AI 进行增量训练。然而,金融领域知识的存储形式繁多,包括影像件、PDF、Excel 等多种格式,需要对其中重复、低质量、虚假、不合规的内容进行过滤,数据集预处理工作难度很大。针对各种业务难点、要点问题的解答还需要搜集大量专家经验,以保持模型的准确性和有效性,而这需要金融机构投入大量人力和时间。

而数据集不具备自我更新机制,对生成式 AI 进行增量训练导致模型预测存在明显的滞后性,影响决策的准确性和稳定性。例如,GPT-4 的知识库更新截至 2021 年 9 月,后续信息无法被用于学习,可能出现推理错误的情况。

4. 算法可信度和安全性有待提升

生成式 AI 本质上是寻求一种基于概率论的全局最优解,难以保证输出结果的准确性、可控性和专业性,因而可能会出现"答复正确的废话"或者"答非所问"等现象。例如,大模型生成的观点引用的参考文献可能并不存在。虽然模型的准确性随着训练数据量的增长有一定的提升,但并不会无限提升,即使有了大量的训练数据,因为模型结构、解码算法、暴露偏差等原因,生成式 AI 仍可能出现"幻觉"现象,在关键环节直接使用该内容而不做验证可能会给金融机构带来极大风险。

同时,生成式 AI 缺乏透明度、可解释性和一致性,其算法模型的不透明性导致模型决策的过程难以验证,其运行规律和因果逻辑难以解释,进而导致模型中可能存在的偏见、歧视和错误无法被准确识别。生成式 AI 对同一问题会生成不同的输出,难以保证回复的质量和条理是一致且优秀的,难以直接应用于数据准确性要求高、业务流程复杂度高的金融场景。

此外，由于金融场景涉及大量敏感信息，如个人身份信息、交易记录等，大模型在输入输出过程中可能会增加数据泄露及隐私侵犯风险。特殊的提示词构造、逆向工程等手段可能被非法用于攻击生成式 AI，绕过内容过滤模块，使攻击者获取超出权限范围的结果，甚至窃取大模型的所有权和使用权，肆意修改模型代码或参数，使其生成不准确、不公平、不合规的恶意结果。

5. AI 算力生态建设不完善

以 ChatGPT 为代表的大规模深度学习预训练模型，其参数量和数据量达到了一定量级，训练和推理需要足够的算力支撑。由于金融数据敏感度高，金融机构普遍选择私有化部署生成式 AI，而构建、训练、优化生成式 AI 需要耗费大量高性能的计算资源和存储资源，供不应求的市场关系导致 AI 芯片单价居高不下，给金融机构，特别是一些中小金融机构，带来较大的成本压力。同时，中国 AI 芯片目前仍与国际领先水平有明显差距，存在计算能力不足、算力调度不灵活、芯片制程工艺受限、与生成式 AI 兼容适配性不够、产业生态不完备等问题。金融机构和产业链生态伙伴正在做积极的探索。

6. 组织管理面临的挑战

随着金融智能化转型，金融机构的组织可能会出现三类 AI 机器人。第一类是 AI 助手在后台支撑，例如，运维智能化、指标数据智能化的场景。第二类是 AI 员工作为一线员工提供服务，例如，对内技术支持或对外客服，这类场景需要在组织内成立专属团队，对这类 AI 员工做持续微调训练和知识库更新，使能 AI 员工提供更精准的服务。第三类是领域 AI 顾问，例如，财富管理领域 AI 顾问为每位理财顾问提供教练式服务。

如何将 AI 机器人分层分类地统筹纳入组织资源管理，包括岗位设置、持续知识培养以及安全合规管理等方面，是金融机构必须持续探索的难题，其中最关键的是分清哪些领域最可能需要 AI 机器人，哪些领域非人类莫属。

10.2 金融智能化参考架构和技术实践

10.2.1 金融智能化参考架构

如图 10-2 所示，金融智能化的愿景是实现无处不智的金融服务，实现更智能、更精准的普惠、绿色、养老等战略目标，提升智能交互体验，为智能营销、智能风控、智能运营、智能客服、智能投研、智能投顾等金融业务提供智能引擎。实现的技术手段是加速数据智能化和应用现代化，并以智简韧性的基础设施作为坚实的支撑。

接下来，从加速数据智能化、加速应用现代化、助力业务场景创新、筑牢基础设施韧性 4 方面展开说明智能化架构的落地实践，并在 10.3 节围绕智能营销、智能风控、智能运营、智能客服、智能投研、智能投顾 6 个场景来说明金融智能化的价值场景。

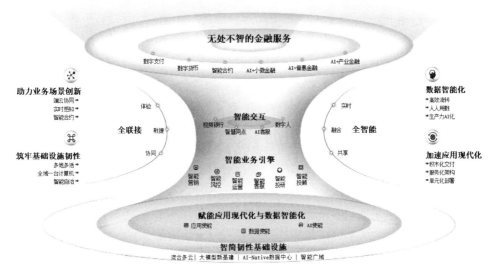

图 10-2　金融智能化的参考架构图

10.2.2　智能化架构落地实践

1. 加速数据智能化

当前金融业数字化转型愈加深化,用数赋智水平稳步提高。作为金融机构核心资产,数据也从"支撑使能"向"价值赋能"升级。数字化转型之一就是提供以客户旅程为中心或者以场景为中心的金融服务,这要求金融机构各业务条线能够从客户的视角,用数据穿透部门墙,实现实时洞察、分析和决策的自主用数。为实现这一目标,需要解决三个难点:一要解决全局数据一致性的难点,即解决数字化表达与其对应的业务语义之间的精准映射,且在全局各业务条线上达成一致;二要摒除以组织为视角的数据探索与消费,解决从同一客户视角,穿透组织,洞察客户的旅程;三要解决人人用数门槛太高的痛点,即人人需要掌握报表制作和数据挖掘 SQL 语句等工具,做到自主用数。

难点一的解决之道如图 10-3 所示,解决全局数据一致性的方法论就是从业务出发,即从数字化转型战略解析到业务指标,再由此分解到业务价值流,并从中定义出业务对象,最后由业务对象转化为数据湖中的物理表,完成数字化表达和处理,至此,完成了从业务语义到数字化表达一致性的梳理。

例如,在零售"AUM(Asset Under Management,管理资产规模)"的基础上增加"MAU(Monthly Active User,月活跃用户)"一个业务指标,并将业务指标拆解

图 10-3　全局数据一致性的方法论

到若干业务价值流——一组端到端的创造价值的活动集合。

例如，为跨境商户提供秒批秒贷的金融服务的业务价值流，包括从互联网进件到大数据风控，再到自动化审批，然后完成远程面核面签，最后实现提还款全线上化服务的价值流，每个环节都为金融机构带来增值。在业务价值流中不可或缺的重要人、事、物信息，如进件、风控规则、远程面核录音录屏等称为业务对象。业务对象的数字化表达称为逻辑实体，它与数据湖中的物理表映射，从底层保证了业务语义与数字化表达的一致性。

难点二的解决之道是摒除以组织为视角的数据探索与消费，实现以零售场景为视角，从聚焦前端营销，延伸到信贷、风控、运营；或者从客户视角，穿透部门墙，从聚焦零售，延伸到零售 2C、对公 2B（含对机构 2G），洞察其旅程。为此，需要新一代的数据底座架构（如图 10-4 所示），为人人用数提供全局的完整清洁的 5 种数据主题连接方式：以场景如零售为中心的连接、以对象如客户为中心的连接、全局标签、全局指标和数据的算法模型。而支撑这 5 种连接，构建一个完整清洁且保证数据表达与业务语义一致性的数据湖，必须遵循以下入湖六原则。

（1）明确数据所有者，即数据的生产者、所有者或数据争议的裁决者，也是数据质量的第一责任人，负责对入湖的数据定义标准和密级，制定数据管理路标，持续提升数据质量。

（2）发布数据入湖标准，即金融机构全局层面对入湖数据的共同理解并遵守的数据含义和业务规则。

（3）认证数据源，对首次正式发布的数据需经过数据管理专业组织认证，作为金融机构唯一数据源头被调用。

（4）定义数据密级，由数据所有者审视入湖数据密级的完整性，以及共享范围。推动数据在安全合规的基础上流动，释放数据价值。

（5）由数据所有者评估数据质量，推动源头数据质量提升，以满足数据消费对数据质量的要求。

（6）完成元数据注册，将业务语义到数字化表达进行关联，通过实现业务语义搜索或消费数据，实现数据全局一致性的要求。

难点三的解决之道是通过生成式 AI 的人机交互以及机器与工具的交互能力，降低人人用数的门槛，使业务人员无须掌握各种工具也能进行多维度、细粒度的探索与分析。现在业务人员在实时探索、分析、预测、决策时主要有两种做法。第一种是由业务部门自行探索和分析，这需要业务人员掌握一系列工具，如 SQL 分析语言、PPT 工具、搜索工具、报表制作工具等，不仅烦琐且输出质量大相径庭，有些机构为此甚至为业务人员配置了 IT 专员，直接导致了人效比的降低。第二种做法是将需求提交给 IT 数据专员，但 IT 数据专员对业务语义的理解不够深入，对指标背后的业务逻辑也不够清晰，导致 IT 数据专员与业务部门之间需要往复沟通和校准，无法满足业务部门快速响应的需求，也直接降低了两个部门的工作效率。

现在，生成式 AI 优秀的上下文阅读理解和 SQL 生成能力，可以实现文字指令到 SQL 代码的直接转化，业务人员无须了解 SQL 技术与编程知识也可轻松完成数据查询等工作。

图 10-4　数据底座架构图

此外,通过生成式 AI 与 BI 等应用系统相结合,可以实现报表自动生成,可视化地展示数据查询分析结果,使非技术人员更直观深入地理解和利用数据,降低技术门槛。

各金融机构加速数据智能化的实践如表 10-1 所示,数据智能化加速数据从"支撑使能"向"价值赋能"升级,通过全局数据一致性的方法论,构建以场景为中心或者以客户为中心的新一代数据底座,并通过生成式 AI 技术,降低用数的门槛,赋能人人用数,加速实现更精准地为普惠、助农、绿色、养老等重点领域服务。

表 10-1　加速数据智能化示例

机构名称	案 例 简 述
平安银行	基于 BankGPT 大模型的金融理解能力,为业务人员和管理人员提供即时数据分析服务,实现提问与回复的无缝对接
上海银行	在数据分析时,探索将大模型与行内经营管理工具有效结合,支持用户通过自然语言就经营指标自由提问,降低数据分析门槛
中信证券	基于大模型技术快速构建股价预测等模型,通过输入自然语言即可生成相应 SQL 查询语句,满足用户数据查询需求

2. 加速应用现代化

当前金融核心业务由消费互联向产业互联、万物互联演进持续深化。在同业竞争日趋激烈、商业机会和业务创新的窗口期越来越短的情况下,对智能高效的交付能力,包括敏捷开发和快速迭代,以及上线后稳定可靠地运行等提出了新需求。

加速应用现代化体现在以下 4 方面,如图 10-5 所示。

(1) 基础设施现代化。多家金融机构基于未来科技发展趋势、运维智简和资源的弹性灵活等维度陆续提出支持全面云化或者容器化的现代化金融基础设施,满足大规模可扩展、多中心的容灾、一云多芯多池能力,由"面向云迁移应用"的阶段演进到"面向云构建应用"的阶段,即由"以资源为中心"的资源服务演进到"以应用为中心"的云原生基础设施阶段。

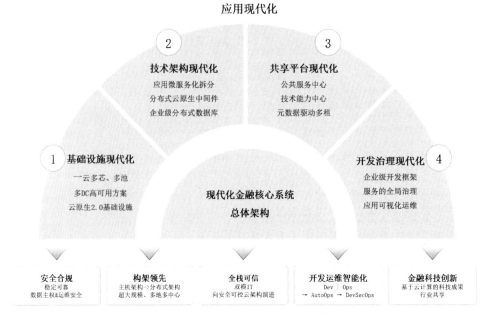

图 10-5　现代化金融核心系统技术体系

（2）技术架构现代化。表现在从集中式架构的技术栈向分布式架构的技术栈演进，包括但不限于核心业务重构、微服务化组件、分布式数据库等。

（3）共享平台现代化。以往金融机构更关注功能的有无，缺乏对机构的能力沉淀与共享。共享平台现代化实现 4 个共享能力：一是以业务公共服务为中心的能力，将用户中心、账户中心、产品中心、认证中心等业务资产进行能力沉淀，并通过流程/模型支持用户快速构建金融产品；二是公共技术组件共享的能力，例如，共享分布式技术栈，不限于分布式中间件、分布式数据库等；三是以应用为中心的全链路数据中心设备的智能监控运维能力；四是元数据多租能力，实现兼顾业务定制、隔离、共享的多租软件构建。

（4）开发治理现代化。利用生成式 AI 的代码生成功能，实现无代码或低代码开发，将智能模型与工具贯穿于产品开发，借助业务开发运维一体化、MVP（Minimum Viable Product，最小化可行产品）等方法，以"小步快跑"的方式构建低成本试错和快速迭代的交付能力。

智能化在加速应用现代化过程中展现了巨大的潜力，将"平台＋服务"逐渐演变为更加智能化的"平台＋服务＋AI"模式。根据 GitHub 的一项研究表明，实际代码编写时间只占整个应用软件交付的 26％左右。AI 在加速代码编写方面具有显著的优势，可以消除许多重复的任务。然而，仅考虑 AI 帮助编写代码是远远不够的，更需要考虑将 AI 应用到整个软件工程中（设计态、开发态、运行态、运维态）难点和痛点的解决，全面提升分布式新核心应用现代化的高速和高质量的交付。

1）在设计态提升软件架构设计质量

在软件架构和设计中一个难点是考虑到所有的跨功能问题，如安全性、可访问性和性能等方面。经验丰富的软件架构师可以在面对 20 个问题时,准确判断其中 14 个与当前情境无关,而剩下的 6 个问题则很重要。相比之下,缺乏经验的软件架构师可能会把所有 20 个问题都视为需要解决的难题,最终导致开发出难以使用的软件。然而,通过利用生成式 AI 和持续地构建知识库,初级软件架构师可以借助生成式 AI 获取问题的答案,从而在设计阶段就能够提升质量,为后续的开发和交付团队提交高质量的跨功能软件设计。

2)在开发态提升软件生产效率

(1)提升代码生成效率。在金融现网中沉淀了不同语言编写的软件,如 COBOL、C 和 Java,作为应用现代化的从业人员,可能还需要学习 Ruby、Python 等语言。以往,当遇到代码异常告警时,常需要通过搜索软件,然后再在程序设计的问答网站上寻找答案。然而 AI Copilot 工具的出现,可以帮助回忆起已经模糊的软件知识,消除很多重复性任务,在集成开发环境中提供上下文,即可获得答案,从而加快代码生成的效率。

(2)加速定位与排除软件缺陷。无论是用 DevOps 开发运维一体化还是瀑布式开发,机器学习和自动推理都可以识别代码中的漏洞,提供修复漏洞的建议。生成式 AI 可以总结过去上百次提交的代码库中的所有变化,帮助软件开发者进行分析和发现问题,加速定位与排除软件缺陷。

(3)提升软件应用现代化改造的效率。在分布式新核心的应用现代化改造中,由于历史上的软件开发者早已不再继续负责,新的软件开发人员可能需要花费三倍甚至四倍的时间来理解原有代码。借助生成式 AI 技术,可以将大型计算机上的传统 COBOL 应用程序转换为更现代化的 Java 应用程序代码,逐步实现大型计算机上的应用软件现代化。

3)在运行态提升应用软件的可靠可用性

实现分布式新核心的应用软件的稳定可靠和可用,是金融行业的基本要求。与以往单体应用只需通过规格测试评估可靠性水平不同,分布式新核心的应用现代化要面对更多的组合场景,甚至是未知的组合场景,如多种不同的交互方式。此外,它还要面对更复杂的系统观测点,如不同业务逻辑下观测点不同,需要明确哪些对业务的影响是致命的,哪些会产生连锁影响,还有哪些可能埋下隐患。

为了应对这一挑战,采用混沌工程技术去解决已知场景的未知故障、未知场景的已知故障,甚至是未知场景的未知故障是一个值得探索的方向。混沌工程技术是通过识别影响可靠性和稳定性的因素变量,通过随机编排的混沌模型(如基于因子的多种组合),通过搜索快速收敛的方式,实现更有效的混沌模型编排,开展可靠性试验,实现覆盖更多场景的随机问题。最后,通过端到端的自动化执行,实现对多种复杂场景的可靠性和可用性的监控和评估。进一步还可以采用 AI 的检索增强生成技术,更有效地应对未知场景的未知故障。

4)在运维态提升应用的鲁棒性

与传统的运维方式不同,分布式新核心的应用上线后稳定可靠地运维,需要以应用为对象,系统化、全链路、端到端地定位问题,包括但不限于应用软件、数据库、各种分布式技术组件、网络、存储、计算等。借助 AI 技术实现全链路问题识别和智能根因分析,最终实现 1min 感知故障、3min 定位根因、5min 故障恢复的运维模式,详情见 10.4.9 节。

各金融机构通过智能化加速应用现代化的实践如表 10-2 所示。

表 10-2　智能化加速应用现代化示例

机构名称	案 例 简 述
农业银行	基于行内多个系统的代码和代码规范微调大模型，实现 Java、Python、JavaScript、SQL 等语言的代码生成、补全和解释，面向行内研发人员在前端、后端、单元测试等研发场景提供 AI 辅助编程服务，提升开发效率
民生银行	探索运用大模型技术提供高质量代码编写、代码补全等功能。推动分析平民化，提升代码编写效率和质量
兴业银行	将大模型嵌入行内开发 IDE，探索基于大模型技术实现代码辅助生成，提升开发效率和代码质量
上海银行	在软件开发过程中，运用大模型技术实现代码补全、纠错、注释等辅助功能；在代码测试时，运用大模型自动生成测试案例，提升测试效率和案例覆盖度
国信证券	运用大模型代码生成能力，辅助 IT 人员、产品经理、运营人员完成代码编写、数据分析、代码校验等工作，提升系统开发等内部工作效率

3．助力业务场景创新

智能化助力业务场景创新，捕捉更深层次融资需求，定制化数字信贷产品，确保资金精准融入实体经济的"关键动脉"。

1）农业金融

在农业金融领域，金融机构通过人工智能和大数据等技术，借助遥感卫星、气象卫星，可以实现对小麦等大田农作物在贷款周期内的资产管理服务。贷前阶段，可以通过分析地块边界和历史气象灾害记录，评估贷前的业务真实性风险，并实现对融资需求的精准授信。贷中阶段，通过卫星遥感和人工智能监测农作物的长势，并进行产量预估，规避欺诈风险。贷后阶段，预测收割周期，实现及时催收回款。通过贯穿全周期的智能化手段，实现精准服务农业全流程生产。

2）绿色金融

在绿色金融领域，金融机构利用智能识别技术可以提升碳足迹计量、核算和披露水平，在依法合规和风险可控的前提下，为企业提供绿色信贷、绿色债券和绿色保险服务。

绿色金融大致可分为两类。一类是绿色债券，即为特定目标筹集资金用于可持续发展项目，如可再生能源项目；另一类是与可持续发展相关的贷款，其利率与特定的 ESG（Environmental、Social and Governance，环境、社会与治理）目标挂钩，支付的利率与特定指标挂钩，如 PUE（Power Usage Effectiveness，电能使用效率）、碳排放量或用水量。

金融机构在开展绿色金融业务时，需要精准了解企业的经营活动或产品的绿色程度。但是，从产业、项目、产品等多维度都有不同的绿色政策的发布，人工处理费时费力且对从业人员的知识模型提出了非常高的要求。通过 AI 可以对多渠道的政策法规（如《绿色产业指导目录》《绿色债券支持项目目录》以及地方政府为鼓励绿色发展出台的补贴政策）以及金融机构的绿贷规则库，进行智能匹配，满足企业多样化的需求，拓展绿色金融服务的深度与广度。

3）动产融资

在动产融资领域,金融机构通过应收账款融资、存货抵质押融资等服务促进产融结合,提升服务实体经济质效。

在应收账款融资场景中,资金流动性不畅的一类内因是账期问题。无论是核心制造企业还是物流供应商,必须依靠渠道经销商或消费者的购买完成价值变现,收回资金后才能支付给相关配套企业,通过对企业 ERP 订单、发票、物流的综合记录,融合区块链和 AI 等技术,可以构建模型穿透生产链、商流链、物流链、支付结算链、消费链,实现对应收应付的对冲、质押、流转、拆分,增强资金流通性。

存货抵质押融资场景中,面临货品价值难估、货难管、难以处置等风险痛点,通过机器视觉和物联网技术,实现对动产物品的货堆进行数量统计和入出库的监控,帮助金融机构看住货,实现对交易标的"物的信用"监控,并与核心企业"主体信用"以及交易信息"数据信用"一体化协同管理,精准为仓储物流企业提供金融服务,详情见 10.4.7 节。

4. 筑牢基础设施韧性

构建智能化基础设施是一个复杂的系统性工程,需要通过"算-网-存-云"协同,从高性能集群训练、高可靠模型保护、高效率绿色节能三方面,为智能化提供澎湃算力。

在高性能集群训练上,提升节点互联效率,将 token 处理时延降低至 100ms 以内;在高可靠模型保护上,实现"无感断点续训",将训练中断时间从天缩短到分钟级;在高效绿色节能方面,通过全液冷集群和多租户资源共享,实现网络能效比从 0.1 提升到 0.5PFLOPS/kW(每千瓦浮点运算次数)。此外,降低模型训练和推理的资源消耗也非常重要。

10.2.3　智能化的技术实践

1. 智能化技术实现深度解析

为了深度解析智能化技术的实现,本节分享一个适用于金融机构内部 IT 客服的场景。在这个场景中存在一些典型痛点,IT 工单处理是重复单调且琐碎的任务性工作,且从业人员流动频繁,新人培养周期长达 6 个月。为实现工单量与人力投入的解耦,即在业务量持续增加的情况下不增添人力,提升人效比是非常关键的。具体的解决思路是借助生成式 AI 的泛化能力和语义理解能力,通过知识学习和人工训练,提升作答效率,从而实现人效比的提升。

下面将通过深度解析 AI 客服知识助手是如何建立的,并逐步介绍通过不同的智能化技术,把作答准确率从 2% 提升到 83%。

(1)选择某个基础大模型并接入 API 利用其广域知识,直接提问 IT 问题,但 AI 作答的正确率只能达到 2%。

(2)增加提示词技术,要求基础大模型模拟客服作答要求和习惯,并限定答题范围。例如,在提示词中输入"作为智能客服,负责安全、可靠、公正地回答 IT 问题",AI 作答准确率略有改善,达到了 17%。但这个阶段"幻觉"问题较严重,模型会一本正经地胡说八道,无法有效约束模型回答的内容与范围。

（3）提炼现有知识库并加强领域知识，并采用人工智能的 RAG（Retrieval-Augmented Generation，检索增强生成）技术。AI 客服助手首先检索企业自身的外挂 IT 知识库，与用户给出的上下文相关的内容合并之后，嵌入语言大模型中，再由其根据自身认知做出回答。这类似于给 AI 知识助手提示已知内容，让它进行开卷考试的训练，这样能够很好地缓解"幻觉"问题，AI 作答准确率大幅提升，达到了 58%。

（4）进一步采用微调与人工标注的技术。让人工手把手教会大模型做题，教它理解问题的意图，包括 4 个循环往复的步骤：构造问题、标注答案、模型微调、测试评价反馈。长此以往，大模型将掌握标准的问答方法进行回答。此步骤应先在小范围内试点应用，同时要制定标注的标准，例如，动宾结构、主谓结构、主谓宾结构等标准化的写法，使得每个标注员的标注质量达到一致，通过微调和人工标注的技术，AI 作答的准确率进一步提升到 76%。

（5）冷启动后开始常态化试运营。客服人员将模型的作答与作业流程进行整合，在客服作业时，AI 作答的答案先推送到客服人员的输入框中，由客服人员检查其作答的可信度，如果不满足就进行修订，并将该修订的结果作为新的输入标注。从以前座席团队全员在一线进行问题工单的处理，到现在由 AI 客服助手与标注人员共同组成客服团队，由标注人员不断地向 AI 客服助手赋能，站在 AI 客服助手的背后，完成 AI 客服助手的好坏样例的区分，并对关键知识拾遗补漏，整个过程称为"作业即标注"，作业过程就是 AI 标注的过程。通过这种方式可以快速驱动 AI 客服助手的迭代，AI 客服助手的作答准确率继续提升到 83%。

（6）回到人效比提升目标，需进一步对齐现实世界。在 AI 客服助手能力开放后，只有26% 的问题被高质量地采纳和引用，提升的人效比有限。其根因一是在实际 IT 客服中，不是每个工单都是一问一答，且回复内容有的是安抚客户，有的是确认信息，有的是还需追问，单纯问答的情况并不多；二是现实世界中，很多问题不是直接一问一答就能结束，还需要很多外界的信息补充。因此，问题的上下文成为关键核心，从问题上下文中提取问题主干，然后通过向量检索技术，从知识库中找到合适的知识切片，再对知识进行作答。人工座席会在作业过程中对生成的内容进行采纳或是驳回，采纳或者修订后的知识，将直接流转到案例中心，再由案例中心最终流转到领域知识库。如此往复，与现实世界越对越齐，使能 AI 客户助手能够承接越来越多的面向一线的任务。

2. 智能化技术实现的三阶九步方法论

智能化技术实现的三阶九步方法论，如图 10-6 所示。

1）阶段一：明确业务目标、场景识别与选择

（1）明确业务目标。如提升人效比、提升月活跃用户数、智能识别传导路径等。

（2）场景识别与选择。确定智能化的起点场景是关乎金融机构的机会成本与投资节奏的重要问题。基于领先金融机构的实践和探索，可以从以下三个步骤进行判断。

① 场景识别。在场景识别方面至少可以按照以下三个维度评估：对业务的价值贡献排序、对业务影响急缓排序以及对业务效果影响大小排序。通过按维度进行排序，可以识别出对业务贡献最大、影响较快、效果较好的场景，优先考虑进行智能化。

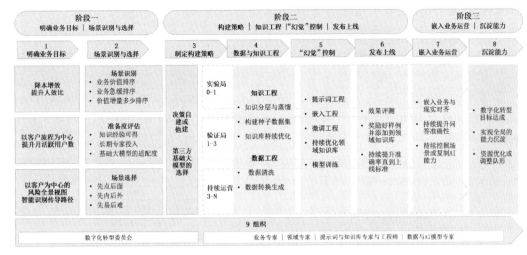

图 10-6　智能化技术实现的三阶九步方法论

② 准备度评估。在准备度评估方面至少可以按照以下三个维度评估：该场景下的领域知识与业务经验是否可得；识别哪些专家的知识与实践经验，可供长期地训练 AI 助手、AI 员工甚至 AI 顾问；技术匹配度，如果选择第三方基础大模型，要识别第三方现有能力以及演进的能力，例如，模型是否一次性接受 100 页的内容还是 200 页的内容。

③ 场景选择。在场景选择方面可以按照先点后面、先内后外、先易后难的原则进行。

2）阶段二：制定构建策略，实施数据与知识工程，控制"幻觉"，达到发布要求上线

（1）制定构建策略。在构建金融场景大模型时，可以使用已有的开源模型进行构建，也可以选择一个适合自己需求的基础大模型。本节主要讨论第二种选择，即如何选择适合自己的基础大模型。基础大模型的选择可以包括但不限于以下 4 方面的评估。

① 模型的边界。模型的边界由"喂养"模型的上游数据源决定，其中包括但不限于两方面的因素。首先是数据来源及其数据的构成，例如，BLOOM 是在 46 种自然语言和 13 种编程语言上训练的 1760 亿参数的大语言模型，在模型选择时金融机构需了解其中有多少中文语料和多少金融通识数据。其次是训练大模型的参数规模，例如，智谱 AI 发布了 ChatGLM2，包括 6B、12B、32B、66B、130B 多种参数规模。当前金融机构主要考虑的是百亿或者千亿级别的大模型，其中，千亿大模型比百亿大模型在知识问答、阅读理解、逻辑推理、文章撰写等复杂与专业任务上有显著提升。

② 模型的能力。在评估模型的能力时，金融机构需要考虑以下几个因素。

- 根据金融机构的发展阶段，考虑选择单模态的大模型还是多模态的大模型。单模态大模型专注于处理单一类型的数据，例如，只处理文本的自然语言大模型或只处理图像的视觉大模型等。而多模态大模型则可以同时处理图像、文本等多种类型的数据，例如，以文生图或以文生视频等。
- 金融机构需要考虑基础大模型是否可以提供解耦的能力，在基础大模型的多个能力中，可以按需选择需要的能力，如问答能力、生成能力、理解能力、代码能力、视觉能

力等。

- 金融机构需根据实际需求来评估一次性输入的最大文本页数，这将影响对基础大模型的最大上下文窗口要求。例如，GPT-4 Turbo 模型支持最大 128K 的上下文窗口长序列，相当于一次性摄取一本 300 多页书的内容。

③ 模型的透明度。2023 年 10 月，CRFM（Stanford Center for Research on Foundation Models，斯坦福基础模型研究中心）和 HAI（Stanford Institute for Human-Centered Artificial Intelligence，斯坦福以人为本人工智能学院）共同发布了 *The Foundation Model Transparency Index*（《基础模型透明度指数》），该报告将基础大模型的透明度指数拆解为上游、模型和下游三大类，包括 100 个指标项，如图 10-7 所示。

上游透明度指标 32		模型透明度指标 33		下游透明度指标 35	
数据源	10	基础信息	6	发布	7
人力	7	接入	3	使用策略	5
数据接入	2	能力	5	模型行为策略	3
计算	7	风险	7	用户接口	2
方法	4	降低风险	5	用户数据保护	3
降低风险	2	可信赖性	2	反馈	3
		推理	2	社会影响	7
				文档	2

图 10-7　基础大模型的透明度指标参考

- 上游透明度指标，指构建基础大模型所涉及的成分和过程是否公开披露，包含 32 项指标。涉及但不限于是否公开披露以下内容：基础大模型的数据量、数据源、数据创建者、数据监管过程、数据版权和许可、接入机制、毒素的降低手段、有害数据的过滤、个人信息的过滤、隐私风险的降低、版权风险的降低等。
- 模型透明度指标，指基础模型的属性和功能指标是否公开披露，包含 33 项指标。涉及但不限于是否公开披露以下内容：文本、音视频、图像、表格和图的输入与输出方式与大小、模型接入方式、模型能力与功能对于公众来说清晰易读且无须专家指导、模型评估基准、模型的限制条件、模型风险包括无意或故意的伤害、偏见、毒性等、降低模型风险的可能性及风险缓解措施、模型精确量化的可信度、模型推理持续时间以及对算力的要求等。
- 下游透明度指标，指模型是如何被发布和使用的，包含 35 项指标。涉及但不限于是否公开披露以下内容：模型发布流程、发布渠道、模型的产品与服务描述、模型许可、模型的服务条款、明确模型允许、限制、禁止的使用条件与策略、使用的政策申诉机制、允许、限制、禁止的模型行为策略、使用模型行为策略的互操作性、模型的用户接口、提供足够的透明度和公开使用免责声明、用户数据保护允许与禁止政策、模型升级版本协议、用户应如何响应迁移到较新的版本、模型应用反馈机制与政府问询、模型社会影响、尽最大努力实施的模型监控机制、依赖模型应用对市场板块与个体的影响、适用地理范围、为模型应用提供文档,包含专用文档信息的 GitHub 库、功能、限制、风险、评估、分销渠道、模型许可、使用策略、模型行为策略、反馈和补救机制、依赖关系,以及 API 设置调整为可促进负责任的使用等。

截至 2023 年 10 月,应用基础大模型透明度指标对现有的基础大模型评估后显示,即便是最高分的 LLma2 模型的满足度也仅有 57%,这表明在上游对数据的披露以及下游模型发布对使用者的影响等方面的透明度还需大幅提升。

④ 满足社会价值观。遵守社会价值观是底线,价值观要沿着数据工程与算法工程两条路径,贯穿模型构建的全生命周期进行。在预训练阶段,导入价值观数据,制定具有价值观的提示词;在强化学习阶段,基于价值观问答对进行排序,让模型优先采用正能量答案;在上线推理阶段,对涉及核心价值观的用户问询,进行分类匹配,模板化生成回复,如图 10-8 所示。

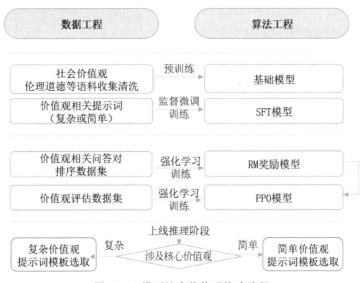

图 10-8　模型社会价值观构建路径

（2）实施数据与知识工程。要对现有知识进行梳理,根据场景思考并制定一把"尺子",以衡量哪些知识是需要被提取的,哪些知识是值得被提炼的,这直接影响模型的知识边界。持续刷新的知识库是金融机构的核心价值资产,建议金融机构要统一构建知识分类架构,明确责任人,完善知识生命周期管理机制,以及质量标准和运营标准。

（3）"幻觉"控制。提示词设计要标准化,定义好提示词规范,如任务背景、任务目标、使用场景、设定角色、业务规则、输入输出、角色与职责以及任务步骤。提升项目组全员标注效率和质量,包括但不限于制定标注规范,指导人工标注,形成 AI 训练操作白皮书,并制定评测规范标准和准出标准;保留完整性信息是标注准则,如产品名称、规格、技术、名词等;标注还要与原意保持一致性和原有称谓,禁止对描述内容进行演绎;标注还要遵守不增不减原则,禁止增加原始问题中没有的信息或减少原有信息。微调过程,将好的样例保留,并丰富到知识库,持续优化知识的准确性和丰富性。

(4)发布上线。通过效果评测,制定上线的基准,如作答准确率超过 85%。上线之后,进入试运行阶段,在这个阶段,主要观察业务实际使用中的效果,并通过奖励模型,持续对齐现实世界。

3)阶段三:嵌入业务运营并沉淀能力

(1)嵌入业务运营。经过一段时间的试运行达到稳定上生产基准,就可以考虑嵌入现有业务流程或应用系统。

(2)沉淀能力。提示词、问答对、领域知识库等作为金融机构的重要价值资产,进行安全合规管理,制定分享范围。对从事模型训练的专家或工程师的能力,要转化成组织能力而不是个人的能力。

(3)组织保障。建议在数字化转型小组的领导下,成立跨部门的联合小组,持续投入耕耘,逐步构建 AI 机器人与员工协同工作,共同为金融机构的降本增效和持续创新贡献力量。

10.3　金融智能化的价值场景

当前阶段,如何探索安全合规、惠及全组织、能负担、可达成的生成式 AI 的应用场景,是金融机构最迫切需要解决的问题。

生成式 AI 时代,通过海量信息和上下文的学习,实现了"做选择题"的传统 AI 跃升到"做问答题"的生成式 AI 时代。从金融机构的视角来看,生成式 AI 主要发挥其内容生成、快速检索、审核校验、人机交互四大能力。

基于金融机构业务流程及当前主要场景探索实践情况,可以将金融智能化的价值场景分为智能营销、智能风控、智能运营、智能客服、智能投研、智能投顾等领域。

10.3.1　智能营销

1. 场景描述

传统的营销模式依赖传统媒体渠道,与客户间缺乏互动和即时反馈,导致目标客户营销精准度较低,很难评估营销活动对产品销售和品牌宣传的影响,效能也较差。金融机构营销场景贯彻各环节,线上线下营销活动种类多、物料更新频次高,但当前物料生产能力难以满足一线运营经理个性化营销的设计需求和时效要求。此外,在营销过程中,客户没有参与感,处于被动获取信息的状态,无法满足个性化需求。

随着金融科技的快速发展和竞争加剧,金融机构正重构营销体系,逐步从"以账户为中心"转向"以客户为中心",实施客户全周期管理,以提供更加精准的产品和更优质的服务体验。

2. 场景智能化价值

通过利用传统的大数据分析和机器学习算法,金融机构可以深入了解客户的消费习惯、偏好和行为模式,把握市场趋势和客户需求。

　　将人工智能与大数据技术融合,通过金融机构全域数据、全量用户、全产品数据学习训练,获取最优参数模型,帮助金融机构更精确地识别出潜在的高价值客户和目标群体,主动识别客户需求,根据客户的消费习惯和偏好,自动精准匹配产品。通过对海量数据的学习分析,AI 算法模型可以发现潜在的市场机会和趋势,帮助金融机构及时调整营销策略,更好地挖掘商机。例如,通过对社交媒体平台上的用户评论和反馈进行分析,AI 算法可以预警客户对产品或服务的满意度和需求变化,从而帮助机构快速做出反应并进行相应的改进。

　　随着生成式 AI 时代的到来,金融机构数字化营销将实现客户需求与商机主动挖掘,并通过人机互融,带给客户沉浸式极致体验。通过对话式营销,大模型可优化客户参与度,提升服务的效率与质量,引导其做出决策。此外,随着投资者数据、产品知识和营销文案的不断积累,大模型技术可以从海量信息中检索词条,并提炼整合,可针对特定客户实现贴心、高质量、有创意的精准营销,支持快速生成个性化建议和推荐,并构造相应的图文推广,进一步提升客户转化率和营销效率,为客户提供更加全渠道、个性化、有温度的金融服务。

3. 场景智能化行业探索

　　以某股份制银行为例,该银行通过构建大模型营销人员话术培训系统,提升行员专业能力。系统结合用户特点,生成个性化营销文案,打造 KYC(Know Your Customer,了解你的客户)营销方案,利用基础大模型结合金融业语料进行适应性训练后,可辅助生成营销话术和营销文案,帮助客户更快地获取最新资讯和产品的信息,在一段时间内阅读量能增加约 50%,提升客户黏性和业务转化率。

　　在差异化产品服务方面,该行精准识别对萌宠情有独钟的客群,利用 AI 绘画技术打造业内首创的专属个人萌宠信用卡面,带给用户更加个性化的产品体验。"经营分析助理""信用卡面设计师""首席体验官"等一批基于大模型的数字员工正陆续上岗,让人人都能拥有专属金融助理。

　　银行业及保险业在智能营销上的实践,如表 10-3 和表 10-4 所示。

表 10-3　银行业营销智能化实践

机构名称	案 例 简 述
平安银行	构建 BankGPT 大模型,针对不同客户批量生成个性化营销文案,助力多媒体运营团队实现自动化 FAQ 抽取,提升客户黏性和业务转化率,为营销运营团队提供支持
民生银行	探索运用大模型技术检索知识库、产品库、聊天记录等信息,识别客户真实意图,自动生成个性化营销文案及各类分析报告,提升营销成功率

表 10-4　保险业营销智能化实践

机构名称	案 例 简 述
平安保险	基于大模型自然语言交互和内容生成等能力,识别客户需求,辅助生成保险产品营销素材,并根据客户标签属性、个人医疗史和分线因素,提供针对该客群的个性化保险方案及推荐话术,协助产品精算人员制定保险方案

10.3.2 智能风控

1. 场景描述

风险控制是金融业的核心要务，覆盖风险传导识别、反欺诈、合规审查、舆情分析等领域与环节，每个领域、每个环节的风险控制对于金融机构的业务开展都至关重要。

2. 场景智能化价值

风险传导识别场景是指在金融市场中，通过对各种风险因素的识别和分析，评估并预测可能对业务产生不利影响的风险传导路径。这些风险传导路径可能包括信贷风险、市场风险、操作风险等，它们通过不同的渠道和机制相互影响，可能导致机构的资产负债表出现不良变化，进而影响到金融机构的营利能力和稳健经营。

随着金融市场的复杂性和全球化程度的增加，传统的人工识别方法已经难以满足需求，而通过知识图谱建出复杂的风险传导模型，结合 AI 智能检测算法，识别出信贷风险的传播模式和传导路径，预测未来可能出现的风险传导路径和影响范围，降低风险的扩散率，体系化地覆盖客户预筛、事前审查、事中决策、事后预警等全流程多方面，提升金融机构的风险防范能力。

金融欺诈是指以非法占有为目的，采用隐瞒真相或虚构事实的欺诈手段，骗取公私财物或者金融机构信用、破坏金融管理秩序的违法犯罪行为。随着科技的发展和普及，产生了一系列新型的金融欺诈行为，如网贷平台欺诈、大数据精准欺诈等，逐渐形成了"黑色产业链"，所带来的社会危害也在不断加深，亟须借助更加智能化的手段来实现对欺诈交易的精准识别，更加高效地识别和预防欺诈行为，保障交易的安全性和可靠性，降低对正常用户的打扰。传统的欺诈检测方法往往依赖于专家经验设定的规则和模型，而人工智能技术可以通过机器学习和深度学习等智能算法，构建更加复杂的分析模型，从海量的交易数据中自动发现异常模式和规律，迅速识别出异常的交易模式，从而更准确地识别出潜在的欺诈行为，预警金融机构及时采取措施进行干预和阻止。

在合规审查场景，法律审核人员每天需要处理海量的法律文件和合同文本，工作量大且要求高，微小的人为疏漏可能会导致严重的法律风险。为应对这一挑战，金融机构可利用生成式 AI 的阅读理解能力，将海量的法律法规文件、合同审查文件进行标签化处理，形成金融机构内部的法律文本智能审查模型。这个模型可辅助法律审核人员，提示可能存在的合规风险，降低人为因素导致的法律风险问题。

3. 场景智能化行业探索

以某国有大行为例，将法律法规文件、法律合同文件、审查特征库、审查意见库等法律知识库，结合基础大模型构建内部法律大模型，对合同文本进行文本分析、内容特征提取等，形成法律评语、问题所在、建议修正等审核意见，为初审人员提供参考。

银行业及保险业在智能风控上的实践，如表 10-5 和表 10-6 所示。

表 10-5 银行业风控智能化实践

机构名称	案 例 简 述
光大银行	探索运用大模型技术解读法律法规政策,基于业务问题快速定位政策文件并给出相关法律法规依据,辅助各业务场景快速把控合规风险
华夏银行	探索将大语言模型技术与合规图谱相结合,基于高质量内外规数据和结构化合规知识标签,实现智能化合规知识问答,降低合规知识查询门槛

表 10-6 保险业风控智能化实践

机构名称	案 例 简 述
平安保险	运用大模型技术对历史数据和模拟数据进行风险模拟和压力测试,帮助产品精算人员更好地评估产品设计的可靠性和稳定性,把控相关风险并制定相应保险方案

10.3.3 智能运营

1. 场景描述

在数字化、智能化时代,各行各业都在积极拥抱新技术的变革,都把数字技术能力的提升作为核心竞争力,通过大数据、人工智能等新技术的应用,金融机构显著提升内部办公、智慧网点、生产运维、票据识别的运营效率。

2. 场景智能化价值

在金融机构办公搜索场景中,内部法律法规、规章制度、业务流程规范等文件通常烦琐复杂。员工进行知识搜索时一般依赖于关键词,需要花费大量时间,并且搜索效率和准确率较低。在办公软件中构建基于生成式 AI 的智能问答系统,融合内部的各项规章制度等知识库和金融垂直领域的业务知识,为内部员工打造智能搜索的引擎,提升内部办公效率。员工可以通过提问或描述问题的方式,快速获取所需的信息,大大节省了时间和精力。

在线上与线下渠道全面融合的趋势下,银行网点仍然拥有不可替代的作用,为了更高效地服务于全渠道销售转型,银行需要考虑基于边缘计算技术、AI 技术、多媒体技术等多方面技术为银行网点智能化提供技术支撑,从而提供更好的服务。网点的多种场景对智能分析能力提出了很高的要求,借助具备边缘计算能力的智能化自助设备可以实现银行的营运、合规和安全等场景的实时监测,从而提升用户的体验。借助智能化服务和安防系统,还可以降低网点相关业务的人员成本。多媒体技术可以提升到网点办理业务的客户智能互动体验。网点保留的最重要职能就是与客户的物理接触体验,通过在线下网点配置交互式多媒体体验设备,如全息投影、VR(Virtual Reality,虚拟现实)技术,给客户提供内容丰富、生动的服务和展示平台,借助智慧办公的全新生产力工具,集白板、投影、麦克风、音箱、视频会议终端等设备于一身,加持多种智能技术,让智能协作水平满足网点智能化的要求。

在运维场景,传统上运维人员非常依赖历史工单和专家经验,缺乏运维经验的工作人员遇到故障时,需要花费大量的时间精力去搜索历史工单中的相似问题,很难快速准确定位故障位置并提出解决方案。而通过生成式 AI,可以帮助运维人员快速对接历史工单中的结构化、非结构化数据，快速搜索到相似故障，提升运维效率。

金融行业日常业务中涉及大量表单、凭证、票据和图片等材料，如对公对私开户资料、信贷业务资料、客户财务报表、运营票据、合同、档案等。由此带来大量重复的、低效率的录入、核对工作，需要大量的人力成本是金融行业面临的普遍痛点。为此，金融机构对于高效、准确的文字识别的需求日益增加，通过结合 OCR 文字模型和 NLP 模型，使用深度学习算法对大量的金融文档进行训练和学习，从而建立起一个强大的文字识别模型。该模型能够自动地分析和理解文本内容，并准确地将其转换为结构化数据，将大量的纸质文件、电子文档等转换为可编辑、可搜索的电子数据，实现对金融文档的自动分类、关键词提取、情感分析等功能，方便后续的数据分析和处理工作，并能有效地节约人力、物力成本，提升效率，增加营收。

随着大模型技术发展，构建的金融 OCR 大模型，可以通过高精度文字检测与多模态表格还原等技术，大大提高手写体票据文字识别的准确性和效率，同时实现用一个模型覆盖多个通用的文字识别场景，进一步降低应用场景拓展门槛。

3. 场景智能化行业探索

以某国有大行为例，通过生成式 AI，探索在办公软件中嵌入基于大模型的智能问答助手，为员工提供人资规章、授信、对公、零售业务场景的会话式咨询；运用大模型技术搭建内部智能机器人，提供在线业务知识问答、热点问题分类展示，实现业务难点、要点即时回复和精准提示，提升柜员操作体验及业务处理效率，释放业务指导员的工作。

某头部城商行将生成式 AI 应用于故障分析、解决等场景，结合历史生产事件解决工单、运维文档、问答对等知识库，发生故障时，能够自动根据运维知识库给出故障分析和解决方案，为运维人员提供辅助支撑，极大提升故障解决效率。

银行业及证券业在智能运营上的实践如表 10-7 和表 10-8 所示。

表 10-7　银行业运营智能化实践

机构名称	案例简述
工商银行	将大模型与搜索技术相结合，通过外挂知识库的方式实现自然语言的向量搜索，辅助业务人员快速查询客户问题对应回答，提升应答效率和客户满意度
农业银行	基于大模型的知识理解能力和内容生成能力，结合金融领域知识库，试点实验行内知识问答、摘要生成、闲聊等功能
交通银行	探索将大模型智能问答助手嵌入办公软件，为员工提供人资规章、授信、对公、零售业务场景的会话式咨询以及会议纪要、待办事项等服务
邮储银行	将大模型与 Lang Chain、向量数据库技术结合，搭建"灵犀"智能知识问答系统赋能业务实现专业知识智能问答，提升业务办理效率；基于大模型搭建"小邮助手"智能机器人，提供在线业务问答、热点问题分类等服务，提升柜员操作体验和效率，减少业务指导员工作量
光大银行	将大模型应用于行内通信软件，实现内部员工日常办公问题快速解答、消息摘要生成、日程会议提醒、邮件编写、代码生成等多项功能；将大模型与现有知识库相结合，打造内搜场景应用，提升业务办公人员效率
民生银行	基于大模型建立多场景文档助手，实现对文档主要内容的摘编汇总，提升员工工作效率

机构名称	案 例 简 述
兴业银行	探索将大模型嵌入行内 WPS 办公套件,实现 PPT 大纲生成、文章内容生成、内容扩写与改写、文风转变等功能,减轻一线员工文字撰写和润色负担
北京银行	搭建"京智助手"大模型对话机器人,面向全行员工开放行内知识问答、数据分析等功能,并同步建设移动端和 PAD 端
上海银行	运用大模型搭建智能办公助手,结合行内知识库,实现对长文档自动检索并生成知识条目;接入行内各类办公系统,提供公文检查、写作、总结、润色等功能,大幅提升办公效率和员工体验; 结合历史生成事件解决工单、运维文档或问答对等知识库,在故障发生时,探索运用大模型技术自动给出故障分析及解决方案,提升事件解决效率,为运维人员提供辅助支持

表 10-8 证券业运营智能化实践

机构名称	案 例 简 述
中信证券	探索利用大模型建立跨境实时通信系统,助力境内外员工用母语实现无障碍交流,提升工作效率和对国际化客户的服务质量
国泰君安证券	将大模型技术与 OCR、语音识别等技术相结合,结合知识库,实现自然语言文档问答,并支持会议纪要生成、邮件撰写等功能

10.3.4 智能客服

1. 场景描述

在客服场景中,传统服务方式主要是先识别用户意图,再匹配到特定的对话模板,配置过程非常庞杂,需要确保所有渠道对于相似问题的回答保持一致。传统服务方式不仅维护成本高、难度大,而且难以应对复杂多变的自然语言环境,导致用户体验效果不佳。客服人员接到电话后,需要多系统多次搜索现有信息,事后需要手动总结工单记录,操作十分烦琐。

另外,传统智能客服在语义理解和知识范围等方面存在局限性:一方面,知识边界受限,无法回答不在知识库的问题,或者几轮回答后往往答非所问,问答覆盖率与拦截率较低,对于复杂问题需要人工干预;另一方面,客服进线后座席需要经历知识理解、搜索和组织回复的复杂流程,导致接待上限与服务效率低。

传统的客户服务方式已无法完全满足当下客服需求的快速、准确、个性化。

2. 场景智能化价值

利用生成式 AI 的语义理解和生成能力,结合基于知识库的检索提取能力,通过叠加金融客服领域的数据和专业经验,经过垂直定向训练后,智能客服可以综合考虑用户提示语和用户习惯,从而精准解析、理解客户意图,辅助客服人员进行问答,并一键自动生成客户的历史摘要或工单总结的文到文的内容。

同时,基于生成式 AI 的智能客服可利用知识库、文档等多种知识数据的检索和提取能力,快速查找相关信息,生成符合其业务特性的结果,提供更具针对性的解决方案,作为客服助手,辅助客服人员提供更准确、更个性化的服务，提升应答效率和质量，从而提高客户满意度。

3.场景智能化行业探索

以某股份制银行为例，结合自身的场景数据，基于基础大模型进行微调，并采用私有化部署的方式，构建专属的金融客服大模型。该模型能够快速接入银行企业知识，直接学习企业文档库和搜索引擎现有资源，并直接与银行 API 进行任务式对话问答，从而打造了银行专属 AI 助手。

同时，该银行采用语音识别、语音合成、人脸识别等智能化技术，在进行安全认证的基础上，对自然语言进行深度分析，精准回复，作为 AI 助手，大幅减少人工成本，极大提升用户交互体验。

1）智能语音导航和智能问答

通过将 NLP 技术与知识库、知识图谱相结合，开发出智能语音导航和智能问答的功能，搭建起智能客服的核心。通过智能语音导航和智能问答，辅助客服人员实现对客户的合理引导，同时将复杂的功能菜单扁平化，提升客服服务效率。

2）智能外呼和智能质检

一方面，通过利用 NLP、情绪识别、语音识别等技术，将人工客服的服务录音进行转写，并在此基础上进行数据分析，形成专题分析；另一方面，将外呼营销、催收等过去由人工开展的业务，交由机器人办理，并实时对数据进行深度分析，朝着定制化的客户处理方案演进。

3）打造客服助手

客服助手可以在人工座席服务时，为员工提供即时的话术支持，也可以根据人工座席的需求，为人工座席提供即时协助，从而提升工作效率。

银行业及保险业在智能客服上的实践，如表 10-9 和表 10-10 所示。

表 10-9　银行业客服智能化实践

机构名称	案 例 简 述
工商银行	基于大模型语义理解、内容生成等能力，通过外挂知识库的方式，精准识别客户意图，提供更为准确且个性化的服务，提升应答效率和质量
农业银行	基于远程银行问答数据微调构建辅助客服问答 AI 助手，通过多轮问答识别客户意图，结合知识库和知识图谱，生成拟人回答，为行内座席人员提供支持，有效提升答复效率
交通银行	探索运用大模型来准确识别客户意图和座席人员检索需求，实现对应客服信息的提炼和推荐，并在通话结束后将服务内容按标准自动归类，生成通话小结，提升工作效率
光大银行	探索应用大模型意图理解能力，进一步解析客户问题，基于客户与座席对话内容快速生成摘要工单，提升客户满意度
民生银行	探索利用大模型技术辅助座席人员进行问答和工单生成等工作，支持高度拟人化的客服机器人，提升客户体验
兴业银行	应用大模型技术生成符合业务需求的语料，提升客服运营人员标注效率，解决当前标注工作烦琐、工作量大的痛点，提升客服回复准确率，减少客户投诉
上海银行	探索运用大模型语言理解能力，结合行内知识库，拆解复杂场景，解决知识库运维完全依赖人力、语义缠绕、多语义理解等问题，自动提取、采编有效知识，为客户提供优质答复

表 10-10　保险业客服智能化实践

机构名称	案 例 简 述
平安保险	在座席人员与客户通话过程中,运用大模型技术实时生成个性化话术,解决传统知识库梳理成本高、培训成本高、推荐话术僵化的问题,降低座席人员学习成本,提升客户满意度

10.3.5　智能投研

1. 场景描述

投研作为证券公司的核心业务,通过对市场主体进行深入调研,预测其未来经营状况和发展前景,提供投资推荐或风险提示。在传统的投研场景中,市场上资讯涵盖财经、债市、股票、信用等多个板块,投资研究员需要从海量、分散、庞杂的报告中分析并提取有用信息,然而这些报告的内容既冗长又复杂,给投研人员在提炼核心观点和做出投资决策时带来巨大压力。这不仅消耗了大量的时间和精力,还极大地降低了工作效率。

另外,海量的信息容易导致信息过载,增加决策难度,并且过度依赖个人经验和主观判断可能导致认知偏见,难以保证内容的质量和一致性。

因此,投研人员需要更高效、准确的工具来提高工作效率和决策质量。

2. 场景智能化价值

智能投研是指运用大数据和人工智能等技术改进投资研究的过程。相较于传统模式,智能投研通过应用人工智能和大数据技术,有效地解决了投研过程中的诸多问题。

(1) 通过自然语言处理技术,智能投研系统能迅速分析大量非结构化数据,如公司公告和行业报告,从而提高分析师的工作效率。

(2) 使用机器学习算法,智能投研系统能找出影响股价的关键因素,并辅助分析师制定更全面的投资策略。

(3) 通过生成式 AI,智能投研系统可以帮助投研人员从海量、分散、庞杂的报告中快速挖掘关键信息,自动抓取报告核心观点、关键数据和市场趋势,并分析预测市场交易情况。智能投研系统可以生成智能投研报告,为投资人员提供投资决策支撑,从而提高投资决策的准确性和效率。

3. 场景智能化行业探索

以某股份制银行为例,通过金融语言大模型的方式实现研报摘要的智能生成,提高了公司投研团队查询、阅读内外部研报的效率,加快投研决策速度,并一定程度上降低了人力成本,提高了客户服务能力。具体的流程如下。

1) 金融大语言模型微调

收集大量高质量的金融任务指令数据集,例如,研报摘要生成、问答抽取、文本修饰等,并为每个任务定义特定的指令。在此基础上,通过对金融模型进行微调,采用多任务学习策略使各任务的信息能够互补,并调整关键参数以实现更快的优化效果。通过微调,模型内嵌了丰富的金融领域知识,能够深度理解金融文档的细节和上下文,从而生成高质量、深度的摘要内容。

2）研报文档结构化解析

通过视觉语义分析与图像处理技术，准确地定位金融研报中的图片、表格、标题及文本等关键部分。采用 OCR 技术提取研报中的标题和文本，并结合自然语言处理技术进行文本的清洗和结构化。对表格进行图形结构分析，识别表格的结构、边界和内容，并进行细粒度的文字识别，加入语境分析确保准确的语义理解。

3）多模态向量表征

针对不同的版面元素，进行语义块划分，综合处理金融研报中的文字、图像、表格等多种类型的信息，实现多模态信息整合，确保生成的摘要更为全面、准确，而非仅限于单一的文本信息。

4）提示词工程优化

优化用户输入的提示，通过语义分析和自然语言处理技术识别用户输入的关键词或关键句，与预先设定的研报相关模板匹配用户的提示，若匹配成功则采用该模板进行优化，若未找到匹配模板，则生成新的优化提示，使其更专业和准确。

5）智能研报摘要生成

首先，生成定制化摘要指令。基于优化用户提示和检索的相关性排序语义块进行拼接，其中，多模态摘要模式拼接文字段落、表格、表单和标题的文字型语义块；纯文本摘要模式仅对文字段落进行拼接。整合用户提示和排序后的语义块内容，创建完整的定制化摘要指令。

其次，进行指令微调金融大语言模型摘要生成。将定制化摘要指令输入指令微调金融大语言模型中，模型深度解析此指令，然后根据其预训练的知识和对金融领域的理解生成摘要。

银行业及证券业在智能投研上的实践，如表 10-11 和表 10-12 所示。

表 10-11　银行业投研智能化实践

机构名称	案 例 简 述
工商银行	基于大模型的核心信息提取、文本生成等能力，自动生成金融报告，提升投研人员数据归纳提炼效率，将投研简报生成效率从 1h 缩短至 5min
兴业银行	基于大模型技术构建了一套研报文档结构化、信息抽取和摘要生成的一体化解决方案，智能提炼研报核心内容，提高兴银理财子公司投研团队查询、阅读内外部研报的效率，加速投资决策，提升客户体验，并在一定程度上减少了人力成本

表 10-12　证券业投研智能化实践

机构名称	案 例 简 述
国泰君安证券	基于大模型 NL2SQL 等能力，改进传统问答系统，实现对行情、公司、基金等投研领域相关信息的准确、高效问答
华泰证券	探索运用大模型文本学习和理解能力，学习历史研报的撰写模式、分析逻辑和行文风格，实现研报初稿的自动撰写

10.3.6 智能投顾

1. 场景描述

随着互联网普及,数字化客户服务已成为企业与客户沟通的主要方式。然而,金融行业依旧面临竞争白热化、服务水平参差不一以及通道业务同质化严重的问题,客户对高质量高水平服务的需求仍未得到满足。为解决这一问题,各金融机构开始引入投顾业务,旨在为投资者提供专业的资产配置和投资建议。

传统投顾服务主要依靠人力来进行市场分析、资产配置和客户服务等工作,但人工投顾需要大量时间和精力去分析复杂的市场数据和投资工具,这导致高昂的人力成本并限制了服务时间。另外,由于依赖个人经验,传统投顾服务常受到分析师主观判断的影响,导致投资建议的质量参差不齐。

2. 场景智能化价值

随着科技的发展,投资顾问服务也正在逐步智能化,并产生了"智能投顾"服务。与传统投顾相比,智能投顾通过应用人工智能和大数据分析,显著提高了投顾服务的效率和准确性。首先,它使用机器学习算法进行资产配置和选股,能根据投资者的个人需求和市场状况实时调整投资组合。其次,自然语言处理技术使得智能投顾能理解投资者的需求并提供个性化建议。

智能投顾带来了更高效、更个性化的投资体验,并以低门槛、高效率的优势获得快速发展。智能投顾以 NLP 技术理解客户问题,辅助客户又快又准地获取相关信息,正逐渐成为投资领域的新趋势。

生成式 AI 时代,财富管理机构的组织中,不仅有资深的投资策略师、经济学家,还有刚入行的分析师,如何将专家的个人经验和知识库赋能给理财顾问,统一提升该机构知识水平到专家级非常关键。围绕财富管理专业知识、内部知识库等方面,构建基于生成式 AI 的投资顾问助手,能够帮助投资顾问快速获取该领域的专业知识和经验,从而快速提供围绕个体的全生命周期的投资顾问服务。根据客户的风险偏好、目前收益和资产状况,结合市场动态,基于生成式 AI 的投资顾问助手为客户提供个性化的投资建议和组合优化。

3. 场景智能化行业探索

以某证券公司为例,围绕大模型在智能投顾服务业务融合,打造证券行业垂直领域大模型,完成基于数字化、策略化的智能投顾服务平台,以大语言模型为核心、以人工智能为基础实现投顾内容挖掘和沉淀,辅助员工生产优质内容,智能机器人 7×24 小时客户服务。

(1)利用开源大模型,探索大模型在证券行业落地的技术路径,包括利用高质量金融数据集对大模型进行预训练、微调、私域部署,最大化降低合规风险。

(2)智能投顾内容挖掘和沉淀,对 A 股、场内场外基金、债券等多元化数据进行整合,数据收集、清洗、融合完成上万个数据指标,同时研究大模型在投顾内容生成场景应用,包括采用prompt工程设计完成资讯分析抽取、稿件和策略辅助生成。

（3）辅助员工提供高质量优质内容，以大模型为基座，设计prompt＋微调，构建情绪安抚、五星投顾、研报助手等AI专家，为员工生成辅助投顾内容，高效服务客户。

（4）构建7×24小时智能投顾AI客服，通过金融知识图谱＋大模型语义分析，实现投顾内容包括资讯、行情、策略等金融知识的智能化回复，提高金融服务效率与质量。

通过建设融合大语言模型的智能投顾服务平台，为海量用户提供更丰富的财富管理服务，更高效地发挥服务内容的价值。

证券业在智能投顾上的实践，如表10-13所示。

表10-13　证券业投顾智能化实践

机构名称	案 例 简 述
国泰君安证券	构建基于大模型的理解分析能力的投资顾问助手，帮助投资顾问快速获取该领域的专业知识和经验，快速提供围绕个体的全生命周期的投资顾问服务，并根据客户的风险偏好、目前收益和资产状况，结合市场动态，为客户提供个性化的投资建议和组合优化

10.4　金融智能化实践

AI在金融领域的应用前景广阔，大模型驱动AI从劳动密集向脑力密集应用，在10.3节中介绍了基于价值场景金融智能化的探索情况，本节中将从系统化解决方案的角度分享金融智能化进程中的典型实践。以下9个典型实践只是冰山一角，供读者借鉴与思考。其中，降本增效位居首位，涉及前三个案例，其次是客服体验提升，涉及两个案例，其他涉及风险预警、业务创新、降低用数门槛、智能运维等多个场景。

10.4.1　智能化加速银行全场景降本增效

1. 案例背景

在新一轮科技周期中，某股份制银行依托大模型技术加速数字化进程，打造新型生产力。在第一阶段，该行在加速进行技术储备的同时，利用大模型技术对现有的产品应用进行革新，提升传统软件的自动化和智能化水平。在第二阶段，以大模型为核心打造全新的产品形态。该行以客户为中心、以数据为驱动，构建"开放银行＋AI银行＋远程银行＋线下银行＋综合化银行"的体系化零售转型新模式，并通过AI等一系列科技能力持续创新数字金融服务模式，提升了对公服务的线上化、智能化水平，以及为中小微企业提供更广泛的服务。

2. 解决方案和价值

大模型在银行全业务链条中发挥着关键作用，赋能了大量业务场景，形成更具竞争力的经营与产品服务模式，作为该行数字化运营新基建，大模型极大提升了AI在前中后台运营场景中的应用广度及深度。

在营销场景中,大模型突破了内容生产瓶颈,助力个性化营销。在银行信用卡业务中,营销场景贯穿 AARRR(Acquisition、Activation、Retention、Revenue、Referral)模型各环节。线上线下营销活动种类多,物料更新频次高,当前的物料生产能力难以满足一线运营经理个性化营销所需的设计产能和时效需求。为此,该行把 AIGC(AI-Generated Content,生成式人工智能)嵌入物料设计中台中,在为设计师提效的同时,一线运营经理也可自助出图,时间缩短至分钟级。在未来,借助手机 APP 可实时生成个性化内容,让客户与银行的内容交互方式由搜索、推荐升级为"生成",进一步提升客户体验。

在资料审核场景中,大模型扩张 AI 数据处理边界,解锁海量非结构化文档的价值,可覆盖传统 AI 尚未触及的长尾复杂文档,提升贷款审批等业务的自动化率。银行业务涉及大量资料识别、抽取和审核工作,AI 技术已深度应用于高频标准卡证和资料的处理环节,但由于资料种类繁多、影像质量参差不齐、AI 覆盖广度受限,仍有多个环节需要大量人力操作。该行打造大模型 OCR 技术方案,相较于传统垂直 OCR 模型,一个大模型即可完成多类文档的信息抽取,解决资料复杂及非标难题。此方案已应用于集中作业中心的贷款资料审核中,覆盖业务量近 10 万笔/月,为贷款材料初审和复审环节提质增效。

在经营分析场景中,大模型升级传统经分平台,通过对话方式重塑数据分析体验。受限于数据收集及处理成本,银行业众多一线团队长和客户经理尚难通过数据分析高效支撑管理及展业。为满足行员的数据分析需求,该行在手机 APP 等各类应用中提供数据分析看板,月活用户超过万人。近期更进一步打造基于大模型的 ChatBI 产品,用户可使用自然语言提出数据分析需求,大模型则精准识别用户意图,调用各数据 API 接口执行任务、解答问题、提供洞见和建议。目前,ChatBI 已覆盖 200 多个指标,成为全天候陪伴各级行员的"经营分析助理"。

在风控场景中,该行基于海量业务和风控知识及多年黑灰产对抗经验打造风控场景大模型。首先,打造合规条款查询、风险报告自动生成、风险指标智能问答等工具,提升风控人员效率与体验;其次,结合内外部风险数据,风控场景大模型可实时识别各维度数据异动,标识风险,提升风险预警能力;最后,可利用大模型缓解细分风控场景中零样本、小样本的建模痛点,解决长建模周期与高频建模需求之间的矛盾,实现风控模型的快速构建与迭代。例如,在反欺诈领域,传统风控方案对黑灰产攻击的防范存在滞后性,大模型可提升细分黑灰产场景的模型构建效率与性能,挖掘新特征规则,快速应对不断变化的金融欺诈新模式。

此外,在客服场景中,该行依托大模型提升交互能力与知识领域的能力,为数字人装载"智慧大脑",打造更拟人化、更智能化、以客户为中心的金融服务机器人;在研发场景中,该行依托多语言代码生成大模型,基于行内数据进行微调,打造更契合银行的代码生成 AI Copilot,从而持续提升全行开发人员效率。

3. 总结和展望

大模型的能力边界不断拓展,持续变革数字金融与实体产业。该行以银行场景大模型为依托,以场景价值为抓手,已落地一批大模型创新产品应用,展现出对提升效率、降低成本和提升客户体验等方面的巨大潜力。该行将沿着大模型迭代发展脉络前行，持续变革银行业务，激发出银行业新的客户交互方式和发展模式，为支持普惠金融、绿色金融以及乡村振兴贡献力量。

10.4.2 五大 AI 助手赋能信贷全流程效率提升

1. 案例背景

在信贷领域，各阶段主要用户群体包括客户经理、信贷审查人员、不良管理人员等，日常工作主要包括信息收集录入、文档编写、数据统计等内容，在处理这些工作时面临着制度依据多、系统操作复杂、文档编写困难、风控要求严格、用数门槛高等痛点。信贷业务有其自身的复杂性，随着业务发展，信贷产品更复杂、风控要求更高，需要有新的解决方案。随着大模型技术趋于成熟，某大行探索形成一套在信贷领域落地大模型的分析方法和场景建设思路。

2. 解决方案和价值

通过匹配大模型在知识检索、自然语言理解、内容生成、逻辑推理等方面展现出来的能力，该行创新性地打造知识助手、文档助手、任务助手、风控助手、数据助手 5 大类场景能力。

1）知识助手

知识助手主要使用大模型的知识检索能力，以具备行业通识的通用大模型为基础，叠加专业领域知识作为知识库，实现对知识的快速检索和溯源。以信贷领域为例，银行在信贷通识通用大模型基础上，进一步学习由信贷领域大量制度规范、操作手册构成的专业知识库，使智能助手成为信贷业务专家，用户通过自然语言交互方式咨询问题，由知识助手进行快速解答并提供溯源。

在这个过程中，有以下三个问题值得关注。

（1）准确性问题。信贷业务办理是一个严肃的过程，对回答的准确性要求较高，而大模型是基于概率的模型，所以需要利用大模型的检索能力，但要限制其自主创造能力，避免对业务人员造成误导。"叠加专业知识库"的方案可以很好地满足要求。

（2）知识更新问题。在内容准确的同时，还需要保证内容更新的及时性，如知识库中存在同一份制度的新旧版本，知识助手无法区分判断，仍然会引用旧版本制度。所以简单地增量导入新制度无法满足要求，解决这一问题，需要以一定的频度（如半年）全量更新知识库，确保知识库中均为最新且有效的信息。

（3）权限控制问题。制度文档有访问权限的控制，根据密级不同可以访问的人群也不同，大模型在答复的时候也需要遵循权限控制原则，确保信息安全。该行通过对接行内文档权限控制系统，获取答复引用的制度文档的权限范围，判断当前用户是否在可访问人群内，决定是否进行展示，有效解决了权限控制问题。

2）文档助手

文档助手主要使用大模型的内容生成能力，通过自动采集编写文档所需数据，针对不同的文档格式设置配套的提示词模板，由大模型对输入数据进行理解，并按提示词要求生成对应格式的内容。在信贷领域,通过建设丰富的基于大模型的文档生成组件,对信贷业务全流程中的各类文档编写提供信息采集、内容生成、文档存储等能力,从而释放用户在搜集素材、文案组织等低价值工作上的时间精力。

3) 任务助手

任务助手用到了大模型的多项能力,通过意图识别、服务编排实现根据用户意图执行用户指定的各类操作任务,对复杂任务进行自动处理。如在审结阶段,通过自动收集业务审批结论、流程中意见和审贷会会议纪要,通过大模型组织生成信贷审批书初稿,并支持用户通过提示语调整风格,用户只需简单修改即可作为最终审批书下发,大幅减轻审批书编写工作量。

4) 风控助手

信贷的核心是风控,而风控往往依赖于信贷专家的判断能力,该行利用大模型强大的逻辑推理能力,实现财务风险分析、征信情况分析、舆情分析和风险处置建议等功能,为业务人员提供风控决策支持,实现从信息获取、风险识别到风险决策的全方位风控能力提升。

5) 数据助手

通常情况下,业务人员用数门槛高,主要原因是业务人员对数据中台的数据组织形式和获取方法不够了解。数据助手使用信贷数据中台的资产元数据信息和丰富的查询模板来训练大模型,实现用户通过自然语言交互的方式描述自己想要获取的数据,大模型解析语义并自动生成 SQL 语句执行查询,将查询结果以可视化图表的形式展现给用户,打破了业务人员用数的技术壁垒,极大地降低了取数和用数门槛。

3. 总结和展望

随着知识检索、文档编写、风险控制、任务辅助和用数支撑这 5 大类场景能力的探索实践,用户可以实现交互式检索信贷制度、自动编写专业文档、高效处理流程任务、获取智能风控建议以及使用自然语言低门槛取数用数,银行信贷系统的数字化、智能化水平越来越高。未来,该行将继续探索大模型在金融领域的应用,将信贷领域的解决方案和实施经验推广到各个业务领域,推动各领域加快服务模式升级,提高业务办理效率,为客户提供高水平的金融服务。

10.4.3 智能化提升办公效率

1. 案例背景

在现代银行业中,高效办公是保持竞争力的关键,而传统办公场景中重点存在以下两个突出问题。

(1)办公系统多且复杂,获取知识难度大且耗时长。

(2)日常办公中员工大量时间消耗在内容总结、公文写作等文档梳理、素材查找等方面,效率低下。

为了提升员工的工作效率,某城商行基于开源大模型自主研发设计智能办公助手,从而让员工能够更专注于核心业务，提高工作效率。

2．解决方案和价值

该行基于私有化部署金融领域大模型，通过思维链、One-shot 等一系列提示词技术进行提示微调，构建提示词指令库，并结合向量知识库，快速接入银行企业自有场景知识，直接学习企业文档库，搜索引擎现有资源，打造银行专属办公助手。

基于大模型建设的智能办公助手包含六大核心模块，各模块高度协同、相互衔接，共同支持智能问答与办公写作。

1）硬件和环境资源

供模型训练和推理所需的算力支持，尤其是 NPU/GPU 运算能力和大容量内存。

2）智能交互界面

负责语音或文本的输入输出功能，获得用户提出的问题并展示回复结果。

3）金融大模型

利用大模型技术针对金融领域进行预训练和迁移学习，以深刻理解业务语义。

4）快捷功能库

通过设计指令模板，引导大模型快速实现知识检索、润色、推理等能力。

5）向量知识库

对文本数据进行向量化编码，以实现语义索引和相似内容检索。

6）数据支持管理模块

包含多个外部知识库，定时更新并且部分实时连接外部数据源，为模型提供最新知识。

3．总结和展望

智能办公助手将为银行内部员工提供行内领域知识的精准搜索功能，并通过简单交互方式一键获取想要的问题的答案，实现"所问即所答"。同时，智能办公助手还提供一系列工作辅助功能，包括周报内容总结、宣传稿/营销文案撰写、文章润色扩写、PPT 大纲生成、项目开发文档编写等场景功能，大幅提升办公效率和员工的交互体验。

10.4.4　AI助手提升客服体验

1．案例背景

传统的智能客服普遍存在以下三大痛点。

（1）知识维护量大，冷启动知识配置成本为 14 天到 1 个月不等，且需要持续投入运营。

（2）问答覆盖率低、拦截率低，由于知识边界受限，不在知识库中的问题无法回复或者几轮下来往往答非所问。

（3）接待上限低、服务效率低，进线后座席需要经历知识理解、搜索、组织回复的复杂流程。

为了解决以上问题，某股份制银行构建金融大模型能力赋能智能客服场景。

2．解决方案和价值

该银行结合自身场景数据，精调构建了专属的金融客服大模型，并进行私有化部署。

通过快速接入银行企业知识,直接学习企业文档库,搜索引擎现有资源,同时直接对接银行 API 进行任务式对话问答,打造了银行专属 AI 助手。

该银行采用语音识别、语音合成、人脸识别等 AI 技术,在进行安全认证的基础上,对自然语言进行深度分析,并进行精准回复,让服务"看得见""听得见",在大幅减少人工成本的基础上,极大地提升用户交互体验。

1)智能语音导航和智能问答

该银行将 NLP 技术与知识库、知识图谱相结合,开发出智能语音导航和智能问答功能,搭建起智能客服的核心。通过智能语音导航和智能问答,可以实现对客户的合理引导,将复杂的功能菜单扁平化,提升客服的服务效率。在具体业务方面,该行推出智能客服机器人,可以通过手机银行、网上银行等多个渠道,为客户提供问答服务,极大地推动银行客服系统升级。

2)智能外呼和智能质检

一方面,该银行利用 NLP、情绪识别、语音识别等技术,将人工客服的服务录音进行转写,并在此基础上进行数据分析,形成专题分析;另一方面,将外呼营销、催收等过去由人工开展的业务,交由机器人办理,并实时对数据进行深度分析,朝着定制化的客户处理方案演进。

3)打造客服助手

客服助手可以在人工座席服务时,为员工提供即时的话术支持,也可以根据人工座席的需求,为人工座席提供即时的协助,提升工作效率。

3．总结和展望

大模型技术为该银行提供智能咨询、辅助分析、决策等服务,达到了创新突破、基层减负、增收节支的良好效果,助力该行多个核心业务智能化、健康发展,全面提升业务专业化水平。

10.4.5　智能化提升高峰时段场外衍生品询价效率

1．案例背景

当前,场外衍生品业务的参与者主要是机构投资者。各个机构的交易员一般通过面谈、电话、邮件、即时消息工具等手段完成询价、报价等交流活动。

众多证券公司场外业务团队为了及时响应客户的需求,为公司客户建立了单独的微信群以提供服务。由于机构客户众多,而负责运营的交易员有限,导致交易员的工作量较为繁重。每个交易日上午 10 点之前,客户会集中在微信群发出大量询价消息,而交易员需要在很短的时间内给出报价。由于时间紧、业务量大,通常交易员只能优先处理大客户的询价,而小客户的询价请求可能被迫放弃或延迟回复。因此,当前的人工报价方式已经难以满足业务发展的需要。

如何利用金融科技解决这一问题,把交易员从机械性重复工作中解放出来,成为亟待研究的课题。

2．解决方案和价值

某证券公司提出了一种全新的智能询价模式，整合了微信机器人、自然语言处理、图形处理器估值引擎等技术资源，实现了"机器人智能询价 ＋ 交易员审批应答"的高效率询价系统。当客户发起询价消息后，微信机器人将询价消息转发至系统后台，进入消息队列进行削峰处理。客户消息经过 NLP 引擎处理后，完成自然语言抽取，得到标准化的询价参数。询价参数作为衍生品定价的核心条件，发送到图形处理器估值引擎参与定价计算，最终得到完整的询价结果。询价结果在经过交易员确认审批后，会自动下发至微信群中并通知客户。

以实现一次完整的普通看涨香草期权客户智能询价流程为例，机构客户在微信客户端发起香草期权询价后，系统会收到自然语言的询价请求，自然语言消息在经过 NLP 系统解析后，转换为标准化询价参数。询价系统对标准化询价参数进行预处理，读取期权结构模板配置的默认环境参数，并使用图形处理器估值引擎进行试定价。在得到估值结果后，构建客户应答消息，并送人工客服审批。

在整个智能询价流程中，采用了人工客服审批的方式进行消息应答干预。当人工客服认为询价请求或结果不够准确时，可以修正询价消息，并重新发起询价。最终询价结果在通过审批后下发到微信群中，并通知客户查收。

3．总结和展望

目前，场外智能询价系统在回复前需要人工审核确认，未来随着系统的完善，可以实现全流程自动返回估值结果，进一步降低人工参与程度。目前，智能询价暂时实现了香草期权的询价，现实中还有雪球期权等其他询价场景，如何扩展模型支持这些询价文本仍需要进一步探索。

此外，未来该系统可以与其他系统对接，为客户提供持仓查询等更多个性化、智能化服务，既迎合了客户的使用习惯，又降低了交易员的日常运营负担，实现运用科技手段提高场外衍生品业务服务水平。

10.4.6　智能化增强预警企业财务风险能力

1．案例背景

某证券公司希望进一步提升财务报表审核的合规性和风险管控能力。通过构建基于 AI 技术的财务报表智能解析和风险预警系统，期望实现对企业财务数据的自动化审计和异常识别，提高财务风险识别的效率。

2．解决方案和价值

该证券公司原先依赖人工和机器学习模型进行财务报表分析，耗时长并且准确性已达到 79％ 的上限，无法进一步提升。为应对这一挑战，尝试采用盘古大模型来提升预警准确率。

利用盘古大模型首创的图网络融合技术，允许多个模型并行学习各自特定的数据特征,并从中选择最优模型组合。这种创新性的模型比赛机制显著提高了财务异常识别的准确度,将识别的精准率提升到 90%,并将财务异常识别时间缩短到分钟级别,大幅提升了风险识别的精准度和实时性。

该方案覆盖了 4000 多家上市公司和 6000 多家发债企业,能够细致地揭示 4 大类财务异常、160 多小类预警信号、6 大舞弊动机和 10 余种常见舞弊手段。且该能力能够支持多条业务线,例如,投资银行和风控部门等,能够灵活应用于项目审核、尽职调查、业务督导等多个业务流程。以 2019 年的数据为例,该系统能够预测出被监管处罚、问询或 ST 的企业共有 496 家,其中成功预测出 439 家,覆盖度接近 90%。大模型展示了出色的准确性和广泛的应用场景。

智能化特别是大模型进一步提升了企业财务风险的识别精度,成为金融科技创新应用示范案例。

3. 总结和展望

企业财务智能预警展示了大数据和人工智能赋能传统金融机构,以更高的效率和准确性应对日益复杂的市场环境。展望未来,大模型有望在更多的业务场景中实现风险控制。

10.4.7　智能化赋能业务创新——实现"物的信用"

1. 案例背景

传统动产质押业务中有很多痛点:因仓储监管公司道德风险,导致"黄金变铜";因货权不清晰,导致"多次质押";因缺乏数字化手段,导致过程监管成本高,流于形式;因缺乏处置手段,导致货物变现难。

通过集合 iABCDE(IoT 物联网、AI 人工智能、Blockchain 区块链、Cloud 云计算、Data 大数据、Edge 边缘计算)的智能化监管手段,实现"物的信用",满足中小企业的动产融资需求。

2. 解决方案和价值

通过"IoT＋边缘智能＋机器视觉大模型＋RFID＋监测中心",将普通仓库转变为"金融仓",实现贷前确权共识互信、资产评估真实客观、资产数据多方校验、全天候资产监测与预警风控,进一步提升跨部门、跨层级一体化指挥与出入库管理实时风险管控与预警的能力。方案的主要技术和能力如下。

(1) 基于盘古机器视觉大模型,运用三维场景下小目标密集检测 AI 算法,实现一个模型涵盖 9 个场景,监测收货、入库、在库、出库的全过程。通过融合多个摄像头数据,利用大模型的时空匹配能力,实现对目标轨道的精确估计。

(2) 运用分布式 RFID,实现出入库实时感知,实时记录。

(3) 通过 IoT 平台,可以实现图形化建模,灵活定义、构建模型和统一管理,通过数字孪生技术对数据交叉验证,对货物资产、仓储作业过程、人员和环境进行全面的风险分析,金融仓叉车出入库轨道及货物状态智能分析。

(4) 构建监测中心,确保货物入库真实性,保障动产融资服务。监测人员可通过大模型进行货堆计数，并且与前端入库的扫码和重量数据及贸易背景数据进行校验，确保货物入库的真实性。

该方案助力某银行在业界率先推出线上动产融资产品，可服务 300 多家小微企业，支撑每年 3 亿元的融资额。从原来线下异地审批周期 15 天，升级为线上申请、审批和签约，贷款资金实时到账。线上还款后实时解质押，并支持"整进零出"模式。贷后管理风控从原来监管员人工跑仓库抽查，升级为 7×24 小时资产监测及实时预警。

3．总结和展望

智能化重构信贷产品设计，提高风控水平，增加"交易信用"和"物的信用"的权重，进一步发挥数据的价值，实现金融赋能实体经济愿景。

10.4.8　智能化降低业务人员用数门槛

1．案例背景

人人都可自主实时查看、探索、分析指标数据是数字化转型的刚性需求。传统指标数据有以下两种实现方式。

（1）通过数据仓库实现，其优势是治理程度高，挑战是非结构化数据处理难，高度依赖专业的数据工程师，业务部门使用的门槛高。

（2）作为 BI 工具的内置功能，其优势是用数灵活敏捷，加速数据洞察过程，推动人人用数，挑战是数据受治理程度较差，且数据模型与指标分散在多个系统，导致全局指标口径的一致性难以实现。

2．解决方案和价值

KYLIGENCE 公司提出构建智能一站式指标平台如图 10-9 所示，对接现有的数据湖以及 BI 报表系统，包含以下三个步骤。

（1）目标管理指标化，确保企业经营管理的一致性和协调性。

（2）运营管理数智化，借助千人千面的专题看板，利用 AI 数智助手，基于输入的问题要求，自动为业务人员生成看板，大大提升人效比并降低人人用数的门槛。

（3）管理流程线上化，提供一站式全流程闭环指标管理、进度跟踪和告警，具备因果分析、异常检测、指标数据血缘追溯等功能，实现跨部门协同、过程自动控制、结果衡量。同时，不断丰富知识库，为 AI 数智助手能力持续提升提供支持。

智能一站式指标平台的 AI 数智助手将自然语言转换为 SQL，由查询引擎执行获取抽象结果后，再用自然语言输出回答，达到通过自然语言提问即可完成指标分析的效果。

同时，AI 数智助手能够基于语境进行进一步智能推荐和总结，帮助业务人员快速了解关键信息，并给出行动建议。AI 数智助手还支持仪表盘自动创建，可高效地将用户的自然语言提问与指标中的语义信息相匹配，从而实现 AI 驱动的数据分析，大幅降低一线业务人员用数的门槛，提升工作效率。

此外，AI 数智助手可以推送指标到 IM 群组、创建任务，进一步整合围绕指标的工作流程，促进协作。

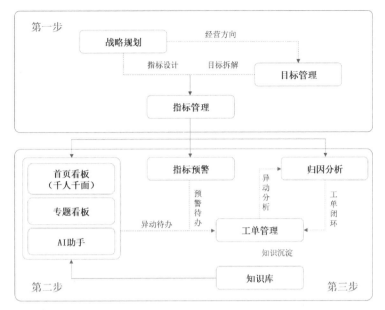

图 10-9　智能一站式指标平台流程图

某银行利用智能指标功能,实现了以下 4 方面的目标。

(1) 智能预警——整合大数据算法,智能检测业务异常。

(2) 智能推荐——结合指标关联与使用情况智能推荐需要关注的指标,通过智能归因与指标推荐等算法帮助业务人员分析。

(3) 指标画像——整合指标相关性分析、核心影响因素分析等结果,获得全局信息。

(4) 智能归因——通过过程指标监控、机构诊断等工具,辅助业绩统筹,智能识别异动根因。

2021 年,智能一站式指标平台基本覆盖该行内核心业务指标和维度,包括接入指标10000 余个,维度 500 余个,在线看板 600 余个,月均 UV(Unique Visitor,独立访问用户数)1500 多,月均 PV(Page View,页面访问量)30000 多。

3. 总结和展望

智能一站式指标平台助力协同跨部门的指标拆解和指标管理线上化,并利用生成式 AI自然语言与机器交互的能力解决了用数高门槛的困境。同时,通过根因分析以及知识库的持续刷新,为金融机构构建全局指标管理和人人用数的能力。

10.4.9　智能运维提升应用现代化的鲁棒性

1. 案例背景

数字化转型加速发展,为了应对激烈的市场竞争,金融机构正加速业务迭代和版本更新。

例如,2022 年,约 70 家银行共进行了 529 次手机银行版本更新,平均每家银行 7.6 次,部分银行的更新频率甚至达每 2~3 周一次。这种快速的迭代频率对运维团队提出了很高要求,上线运行的稳定性和使用流畅性直接影响客户体验。

　　因此，在这类场景下，特别是上线之初，运维不仅是后台工作，还影响着现金流与客户体验。其次，数字化转型的目标之一是打造数字银行、生态银行、开放银行，加速业务模式由集中式向分布式转变。

　　例如，某股份制银行将主机应用改为微服务架构，甚至需要数以万计的虚拟机来支撑，应用数量大幅增加。同时，依然要严格遵循业务连续性的要求，其中，银保监会要求关键业务服务在 30min 内恢复，证监会则要求 5min 内恢复。最后，生成式 AI 的兴起极大地提升了人与业务系统的交互效率。过去，获取结果需要人工操作多个系统，而现在只需简单的单击或语言指令即可快速生成所需内容，可以减少人工干预，提高响应速度和准确性。

　　基于上述原因，提供对金融业务运行感知 AIOps 解决方案势在必行。

2. 解决方案和价值

　　AIOps 解决方案包括解码、流量镜像、生成式 AI 这三类技术。

1）解码技术

　　其核心在于对广泛金融通信协议的深度解读，能够分析并理解全球金融行业通用的 400 多种协议，以及 2000 多家金融机构的私有协议。这些协议涉及银行、证券、期货、运营商，以及数据库、中间件与应用等。

2）流量镜像技术

　　这是一种非侵入式的探测方法，也称为旁路探测。这种技术不会占用重要资源，也不需要对日志进行改造。它允许从业务角度出发，实施跨域和全链路监控（包括应用、数据库、网络、计算和存储），确保业务应用的性能、连通性和连续性。

3）生成式 AI 技术

　　这种方式使得技术支持人员能够迅速识别并处理问题。以前，决策性 AI 类似于选择模式，主要提供选项供运维人员选择，而现在的生成式 AI 更像是问答模式，通过自然语言交互的方式完成任务。在一个典型的银行环境中，成千上万种交易类型和客户端访问需要管理。过去，故障的原因可能是复杂的组合，仅能依靠专家经验进行分析和复盘。现在，借助生成式 AI 技术，可以一键生成故障报告和根因分析结果，从而释放专家资源，提高运维人员在知识库方面的效能。

　　某银行将 AIOps 部署于业务连续性（双活容灾）场景，其核心银行系统、信用卡系统、银联、支付宝、交易处理、短信通知、客户服务和网银等关键业务系统，通过流量镜像技术实现了跨数据中心的全链路监控。这种监控强调从应用视角观察性能和连通性，涵盖交易量、响应时间、成功率等多个关键性能指标。在一次大型双十一促销活动中，系统利用 AI 技术快速定位支付集群中出现故障的几台设备，成功满足了"135"业务连续性 SLA（Service-Level Agreement，服务等级协议），即故障发现 1min 内、故障定位 3min 内、恢复 5min 内完成。同时，将监测数据用作 RPO（Recovery Point Objective，数据恢复点目标）＝0 的交易补录依据，保障了数据的完整性和一致性。

3. 总结和展望

　　在智能化技术发展的道路上，天旦网络正在积极推进 OpsGPT 模型及其应用的规划和实施。该模型集成了多模态处理能力及 IT 运维领域的专家级知识,核心是一个超过 300 亿参数的复杂因果推理引擎,并创新性地采用了协作诊断模式和针对生产环境优化的应用生成机制。

　　OpsGPT 模型与应用的结合不仅旨在对金融 IT 运维中的复杂问题进行深入精准的分析,还为了大幅提升故障的预测及处理效率。此外,解决模型的“黑盒”问题以提升模型结果的透明度和易用性也已成为产品设计的关键准则之一。

10.5　金融智能化展望

10.5.1　多模态技术发挥潜能

　　多模态技术将助力生成式 AI 发挥更大价值。模态是事物的一种表现形式,多模态一般包含两个及以上的模态形式,从多视角描述事物,使事物以更为立体、全面的形式呈现。多模态技术通过对图像、文本等知识的处理利用,进一步提升用户与生成式 AI 的交互体验,例如,图文多模态支持文字、图片、线稿等多维度的内容输入,生成符合要求的图片素材,用于获客、活客、电商、品牌宣传、活动组织等场景;数字人基于动作、情感、表情、文本等信息更好地与用户交流。多模态技术仍有很大的发展空间,将助力大模型构建金融领域内外部生态系统,推动金融科技创新和金融业务赋能,同时也为客户和市场参与者带来更好的体验和更稳健的金融环境。

10.5.2　AI 大小模型协同进化

　　大模型与中小模型并非是替代或对立的关系,两者的协同进化可以更好地赋能金融业务发展。大模型侧重推理和创造,擅长产出业务内容、问答交互类任务,多用于应对开放式问题,而小模型擅于解决需要较强解释性、需要进行量化预测结果的任务,在一些场景已经取得很好的应用效果。大模型可以作为通用接口,连接多个任务模型,向边、端的小模型输出模型能力,而小模型负责具体的推理与执行,不涉及过多主观推断,并将结果反馈给大模型,两者互通有无,强强结合。未来,金融机构将持续推动大小模型协同、生成式 AI 与传统 AI 协同等方面的研究工作,在充分发挥新技术优势的基础上激发传统技术的潜能,助力提升金融行业整体智能化水平。

10.5.3　AI Agent 创造更多可能

　　AI Agent 是一种能够感知环境、进行决策并执行动作的智能实体。它以生成式 AI 作为大脑驱动,通过赋予长短期记忆和使用外部工具的能力,如联网搜索、读写文件、执行代码等,可以在没有人类干预的情况下,自动执行复杂的大型任务,甚至与其他 Agent 合作完成任务。目前相关的开源项目包括 Auto-GPT、AgentGPT 和 BabyAGI 等。尽管 AI Agent 的发展仍面临诸多困难,但随着人工智能技术和算力的不断发展,AI Agent 将为金融行业进一步智能化提供更广阔的可能性。

在金融交易自动化中，AI Agent 可以分析市场趋势，自动执行交易策略，从而在确保投资决策合理性的同时，提高交易的速度和效率。在更高的层面上，AI Agent 作为虚拟的金融投资顾问平台的协调者，整合来自不同 Agent 的数据分析、算法设计和用户界面的输入，实现高效的团队协作。AI Agent 不仅是自动化的工具，还能够模拟人类行为，理解并预测客户需求，提供个性化的客户服务，以及管理和维护客户关系。

通过结合生成型大模型的生成能力、小模型的分类和筛选能力，以及 AI Agent 的自主决策执行能力，金融领域的服务将变得更为智能化、个性化和自动化，为金融服务的未来发展提供了新的可能性。

参 考 文 献

[1] WU X, LIAN L, SHI Y, et al. Deep learning for local seismic image processing: Fault detection, structure-oriented smoothing with edge preserving, and slope estimation by using a single convolutional neural network[C]. San Antonio: 2019 SEG Annual Meeting, 2019.

[2] 刘合,裴晓含,贾德利,等. 第四代分层注水技术内涵、应用与展望[J]. 石油勘探与开发,2017,44(4): 608-614,637.

[3] 常鹏刚,高鹏,张胜利,等. 抽油机变速运行智能控制技术深化研究与应用[J]. 石油化工自动化, 2020,56(03): 31-35.

[4] 许友好. 催化裂化化学与工艺[M]. 北京:科学出版社,2013.

[5] 周图南. 大数据技术应用于提升催化裂化装置生产运行水平研究[D]. 武汉:武汉工程大学,2020.

[6] 侯士超. 大数据技术在催化裂化装置上的工业应用[J]. 化工管理,2022,(26): 141-144.

[7] 王同军. 中国智能高速铁路 2.0 的内涵特征、体系架构与实施路径[D]. 铁路计算机应用,2022,31(7).

后记

　　人工智能技术快速发展、数据和算力资源日益丰富,人工智能产业化进程正从 AI 技术与各行业典型应用场景融合的赋能阶段,逐步向效率化、工业化生产的成熟阶段演进,不断变革行业范式。政府引导、资本入场、巨头布局、产业链企业的积极投入,AI 产业又现蓬勃发展态势,AI 工业化生产进程将再次提速。未来 10 到 20 年,人类社会将加速走向全面智能时代,6G 和 AI 将被广泛使用,有望开发出高性能、用户负担得起且无处不在的算力和可再生能源,为未来交通、能源和金融行业的发展与创新提供无限可能。

　　在交通行业,低空经济蓄势待发,畅想未来,在城市堵车的早高峰乘坐“空中的士”去上班,工作间歇喝一杯无人机配送来的咖啡,周末乘坐直升机去进行一场低空观光游,这些原本遥远的场景,如今正逐渐成为现实,改变大众的生活。

　　在能源行业,AI 对能源的需求急剧增长的同时,也加速能源行业从传统生产型向清洁低碳、安全高效等方向转变。在电力领域,AI 技术在源网荷储管理、功率预测、信息化开发等电力运行管理方面加速更迭、深度应用,持续助力构建新型电力系统。在油气领域,通过将行业机理模型和人工智能技术相结合,将人工智能技术和专家经验相融合,助力油气增储上产、油田提质增效,逐步实现油气全业务链的智能化。

　　在金融行业,AI 将在交互方式、产品种类和商业模式创新等方面为金融行业带来变革。通过构建新兴生态平台,实现超级应用,我们将能够覆盖金融行业的所有应用场景,提供统一的入口,迅速赋能金融行业,实现更高效、便捷、个性化的服务,为客户创造更多价值,推动金融行业的持续发展和创新。

　　人类社会的每一轮变革发展不仅为我们带来了前所未有的机遇,还带来了全新的问题与挑战。

　　首先,人工智能的潜力巨大,可以提高生产效率,优化资源配置,帮助人类实现丰衣足食的生活。同时,AI 技术还能推动太空探索的深入发展,让我们更接近星辰大海的梦想。然而,若 AI 治理不当,人工智能技术有可能失去控制,演变成超人工智能,对人类社会构成潜在威胁。因此,我们需要加强 AI 治理和伦理规范,确保 AI 技术的发展始终符合人类的利益和价值观,实现可持续、健康的发展。

　　其次,认知偏差和逻辑准确性问题也是 AI 技术面临的挑战。AI 系统的数据输入和处理方式可能存在局限性,导致其在某些情况下产生认知偏差。同时,AI 系统的逻辑准确性也受到算法设计、数据质量等多种因素的影响。因此,提高 AI 系统的认知能力和逻辑准确性,是 AI 技术发展中的重要任务。

　　此外,能源问题也是 AI 技术发展面临的挑战之一。由于 AI 技术的运行需要大量的能源支持,如何降低能耗、提高能源利用效率,同时减少对环境的影响,是 AI 技术发展中需要重点考虑的问题。

　　针对以上问题和挑战,需要政府、企业、研究机构等多方共同努力,制定相应的政策和措施,推动 AI 技术的健康有序发展。如在 AI 理论框架上,从被动逐步转向互动、主动,甚至是自主模式的演进发展,形成具备原生责任能力的自主适应 AI,以及理想的自治代理智能系统,拥有更高的准确性、适应性和创造性;系统级芯片(超算力)、专用计算优化(高效)、全光互联(低功耗)成为应对能源需求的关键技术演进领域;类脑计算、类脑大模型等引领行业变革的新技术方向,也会为人工智能的发展注入新的活力。同时,需要加强跨学科的研究和合作,共同解决 AI 技术发展中的难题和挑战。

　　未来已来,人类对未来的追求永无止境,每个国家、每个领域、每个行业都将参与到行业智能化的发展进程中来,共同推动人工智能技术的研究创新和在千行万业的应用,带动全球经济和社会走向一个高质量、高水平的快速发展期,以造福全人类。期待未来 30 年,我们能共同创造出高级智能,帮助我们管理更多的物质和能量,将人类文明的自由度从行星文明扩展到星际文明。就像菲尔兹奖奖章上那句话,"超越人类极限,做宇宙的主人"!